AF551756

EUL
VERLAG

Reihe: Personal, Organisation und Arbeitsbeziehungen · Band 55
Herausgegeben von Prof. Dr. Fred G. Becker, Bielefeld, und Prof. Dr. Walter A. Oechsler, Mannheim

Dr. Sascha Piezonka

Bindungsmanagement im industriellen Mittelstand

Eine explorative Studie bei Ingenieuren

Mit einem Geleitwort von Prof. Dr. Fred G. Becker, Universität Bielefeld

Bibliografische Information der Deutschen Nationalbibliothek

Die Deutsche Nationalbibliothek verzeichnet diese Publikation in der Deutschen Nationalbibliografie; detaillierte bibliografische Daten sind im Internet über <http://dnb.d-nb.de> abrufbar.

Dissertation, Universität Bielefeld, 2013

Dissertation zur Erlangung des Grades eines Doktors der Wirtschaftswissenschaften der Fakultät für Wirtschaftswissenschaften der Universität Bielefeld

Erstgutachter: Prof. Dr. Fred G. Becker
Zweitgutachter: Prof. Dr. Matthias Amen

ISBN 978-3-8441-0255-0
1. Auflage Juni 2013

JOSEF EUL VERLAG GmbH
Brandsberg 6
53797 Lohmar
Tel.: 0 22 05 / 90 10 6-6
Fax: 0 22 05 / 90 10 6-88
E-Mail: info@eul-verlag.de
http://www.eul-verlag.de

Bei der Herstellung unserer Bücher möchten wir die Umwelt schonen. Dieses Buch ist daher auf säurefreiem, 100% chlorfrei gebleichtem, alterungsbeständigem Papier nach DIN 6738 gedruckt.

Geleitwort

Seit vielen Jahren wird im Rahmen des erwarteten demografischen Wandels – gerade bei dem Arbeitsmarktsegment „Ingenieure“ – eine starke Wettbewerbsintensität um genau dieses Arbeitsmarktsegment erwartet. Ein personalwirtschaftliches Instrument, um in diesem Wettbewerb besser dazustehen, ist das Bindungsmanagement. Hierunter werden all die Maßnahmen eines Betriebes verstanden, die dazu beitragen, bereits Beschäftigte zu einer Bleibe- und darauf aufbauend zu einer Leistungsmotivation zu bewegen. Ist ein Bindungsmanagement erfolgreich, so entstehen weniger zu deckende Vakanzen mit den damit verbundenen Folgekosten. Gleichzeitig ist dies Ausdruck zumindest einer relativen Arbeitszufriedenheit der Mitarbeiter(innen). Um ein Bindungsmanagement erfolgreich bei Ingenieuren umsetzen zu können, bedarf es zum einen Informationen über die Determinanten der Bindung dieser Arbeitnehmergruppe sowie zum anderen einer adressatengerechten Bindungsaktivität des Betriebes. Hierzu liegen bislang wenige Informationen vor. Herr *Piezonka* hat sich dieser Aufgabenstellung in seiner von mir eng betreuten und von meinen anderen Doktoranden stets begleiteten Dissertation gewidmet, indem er zunächst theoretisch abstrakt die Grundlagen einer differenziellen Mitarbeiterbindung für Ingenieure – gerade im industriellen Mittelstand – erarbeitet und darauf aufbauend eine explorative Studie in einem „weißen Feld“ der Forschung durchgeführt hat. Mit letzterer sollten sowohl die Bindungsdeterminanten als auch bereits praktizierte Bindungsaktivitäten in dem genannten raumzeitlich eingeengten Umfeld erhoben werden.

Herr *Piezonka* schafft es zunächst sehr pointiert in die Bedeutung der Thematik einzuführen. Danach werden der Gang seiner Überlegungen und seiner qualitativen Erhebung über die Erarbeitung des Forschungsrahmens, die stringente Argumentation zur Forschungsmethodik sowie die Darstellung und Interpretation der erstmals vorliegenden Ergebnisse sehr gut nachvollziehbar erläutert. Dies gestattet es den interessierten Lesern, stets seiner Argumentation zu folgen. All dies hilft sowohl einschlägigen Forschern als auch betroffenen Personalpraktikern, jeweils treffende Schlussfolgerungen für die eigene Arbeit zu ziehen. Von daher sei der vorliegenden Schrift eine breite Leserschaft zu wünschen.

Bielefeld, im Mai 2013

Prof. Dr. Fred G. Becker

Vorwort

Unter dem Titel „Bindungsmanagement im industriellen Mittelstand. Eine explorative Studie bei den Ingenieuren“ wurde die vorliegende Arbeit im Oktober 2012 von der Fakultät für Wirtschaftswissenschaften der Universität Bielefeld als Dissertation angenommen. Zahlreiche Personen haben mich auf meinem Weg als Doktorand durch diese Zeit begleitet. Ihnen allen möchte ich nachfolgend meinen ausdrücklichen Dank aussprechen.

Zu nennen ist in allererster Linie mein Betreuer Prof. Dr. Fred G. Becker, welcher durch zahlreiche Gespräche und Diskussionen mein Verständnis vom wissenschaftlichen Arbeiten mitgeprägt und zu einer fachlichen Schärfung meines Blickes beigetragen hat. Des Weiteren gilt mein Dank Prof. Dr. Matthias Amen für seine Unterstützung im Rahmen der Übernahme des Zweitgutachtens sowie Prof. Dr. Hermann J. Richter in seiner Funktion als Drittprüfer.

Zu Dank verpflichtet bin ich darüber hinaus meinen zahlreichen Kollegen und Mit-Doktoranden am Lehrstuhl und im Kreis der Doktoranden-Kolloquien: Dipl.-Kffr. Vanessa Friske, Ann Kristin Gosewehr (M. Sc.), Inga Knoche (M. Sc.), Dipl.-Kfm. Hendrik Langen, Dr. Astrid Meißner, Dr. Cornelia Meurer, Annabelle Montag (M. Sc.), Dr. Yves Ostrowski, Dipl.-Kffr. Diana Schindler, Dipl.-Kfm. Wögen Tadsen und Dr. Ellena Werning. Herzlichen Dank für eure nachhaltige Unterstützung und die tolle Arbeitsatmosphäre über all die Jahre hinweg. In Bezug auf die Bereitschaft zum akribischen inhaltlichen Korrekturlesen meiner Arbeit ist in diesem Zusammenhang insbesondere Dr. Ellena Werning herauszuheben. Nicht vergessen möchte ich allerdings auch Erika Mohnhardt für die formale Korrekturlesung.

Einen wesentlichen Beitrag zum Gelingen meiner Arbeit haben auch all die Teilnehmer an meiner empirischen Studie geleistet. Ohne die zum Teil zeitintensive Zusammenarbeit mit den zahlreichen Experten aus der mittelständischen Industrie wäre ein Abschluss nicht möglich gewesen. Herzlichen Dank dafür!

Letztlich gilt mein nachhaltigster Dank jedoch der Unterstützung, welche ich aus meinem familiären und privaten Umfeld heraus erfahren habe. Vor allem der bedingungslose Rückhalt meiner Freundin Nina über all die Höhen und Tiefen eines Doktoranden hinweg hat mich stets zur Fortführung und final zum Abschluss des Projektes motiviert. Ihr ist diese Arbeit gewidmet.

Bielefeld, im Mai 2013

Sascha Piezonka

Inhaltsübersicht

Inhaltsverzeichnis

Abbildungsverzeichnis

Tabellenverzeichnis

Abkürzungsverzeichnis

BDI	Bundesverband der Deutschen Industrie e. V.
DGFP	Deutsche Gesellschaft für Personalführung e. V.
EU	Europäische Kommission
HGB	Handelsgesetzbuch
IAB	Institut für Arbeitsmarkt- und Berufsforschung
i. e. S.	im engeren Sinne
IfM Bonn	Institut für Mittelstandsforschung Bonn
ISR	International Survey Research
i. w. S.	im weiteren Sinne
KMU	Kleine und mittlere Unternehmungen
MIngKG	Musteringenieur(kammer-)gesetz
MINT	Mathematik, Informatik, Naturwissenschaften, Technik
OWL	Ostwestfalen-Lippe
SCT	Selbst-Kategorisierungs-Theorie (Self-Categorization Theory)
SIT	Soziale Identitätstheorie (Social Identity Theory)
VDI	Verein deutscher Ingenieure e. V.

1 Einleitung

1.1 Forschungsanlass und Erkenntnisziel

Trotz der am Arbeitsmarkt allgemein bestehenden Arbeitslosigkeit gelten hochqualifizierte Fachkräfte als knapp und werden händeringend gesucht.[1] Dieser Fachkräftemangel findet seinen Höhepunkt in den sogenannten MINT-Qualifikationen, d. h. akademisch ausgebildeten Fachkräften der Bereiche Mathematik, Informatik, Naturwissenschaften und Technik.[2] Als besonders kritisch wird die Situation für hochqualifizierte Fachkräfte des ingenieurtechnischen Bereichs – insbesondere für Maschinenbau- und Elektroingenieure – beschrieben.[3] So rechnet der Verein deutscher Ingenieure e. V. (VDI) vor, dass zu Beginn des Kalenderjahres 2012 etwa 105.700 offene Positionen für Ingenieure nicht besetzt werden konnten, wobei diese Anzahl seit dem Jahr 2000 kontinuierlich anwächst und sich somit „*[...] die Ingenieurengpässe auf hohem Niveau verstetigen.*“[4] Zu spüren bekommen dies vor allem Unternehmungen der verschiedenen industriellen Branchen, welche verstärkt ingenieurtechnisches Know-how – gerade in den Bereichen Maschinenbau und Elektrotechnik – nachfragen. Gerade für diese industriellen Unternehmungen stellt solches Know-how einen – wenn nicht sogar den entscheidenden – erfolgskritischen Faktor dar, um marktführende Positionen nicht nur erreichen, sondern auch langfristig verteidigen zu können.[5]

Als Konsequenz dieser Bedingungen kommt der Bindung von bereits vorhandenem ingenieurtechnischem Know-how in Form der beschäftigten Ingenieure eine zunehmende Bedeutung zu.[6] Neben dem hierfür als ursächlich erachteten Fachkräftemangel, welcher dazu führt, dass fluktuierende Ingenieure nur bedingt ersetzt werden können,[7] wird dabei auch auf den Verlust des vorhandenen Know-hows verwiesen. Dieser Aspekt gilt als gleichermaßen kritisch, da selbst bei einer vorhandenen Möglichkeit zur Neubesetzung die in den jeweiligen Spezialbranchen vorhandene individuelle Fachexpertise neu aufgebaut werden muss. Vor allem in den Branchen des Hochtechnologiebereiches entsprechender (Welt-) Marktführer

---

1 Vgl. VDI Wissensforum (2005), S. 1; BDI (2012c), S. 19 f.

2 Vgl. Anger et al. (2011), S. 3; IW Köln (2009); Werner (2008), S. 1 ff.

3 Vgl. Erdmann (2010), S. 3 ff.; Erdmann/Koppel (2009), S. 107 ff.; IW Köln (2008), S. 4.

4 VDI (2012), S. 3. Es wird auch von einer Ingenieurlücke gesprochen. Vgl. VDI (2012), S. 8.

5 Nach Aussagen des IW Köln sind 57 % sämtlicher im industriellen Bereich beschäftigter Akademiker Ingenieure, in innovationsintensiven Branchen sogar etwa 75 %. Vgl. IW Köln (2010), S. 4.

6 Vgl. VDI Wissensforum (2008), S. 6 ff.

7 Vgl. VDI Wissensforum (2008), S. 6.

bestehen diesbezüglich nicht selten unternehmungsspezifisch hochkomplexe Tätigkeitsfelder. Auch können marktführenden Positionen lediglich mit solchen Ingenieuren langfristig gefestigt werden, welche sich durch eine außergewöhnliche Leistungsbereitschaft auszeichnen.[8]

Aus einer theoretischen Perspektive heraus bietet diesbezüglich vor allem der ressourcenbasierte Ansatz einen Erklärungsbeitrag zur Bedeutung der Bindung von Ingenieuren an die Unternehmung. Dieser fokussiert auf den Stellenwert unternehmungsinterner Bestimmungsgrößen zur Generierung unternehmerischer Erfolgspotenziale, wobei insbesondere Humanressourcen sowie organisationale Fähigkeiten zum Erhalt und zur Nutzung dieser Humanressourcen im Blickpunkt stehen.[9]

Aufgrund dieser Relevanz zur Bindung, vor allem von erfolgskritischen Fachkräften – wie Ingenieuren im industriellen Bereich –, ist auch die Thematik der Mitarbeiterbindung gerade in den letzten Jahren Gegenstand zahlreicher Beiträge aus Wissenschaft und Praxis. So werden zu der als vergleichsweise unerforscht geltenden Thematik[10] zunehmend unterschiedliche Zugänge durch diverse Forschungsdisziplinen gesucht, aber auch etliche praxisorientierte Beiträge geliefert.[11] Im Resultat führen diese spezifisch vorliegenden Ausgangspositionen und die Fülle der jeweiligen Beiträge jedoch bislang zu einer hohen Heterogenität und Unübersichtlichkeit der Aussagen. Eine einheitliche Richtung sowie ein konsensorientiertes Vorgehen bestehen bislang kaum.[12] Festzustellen ist diesbezüglich im Besonderen, dass sich der Erkenntnisgewinn im Wesentlichen auf Unternehmungen ab einer bestimmten Größenordnung bezieht, d. h. namentlich beinahe ausschließlich Großkonzerne – sowohl des industriellen Bereiches als auch im Allgemeinen – Gegenstand der jeweiligen Abhandlungen sind oder einfach vorausgesetzt werden.[13] Dabei werden durch die jeweilig zugrunde liegenden Annahmen Aussagen darüber generiert, welche Faktoren eine Mitarbeiterbindung beeinflussen können sowie insbesondere, welche Möglichkeiten Unternehmungen haben, um diese im Sinne eines Managements der Mitarbeiterbindung zu steuern. Letzteres bezieht sich u. a. oftmals

---

8 Vgl. Mai (2011), S. 231 ff., sowie allgemein bspw. Sinnhold (2003), S. 76.

9 Vgl. hierzu bspw. Barney (1991), S. 99 ff.; Barney/Wright (1998), S. 31 ff.

10 Vgl. Becker (2010a), S. 231.

11 Vgl. zu einem Überblick bspw. Felfe (2008); Manning/Wolf (2005), S. 33 ff.

12 Vgl. Becker (2010a), S. 231.

13 Vgl. bspw. Wucknitz/Heyse (2008), S. 8; Szebel-Habig (2004), S. 9 f.; Knoblauch (2004), S. 101 ff.; Bertrand (2004), S. 265 ff.; Speck/Ryba (2004), S. 383 ff.; Olesch (2000), S. 285 ff.

auf die Möglichkeiten zur Ausgestaltung komplexer Entgeltsysteme oder entsprechender Personalmarketingstrategien.[14]

Bislang kaum beachtet worden sind in diesem Zusammenhang dagegen solche Unternehmungen, welche dem Mittelstand zuzurechnen sind.[15] Dies verwundert schon allein deswegen, da sich der Anteil des Mittelstandes am gesamten Unternehmungsbestand lt. Unternehmungsregister auf 99,7 % beläuft. Gleichzeitig sind 60,8 % der sozialversicherungspflichtig Beschäftigten in eben diesen mittelständischen Unternehmungen beschäftigt. Die Nettowertschöpfung beträgt hierbei 51,3 %.[16] Im industriellen Sektor sind diesbezüglich 98 % der Unternehmungen als mittelständisch bezeichnet, bieten 53 % der industriellen Arbeitsplätze an und generieren etwa 36 % der Industrieumsätze und -investitionen.[17] Es wird deshalb auch vom „*Lebensnerv der Industrie*“[18] gesprochen.[19] Ein Management der Mitarbeiterbindung, insbesondere für hochqualifizierte ingenieurstechnische Fachkräfte, erscheint daher auch für mittelständische Industrieunternehmungen zumindest von gleichgroßer Relevanz wie für entsprechende Unternehmungen anderer Größenordnungen.[20] Das sich diese nicht in den Abhandlungen und Aussagen zum Management der Mitarbeiterbindung in Großkonzernen wiederfinden lassen, lässt sich durch die Unterschiedlichkeit der Unternehmungen der jeweiligen Größenordnungen belegen. So zeichnen sich mittelständische Unternehmungen durch besondere Spezifika aus, welche sich so in Großkonzernen nicht wiederfinden lassen und zu gänzlich anderen Ausgangspositionen führen.[21] Gleichwohl ist dennoch davon auszugehen, dass ein Bindungsmanagement auch im Mittelstand vorhanden ist, da andernfalls deren Stärke vor allem langfristig kaum erklärbar wäre. Gerade die sogenannten Hidden Champions des industriellen Mittelstandes könnten ihre strategische Wettbewerbsposition in der langen Sicht kaum ohne gebundene hochqualifizierte Fachkräfte des ingenieurtechnischen Bereichs und entsprechender Fähigkeiten zum Management der Bindung behaupten.[22] Wie dies jedoch im Einzelnen

---

[14] Vgl. VDI Wissensforum (2008), S. 6 f.

[15] Vgl. hierzu Marburger (2004), S. 287 ff.

[16] Die Kennzahlen basieren z. T. auf Schätzungen des IfM Bonn. Zugrunde liegt das dort geführte quantitative Begriffsverständnis des Mittelstandes. Vgl. IfM Bonn (2012a). Zur Bedeutung des Mittelstandes darüber hinaus vgl. bspw. auch Mugler (1998), S. 5 ff.; Mugler (2007), Sp. 1235 f.

[17] Vgl. Kayser (2003), S. 3.

[18] Kayser (2003), S. 3.

[19] Vgl. ähnlich Freiling et al. (2010), S. 7.

[20] Vgl. VDI Wissensforum (2008), S. 6 f.; Freiling et al. (2010), S. 21.

[21] Vgl. bspw. Pfohl (2006a), S. 2; Welsh/White (1980), S. 18 ff.; Börner (2006), S. 297 ff.; Richenhagen (2004), S. 28.

[22] Vgl. bspw. Kegel (2009), S. 81 ff.; Freiling (2008), S. 11.

funktioniert, stellt einen in der wissenschaftlichen Forschung bislang wenig beachteten Tatbestand dar und ist somit zentraler Untersuchungsgegenstand der vorliegenden Arbeit.

Dem erläuterten Forschungsdefizit folgend, richtet sich das Forschungsinteresse dieser Arbeit somit, ausgehend von der Unternehmungsperspektive, auf die Frage, **was** hochqualifizierte Fachkräfte des ingenieurtechnischen Bereichs (insbesondere des Maschinenbaus sowie der Elektrotechnik) in ihrem Bindungsverhalten an industrielle Mittelständler beeinflusst, vor allem darauf, **wie** ein Management der Bindung ausgestaltet werden kann, um langfristig Erfolgspotenziale am Markt generieren und aufrechterhalten zu können.

Demzufolge liegt das **Erkenntnisziel** dieser Arbeit in der theoretischen sowie empirisch basierten Exploration und Analyse des Bindungsmanagements mittelständischer Industrieunternehmungen bei Ingenieuren (vor allem der Bereiche Maschinenbau und Elektrotechnik). Den Kern der Untersuchung bildet dabei die Exploration und Analyse der Bindungsfaktoren dieser Ingenieure sowie insbesondere der Maßnahmen mittelständischer Industrieunternehmungen zur Steuerung des Bindungsverhaltens dieser Zielgruppe. Zugrunde gelegt wird eine ressourcenbasierte Perspektive zur Differenzierung der beiden wettbewerbsentscheidenden Potenziale „Humanressource Ingenieur" sowie „organisationale Fähigkeit".

1.2 Methodologie

Im Rahmen der vorliegenden Arbeit findet das Konzept der bezugsrahmenorientierten explorativen Studie Anwendung, um den bis dato wenig erforschten und strukturierten Untersuchungsgegenstand zu erschließen.[23] Folgend wird daher die bezugsrahmenorientierte Studie in den Kontext der empirischen Sozialforschung eingeordnet und anschließend erläutert.

Die empirische Sozialforschung beschäftigt sich nach ATTESLANDER mit der systematischen Erfassung und Deutung sozialer Tatbestände. Empirisch wahrnehmbare soziale Tatbestände interpretiert ATTESLANDER als beobachtbare menschliche Verhaltensweisen sowie durch Sprache vermittelte Meinungen und Informationen über bspw. Erfahrungen, Einstellungen oder Werturteile. Systematisch bezieht sich dabei auf einen nach spezifischen Voraussetzungen geplanten und in jeder Phase nachvollziehbaren Forschungsprozess.[24] Zur Erfüllung die-

---

23 Vgl. zum Folgenden insbesondere Becker (1993), S. 111 ff.; Becker (2006c), S. 281 ff.

24 Vgl. Atteslander (2010), S. 3.

ser Ziele lassen sich mit der quantitativen sowie der qualitativen Forschung zwei Hauptströmungen der empirischen Sozialforschung differenzieren.[25]

So geht die **quantitative Forschung** dem Ziel nach, vorab festgelegte und normalerweise theoretisch fundierte Hypothesen zu überprüfen. Im Sinne eines kognitiven Wissenschaftsziels werden leistungsfähige theoretische Aussagen in Form genereller Ursache-Wirkungs-Zusammenhänge untersucht.[26] Im Fokus steht die Theoriebegründung bzw. Modellüberprüfung, um anschließende praxeologische Aussagen zur Gestaltbarkeit eines Entscheidungsfeldes theoretisch vorzubereiten.[27] Zum Einsatz kommen statistische sowie stark standardisierte Methoden.[28] Diese starke Quantifizierung, welche im Wesentlichen auf dem kritischen Rationalismus beruht[29], ist in der Betriebswirtschaftslehre weit verbreitet und fokussiert den Begründungszusammenhang, welcher ein Erklärungs- und Gestaltungsinteresse fokussiert.[30]

Während diese Vorgehensweise traditionell ihre Berechtigung aufweist, wird sie hinsichtlich ihrer Partikularität, Sterilität sowie ihres Formalismus kritisiert. Insbesondere soziale Zusammenhänge sowie das Verstehen von Verhaltensweisen werden nur unzureichend thematisiert.[31] Gerade im Zusammenhang mit zum Forschungszeitpunkt wenig bekannten Erkenntnisobjekten erscheint diese Herangehensweise wenig geeignet. KUBICEK spricht sich daher für ein alternatives Vorgehen, welches der qualitativen Forschung zugeordnet werden kann, aus.[32]

Ausgangspunkt der **qualitativen Forschung** ist eine interpretierende und sinnverstehende Herangehensweise an das jeweilige Untersuchungsfeld. Das Interesse gilt einer ganzheitlichen Erfahrungsgewinnung im Sinne einer theoretisch geführten Rekonstruktion einer konstruierten Wirklichkeit.[33] Es wird also nicht von einem objektiv vorgegebenen Ausschnitt der Realität ausgegangen, als vielmehr von einer gedachten sozialen Wirklichkeit, die es zu deuten gilt. Ziel ist es, ein weitgehend ganzheitliches und detailgetreues Bild, vor allem aus der Sicht der

---

25 Vgl. bspw. Atteslander (2010), S. 5 und S. 12 f.; von Kardorff (1995), S. 3 ff.; Flick (2009), S. 21 ff.

26 Vgl. Chmielewicz (1994), S. 8 ff.

27 Zum Zusammenhang zwischen dem theoretischen sowie dem pragmatischen Wissenschaftsziel vgl. bspw. Kosiol (1964), S. 745 ff.; Schanz (2009), S. 84 ff.

28 Vgl. Becker (1993), S. 112.

29 Vgl. hierzu insbesondere Popper (1968; 2002).

30 Vgl. Kubicek (1977), S. 7; Chmielewicz (1994), S. 37.

31 Vgl. hierzu insbesondere Kubicek (1977), S. 9, sowie darüber hinaus Wollnik (1977), S. 38 ff.; Becker (2006c), S. 285 f.; Atteslander (2010), S. 10 f.

32 Vgl. Kubicek (1977), S. 12.

33 Vgl. Becker (1993), S. 113.

Betroffenen, zu generieren. Methodische Vorentscheidungen der quantitativen Forschung, welche eine Aufspaltung des Untersuchungsgegenstandes zur Folge hätten, bleiben unberücksichtigt.[34] In diesem Sinne erfolgt keine Überprüfung und ggf. Falsifizierung von Hypothesen als vielmehr eine Hypothesengenerierung bzw. -entwicklung, was insbesondere für bis dato wenig erforschte Erkenntnisobjekte im Entdeckungszusammenhang sinnvoll ist.[35]

Das in dieser Arbeit gewählte Wissenschaftskonzept sollte somit Forderungen hinsichtlich einer geringen Restriktivität sowie einer starken Flexibilität und Offenheit genügen. Nach BECKER empfiehlt sich daher ein konzeptionell-methodischer Pluralismus, d. h. eine Kombination verschiedener Forschungsmethoden, die Berücksichtigung mehrerer Betrachtungsperspektiven und die Nutzung unterschiedlicher Ansätze zur Förderung eines Erkenntnisfortschrittes.[36] Trotz dieser Flexibilität und Offenheit gilt es gleichzeitig den Forschungsprozess systematisch und methodisch kontrolliert durchzuführen. Eine Herangehensweise bietet die explorative Studie, welche mit der qualitativen Forschung eng verbunden ist.[37]

Die **Exploration** befasst sich mit der „*[...] kreativen, aber dennoch systematisierten Erfassung, Präzisierung, Strukturierung und Erklärung von vorher weitgehend unbearbeiteten realen Problemen.*“[38] Im Fokus stehen folglich zum jeweiligen Forschungszeitpunkt wenig bekannte Erkenntnisobjekte, welche als „*weiße Flecken*“[39] der Forschung bezeichnet werden. WOLLNIK kennzeichnet eine solche explorative Forschungsstrategie als eine erfahrungsvermittelnde Spekulation im wissenschaftlichen Kontext.[40] Die explorative Studie ist somit ein methodologisches Instrument zur oben beschriebenen Theorie- und Hypothesenentwicklung im Entdeckungszusammenhang. Sie versteht sich als eine Art Vorstufe der hypothesenprüfenden Vorgehensweise des Begründungszusammenhangs.[41]

---

34 Vgl. von Kardorff (1995), S. 4 ff.

35 Vgl. Kubicek (1977), S. 12; Becker (2006c), S. 285.

36 Vgl. Becker (1993), S. 115.

37 Vgl. zum Folgenden insbesondere Becker (2006c), S. 285 ff.; Becker (1993), S. 115 ff., sowie ferner auch Zaugg (2002), S. 9 f.

38 Becker (2006c), S. 286.

39 Becker (2006c), S. 286.

40 Vgl. Wollnik (1977), S. 43.

41 Vgl. Becker (2006c), S. 286; Becker (1993), S. 115 f., sowie ferner Atteslander (2010), S. 18.

Die explorative Forschung orientiert sich diesbezüglich an der Erarbeitung von **Bezugsrahmen.**[42] Bezugsrahmen ermöglichen eine vorläufige Strukturierung von bislang wenig bekannten Untersuchungsgegenständen und dienen so einer ersten begrifflich-theoretischen Integration der relevanten Komponenten. Insbesondere bei sogenannten weißen Flecken der Forschung, wie in der vorliegenden Arbeit gegeben, ist eine gedankliche Ordnung über komplexe reale Problemzusammenhänge gut möglich. Die systematische Durchführung einer explorativen Studie wird hinsichtlich einer sorgfältigen Entwicklung eines inhaltlich, prozessual und methodisch einwandfreien Bezugsrahmens unterstützt.[43] Im Folgenden werden zur weiteren Strukturierung der vorliegenden Arbeit zwei unterschiedliche Bezugsrahmen differenziert. Dies sind der Forschungsrahmen und der Erklärungsrahmen.[44]

Der selbst konzipierte **Forschungsrahmen** dient als erste Stufe der Hypothesen- und Theorieentwicklung einer explorativen Studie. Seine Entwicklung und Erprobung ermöglicht eine Erfassung und Erweiterung des Vorverständnisses über das Erkenntnisobjekt, was u. a. zu dessen Konkretisierung führt. Die Methodik seiner Erarbeitung beinhaltet dabei vielfältige Möglichkeiten, wie bspw. Theorien, Praxiserfahrungen, Expertengespräche, aber auch Intuition, Analogieschlüsse und Plausibilitätsüberlegungen. Letztlich leitet dies die empirische Forschung an und ermöglicht es Dritten, getroffene Schlussfolgerungen nachzuvollziehen.[45]

Der eng auf den Forschungsrahmen bezogene **Erklärungsrahmen** beinhaltet dann sowohl die Darstellung als auch die Interpretation der Daten aus der Empirie. Er dient somit im Ergebnis des Forschungsvorhabens als Deskriptions- und Erklärungsmuster. Im Idealfall erfolgt die Aufstellung empirisch begründeter Forschungshypothesen, welche als Basis nachfolgender empirischer Studien mit entsprechend umfassenden Untersuchungseinheiten dienen können.[46] Abbildung 1 stellt den so erläuterten gesamten Forschungsprozess idealtypisch dar.[47]

---

[42] Vgl. zur bezugsrahmenorientierten Forschung insbesondere auch Grochla (1978), S. 62 f.; Kubicek (1977), S. 17 ff.; Wollnik (1977), S. 44 ff.; Kirsch (1981), S. 193 f.; Kirsch (1984), S. 761 ff.; Zaugg (2002), S. 5 ff.

[43] Vgl. Becker (2006c), S. 289; Becker (1993), S. 118.

[44] Vgl. hierzu Becker (2006c), S. 290 ff.; Becker (1993), S. 118 ff.

[45] Vgl. Becker (2006c), S. 291 ff.; Becker (1993), S. 119 ff.

[46] Vgl. Becker (2006c), S. 297 ff.; Becker (1993), S. 122 ff.

[47] Mit der grundsätzlichen Entscheidung zur Durchführung einer explorativen Studie liegen noch keine Aussagen zur tatsächlichen Erhebungsmethode vor. Vgl. hierzu die Ausführungen in Kapitel 4.

Bezugs-rahmen	Forschungs-episoden	Aktivitäten	Methoden	Probleme/ Grenzen
Forschungs-rahmen	Entwicklungs-phase	- Darlegung des Vorverständnisses - Entwicklung von Grundbegriffen - Problemspezifikation - Erstellung von Arbeitshypothesen	- Intuition, Kreativität - Gespräche - Literaturlektüre - Auswertung sekundärer Daten - Infragestellen	- Nicht-Thematisierung des Vorverständnisses - Phantasie - Akzeptanz - Subjektivität
	Erprobungs-phase	- Modifikation - Methodentest - Inhaltliche Überprüfung - Erprobung	- Pretest - Experteninterviews	- Einzelaussagen - Wahl der Experten
	Forschungs-methodik	- Auswahl Untersuchungsverfahren - Erhebungs- und Auswertungsmethodik - Auswahl Untersuchungseinheiten	- Interviews - Fragebogen - Fallstudien - Beobachtung	- Adäquatheit der Methoden zum Forschungsinteresse - Samplewahl
	Anwendungs-phase	- Modifikation - Einsatz des Erhebungsinstruments		- Qualität des Instruments - Qualifikation
Erklärungs-rahmen	Auswertungs-phase	- Problembeschreibung - Problemerklärung - Aufstellung von Forschungshypothesen	- Induktion - Qualitative Inhaltsanalyse - Faktorenanalyse - Interpretation	- Kleines Sample - Vage Aussagen - Begrenzte Aussagefähigkeit - Subjektivität

Abbildung 1: Darstellung des explorativen Forschungsprozesses.
Quelle: In enger Anlehnung an Becker (2006c), S. 301.

1.3 Aufbau der Arbeit

Entsprechend dem im ersten Kapitel erläuterten Forschungsanlass mit dem daraus abgeleiteten Erkenntnisziel sowie der geschilderten methodologischen Überlegungen gilt, es den sich ergebenden weiteren Aufbau der Arbeit zu darzulegen.

Nachfolgend wird eine Erörterung der Untersuchungsgegenstände in Kapitel zwei vorgenommen. Die ressourcenbasierte Perspektive stellt die verwendete theoretische Ausgangsposition dar (2.1). Darauf aufbauend werden mittelständische Industrieunternehmungen als Objekt des Bindungsmanagements begrifflich abgegrenzt sowie deren besondere Charakteristika erläutert (2.2). Ähnlich werden für die Ingenieure, neben begrifflichen Erläuterungen, Berufs- und Tätigkeitsfelder im industriellen Bereich aufgezeigt (2.3). Im Teilkapitel (Mitarbeiter-) Bindung und Bindungsmanagement (2.4) gilt es, neben einer Begriffsexplikation auf verwandte Konstrukte und zentrale Charakteristika eines Bindungsmanagements einzugehen.

In Kapitel drei erfolgt unter Berücksichtigung der erörterten Grundlagen sowie auf der Basis der explorativen Studie die Erarbeitung eines Forschungsrahmens zum Bindungsmanagement für Ingenieure unter besonderer Berücksichtigung der diesbezüglich kaum erforschten mittelständischen Industrieunternehmungen. Hierzu wird – nach einer kurzen Erläuterung der weiteren Vorgehensweise (3.1) – zunächst ein Überblick über relevante Beiträge aus der Forschungsliteratur gegeben, um ein möglichst breites Forschungsspektrum aufzuspannen. Gegenstand sind neben theoretischen Erklärungsansätzen bestehende personalwirtschaftliche Konzepte und empirische Befunde (3.2). Diese als Ausgangspunkt berücksichtigend, werden im Anschluss sowohl die zentralen Bindungsfaktoren (3.3) als auch die zentralen Maßnahmen eines Bindungsmanagements (3.4) exploriert und analysiert. Bei Ersten wird neben umwelt- und personenbezogenen insbesondere auf unternehmungsbezogene Bindungsfaktoren eingegangen. Bei Zweiten liegen Überlegungen eines Führungssystems mit den entsprechenden Führungssubsystemen zugrunde. Im Fokus steht neben dem Informations-, Planungs- und Kontroll- sowie Organisationssystem und dem unternehmungspolitischen Rahmen vor allem das Personalsystem mit seinen Subsystemen. Der sich so zusammensetzende Forschungsrahmen ist rahmengebend für die nachfolgende empirische Exploration und Analyse.

Das weitere Vorgehen zur Durchführung einer empirischen Studie wird im vierten Kapitel näher erläutert. Zugrunde liegt das gewählte qualitative Forschungsdesign problemzentrierter Experteninterviews. Diesbezüglich werden zunächst die Ziele der Untersuchung und die Auswahl dieser Verfahrensmethodik begründet (4.1). Anschließend wird auf die Stichprobenauswahl (4.2) sowie auf die Interviewleitfadenkonzeption (4.3) eingegangen. Letztlich werden die Datengewinnung und -aufbereitung (4.4) sowie die Datenauswertung (4.5) thematisiert.

Im Fokus des Kapitels fünf stehen im Anschluss daran die Ergebnisse der empirischen Untersuchung innerhalb des Erklärungsrahmens. Diese werden zunächst – zum Teil aggregiert und eng an den entwickelten Forschungsrahmen angelehnt – lediglich darstellend zusammengetragen (5.1). Es wird neben einer Charakterisierung der befragten industriellen Mittelständler auf grundsätzliche Aussagen zu den Untersuchungsgegenständen sowie vor allem auf die Aussagen zu den Bindungsfaktoren und zu den Maßnahmen eines Bindungsmanagements eingegangen. Die anschließende Interpretation der Untersuchungsergebnisse (5.2) erfolgt unter Berücksichtigung der Erkenntnisse des Forschungsrahmens.

Im sechsten und letzten Kapitel wird eine Schlussbetrachtung vorgenommen. Diese gliedert sich in ein Fazit (6.1) sowie einen Ausblick (6.2). Abbildung 2 fasst dies zusammen.

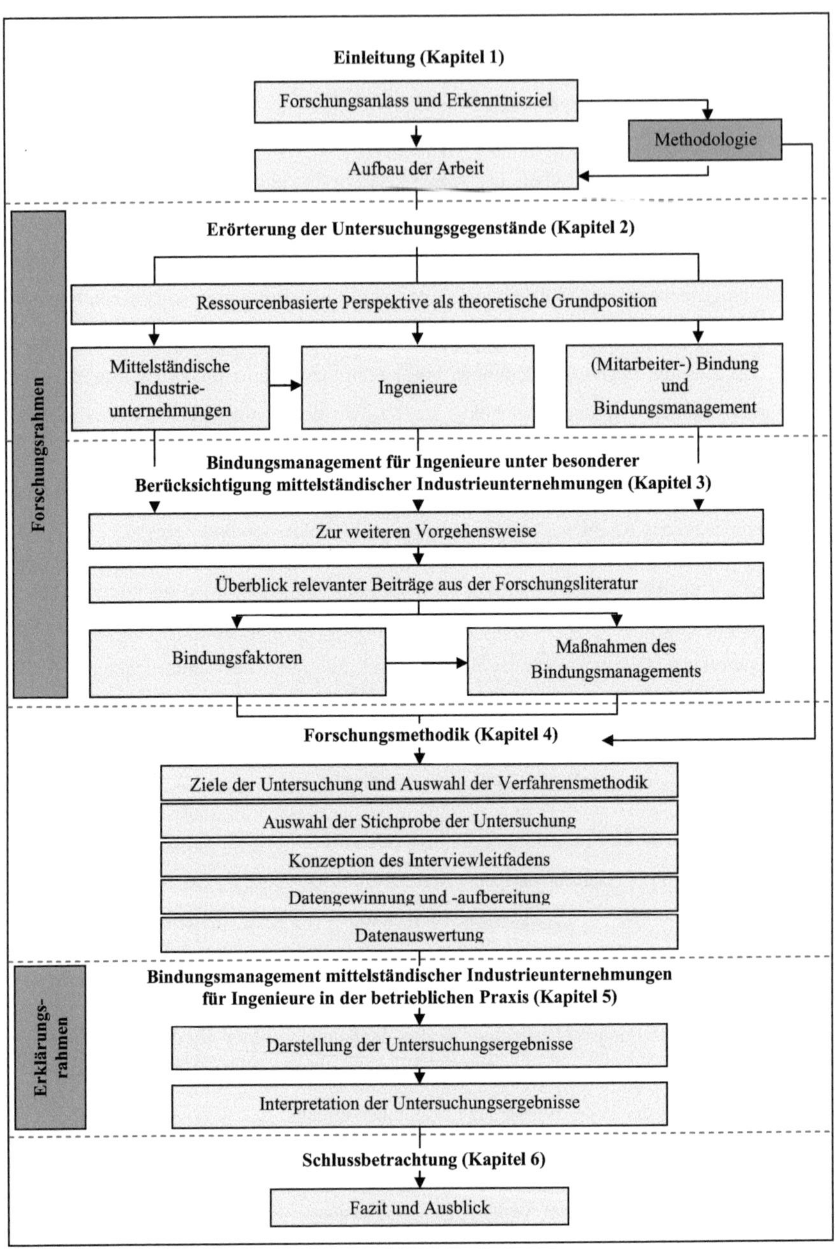

Abbildung 2: Aufbau der Arbeit.

2 Erörterung der Untersuchungsgegenstände

2.1 Ressourcenbasierte Perspektive als theoretische Grundposition

Das primäre Ziel erwerbswirtschaftlich orientierter Unternehmungen besteht neben der langfristigen Sicherung der Existenz vor allem in der Erzielung wirtschaftlichen Erfolgs.[48] Dementsprechend erfolgen unternehmerische Aktivitäten nicht um ihrer selbst willen, sondern unter Berücksichtigung des ökonomischen Kalküls, d. h. zur Realisierung optimaler Kosten-Nutzen-Relationen. Hierbei stellt sich die Frage nach den grundsätzlichen Annahmen bzw. theoretischen Ausgangspositionen unternehmerischen Erfolgs. Eine Berücksichtigung solcher Grundannahmen bestimmt wesentlich das jeweils zu wählende Vorgehen, die einzusetzenden Methoden etc.[49] Ein möglicher Erklärungsansatz liegt mit der ressourcenbasierten Perspektive vor, welche als theoretische Grundposition dieser Arbeit nachfolgend erläutert wird.

Grundidee der ressourcenorientierten Perspektive ist eine Betonung unternehmungsinterner Bestimmungsgrößen des Erfolgs, den sogenannten unternehmungsinternen Ressourcen.[50] Diesbezüglich werden strategische Ressourcen von wettbewerbspolitisch neutralen Ressourcen differenziert.[51] Während letzere keine besondere Relevanz aufweisen, sichern **strategische Ressourcen** langfristig den Aufbau, Erhalt und Schutz von Wettbewerbsvorteilen. Hierzu müssen sie im Wesentlichen die idealtypischen Bedingungen Wert und Knappheit sowie Nicht-Imitierbarkeit und Nicht-Substituierbarkeit erfüllen.[52]

Ausgehend von dieser grundlegenden Argumentationslogik beschäftigen sich Vertreter der ressourcenorientierten Perspektive vor allem mit der Frage, was unter Ressourcen grundsätz-

---

48 Vgl. im Kontext der strategischen Unternehmungsführung Becker (2011a), S. 25.

49 Vgl. Becker (2011a), S. 28.

50 Ansätze eines **Resource-Based View** finden sich in der (strategischen) Unternehmungsführung seit Mitte der 1980er Jahre wieder. Vgl. Sydow/Ortmann (2001), S. 10 f.; Müller-Stewens/Lechner (2001), S. 11; Jones/Bouncken (2008), S. 470 ff. Sie ergänzen dort die Ansätze des sogenannten **Market-Based View**. Vgl. bspw. Bain (1968), S. 112 ff.; Porter (2008), S. 33 ff.; Teece (1984), S. 93 ff. Die Ursprünge liegen jedoch weiter zurück und werden mit Selznick (1957) und Penrose (1959; 1972; 1980) in Verbindung gebracht.

51 Vgl. Kaudela-Baum (2006) S. 124.

52 Eine Ressource wird als **wertvoll** bezeichnet, wenn sie Möglichkeiten zur Kapitalisierung von Gelegenheiten am Markt beinhaltet. **Knappheit** resultiert aus einer begrenzten Verfügbarkeit am Markt. **Nicht-Imitierbarkeit** bedeutet, dass Ressourcen auch mittel- bis langfristig nicht kopierbar sind, weil bspw. Unklarheiten über den Zusammenhang zwischen Ressource und Wettbewerbsvorteil bestehen (kausale Ambiguität) oder soziale Strukturen eine Reproduktion erschweren (soziale Komplexität). Eine **Nicht-Substituierbarkeit** verweist auf die fehlende Möglichkeit, durch andere strategisch äquivalente Ressourcen die gleiche Strategie zu verfolgen. Vgl. Barney (1986a), S. 1233 ff.; Barney (1986b), S. 661 ff.; Barney (1991), S. 103 ff.; Barney (1994), S. 8 ff.; Barney (2011), S. 155; Barney/Wright (1998), S. 34 f.; Collis/Montgomery (1996), S. 49 f.; Wright/MacMahan/McWilliams (1994), S. 311 f.

lich zu verstehen ist und bei welchen Ressourcen strategisches Potenzial zu vermuten ist. Im Wesentlichen findet hierbei eine Betrachtung der zwei Ressourcenarten Ressource und Fähigkeit sowie dessen Zusammenspiel statt.[53] Abbildung 3 stellt diesen grundlegenden Zusammenhang für die weiteren Ausführungen übersichtlich dar.

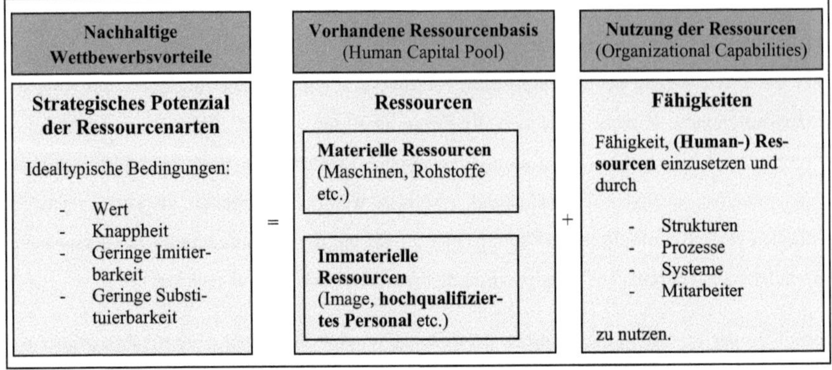

Abbildung 3: Ressourcen und Fähigkeiten als Basis nachhaltiger Wettbewerbsvorteile.
Quelle: In Anlehnung an Hungenberg (2004), S. 136.

Der Ressourcenbegriff ist – mit Bezug auf die **Ressourcen** selbst – sehr weit gefasst und lediglich unscharf konturiert.[54] Im Wesentlichen lässt sich diese Vielfältigkeit auf eine Differenzierung in materielle sowie immaterielle Ressourcen zurückführen. Erstgenannte umfassen bspw. Maschinen oder Rohstoffe, während sich zweitgenannte auf das Firmenimage, die Unternehmungskultur, hochqualifiziertes Personal etc. beziehen. Eine strategisch hohe Relevanz kommt vor allem den immateriellen Ressourcen zu, da eine Abnutzung im Normallfall kaum stattfindet und sie für die Konkurrenz schlecht sichtbar sind. Gerade soziale Komplexitäten sowie kausale Ambiguitäten bewirken diesbezüglich einen hohen Schutz vor Imitation.[55]

Humanressourcen werden in diesem Zusammenhang besonders betont, da sie in vielen Fällen den Ursprung anderer Ressourcen darstellen.[56] KRAUSS geht hierbei davon aus, dass Unterschiede in der Nutzung anderer Ressourcen letztlich stets auf den Menschen und seine spezifischen Beziehungen untereinander zurückführbar sind.[57] Teilweise begründet sich die Do-

53 Vgl. hierzu bspw. Hungenberg (2004), S. 134 ff.; Hungenberg/Wulf (2004), S. 171 ff.

54 Vgl. bspw. Barney (1991), S. 101; Wernerfelt (1984), S. 172.

55 Vgl. Barney (1986b), S. 661 ff.; Barney (1991), S. 108 ff.; Hungenberg (2004), S. 135.

56 Vgl. Dyer/Reeves (1995), S. 656; Berthel/Becker (2010), S. 18 f.; Kaudela-Baum (2006), S. 129 f.

57 Vgl. Krauss (2002), S. 152 f.

minanz dieser Ressourcenart jedoch auch in der abnehmenden Bedeutung anderer Gestaltungsbereiche, bspw. des Kapitals[58], sowie einer sich verschärfenden Arbeitsmarktsituation zur Beschaffung dieser Ressourcen.[59] Humanressourcen rücken somit in den Blickpunkt zur Generierung nachhaltiger Wettbewerbsvorteile. Angesprochen sind dabei, den intangiblen Charakter betonend, die Qualifikationen bzw. das Know-how und/oder die spezifischen Erfahrungen dieser Humanressourcen als strategische Ressource. Es gilt, ein entsprechendes Reservoir bzw. einen entsprechenden Pool mit solchen humanbezogenen Qualifikationen und Erfahrungen in der Unternehmung vorzuhalten (**Human Capital Pool**). Auf Basis dieses Pools bestehen sodann Potenziale zum Aufbau von Wettbewerbsvorteilen.[60] Von besonderer Bedeutung ist es für die Unternehmung zu wissen, unter welchen Voraussetzungen dieser Human Capital Pool intern langfristig erschließbar bleibt, d. h. welche Einflussgrößen den Verhaltensbereitschaften der Humanressourcen zugrunde liegen.

Neben der Schaffung von Ressourcen ist deren Nutzung durch die zweite Ressourcenart der unternehmungsspezifischen **Fähigkeiten** (Organizational Capabilities)[61] ein weiteres zentrales Element. Insbesondere jüngere Ansätze fokussieren zunehmend auf die Bedeutung von Fähigkeiten bzw. Kompetenzen der Unternehmung im Zusammenhang mit der Ressourcenausstattung.[62] Hier wird sodann die Auffassung vertreten, dass nachhaltige Wettbewerbsvorteile erst dann entstehen, wenn in der Unternehmung vorhandene Ressourcen auch organisatorisch erschlossen worden sind. So wird bspw. im fähigkeitsorientierten Ansatz (dynamic capability approach) darauf hingewiesen, dass es letztlich diese Fähigkeiten sind, die nachhaltigen Erfolg begründen.[63] Die Schaffung strategischer Ressourcen an sich stellt somit lediglich den – wenn auch entscheidenden – Rohstoff dar, denen die kollektiven Fähigkeiten der Unternehmung gelten.[64] Nach TEECE zeigen sich diese Fähigkeiten, wenn *„[...] firm-specific assets are assembled in integrated clusters spanning individuals and groups so that they ena-*

---

58 Vgl. Staehle (1999), S. 793.

59 Dies betrifft vor allem den Fachkräftemangel und den sogenannten War for Talents. Vgl. bspw. Peters/Waterman (1982), S. 182; Zahn et al. (2000), S. 243; Chambers et al. (1998); Barrenstein (1999).

60 Vgl. Berthel/Becker (2010), S. 19; Becker (2011b), S. 62 f.

61 In der Literatur wird synonym auch von organisationalen Kompetenzen gesprochen. Vgl. bspw. Duschek (2004), Sp. 612 ff.; Burmann et al. (2006), S. 478 f.; Hungenberg (2004), S. 135.

62 Hierzu zählen die „Kernkompetenzenperspektive", vgl. Prahalad/Hamel (1990; 1991; 1999); Hamel/Prahalad (1994), das „Competence-based Strategic Management", vgl. Sanchez et al. (1996); Sanchez/Heene (1996), der „Dynamic Capability Approach", vgl. Teece et al. (1997). Überblicksartige Darstellungen zeigen Teece et al. (1997), S. 527; Kaudela-Baum (2006), S. 131 ff.; Freiling et al. (2006), S. 6.

63 Vgl. insbesondere Teece et al. (1997).

64 Vgl. Kaudela-Baum (2006), S. 132; Müller-Stewens/Lechner (2001), S. 279.

ble distinctive activities to be performed [...]."[65] Angesprochen sind somit überindividuelle intangible Ressourcenformen sozialer Systeme, deren Zusammensetzung aus spezifischen Clustern der Verknüpfung einzelner Ressourcen erfolgt. Sie sind somit nicht mit einzelnen Handlungen gleichzusetzen, sondern werden im Sinne von Potenzialen zur Handlung interpretiert, welche stets mehrere Dimensionen aufweisen.[66] Konkret finden sich diese Handlungspotenziale innerhalb der Unternehmung sowohl in deren Strukturen und Prozessen, in den zum Einsatz kommenden Systemen sowie durch die entsprechenden Mitarbeiter wieder.[67] Eine hohe strategische Relevanz dieser immateriellen Ressourcenart Fähigkeit ist demnach u. a. bereits durch bestehende soziale Komplexitäten, kausale Ambiguitäten etc. gegeben.[68]

Im Kontext der erfolgskritischen Ressource Human Capital beziehen sich unternehmungsspezifische Fähigkeiten zu deren Einsatz und Nutzung auf ein **Management der Humanressourcen**.[69] Im Wesentlichen geht es um die Fähigkeit, diese Humanressourcen nicht nur zu gewinnen und zu binden, um somit eine langfristige Verfügbarkeit zu gewährleisten, sondern diese vor allem zu herausragenden Leistungen zu motivieren. Erst durch die permanente Ausschöpfung des vollen Leistungspotenzials kann eine Nutzung im Wettbewerb erfolgen und so das Fundament nachhaltigen Erfolges gelegt werden.[70] Angesprochen ist im Wesentlichen das **Bindungsmanagement** hinsichtlich sämtlicher struktur-, prozess-, system- sowie mitarbeiterbezogenen Potenziale zur Steuerung und Koordination der Humanressourcen. Das Bindungsmanagement greift dabei auf das Personalmanagement in seiner gesamten Breite zurück, geht jedoch durch den Einbezug weiterer managementbezogener Aktivitäten darüber hinaus.[71] Diese gestalterische Fähigkeit gilt als zentraler Kern zur Generierung nachhaltiger Wettbewerbsvorteile durch die Nutzung spezifischer Humanressourcen.

Die beiden soeben erläuterten strategisch relevanten Ressourcenarten der Humanressourcen sowie des Managements dieser Humanressourcen – sprich des Bindungsmanagements – stehen in der Gesamtbetrachtung eng beieinander.[72] So wird einerseits angenommen, dass entsprechende Fähigkeiten einer Unternehmung zum Management von Humanressourcen ohne

---

65 Teece et al. (1997), S. 516.

66 Vgl. Duschek (2004), Sp. 614.

67 Vgl. Hungenberg (2004), S. 135.

68 Vgl. zu weiteren spezifischen Merkmalen auch zu Knyphausen-Aufsess (1995), S. 94 ff.

69 Vgl. Weissenberger-Eibl/Kölbl (2006), S. 352 ff.

70 Vgl. Berthel/Becker (2010), S. 19; Ridder/Conrad (2004), Sp. 1709 f.; Becker (2011a), S. 32.

71 Vgl. hierzu auch Abschnitt 3.4.1.

72 Vgl. Berthel/Becker (2010), S. 18; Becker (2011a), S. 33.

eine entsprechende Ressourcenbasis, d. h. ohne einen Pool an hochwertigen Humanressourcen, kaum in der Lage wären Erfolgspotenziale nachhaltig zu begründen. Andererseits stellt vorhandenes Human Capital, welches unter spezifischen Wettbewerbsbedingungen nicht genutzt werden kann, lediglich einen Kosten-, aber keinen Erfolgsfaktor dar. Erst durch das **Zusammenwirken beider Ressourcenarten** sind nachhaltige Wettbewerbsvorteile generierbar. Zu betonen ist jedoch, dass vor allem den unternehmungsspezifischen Fähigkeiten eine besondere Bedeutung zukommt, da diese nicht nur einen wesentlichen Einfluss auf die Nutzung der Ressourcen ausüben, sondern auch hinsichtlich der Schaffung von Ressourcen, d. h. dem Aufbau und der Pflege eines Ressourcenpools, entsprechende Fähigkeiten notwendig sind.[73]

2.2 Mittelständische Industrieunternehmungen

2.2.1 Begriffsverständnis und Abgrenzung

Der Begriff der mittelständischen Industrieunternehmung setzt sich aus unterschiedlichen Begriffsbestandteilen zusammen, welche für den weiteren Fortgang zunächst für sich genommen abgegrenzt werden, bevor anschließend eine Arbeitsdefinition ausgewählt wird.

Nach SCHWEITZER lässt sich eine **Unternehmung** (synonym: Unternehmen) als „*[...] technische, soziale, wirtschaftliche und umweltbezogene Einheit mit der Aufgabe der Fremdbedarfsdeckung, mit selbstständigen Entscheidungen und eigenen Risiken*“[74] definieren. Der Autor ordnet den Begriff neben dem Haushaltsbegriff als spezielle Betriebsart ein. Entlang der Art der Bedarfsdeckung ist somit eine Abgrenzung zu Haushalten, welche der Eigenbedarfsdeckung dienen, möglich.[75]

Darüber hinaus lässt sich der Begriff der **Industrie** als die gewerbliche Sachgüterproduktion im Fabriksystem beschreiben. Im Fokus steht die gewerbliche Gewinnung, Bearbeitung und Verarbeitung von Einsatzgütern zu Sach- bzw. Ausbringungsgütern in Fabriken. Die Arbeit in einer Fabrik als zentralisierte Gewerbeeinrichtung ist daher durch die Merkmale Großproduktion, innerbetriebliche Arbeitsteilung und Mechanisierung gekennzeichnet.[76]

---

[73] Es wird auch von Kernkompetenzen gesprochen, wenn es gelingt, spezifische Kernressourcen und -fähigkeiten unternehmungsweit transferierbar und dauerhaft nutzbar zu machen. Liegen darüber hinaus Fähigkeiten zur permanenten Neukonfiguration im Zeitablauf bei sich ändernden Umweltbedingungen vor, so bestehen dynamische Fähigkeiten. Vgl. Berthel/Becker (2010), S. 19 f.

[74] Schweitzer (1994), S. 11.

[75] Vgl. Schweitzer (1994), S. 11.

[76] Vgl. Schweitzer (1994), S. 19; Haupt (2007), Sp. 704.

Gemäß dieser Definition umfassen Unternehmungen des industriellen Bereichs somit das gesamte verarbeitende Gewerbe, das Baugewerbe, die Energie- und Wasserversorgung sowie den Bergbau und die Gewinnung von Steinen und Erden.[77] Vor allem das verarbeitende Gewerbe mit den Wirtschaftsgruppen der Grundstoff- und Produktionsgüter-, Investitionsgüter-, Verbrauchsgüter- sowie Nahrungs- und Genussmittelindustrie gilt in diesem Zusammenhang als Industrie im engeren Sinne. Einzelne Industrieunternehmungen, bspw. des Maschinenbaus, der Elektrotechnik oder des Straßenfahrzeugbaus innerhalb der Investitionsgüterindustrie, finden sich innerhalb dieser Wirtschaftsgruppen wieder.[78]

Der Begriff **Mittelstand** bzw. mittelständisch findet in der Literatur eine breite Verwendung und beschreibt eine sehr heterogene Gruppe von Unternehmungen.[79] Auch werden zum Teil die Begriffe der mittleren sowie der kleinen und mittleren Unternehmung (KMU) synonym verwendet, obwohl diese nicht zwangsläufig den gleichen Begriffsinhalt thematisieren.[80] Allen Definitionen gemein ist jedoch eine Orientierung an quantitativen und/oder qualitativen Abgrenzungsmerkmalen, welche weiter konkretisiert werden können.[81]

Im Rahmen **quantitativer Abgrenzungsmerkmale** erfolgt eine Betrachtung materiell erfassbarer Merkmale.[82] Hier haben sich auf Grund ihrer Allgemeingültig- und Verfügbarkeit vor allem die Merkmale Mitarbeiteranzahl, Umsatz und Bilanzsumme etabliert. Tabelle 1 gibt einen Überblick über drei gängige, sich zum Teil unterscheidende Verständnisse. Dies sind die Ansätze des Instituts für Mittelstandsforschung in Bonn (IfM Bonn),[83] der Europäischen Kommission (EU)[84] sowie des § 267 HGB hinsichtlich der Publizitäts- und Rechnungslegungsfristen in Kapitalgesellschaften (HGB)[85].

---

77 Es wird auch vom produzierenden Gewerbe abzüglich der Handwerksunternehmungen gesprochen, da bei letzeren die Merkmale des Fabriksystems insgesamt nicht vorliegen. Vgl. Schweitzer (1994), S. 20 ff. Abzugrenzen sind darüber hinaus die Land- und Forstwirtschaft, die Tierhaltung und Fischerei sowie die Dienstleitungs- und Informationswirtschaft. Vgl. hierzu bspw. Haupt (2007), Sp. 704 ff.

78 Vgl. Kayser/Wallau (2003), S. 40; Schweitzer (1994), S. 24; Haupt (2007), Sp. 705 ff.

79 Vgl. Gantzel (1963), S. 7; Haake (2005), S. 239; Mugler (2007), Sp. 1232.

80 Vgl. Hierzu auch Becker (2006a), S. 1 ff.

81 Vgl. bspw. Füglistaller et al. (2009), S. 295 ff.; Wallau (2005), S. 2 ff.; Picot (2008), S. 3 f.; Schauf (2009), S. 4 ff.

82 Vgl. zu einer Übersicht bspw. Busse von Colbe (1964), S. 35 ff.; Pfohl (2006a), S. 4.

83 Vgl. IfM Bonn (2012b).

84 Vgl. IfM Bonn (2012c).

85 Vgl. Bundesministerium der Justiz (2012).

Tabelle 1: Vergleich quantitativer Abgrenzungsmerkmale.
Quelle: In Anlehnung an Tappe 2009 S. 13.

Größenklassen-einteilung	**Mitarbeiteranzahl**			**Umsatz € (Mio) / Jahr**			**Bilanzsumme € (Mio) / Jahr**		
	IfM	EU	HGB	IfM	EU	HGB	IfM	EU	HGB
Kleinstunternehmungen	-	<10	-	-	<2	-	-	≤2	-
Kleinunternehmungen	<10	<50	≤50	<1	<10	≤9,68	-	≤10	≤4,84
Mittlere Unternehmungen	<500	<250	≤250	<50	<50	≤38,5	-	≤43	≤19,25
Großunternehmungen	≥500	≥250	>250	≥50	≥50	>38,5	-	>43	>19,25

In der Wirtschaftspraxis weit verbreitet ist in diesem Zusammenhang vor allem die Abgrenzungsempfehlung des IfM Bonn. Eine zunehmend wichtigere Bedeutung erhält der Ansatz der EU im Rahmen der Wettbewerbs- und Förderpolitik. Obwohl dieser Ansatz politischer Natur ist und auf bürokratischen Überlegungen basiert, weist er eine normierende Wirkung auf und verschiebt die Größengrenzen nach unten. Der Ansatz des HGB besitzt lediglich für die Erstellung und Veröffentlichung des Jahresabschlusses von Kapitalgesellschaften Gültigkeit.[86] Neben einer Orientierung an diesen ökonomischen Aspekten findet durch die Verwendung **qualitativer Abgrenzungsmerkmale**[87] eine stärkere Fokussierung gesellschaftlicher und psychologischer Aspekte statt. Im Fokus steht ein besseres Verständnis über Handlungsweisen, Bedingungen und Motive des Mittelstandes zu erlangen.[88] Qualitative Merkmale stellen hierbei auf die spezifischen Charakteristika des Mittelstandes ab und treten in vielfältiger Art und Weise auf. Als zentrales Merkmal wird die Einheit von Eigentum und Leitung angeführt, welche in engem Zusammenhang zum Merkmal der juristischen und wirtschaftlichen Selbstständigkeit steht.[89] Weitere Merkmale sind hiervon stark beeinflusst.[90]

Das Merkmal der **Einheit von Eigentum und Leitung** (synonym: Inhaber- bzw. Eigentümerführung) bezieht sich auf die Mitwirkung des Inhabers an sämtlichen wichtigen Entscheidungen innerhalb der mittelständischen Unternehmung. So wird die Unternehmungsführung weitgehend durch diesen selbst wahrgenommen, welcher die Aufgaben der Planung, Entscheidung und Kontrolle, insbesondere hinsichtlich strategischer Aspekte, in Personalunion

86 Vgl. hierzu Pfohl (2006a), S. 15; Becker (2006a), S. 7; Mugler (2007), Sp. 1233 f.

87 Es wird auch vom strukturellen Mittelstandsbegriff gesprochen. Vgl. BDI (2012a).

88 Vgl. Reinemann (1999), S. 661; Welsh/White (1981), S. 18 ff.

89 Vgl. Kayser (2006), S. 35 ff.; Kollmann et al. (2007), S. 4 f.; Haake (2005), S. 241.

90 Vgl. zu einer ausführlichen Erläuterung der weiteren Charakteristika des Mittelstandes Abschnitt 2.2.2.

ausübt. Der Einsatz von Fremdmanagern erfolgt auf höchster Leitungsebene zumeist lediglich ergänzend und ist vielfach aufgaben- und/oder nachfolgebedingten Problemen geschuldet.[91] Die Intensität der Mitarbeit in den unterschiedlichen Funktionsbereichen kann dabei durchaus variieren. So wird davon ausgegangen, dass der Inhaber gerade in kleineren Unternehmungen noch selbst in der Produktion mit tätig ist, während bei größeren Unternehmungen vermehrt eine ausschließliche Wahrnehmung der beschriebenen leitenden Funktionen und Tätigkeiten erfolgt.[92] Nicht selten ist diesbezüglich auch die wirtschaftliche Existenz des Inhabers eng mit der wirtschaftlichen Existenz der Unternehmung verknüpft, da dieser das unternehmerische Risiko allein trägt. Eine Diversifikation des Vermögens findet kaum statt.[93]

Mit dem prägenden Merkmal der Einheit von Eigentum und Leitung eng verbunden ist das Merkmal der juristischen und wirtschaftlichen **Selbstständigkeit**. Durch die weitgehend im Privatbesitz befindliche Unternehmung ist eine Unternehmungsführung nahezu unabhängig von externen Einflüssen möglich. Die Erhaltung dieser Selbstständigkeit wird oftmals als das eigentliche Ziel beschrieben und durch eine Übernahme von Geschäftsanteilen durch Nachfolgegenerationen aus der Familie langfristig gewährleistet. In diesem Kontext wird sodann vielfach der Begriff der Familienunternehmung angeführt.[94] Bedingt durch die enge Verbindung zwischen der mittelständischen Unternehmung und dem Inhaber bzw. der Inhaberfamilie besteht dadurch nicht selten ein dominierender familiärer Einfluss auf das Eigenkapital und das Management.[95]

Gerade Allianzen, strategische Partnerschaften oder eine anderweitige externe Dominanz könnte diese Unabhängigkeit potenziell gefährden. Eine im Eigentum eines Großkonzerns stehende oder als Teil eines umfassenden Unternehmungsverbundes agierende mittelständische Unternehmung würde darüber hinaus nicht nur seine Selbstständigkeit, sondern auch sämtliche charakteristischen Merkmale weitgehend verlieren und wäre somit kaum mehr als mittelständisch zu bezeichnen. Auf den ersten Blick würde diese Unternehmung zwar ähnli-

---

91 Der Inhaber wird auch als Unternehmer, Entrepreneur, bezeichnet. Vgl. Füglistaller et al. (2009), S. 314.

92 Vgl. Haake (2005), S. 240.

93 Vgl. Kayser (2006), S. 35; Kollmann et al. (2007), S. 4; Schulte-Zurhausen (2010), S. 334 f.

94 Eine **Familienunternehmung** ist durch den Besitz von mindestens 50 % der Kapitalanteile der Unternehmung durch die Familie sowie der Absicht, die Unternehmung an die jeweiligen Nachkommen zu vererben, gekennzeichnet. Vgl. Becker (2007), S. 205; Becker (2006d), S. 33.

95 Familienunternehmungen stellen im Umkehrschluss jedoch nicht zwangsläufig auch mittelständische Unternehmungen dar. So kann dies bspw. aufgrund der Eigentümerverhältnisse zwar noch der Fall sein, unter Berücksichtigung weiterer Merkmale, bspw. der Organisationsstruktur, jedoch längst ein Großkonzern vorliegen. Ggf. kann dann von einer (ehemals) mittelständisch geprägten (Familien-) Unternehmung gesprochen werden. Vgl. hierzu auch Becker (2006a), S. 13; BDI (2012b), sowie zur Komplexität des Begriffs der Familienunternehmung Quermann (2004), S. 8 ff.; Klein (2010), S. 9 ff.

che Merkmale aufweisen, jedoch durch institutionelle Verknüpfungen als Tochterunternehmung bzw. als Betriebsstätte zu dem Großkonzern zu zählen sein.[96]

Im Rahmen der vorliegenden Arbeit werden qualitative Abgrenzungsmerkmale des Mittelstandsbegriffs zugrunde gelegt, um entsprechende Unternehmungen des industriellen Sektors zu charakterisieren.[97] Demzufolge wird nachfolgend unter einer mittelständischen Industrieunternehmung eine Unternehmung verstanden, welche sich durch eine hauptsächliche (zumindest aber anteilige) Leitung durch den Eigentümer (ggf. die Eigentümerfamilie) auszeichnet und darüber hinaus als selbstständige wirtschaftliche Einheit unabhängig von weiteren Unternehmungen oder externen Dritten agieren kann. Die tatsächliche (Betriebs-) Größe einer solchen mittelständischen Industrieunternehmung gemäß quantitativen Merkmalen wird bei dieser **Arbeitsdefinition** als nachrangig angesehen und ergibt sich vielmehr aus den charakteristischen qualitativen Merkmalen. Diesbezüglich wird der Versuch unternommen den Mittelstand in seiner sozialen und gesellschaftspolitischen Rolle ganzheitlicher zu erfassen, was durch eine Orientierung an den vergleichsweise restriktiven quantitativen Größenkriterien nicht zu erreichen ist.[98] Darüber hinaus kann der oftmals geäußerten Kritik einer gewissen Willkür bei der Festlegung einzelner Größenkategorien begegnet werden, welche eine in der Praxis kaum realisierbare Trennschärfe suggerieren.[99] Die mit einer qualitativen Orientierung verbundene unpräzise Abgrenzung wird dabei bewusst akzeptiert.[100] Dementsprechend wird nachfolgend auch ausschließlich der Terminus „Mittelstand“ verwendet, da dieser die qualitativen Aspekte zumindest implizit verdeutlicht.[101] Mit dem hier nicht verwendeten Terminus der mittleren Unternehmung hingegen sind eher quantitative Größenordnungen angesprochen.

---

[96] Vgl. Kollmann et al. (2007), S. 4; Hamel (2006), S. 235 f., sowie zu einem Beispiel Rickes (2008), S. 83 ff.

[97] Die bisherigen Erläuterungen zu den qualitativen Merkmalen sind auf den industriellen Bereich anwendbar. Gleiches gilt auch für die quantitativen Merkmale. Abweichende Größenkategorien liegen in anderen Wirtschaftsbereichen, bspw. des Handwerks, vor. Vgl. Pfohl (2006a), S. 10; Kayser (1995), Sp. 1300.

[98] Quantitative Merkmale, bspw. die Mitarbeiteranzahl, werden nach dem gewählten Verständnis nur zur Orientierung herangezogen. So ist zur (zumindest ansatzweisen) Durchführung eines Bindungsmanagements – wie noch zu zeigen sein wird – eine grundsätzliche Wahrnehmung personalbezogener Aufgaben notwendig. Ein funktional ausgeprägtes Personalmanagement (über verwaltungsbezogene Funktionen hinaus) wird ab einer Mitarbeiterzahl von etwa 100 bis 200 vermutet. Vgl. Füglistaller et al. (2009), S. 307; Mugler (1999), S. 91. Dies fungiert im Rahmen dieser Arbeit als Orientierungshilfe.

[99] Vgl. Becker (2006a), S. 9.

[100] Vgl. Mugler (2007), Sp. 1235; Schauf (2009), S. 7.

[101] Vgl. zur qualitativen Prägung des Mittelstandsbegriffs Schulte-Zurhausen (2010), S. 333. Der Autor setzt den Begriff mit dem französischen „class moyenne“ in Beziehung, welcher auch Tradition, bürgerliche Wertvorstellungen etc. impliziert.

2.2.2 Charakteristika mittelständischer Industrieunternehmungen

Im vorigen Abschnitt wurde bereits auf die zentralen Charakteristika industrieller Mittelständler verwiesen. Darüber hinaus bestehen in Abhängigkeit zu diesen Merkmalen weitere qualitative Abgrenzungskriterien. Aufgrund deren Vielfältigkeit erfolgt eine Erläuterung in Anlehnung an die bei MARWEDE angeführten Merkmale.[102] Diese werden im Wesentlichen durch weitere Autoren aufgegriffen.[103] Es handelt sich um die Merkmale einer dominanten Personen- bzw. Eigentümerprägung, einer personenbezogenen Rechtsform, einer begrenzten Ressourcenverfügbarkeit sowie einer überschaubaren Organisationsstruktur.[104]

Das Merkmal der **dominanten Personen- bzw. Eigentümerprägung** steht in einer sehr engen Verbindung zum Merkmal der Einheit von Eigentum und Leitung. So wirkt sich die Dominanz in der Unternehmungsführung durch den Inhaber auf die gesamte Unternehmung – unabhängig davon, ob dieser darüber hinaus tatsächlich in den einzelnen Funktionsbereichen tätig ist – aus, da sich dieser typischerweise durch eine hohe Identifikation und ein entsprechend großes Engagement auszeichnet. Von seiner Person bzw. seiner Persönlichkeit ist es zu weiten Teilen abhängig, ob und inwiefern die Unternehmung dazu in der Lage ist, erfolgreich zu agieren. Seine enge Beziehung zur Unternehmung hat einen hohen Einfluss auf die Mitarbeiter sowie auf das Verhalten am Markt. Ein persönliches Verhältnis zu den Mitarbeitern gilt dabei als ebenso typisch wie eine besondere Kunden- und Lieferantennähe. Der Aufbau und die Pflege intensiver Kontakte sowohl nach innen als auch nach außen sind somit möglich, was bspw. zu vertrauensvollen Kooperationen mit Lieferanten oder einer intensiven Berücksichtigung von speziellen Kundenwünschen führen kann.[105] Diesen positiven Aspekten stehen jedoch Gefahren einer potenziellen Überlastung des Inhabers bei einer Funktionshäufung gegenüber. So können Konflikte aufgrund von alleine getroffenen Entscheidungen entstehen, welche lediglich durch die Überzeugungskraft des Inhabers eine Verankerung in der Unternehmung finden. Darüber hinaus kommen formalisierte Entscheidungsprozesse kaum

---

[102] Vgl. Marwede (1983), S. 58 ff.

[103] Vgl. bspw. Pfohl (2006a), S. 17 ff.; Füglistaller (2004), S. 30 f.; Krämer (2009), S. 195 ff.

[104] Die angeführten Merkmale treten hinsichtlich ihrer tatsächlichen Ausprägung in unterschiedlicher Intensität auf, d. h. nicht sämtliche der Merkmale sind stets gleichermaßen vorhanden, ohne dass dies jedoch einen Einfluss auf die Zuordnung zum qualitativen industriellen Mittelstand ausübt. Die Gründe hierfür sind vielfältig und können etwa in aktuellen Entwicklungen liegen. Vgl. bspw. Tappe (2009), S. 18.

[105] Vgl. Füglistaller et al. (2009), S. 308 und S. 313 ff., sowie zu unterschiedlichen Unternehmertypen Schweinsberg (2006), S. 65 ff.

zum Einsatz und werden durch Intuition und Improvisation ersetzt. Fehlentscheidungen sind so nur schwerlich auszugleichen und können zu Fehlallokationen der Ressourcen führen.[106]

Eine **personengebundene Rechtsform** gilt als weiteres charakteristisches Merkmal. Angesprochen sind vor allem verschiedene Formen von Personengesellschaften, wie bspw. der Gesellschaft bürgerlichen Rechts (GbR), der offenen Handelsgesellschaft (OHG), der Kommanditgesellschaft (KG) oder entsprechenden Mischformen. Letztgenanntes bezieht sich insbesondere auf die vielfach vorgefundene Form der GmbH & Co. KG, welche eine Sonderform der Kommanditgesellschaft darstellt.[107]

Hinsichtlich dieses Merkmales zeigen sich jedoch aktuell Veränderungen, da diese ursprünglich dominanten Rechtsformen zunehmend von verschiedenen Formen der Kapitalgesellschaften durchsetzt sind. Die Gesellschaft mit beschränkter Haftung ist eine heutzutage weitverbreitete Form, aber auch die Aktiengesellschaft (AG) lässt sich – in geringerem Umfang – feststellen. Gründe hierfür werden mit einer abnehmenden Haftungsbereitschaft angegeben, was sodann auch für die Mischform der GmbH & Co. KG gilt.[108] Mit Bezug zum qualitativen Mittelstandsbegriff sind diese Rechtsformen jedoch auch durch den Einbezug von tendenziell größeren Unternehmungen (jenseits quantitativer Abgrenzungskriterien) bedingt.

Weiterhin wird eine **begrenzte Ressourcenverfügbarkeit** als charakteristisches Merkmal genannt. Betroffen hiervon sind insbesondere finanzielle und personelle Ressourcen.[109]

Der Mangel an **finanziellen Ressourcen** resultiert insbesondere aus der gegebenen Eigentümerstruktur in Verbindung mit der dazugehörigen Wahl der Rechtsform. Demnach sind die Finanzierungsmöglichkeiten zumeist beschränkt, da das Vermögen des Inhabers begrenzt ist. Eine Aufnahme von Fremdkapital erfolgt weitgehend mittels traditioneller Bankkredite, wobei ein hohes Risiko durch fehlende Möglichkeiten zum Verlustausgleich aufgrund fehlender weiterer Unternehmungsbereiche besteht. Der Zugang zum anonymen Kapitalmarkt ist zur

---

106 Vgl. Pfohl (2006a), S. 18; Füglistaller et al. (2009), S. 296; Hamel (2006), S. 235; Tappe (2009), S. 16.

107 Der persönlich haftende Gesellschafter, d. h. der Komplementär, wird hierbei durch eine Gesellschaft mit beschränkter Haftung (GmbH) ersetzt. Darüber hinaus kann jedoch eine natürliche Person als weiterer Komplementär fungieren. Hiervon sind auch wesentlich die Pflichten zur Publizität abhängig, da die GmbH & Co. KG ohne einen weiteren Vollhafter in Form einer natürlichen Person zu den quasi Kapitalgesellschaften zu zählen ist und somit entsprechend umfassenderen Pflichten unterliegt. Vgl. zu einem Überblick bspw. Wöhe/Döring (2010), S. 220 und S. 245; Schierenbeck/Wöhle (2008), S. 36 ff.

108 Vgl. Kayser (2006), S. 36; Tappe (2009), S. 16 und S. 18.

109 Vgl. Füglistaller et al. (2009), S. 296 und S. 305.

Aufnahme weiteren Investitionskapitals nicht gegeben. Ausnahmen liegen lediglich für den geringen Anteil an börsennotierten Aktiengesellschaften im industriellen Mittelstand vor.[110]

Personelle Engpässe bestehen aufgrund der typischerweise geringen Anzahl an vorhandenen Mitarbeitern. Der Aufbau hoher personeller Kapazitäten würde hier in Krisenzeiten das unternehmerische Risiko deutlich erhöhen. Dies wirkt sich in der Folge auch auf die Aufgabenbereiche aus, welche tendenziell größer angelegt sind und ein breiteres Fachwissen erfordern. De Facto brauchen mittelständische Industrieunternehmungen vermehrt hochqualifizierte Mitarbeiter mit einer generalistisch orientierten Arbeitsweise. Die Arbeitsintensität ist aufgrund dieser Zusammenhänge vergleichsweise hoch, was zu einer niedrigeren Produktivität pro Mitarbeiter führt. Gleichzeitig wirkt sich der Ausfall von personellen Ressourcen entsprechend negativ aus und ist nur schwer zu kompensieren. Hierdurch bedingt werden vielfach auch verschiedene Funktionen in Personalunion wahrgenommen. Dies fördert zwar die Übersichtlichkeit, geht jedoch zu Lasten einer geringeren Spezialisierung und Professionalisierung.[111]

Letztlich ist das Merkmal einer **überschaubaren Organisationsstruktur** angeführt. Mittelständische Industrieunternehmungen zeichnen sich durch eine flache, nachvollziehbare und gering formalisierte Struktur aus, wobei diese Übersichtlichkeit mit zunehmender Unternehmungsgröße tendenziell abnimmt.[112] Dies steht in engem Zusammenhang mit dem Merkmal der Eigentümerführung und -prägung, da der Aufbau und die Pflege persönlicher Beziehungen sowie eine Kenntnis über operative Prozesse durch den Inhaber hierdurch erst ermöglicht wird. Gleichzeitig ist eine hohe Flexibilität am Markt durch kurze Entscheidungswege und einen engen Zuschnitt der Organisationsstruktur auf den Inhaber gewährleistet. Reaktionszeiten auf Veränderungen und Anpassungserfordernisse fallen kurz aus.[113]

---

110 Vgl. Füglistaller et al. (2009), S. 307; Pfohl (2006a), S. 20; Behrends (2007), S. 23; Krämer (2009), S. 206.

111 Vgl. Füglistaller et al. (2009), S. 296; Pfohl (2006a), S. 20; Tappe (2009), S. 17; Krämer (2009), S. 214 und S. 221.

112 Vgl. Füglistaller et al. (2009), S. 306; Hamel (2006), S. 235; Krämer (2009), S. 210.

113 Vgl. Pfohl (2006a), S. 19; Krämer (2009), S. 198.

2.3 Ingenieure

2.3.1 Begriffsverständnis und Abgrenzung

Nach heutigem Verständnis beinhaltet der Ingenieursbegriff[114] vor allem das universelle Lösen von Aufgaben mit technischen Mitteln. Grundlage ist die systematische Aneignung und Nutzung von theoretisch fundierten und empirisch überprüften Erkenntnissen und Methoden des technischen sowie naturwissenschaftlichen Bereichs.[115] Nach RAUHUT ist die Ingenieurtätigkeit somit durch den Einsatz von Ideen, Material und Menschen zur Realisierung von Produkten und Prozessen charakterisiert.[116] Diese Produkte und Prozesse müssen dabei nicht zwingend das Kriterium der Neuartigkeit beinhalten, sollten jedoch stets auf das Ziel einer Optimierung des Status quo ausgerichtet sein, da Ingenieurleistungen einer Verbesserung der menschlichen Lebensbedingungen durch den entwicklungs- und anwendungsbezogenen Einsatz technischer Mittel dienen.[117] Der Autor rückt den Begriff diesbezüglich in die Nähe des Begriffes der Kunst. Ein Ingenieur ist demzufolge eine Person, die auf Basis ingenieuser Gedanken, kreativ – im Sinne der Nutzung künstlerischer Geisteskraft – mit Ideen, Materialien und Menschen umzugehen vermag.[118]

Die Berufsbezeichnung Ingenieur ist – sowohl für sich genommen, als auch in einer Wortverbindung[119] – in der Bundesrepublik Deutschland geschützt und setzt den Erwerb spezifischer Qualifikationen gemäß Musteringenieur(kammer-)gesetz (MIngKG) voraus.[120] Demnach sind nur solche natürlichen Personen zur Führung dieser Bezeichnung berechtigt, die

114 Etymologisch leitet sich dieser aus dem lateinischen Ingenium ab, was mit Erfindergeist oder Scharfsinn gleichzusetzen ist. Ursprünglich wurden diesbezüglich auf Intuition und Erfahrung basierenden Tätigkeiten als Kriegsbaumeister o. Ä. wahrgenommen. Mit der Industrialisierung fand die Ingenieurstätigkeit dann Einzug in technikbezogene Anwendungsfelder, wie dem Hoch-, Tief- und Brückenbau, der Eisenbahn-, Fahrzeug- und Luftfahrttechnik, der Elektrik und Telegrafie, der Maschinentechnik usw. Vgl. Lossack (2006), S. 122; Kluge (2002), S. 440; Meyer (2006), S. 13 f.; Neef (2007), S. 159.

115 Vgl. Czichos (2004), S. 1; Lossack (2006), S. 121; Meyer (2006), S. 14.

116 Vgl. Rauhut (2009), S. 1 ff.

117 Vom VDI wird dies gleichzeitig als Leitmotiv verstanden. Vgl. o. V. (2012a); Czichos (2004), S. 1; Greif (2007b), S. 9.

118 Vgl. Rauhut (2009), S. 1.

119 Letzeres bezieht sich auf Branchenzusätze, wie bspw. Bauingenieur etc. Vgl. hierzu Werkle et al. (2010).

120 Das Musteringenieur(kammer-)gesetz stellt eine Harmonisierung der bis dato divergenten Ingenieurkammergesetze auf Landesebene dar. Es wurde in seiner aktuellen Fassung am 11. Dezember 2003 durch die Wirtschaftsministerkonferenz der Länder in Zusammenarbeit mit der Bundesingenieurkammer verabschiedet. Vgl. BIngK (2012), sowie allgemein Kaiser (2006), S. 236 ff.; Winkler (2007), S. 149 f.

a) das Studium einer technischen oder naturwissenschaftlichen Fachrichtung nach mindestens sechs theoretischen Studiensemestern an einer deutschen staatlichen oder staatlich anerkannten Hochschule oder Berufsakademie oder
b) einen Betriebsführerlehrgang einer deutschen staatlich anerkannten Bergschule […][121]

mit Erfolg abgeschlossen haben.[122] Entsprechend gliedern sich die spezifischen Disziplinen der Ingenieurwissenschaften an den ingenieurbildenden Institutionen maßgeblich in die zentralen Fachdisziplinen Bergbau und Hüttenwesen, Maschinenbau und Verfahrenstechnik, Elektrotechnik, Verkehrstechnik und Nautik, Architektur, Raumplanung, Bauingenieurwesen, Vermessungswesen sowie Ingenieurwesen allgemein. Anknüpfungspunkte zu naturwissenschaftlichen Fachdisziplinen liegen durch interdisziplinäre Studien wie dem Chemie-Ingenieurwesen vor. Darüber hinaus finden sich weitere interdisziplinäre Kombinationsmöglichkeiten zu den Wirtschaftswissenschaften in Form des Wirtschaftsingenieurwesens.[123]

In dem Bestreben, komplexe technische Lösungen zu kreieren, lässt sich der Begriff des Ingenieurs von weiteren Berufsgruppen **abgrenzen**. So kann zwar die technische Lösungssuche grundsätzlich auch durch Tätigkeiten anderer Berufsgruppen entstehen, stellt jedoch insgesamt das zentrale charakteristische Merkmal ingenieursmäßiger Tätigkeiten dar.[124] Zu nennen sind hier vor allem die als ähnlich erachteten weiteren Techniker, wie bspw. technische Zeichner, Maschinenbautechniker, Industriemeister etc. Diese charakterisieren sich zwar ebenfalls durch ihre spezifische Qualifikation, sind jedoch in ihrem Arbeitsgebiet stärker strukturiert. Demzufolge werden tendenziell vorab definierte und bekannte Aufgaben bearbeitet, während Ingenieure hauptsächlich mit der Realisierung neuer bzw. zu verbessernder Inhalte vertraut werden. Dieser schöpferische Gedanke des Ingenieurberufs erfordert daher eine höhere Qualifikation.[125] Eine Abgrenzung ist diesbezüglich auch unter Berücksichtigung der akademischen Ausbildung gegeben.[126] Demnach werden Ingenieure auch als „*wissenschaftlich oder auf wissenschaftlicher Grundlage ausgebildete Fachleute der Technik*“[127] oder als

---

121 Musteringenieur(kammer-)gesetz (2003), S. 3.

122 Ergänzend kann das Recht zur Führung dieser Bezeichnung auch von einer zuständigen Stelle verliehen werden. Vgl. Musteringenieur(kammer-)gesetz (2003), S. 3.

123 Vgl. Statistisches Bundesamt (2009); Koppel (2010), S. 36 f.; Meyer (2006), S. 14 f., sowie zur Vielfältigkeit des mit dem Ingenieurbegriffs verbundenen Inhaltsbereiches auch Mai (2011), S. 226; Greif (2007a), S. 5; Czichos (2004), S. 4

124 Vgl. Lossack (2006), S. 121; Meyer (2006), S. 14; Bagg/Cancik-Kirschbaum (2006), S. 8.

125 Vgl. Meyer (2006), S. 13; Blossfeld (1985), S. 68.

126 Vgl. Kaiser/König (2006), S. 1; Duden (2003), S. 619; Duden (2007), S. 363.

127 Czichos (2004), S. 1.

„Techniker mit theoretischer Ausbildung“[128] bezeichnet, während die weiteren angeführten Berufsgruppen als gewerbliche Fachkräfte bzw. Techniker gelten, deren Ausbildung im dualen System der Berufsausbildung bzw. an (höheren) Fachschulen erfolgt.[129]

Der allgemeiner gehaltene und vielfach vorgefundene Terminus der **qualifizierten** bzw. **hochqualifizierten Fachkraft** findet indes für beide Berufsgruppen eine Verwendung und unterstreicht die bestehende Nähe beider zueinander.[130] Aufgrund dieser unbestimmten Nutzung trägt er nur bedingt zur Abgrenzung bei, wobei sich der Ingenieur wesentlich darin wiederfindet.[131] Aufgrund der zunehmenden Anforderungen an Ingenieure, neben den jeweils fachbezogenen Aufgaben auch führungsbezogene Tätigkeiten wahrzunehmen bzw. einer zunehmenden Verschmelzung beider Aspekte, findet auch der Terminus der **qualifizierten** bzw. **hochqualifizierten Fach- und Führungskraft** eine vielfältige Verwendung in der relevanten Fachliteratur.[132] Abzugrenzen hiervon sind jedoch Führungskräfte des obersten (Top-) Managements, da hier die ausschließliche Führungstätigkeit, selbst bei einem ingenieurwissenschaftlichen Ausbildungshintergrund, im Mittelpunkt steht.

Zusammenfassend kann daher festgehalten werden, dass mit dem **Ingenieur** in der hier vorliegenden Untersuchung solche Personen **definiert** sind, die sich mit der Lösung komplexer technisch sowie naturwissenschaftlich orientierter Aufgabenstellungen auf der Basis wissenschaftlicher Erkenntnisse auseinandersetzen und wesentlich über ihren akademischen Ausbildungshintergrund abgrenzbar sind. Durch ihre Tätigkeit in verantwortlichen Positionen werden diese vornehmlich als hochqualifizierte (Ingenieur-) Fachkräfte, zunehmend aber auch als hochqualifizierte (Ingenieur-) Fach- und Führungskräfte, bezeichnet.

2.3.2 Berufs- und Tätigkeitsfelder im industriellen Bereich

Wie im vorherigen Abschnitt bereits erläutert, beschäftigt sich der Ingenieur mit der umfassenden und kreativen Lösung von Problemstellungen auf sämtlichen technologisch sowie naturwissenschaftlich beeinflussten Gebieten. Durch das MIngKG werden die wesentlichen Berufsaufgaben diesbezüglich allgemein und für sämtliche Wirtschaftssektoren als *„[...] techni-*

---

[128] Kluge (2002), S. 440.

[129] Vgl. Bienzeisler/Bernecker (2008), S. 13; Kullak (1995), S. 38 f.; Roberts et al. (2010), S. 378 und S. 1036.

[130] Vgl. bspw. Freiling et al. (2010), S. 5 ff.

[131] Vgl. Bienzeisler/Bernecker (2008), S. 13; Anger et al. (2011), S. 12; Kurz (2007), S. 56 ff.

[132] Vgl. bspw. Schwab (2008), S. 1 ff.; Kurz (2007), S. 51 f.; Neef (2007), S. 164 f.

sche, technisch-wissenschaftliche und technisch-wirtschaftliche Beratung, Entwicklung, Planung, Betreuung, Kontrolle und Prüfung (Projektentwicklung, Projektsteuerung und Objektunterhaltung) sowie Sachverständigentätigkeit und Forschungsaufgaben.“[133] formuliert, wobei hierzu ferner auch „*[...] die mit der Vorbereitung, Leitung, Ausführung, Überwachung und Abrechnung zusammenhängenden Tätigkeiten.*“[134] zu zählen sind. Ausgeübt werden diese sowohl in selbstständiger, angestellter, beamteter als auch gewerblicher Form.[135] Eine Konkretisierung vor dem Hintergrund des industriellen Sektors fällt diesbezüglich schwer, da sich aufgrund der starken Ausdifferenzierung der spezifischen Wirtschaftszweige dieses Sektors zahllose Beschäftigungsfelder für die vielfältigen Ingenieurfachrichtungen ergeben. Um dennoch eine strukturierte und anschauliche Darstellung gewährleisten zu können, wird nachfolgend eine Orientierung an der offiziellen Berufssystematik des Instituts für Arbeitsmarkt- und Berufsforschung (IAB) vorgenommen.[136]

Gemäß IAB erfolgt eine Untergliederung des Berufsbereichs der (akademisch) technischen Berufe in den Berufsabschnitt Ingenieure, Chemiker, Physiker und Mathematiker. Die Berufsgruppe der Ingenieure ist weitergegliedert in die Berufsordnungen der Maschinen- und Fahrzeugbauingenieure, der Elektroingenieure, der Architekten und Bauingenieure, der Vermessungsingenieure, der Bergbau-, Hütten- und Gießereiingenieuren sowie der übrigen Fertigungsingenieure und der sonstigen Ingenieure.[137] Letztlich erfolgt eine Unterteilung jeder Berufsordnung in einzelne Berufsklassen. Für die Berufsordnung der Maschinen- und Fahrzeugbauingenieure beinhaltet dies bspw. die Klasse der Maschinenbauer oder der Ingenieure für Fahrzeugtechnik (vgl. Tabelle 2).[138]

Die angeführte Grafik verdeutlicht, dass die einzelnen Berufsordnungen der Berufsgruppe „Ingenieur“ Ähnlichkeiten zu den jeweiligen akademischen Fachdisziplinen und ihren Spezia-

---

133 Musteringenieur(kammer-)gesetz (2003), S. 3.

134 Musteringenieur(kammer-)gesetz (2003), S. 3.

135 Vgl. Musteringenieur(kammer-)gesetz (2003), S. 3.

136 Vgl. Bundesagentur für Arbeit (2011); IAB (2006); Koppel/Plünneke (2009), S. 10 ff., sowie darüber hinaus Anger et al. (2011), S. 12; Geis/Koppel (2011), S. 5.

137 Vgl. Koppel/Plünneke (2009), S. 11.

138 Darüber hinaus finden sich in weiteren Berufsgruppen der (akademisch) technischen Berufe weitere spezifische Ingenieure, bspw. des Chemieingenieurs oder des Patentingenieure wieder. Vgl. Bundesagentur für Arbeit (2011).

lisierungsmöglichkeiten aufweisen. Gleichzeitig wird jedoch auch die praxisbezogene Ausrichtung anhand der spezifischen Wirtschaftszweige des industriellen Sektors deutlich.[139]

Tabelle 2: Überblick über die Berufsgruppe der Ingenieure.
Quelle: Bundesagentur für Arbeit (2011).

Berufsordnung	Berufsklasse
Maschinen- und Fahrzeugbau-ingenieure	Maschinenbau, Konstruktions- und Schweißfachingenieure, Produktions- und Fertigungsingenieure, Ingenieure für Fahrzeugbautechnik, Ingenieure für Schiffbautechnik, Ingenieure für Luft- und Raumfahrttechnik, Ingenieure für Feinwerktechnik, Ingenieure für Versorgungstechnik, andere Ingenieure
Elektroingenieure	Elektroingenieure, Ingenieure für Energietechnik, Ingenieure (Nachrichtentechnik), Elektronikingenieure (o. n. A., digitale IT, drahtl. NT), andere Elektroingenieure
Architekten/ Bauingenieure	Bauingenieure, Architekten, Stadt-/Regionalplaner, Bauingenieure (konstrukt. Ingenieurbau), Hochbauingenieure, Wasser- und Kulturbauingenieure, Ingenieure (Straßenbau), Statiker, andere Bauingenieure
Vermessungs-ingenieure	Vermessungsingenieure (ö. D. und verw. Berufe), Bergbauvermessungsingenieure, andere Vermessungsingenieure
Bergbau-, Hütten-, Gießereiingenieure	Bergbauingenieure, Gießerei-, Walzwerksingenieure, Ingenieure für Metallveredelung/Werkstoffkunde, Wirtschafts- und Betriebsingenieure
Übrige Fertigungs-ingenieure	Produktions- und Fertigungsingenieure (o. n. A.), Nahrungsmittelingenieure, Brauereiingenieure, Textilingenieure, Holzingenieure, Ingenieure für Steine etc., Ingenieure für Farben etc., Ingenieure für Druckereitechnik, andere Fertigungsingenieure
Sonstige Ingenieure	Ingenieure (o. n. A.), Wirtschaftsingenieure, REFA-Ingenieure, Technische Betriebsleiter, Betriebs- und Verkehrsingenieure, Überprüfungsingenieure, Umweltschutzingenieure, andere Ingenieure

Von Bedeutung sind diesbezüglich unter Fokussierung auf das verarbeitende Gewerbe als Industrie im engeren Sinne vor allem die Berufsordnungen der Maschinen- und Fahrzeugbauingenieure, der Elektroingenieure, der übrigen Fertigungsingenieure sowie der sonstigen Ingenieure.[140] Weitere Berufsordnungen, bspw. der Bergbau-, Hütten- und Gießereiingenieure, sind darüber hinaus verstärkt auf einzelne spezifische Industriezweige zugeschnitten.[141]

139 In diesem Zusammenhang wird davon ausgegangen, dass ein qualifizierter Ingenieur im Rahmen seiner Berufsordnung nahezu jeden Beruf qualifikationsadäquat ausüben kann. Bspw. ist ein Maschinen- und Fahrzeugbauingenieur, der zunächst als Ingenieur für Fahrzeugbautechnik tätig ist, nach entsprechender Einarbeitungszeit ebenfalls in der Lage, als Produktions- und Fertigungsingenieur zu arbeiten. Eine Tätigkeit außerhalb dieser Berufsordnung, bspw. als Hochbauingenieur, ist hingegen nicht ohne Weiteres möglich. Vgl. Koppel (2010), S. 18 ff.; Koppel/Plünneke S. 10 f.

140 Da eine eindeutige und abschließende Zuordnung einzelner Berufsordnungen zu den jeweiligen Wirtschaftszweigen jedoch weder möglich noch sinnvoll ist, sind ergänzend auch Ingenieure weiterer Berufsordnungen, bspw. Chemieingenieure des verarbeitenden Gewerbes, grundsätzlich mit zu berücksichtigen.

141 Wiederum andere Berufsklassen, bspw. des Vermessungsingenieurs (ö. D.) spielen für den industriellen Sektor keine Rolle. Vgl. in Bezug auf die Architekten darüber hinaus Erdmann/Koppel (2010), S. 13 ff.

Im Detail sind diesbezüglich vor allem in den stark technologiebezogenen Industrieunternehmungen des verarbeitenden Gewerbes hauptsächlich Tätigkeiten in den Bereichen Forschung & Entwicklung (bspw. theoretische Aktivitäten zur Vorbereitung der Konstruktion), Produktmanagement und -marketing, technische Vertriebsunterstützung und Vertriebsaußendienst (bspw. durch die technische Arbeit beim Kunden) sowie Produktion und Prozessmanagement (bspw. durch eine Zunahme automatisierter Fertigungen) vorzufinden.[142] Eine diesbezüglich umfassende Typologie ingenieurbezogener Tätigkeitsfelder liegt durch das britische National Council for Vocational Qualifications vor, welches anhand der Kategorien Kreativität, Implementierung, Produktion, Regeln und Schutz, Kundendienst sowie Andere differenziert.[143] Tabelle 3 fasst diese abschließend überblicksartig zusammen.

Tabelle 3: Typologie ingenieurbezogener Tätigkeitsfelder.
Quelle: in enger Anlehnung an Meyer (2006), S. 15.

Kreativ	Implementierung	Produktion	Regeln, Schutz	Kundendienst	Andere
Forschung	Projektmanagement	Beauftragung, Abnahme	Qualitätssicherung etc.	Distribution	Strategische Bereiche
Entwicklung	Beschaffungsmanagement	Produkttest	Sicherheit	Auslieferung	Handel
Untersuchungen	Konstruktion, Installation	Fertigungstechnik	Vorsorge vor Schäden	Technischer Kundendienst	Finanzwesen
Evaluierung	Planung	Betriebsanlagen	Umweltschutz	Produktevaluierung	Human Resources
Design	Prognose	Wartung		Logistik etc.	

2.4 (Mitarbeiter-) Bindung und Bindungsmanagement

2.4.1 Begriffsexplikation

In Bezug auf das Phänomen der (Mitarbeiter-) Bindung herrscht in der relevanten Fachliteratur eine große Uneinigkeit. So werden nicht nur zahlreiche unterschiedliche Termini zur Bezeichnung des Objektes verwendet,[144] sondern es liegt auch mit Blick auf den Begriff der

142 Vgl. Kegel (2009), S. 84; Greif (2007b), S. 8 f.

143 Vgl. National Council for Vocational Qualification (1996), zitiert nach Meyer (2006), S. 15 f.

144 Vgl. bspw. die Termini Mitarbeiter- oder Personalbindung, Personalerhaltung, Integration, Loyalität, Relationship, Retainment oder (Staff) Retention bei Manning/Wolf (2005), S. 34; Szebel-Habig (2004), S. 33; Bröckermann (2004), S. 18; Merk (2008), S. 51.

Bindung bislang keine einheitliche Definition vor. Selbst gleiche Termini werden diesbezüglich begrifflich unterschiedlich verwendet, um dieses Phänomen sowie die damit verbundenen Intentionen zu beschreiben.[145]

Zur Gewährleistung einer dennoch differenzierten Auseinandersetzung mit dieser Thematik ist es somit erforderlich, eine Explikation der Begriffsinhalte vorzunehmen. Die Begriffsexplikation ermöglicht es, mehrere Begriffe bezüglich der Genauigkeit ihrer Inhalte sowie ihrer Zweckmäßigkeit im Hinblick auf die vorliegende Themenstellung zu prüfen. Auch kann eine Präzisierung eines prinzipiell zwar zweckmäßigen, jedoch inhaltlich als inexakt empfundenen Begriffs vorgenommen werden. Als Ergebnis liegt die begründete Begriffsauswahl vor.[146]

Hinsichtlich des Begriffs der Bindung lassen sich zunächst die zwei grundlegende Perspektiven des Mitarbeiters sowie der Unternehmung differenzieren.[147] Bindung umfasst somit auf der einen Seite den Zustand beim Mitarbeiter selbst als auf der anderen Seite die Aufgabe der Unternehmung im Sinne eines Managements der Bindung.[148] Diese Betrachtungsperspektiven werden in den folgenden Ausführungen zu den unterschiedlichen Begriffsinhalten berücksichtigt. In Anlehnung an BECKER lassen sich nachfolgend fünf Begriffsinhalte der Bindung differenzieren. Im Fokus steht eine Thematisierung des Verbleibs, des Zustands psychischer Verbundenheit, der Mehrdimensionalität der Bindung, des Retentionbegriffs sowie der Bleibe- und Leistungsbereitschaft. Es sei jedoch darauf verwiesen, dass diese Begriffsinhalte nur bedingt voneinander abgrenzbar sind und zahlreiche Überschneidungen bestehen bleiben.[149]

Zunächst sind Begriffsinhalte abgrenzbar, welche lediglich den **Verbleib des Mitarbeiters** im Sinne einer Nicht-Kündigungsbereitschaft hervorheben.[150] Dieses enge Verständnis setzt unmittelbar an der Vermeidung von (Personal-) Fluktuation an.[151] So versteht bspw. PEPELS unter Personalbindung sämtliche Maßnahmen, die dazu geeignet erscheinen, die Verweildauerdauer von Arbeitgeber gewünschten Mitarbeitern im Unternehmen zu verlängern und zu intensivieren.[152] Auch MÜLLER-VORBRÜGGEN hebt diesbezüglich die zwei Optionen des

145 Vgl. Becker (2010a), S. 232.

146 Vgl. Berthel/Becker (2010), S. 8; Becker (2006a), S. 4; Becker (2004), S. 86 f.; Chmielewicz (1994), S. 51.

147 Vgl. Friedli/Thom (2001), S. 1 ff.; vom Hofe (2005), S. 4.

148 Vgl. Becker (2010a), S. 235.

149 Vgl. zum nachfolgenden insbesondere auch Becker (2010a), S. 232 ff.

150 Vgl. bspw. Schanz (2000), S. 334 ff.; Bertrand (2004), S. 266; Nalbantian/Szostak (2004), S. 38 ff.

151 Von dieser dysfunktionalen Fluktuation ist die funktionale Fluktuation zu unterscheiden, welche der kontinuierlichen Erneuerung gilt und gewünscht ist. Vgl. hierzu Felfe (2008), S. 121; Nieder (2004), Sp. 758.

152 Vgl. Pepels (2002), S. 130.

Bleibens oder des Verlassens einer Unternehmung hervor.[153] Die Schwäche dieser Begriffsfassung wird dabei in der finalen Aussage gesehen. So besteht bei fluktuationsbeeinflussenden Maßnahmen die Problematik, dass ein Ansatz am Fluktuationsereignis bereits zu spät erfolgt, da dieses mit der Aussprache des Kündigungswunsches beginnt und nicht rückgängig zu machen ist.[154] Selbst der Versuch einer Einwirkung auf den vorausgegangenen Abwägungsprozess liefert jedoch nur bedingte Abhilfe, da mit der ausschließlichen Beeinflussung des Bleibeverhaltens keine Aussagen hinsichtlich des vom Mitarbeiter geleisteten Beitrags verbunden sind.[155] Die bloße Anwesenheit von Mitarbeitern stellt insgesamt noch keine für die Unternehmung nutzbare Leistung dar. Insofern ist dieses Begriffsverständnis aus ökonomischer Sicht kritisch zu hinterfragen.[156]

Weitere Begriffsfassungen fokussieren insbesondere auf einen **Zustand psychischer Verbundenheit** mit der Unternehmung.[157] Dieser Zustand ist, entsprechend einer grundlegenden positiven Einstellung gegenüber der Unternehmung, mit dem Wunsch verknüpft, in dieser bleiben zu wollen. Betont wird daher ein gewisses Zugehörigkeitsgefühl, welches über den lediglich faktischen Verbleib in der Unternehmung hinausgeht.[158] Dieses liegt jedoch in unterschiedliche Intensitäten vor.

So geht bspw. die Deutsche Gesellschaft für Personalführung e. V. (DGFP) davon aus, dass qualifizierte Mitarbeiter durch die Gestaltung verschiedener Anreize zu gewinnen und zu halten sind sowie sich insbesondere durch eine hohe Loyalität gegenüber der Unternehmung auszeichnen.[159] Andere Autoren sprechen in diesem Zusammenhang sogar von der Identifikation der Mitarbeiter mit der Unternehmung. (Organisationale) Identifikation kennzeichnet dann den Prozess der Übernahme von Einstellungen und Verhaltensweisen bspw. im Hinblick auf die Ziele und Wertvorstellungen der Unternehmung. Mitarbeiter machen sich demnach bewusst, dass sie Mitglieder einer bestimmten Organisation sind und verbinden gleichzeitig positive Gefühle mit dieser Mitgliedschaft. Loyalität hingegen umfasst hier lediglich eine gewisse Zuverlässigkeit, wobei eine kritische Rollen- und Organisationsdistanz nicht grundsätzlich

---

153 Vgl. Müller-Vorbrüggen (2004b), S. 345.

154 Vgl. Meifert (2008), S. 275 f.; Meifert (2005), S. 35 ff.

155 Becker argumentiert sogar, dass Mitarbeiterbindung im Sinne einer Fluktuationsvermeidung streng genommen nicht den vorausgehenden Entscheidungsprozess betrifft. Vgl. Becker (2010), S. 232.

156 Vgl. Becker (2010a), S. 232.

157 Vgl. Weitbrecht (2005), S. 10; Merk (2008), S. 53.

158 Vgl. Bauer/Jensen (2001), S. 8; Szebel-Habig (2004), S. 33.

159 Vgl. DGFP (2004), S. 13.

auszuschließen sind.[160] BENKHOFF spricht in diesem Zusammenhang auch von einer Anpassungsbereitschaft.[161] Im Fokus stehen somit unterschiedlich ausgeprägte Formen einer bestimmten Unternehmungstreue des Mitarbeiters, die hauptsächlich emotional begründet ist.

Aus dem angelsächsischen Raum hat sich diesbezüglich auch der Begriff des (organisationalen) Commitment etabliert. Dieser umschreibt das Gefühl der Verbundenheit und Verpflichtung gegenüber einer Unternehmung und wird als Voraussetzung für die Bereitschaft zur Treue angesehen. Gleichzeitig wird mit diesem Begriff eine positive Beeinflussung der individuellen Leistungsbereitschaft in Verbindung gebracht.[162] MEYER/HERSCOVITCH sprechen von einer aktiven, handlungsleitenden Kraft: „*A force that binds an individual to a course of action of relevance to one or more targets.*“[163] Dieses psychologische Band charakterisiert dann die Qualität der Beziehung bspw. hinsichtlich der Wertigkeit und der Festigkeit.[164]

Mit Bezug zum Begriff des Commitment, als auch der Identifikation, lassen sich weitere Begriffsinhalte differenzieren. In praxeologischen Abhandlungen oftmals auf den Zustand emotionaler Verbundenheit reduziert, gehen beide Konzepte in der wissenschaftlichen Forschung über diese eindimensionale Betrachtung hinaus und verweisen darauf, dass Bindung mehrere Ursachen haben kann.[165] Diese **Mehrdimensionalität der Bindung** zeigt sich durch die Formulierung von affektiven, kalkulativen und normativen Komponenten innerhalb der Commitmentforschung.[166] Die Identifikationsforschung geht darüber noch hinaus und benennt mit einer affektiven, kognitiven, evaluativen und konativen sogar vier relevante Komponenten.[167]

Während diese mehrdimensionale Betrachtung des Identifikationskonzeptes in der Literatur noch vergleichsweise jung ist, wird vor allem das Commitmentkonzept vielfach aufgegriffen. KLIMECKI/GMÜR orientieren sich an dieser Begriffsfassung und sprechen der motivationalen

---

160 Vgl. Kieser (1995), Sp. 1442; Knoblauch (2004), S. 102; Haase (1997), S. 93 ff.; Sydow et al. (2002), S. 32; van Dick (2004), S. 2; Türk (1995), S. 324 ff.

161 Vgl. Benkhoff (2004), Sp. 897.

162 Vgl. Allen/Meyer (1990), S. 3; Meyer/Allen (1997), S. 24 f.; Felfe (2008), S. 26; DGFP (2004), S. 19 f.; Cohen (2007), S. 352; Meyer et al. (1989), S. 152; Randall (1990), S. 361 ff.; Riketta (2002), S. 257 ff.

163 Meyer/Herscovitch (2001), S. 301.

164 Vgl. Mathieu/Zajac (1990), S. 171.

165 Vgl. Moser (1996), S. VII; Franke/Felfe (2008), S. 135 f.; Gautam et al. (2004), S. 302 ff.; Meyer/Herscovitch (2001), S. 303.

166 Vgl. bspw. Meyer/Allen (1991), S. 67 ff.; Meyer/Allen (1997), S. 20 ff.; Felfe (2008), S. 27 ff.

167 Vgl. hierzu van Dick (2004), S. 15 f.; Felfe (2008), S. 66.

Personalbindung[168] die Aufgabe des Erhalts von Engagement und Kompetenz des Personals zur Erreichung unternehmerischer Ziele zu.[169] Formen dieser motivationalen Personalbindung finden sich dann in einer affektiven, normativen und kalkulativen Bindung wieder. Darüber hinaus wird eine Zwangsbindung thematisiert. Aus arbeitsvertragsrechtlichen Regelungen resultierend, wird dieser wird jedoch nur eine begrenzte Relevanz beigemessen.[170]

In den gleichen Kontext lassen sich auch Differenzierungen einordnen, welche die Kombination aus Zugehörigkeitsgefühl und rationalen Überlegungen als Verbundenheit und Gebundenheit bezeichnen. So basiert die vom Mitarbeiter empfundene Verbundenheit hauptsächlich auf emotionalen Aspekten, während die Gebundenheit eines Mitarbeiters an eine Unternehmung weitgehend ökonomisch bzw. vertraglich begründet ist.[171]

In zahlreichen jüngeren Publikationen wird der Begriff **Retention** bzw. Retentionmanagement verwendet.[172] Dieser ursprünglich aus der Medizin stammende Begriff[173] wird im personalwirtschaftlichen Kontext, inspiriert durch die Forschungsarbeiten der HAY GROUP sowie der KIENBAUM MANAGEMENT CONSULTING GMBH, zunächst nahe seiner etymologischen Bedeutung genutzt.[174] Demnach beinhaltet Retention managementbezogene Aktivitäten zum Erhalt der faktischen bzw. emotionalen Bleibebereitschaft. Inzwischen liegt seiner inhaltlichen Nutzung jedoch ein breites Spektrum zugrunde. So fokussiert die KIENBAUM MANAGEMENT CONSULTING GMBH bspw. den Aspekt der Bindung im Sinne einer Beeinflussung hin zu einer verlängerten Verweilentscheidung spezieller Leistungsträger.[175] Ebenso argumentiert SCHOLZ, der Retention mit der Erhöhung der Verbleibewahrscheinlichkeit umschreibt und den Aspekt der Steigerung der individuellen Leistungsbereitschaft gesondert als Aufgabe der Motivation kennzeichnet.[176] KLEITSCH hingegen hebt sowohl die Bedeutung der Mitarbeiter-

---

168 Die Autoren differenzieren darüber hinaus die Qualifikationsbindung in Wissenssystemen. Vgl. hierzu Klimecki/Gmür (2005), S. 349 ff.; Gmür/Klimecki (2001), S. 30 f.

169 Vgl. Klimecki/Gmür (2005), S. 332 ff.

170 Vgl. hierzu auch die Ausführungen zur sogenannten juristischen Bindung bei Meifert (2008), S. 274 f.

171 Vgl. hierzu bspw. Pepels (2002), S. 132 ff.; vom Hofe (2005), S. 8.

172 Vgl. DGFP (2004), S. 13; Schirmer (2007a), S. 48 ff.; Schirmer (2007b), S. 7; Moser/Saxer (2008), S. 4.

173 In der Medizin erfolgt die Verwendung des Retentionbegriffs im Zusammenhang mit der Zurückbehaltung von aus dem Körper auszuscheidenden Flüssigkeiten oder Stoffen. Dies entspricht der etymologischen Bedeutung, welche auf das lateinische Wort Retentio (Zurückhalten) zurückgeht. Vgl. Duden (2003), S. 1171; Schirmer (2007a), S. 49.

174 Vgl. Hay Group (2001), S. 1 ff.; Kienbaum (2001), S. 1 ff.; Happe (2007), S. 188.

175 Vgl. Kienbaum (2001), S. 3; Hunziger/Biele (2002), S. 47 ff.

176 Vgl. Scholz (2004), Sp. 429.

bindung und -motivation als Teilbereiche des Retention explizit heraus.[177] Gleichsam argumentieren auch WUCKNITZ/HEYSE, die neben dem physischen Verbleib insbesondere die Förderung einer aktiven Einbringung des Leistungsvermögens von Schlüsselkräften betonen. Beiden Aspekten werden sodann jeweils spezifische Einzelmaßnahmen zugeordnet.[178]

Über diese Autoren hinaus liegen weitere Beiträge vor, in denen ebenfalls neben einer **Bleibebereitschaft** relevanter Mitarbeiter auch deren **Leistungsbereitschaft** für eine Begriffsbildung genutzt wird.[179] So beschreiben HENTZE/GRAF in ihrem ausführlichen Beitrag die beiden Funktionen „Personalerhaltung“ und „Leistungsstimulation“, welche der Sicherstellung des personellen Leistungspotenzials aus unternehmerischer Perspektive dienen. Aufgrund einer fehlenden Trennschärfe fassen die Autoren diese beiden Teilfunktionen allerdings zu einer Funktion zusammen.[180] Im Sinne einer motivationalen Betrachtungsweise nennen auch BEA/GÖBEL die beiden Aspekte „engagierte Aufgabenerfüllung“ sowie „Bindung an die Unternehmung“, welche sie als Motivationsziele aus Sicht der Unternehmung bezeichnen.[181] Demzufolge kann eine engagierte Aufgabenerfüllung körperliche als auch geistige Anstrengung, Kreativität etc. beinhalten. Die Bindung hingegen wird zur Vermeidung langfristig unerwünschter Fluktuation als auch zur Minimierung kurzfristiger Fehlzeiten angestrebt.

Unter Berücksichtigung dieser Erkenntnisse wird nachfolgend davon ausgegangen, dass allein die Bereitschaft in einer Unternehmung zu verbleiben und somit für diese weiter zu arbeiten aus betriebswirtschaftlicher Perspektive nicht ausreichend erscheint. Dies stellt zwar die notwendige Basis der Bindung dar, doch erst die emotional (ggf. auch rational) begründete Bereitschaft zur Erbringung einer Leistung und somit die Erfüllung oder Übertreffung der arbeitsvertraglichen Pflichten ist die für die Unternehmung relevante Größe.[182]

Insofern werden in dieser Arbeit mit dem **Begriff der Bindung** zwei motivational gesteuerte Entscheidungen der Mitarbeiter thematisiert. So steht zunächst die Entscheidung zum Verbleib im Fokus, welche eine grundlegende Leistungsbereitschaft suggeriert und Austrittsentscheidungen entgegenwirkt. Darüber hinaus ist die Entscheidung der Mitarbeiter für ein enga-

---

177 Vgl. Kleitsch (2007), S. 227 ff.

178 Vgl. Wucknitz/Heyse (2008), S. 28 f.

179 Vgl. bspw. Becker (2009), S. 342 f.; Becker (2010a), S. 235; Nicolai (2006), S. 110; Ringlstetter/Kaiser (2008), S. 155 ff., sowie ähnlich Dincher (2007), S. 191.

180 Vgl. Hentze/Graf (2005), S. 3 ff.

181 Vgl. Bea/Göbel (2010), S. 317 f.

182 Vgl. insbesondere Becker (2010a), S. 235.

giertes Leistungsverhalten angesprochen.[183] Diese wird dabei nicht nur häufiger überprüft und somit in regelmäßigen Abständen kritisch hinterfragt, sie ist gleichzeitig auch in Bandbreiten variierbar. Mitarbeiter entscheiden sich daher sowohl bewusst als auch unbewusst für oder gegen die Erbringung einer bestimmten Leistung.[184] Eine Differenzierbarkeit dieser beiden Teilfunktionen wird dabei zumindest in Grenzen angenommen.[185]

Aus der Perspektive der Unternehmung umfasst das **Bindungsmanagement**[186] somit alle Maßnahmen, die zur zumindest zeitspezifischen Sicherstellung der Verbleibebereitschaft beitragen sowie eine Erhaltung und ggf. Steigerung der Leistungsbereitschaft strategisch relevanter Mitarbeiter bewirken. Neben bewussten bzw. zu diesem Zwecke geplanten kann dies grundsätzlich auch unbewusste bzw. mit anderer Intention belegte Maßnahmen beinhalten. Für die Unternehmung geht es demzufolge nicht lediglich darum, die Wahrscheinlichkeit des Verbleibs positiv zu beeinflussen, sondern vor allem engagiertes Leistungsverhalten der Mitarbeiter auszubauen und steuern zu können. Die Förderung der menschlichen Leistung soll somit angeregt werden.[187]

2.4.2 Einordnung verwandter Konstrukte

In der Forschungsliteratur liegen mit dem Organizational Citizenship Behavior, dem psychologischen Vertrag sowie der Arbeitszufriedenheit drei Konstrukte vor, die dem Bindungsphänomen nahe stehen.[188] Diese werden nachfolgend kurz vorgestellt und eingeordnet.

Das Konstrukt des **Organizational Citizenship Behavior** wird maßgeblich durch die Arbeiten von ORGAN geprägt.[189] Der Autor definiert dieses als: „*[...] individual behavior that is*

---

183 Vgl. Becker (2010a), S. 235.

184 Hiervon abzugrenzen ist der Begriff der Leistungsmotivation nach McClelland und Atkinson, welcher eine latente, relativ stabile personale Verhaltensdisposition des Strebens nach Leistung und Erfolg beschreibt. Vgl. McClelland (1951; 1961); Atkinson (1957). Im Verlauf der Arbeit wird daher auch auf die Nutzung des Terminus „Leistungsmotivation" verzichtet.

185 Vgl. hierzu insbesondere Martin (2001), S. 318 f.; von Rosenstiel (2009), S. 175 f.; Schanz (1991), S. 8 ff.

186 Zugrundegelegt wird hierbei ein funktionaler Managementbegriff, welcher die jeweiligen Managementaufgaben thematisiert. Vgl. hierzu insbesondere Abschnitt 3.4.1.

187 Terminologisch finden im weiteren Verlauf die Termini (Mitarbeiter-) Bindung bzw. Bindungsmanagement Verwendung. Auf die Nutzung von Termini, wie Personalbindung, Personalerhaltung oder Retention, wird nachfolgend verzichtet. So thematisiert gerade der Terminus „Personal" sprachlich gesehen eher die gesamte Belegschaft. Darüberhinaus wird die unternehmerische Aufgabe der Erhaltung bei diesen Termini verhältnismäßig stark betont. Der Terminus (Mitarbeiter-) Bindung hingegen fokussiert tendenziell einzelne Mitarbeiter (-gruppen) und ist sprachlich offener. Vgl. hierzu insbesondere Becker (2010a), S. 231.

188 Vgl. darüber hinaus zu weiteren in einem ferneren Kontext stehenden Konstrukten, wie bspw. dem Involvement, der Compliance oder dem Discretionary Collaborative Behavior, Sydow et al. (2002), S. 32 f.

discretionary, not directly or explicitly recognized by the formal reward system, and that in the aggregate promotes the effective functioning of the organization."[190] In diesem Sinne bezeichnet das Konstrukt eine subjektiv freiwillige Bereitschaft zum Handeln zur Erfüllung von organisationalen Zielen.[191] Beachtung finden dabei insbesondere kontextbezogene Einflüsse des individuellen Leistungsverhaltens sowie Leistungsorientierungen, welche außerhalb präziser und vorab definierter Aufgabenbereiche stehen.[192] Als Kernbestandteile konnten die Dimensionen des helfenden, unterstützenden Verhaltens sowie der generalisierten Zustimmung herausgearbeitet und mehrfach empirisch belegt werden.[193] Vielfach werden in diesem Kontext auch die Elemente Altruismus, Gewissenhaftigkeit, Großzügigkeit, Rücksicht und Bürgersinn angeführt, welche die entsprechenden Verhaltensweisen weiter konkretisieren.[194]

Dem Organizational Citizenship Behavior wird in der jüngeren Fachliteratur trotz bestehender Schwächen hinsichtlich fehlender theoretischer Erklärungsansätze sowie verschiedener Abgrenzungsschwierigkeiten ein hoher Stellenwert eingeräumt. Insbesondere zurückzuführen ist dies auf die zunehmende Bedeutung von Themen im Kontext des freiwilligen Arbeitsengagements.[195] Hier kann die enge Beziehung zur (Mitarbeiter-) Bindung aufgezeigt werden. So wird Organizational Citizenship Behavior auch als Extra-Rollen- oder Supra-Rollen-Verhalten charakterisiert.[196] Dieses Extra-Rollen-Verhalten ist dabei impliziter Bestandteil des in dieser Arbeit verwendeten Bindungsbegriffs, welcher die Erhaltung und ggf. Steigerung der Leistungsbereitschaft als zentralen Aspekt beinhaltet. Im Idealfall geht dies über das normale Maß weit hinaus und umfasst ein Leistungsverhalten jenseits standardisierter Rollenerwartungen. Durch die Konzeptionalisierung dieses Extra-Rollen-Verhaltens liegen somit zahlreiche Erkenntnisse auch zur (Mitarbeiter-) Bindung vor.[197]

---

189 Vgl. Organ (1988; 1997). Die Ursprünge finden sich in soziologischen und sozialpsychologischen Studien zur Arbeitnehmermentalität. Vgl. hierzu bspw. Kracauer (1930); Katz (1964).

190 Organ (1988), S. 4.

191 Weitere Konzeptionalisierungen finden sich in der Literatur bspw. durch das Prosocial Organizational Behavior oder das Organizational Spontaneity. Vgl. Brief/Motowidlo (1986); George/Brief (1992), sowie zu einem Überblick Matiakse/Weller (2003), S. 105 f. Da diese jedoch weniger stark verbreitet sind und grundsätzlich gleiche bzw. ähnliche Annahmen aufweisen, erfolgt an dieser Stelle eine Fokussierung auf das Organizational Citizenship Behavior. Vgl. Matiaske/Weller (2003), S. 105; Conrad (2004), Sp. 1105.

192 Vgl. Conrad (2004), Sp. 1101 f.; Matiaske/Weller (2003), S. 106 f.

193 Vgl. Smith et al. (1983), S. 653 ff.; Konovsky/Organ (1996), S. 253 ff.

194 Vgl. hierzu umfassend Organ (1988), S. 7 ff.; Conrad (2004), S. 1103; Felfe (2008), S. 117.

195 Vgl. Matiaske/Weller (2003), S. 111; Conrad (2004), Sp. 1106.

196 Vgl. auch Posdakoff/MacKenzie (1994), S. 351 ff.; Schnake (1991), S. 735 ff.; Conrad (2004), Sp. 1102; Matiaske/Weller (2003), S. 106.

197 Vgl. Conrad (2004), Sp. 1105; Felfe (2008), S. 112 f.

Das Konstrukt des **psychologischen Vertrags** wird weitgehend durch die Arbeiten von ROUSSEAU[198] geprägt.[199] Die Autorin fasst hierunter die Annahmen, die ein Individuum über die Bedingungen einer wechselseitigen Austauschbeziehung gebildet hat. Im Fokus steht dabei: „*[...] the belief that a promise has been made and a consideration offered in exchange for it, binding the parties to some set of reciprocal obligations.*“[200] Diese weitgehend anerkannte Definition wird um die Bedeutung des gegenseitigen Austauschs erweitert, da ROUSSEAU lediglich die individuelle Perspektive des Arbeitnehmers betont.[201] Gegenstand sind somit die wechselseitig wahrgenommenen Erwartungen, Versprechungen und/oder Verpflichtungen zwischen Arbeitgeber und Arbeitnehmer innerhalb der zugrunde liegenden Arbeitsbeziehung, welche nicht expliziten Vereinbarungen unterliegen.[202] Der implizite Charakter stellt ein wesentliches Merkmal des psychologischen Vertrags dar. Erfasst werden somit weniger objektiv bestimmbare Vertragsinhalte, wie bspw. eine angemessene Vergütung, als vielmehr die sich hieraus ergebenden subjektiven Interpretationen, wie bspw. eine faire Behandlung bzw. Bezahlung in Bezug auf die Kollegen.

Eine Vertragsverletzung kann dabei weitreichende Auswirkungen auf das Arbeitsverhalten insgesamt haben, wodurch sich ein enger Bezug zur (Mitarbeiter-) Bindung verdeutlichen lässt.[203] So ist zu erwarten, dass sich die Bereitschaft zur engagierten Leistungserbringung verringern wird. Je nach subjektiv empfundener Schwere des Bruchs, welcher von einer oberflächlichen Enttäuschung bis hin zu einer anhaltenden Verbitterung reichen kann, ist auch eine vollständige Einstellung eines Extra-Rollen-Verhaltens im Bereich des Möglichen. Es werden dann lediglich die expliziten Regelungen eines (juristischen) Arbeitsvertrages erfüllt. Dies entspricht jedoch nicht den mit dem Bindungsbegriff intendierten Möglichkeiten. Im Extremfall sind darüber hinaus natürlich auch Änderungen hinsichtlich der Bereitschaft zum Verbleib und letztlich ein Verlassen der Unternehmung denkbar.

---

198 Vgl. Rousseau (1989); Rousseau/Schalk (2000); Anderson/Schalk (1998).

199 Erste definitorische Ansätze liegen jedoch bereits durch die Überlegungen von Schein vor. Vgl. Schein (1970), S. 12.

200 Rousseau (1989), S. 123.

201 Vgl. Raeder (2007), S. 294; Klimecki/Gmür (2005), S. 340; Schanz (1991), S. 6.

202 Trotz der Berücksichtigung wechselseitiger Erwartungen erfolgt in der relevanten Literatur vielfach eine Fokussierung der Arbeitnehmerperspektive bzw. zeigen verschiedene Untersuchungen, dass diese sich vermehrt mit impliziten Vereinbarungen etc. auseinandersetzen. Vgl. Raeder (2007), S. 295 ff.

203 Vgl. Bartscher-Finzer/Martin (2003), S. 56.

Weiterhin lässt sich das Konstrukt der **Arbeitszufriedenheit**[204] einordnen, welches nach SPECTOR definiert wird als: „*[...] simply how people feel about their jobs and different aspects of their jobs. It is the extent to which people like (satisfaction) or dislike (dissatisfaction) their jobs.*“[205] Im Fokus steht somit die Einstellung des Mitarbeiters gegenüber seiner Arbeit insgesamt oder gegenüber einzelnen Aspekten dieser Arbeit, welche bspw. die Arbeitsaufgabe oder die Vorgesetzten betreffen können.[206] Arbeitszufriedenheit versteht sich daher als ein wie auch immer einzuordnender psychischer Zustand und drückt eine positive bzw. negative affektive Orientierung in Bezug auf die Arbeit selbst aus. Die Forschungsbemühungen richten sich hierbei auf Arbeitszufriedenheit als abhängige, unabhängige und/oder Moderator- bzw. Mediatorvariable, weshalb der Status des Konstrukts durchaus als unstrukturiert gilt.[207]

In Bezug auf das Phänomen der Bindung wird Arbeitszufriedenheit diesbezüglich von einigen Autoren als dessen Komponente erfasst. Andere wiederum gehen davon aus, dass das Konstrukt eine unabhängige Variable der (Mitarbeiter-) Bindung darstellt oder mit der (Mitarbeiter-) Bindung korreliert.[208] Hier liegen u. a. Befunde vor, die einen, wenn auch lediglich moderaten positiven Zusammenhang zwischen Arbeitszufriedenheit und Leistungsbereitschaft sowie einen geringen negativen Zusammenhang zu Größen wie Absentismus und Fluktuation belegen.[209] Diese Beziehungen bestehen ebenfalls für das Konstrukt der (Mitarbeiter-) Bindung. Die kausale Beziehung zwischen beiden Konstrukten bleibt aber insgesamt umstritten. Wahrscheinlich ist eine wechselseitige Einwirkung aufeinander und eine unterstützende Funktion der Arbeitszufriedenheit in Bezug auf die (Mitarbeiter-) Bindung.[210] Es lassen sich jedoch auch Beispiele anführen, in denen eine hohe (Mitarbeiter-) Bindung bei gleichzeitig geringer Arbeitszufriedenheit besteht und umgekehrt. Eine konzeptionelle Unabhängigkeit beider Konstrukte ist somit belegbar.[211]

---

204 Dieser Forschungsbereich gilt als einer der umfassendsten in den Arbeits-, Organisations- und Personalwissenschaften. Vgl. Fischer (1989; 1991; 2006); Nerdinger et al. (2008), S. 427; Felfe/Six (2006), S. 37 ff.

205 Spector (1997), S. 2.

206 Diese Definition wird vielfach lediglich als Minimalkonsens verstanden. Neuberger bspw. spricht aufgrund der Vielfältigkeit diesbezüglich von einem Begriffschaos. Vgl. Neuberger (1974), S. 140, sowie ferner Gebert/von Rosenstiel (1996), S. 74; Meifert (2005), S. 54 f.

207 Vgl. bspw. Locke/Henne (1986), S. 21; Büssing (2004), Sp. 462; Nerdinger et al. (2008), S. 427 f.; Meifert (2005), S. 54; Felfe (2008), S. 154.

208 Vgl. Kovach (1977); Mowday et al. (1982), S. 20 ff.; Cramer (1996), S. 389 ff.; Meyer/Allen (1997), S. 41 ff., sowie zu einem Überblick auch Meifert (2005), S. 55.

209 Vgl. Judge et al. (2001), S. 376 ff.; Six/Felfe (2004), S. 597 ff.; Ehrlich/Lange (2006), S. 25.

210 Vgl. Felfe (2008), S. 160.

211 Vgl. hierzu bspw. Felfe (2008), S. 154.

Auch hinsichtlich der Stabilität bestehen deutliche Unterschiede. So ist Arbeitszufriedenheit im Vergleich zur (Mitarbeiter-) Bindung als weniger stabil zu bezeichnen und bezieht sich auf relativ spontane Handlungen bzw. Reaktionen. Die Bewertung der aktuellen Arbeitssituation steht im Blickpunkt einer daraus resultierenden (Un-) Zufriedenheit. Das Konstrukt der (Mitarbeiter-) Bindung hingegen ist vergleichsweise grundsätzlicher und langfristiger ausgerichtet. Es wird begriffen als prinzipiell handlungswirksame, relativ stabile Selbstbindung an eine Unternehmung. Insofern beinhaltet dies auch die motivationale Überbrückung temporärer Phasen der Arbeitsunzufriedenheit; insbesondere dann, wenn der Begriff der Leistungsbereitschaft im Sinne eines Extra-Rollenverhaltens relevant ist.[212]

2.4.3 Charakteristika des Bindungsmanagements

Dem Phänomen der Bindung kommt vor allem aus der Perspektive der Unternehmung zur Steuerung der Verhaltensbereitschaften erfolgskritischer Mitarbeiter eine besondere Bedeutung zu. Für die tatsächliche Durchführung eines Bindungsmanagements sind dabei über die terminologischen und begrifflichen Erläuterungen hinaus weitere Aspekte relevant, welche das grundlegende Verständnis eines Bindungsmanagements zu konkretisieren vermögen. Nachfolgend wird auf diese grundlegenden Charakteristika eingegangen. Es handelt sich um die Merkmale Zielgröße, Zeithorizont, Zielgruppe, Bezugsobjekt, Träger sowie Prozessorientierung.[213] Auf bestehende Interdependenzen zwischen diesen ist bereits vorab zu verweisen.

Die **Zielgrößen** des Bindungsmanagements stehen in einem unmittelbaren Zusammenhang zu dessen begrifflichen Teilkomponenten der Verbleibe- und der Leistungsbereitschaft. So wird grundsätzlich neben einer Minimierung von Verhaltensweisen, wie unerwünschter Fluktuation, vor allem eine Maximierung des arbeitsproduktiven Verhaltens angestrebt.[214] KLIMECKI/GMÜR differenzieren diesbezüglich im Detail zahlreiche weitere Aspekte, wie bspw. eine geringe Loyalität im Kundenkontakt oder Widerstände gegen Änderungen, welche als Symptome für Motivationsverluste bei einem nicht vorhandenen Management der Bindung auftreten können und einer zielorientierten Steuerung bedürfen. Darüber hinaus werden von den Autoren auch Symptome für Qualifikationsverluste benannt.[215] Diese äußern sich nicht nur

212 Vgl. Felfe (2008), S. 154; Meifert (2005), S. 55.

213 Vgl. hierzu ähnlich bzw. zu Einzelaspekten bspw. Becker (2010a), S. 235; Felfe (2008), S. 112 ff.; Klimecki/Gmür (2005), S. 332 ff.; Wucknitz/Heyse (2008), S. 26 ff.

214 Vgl. bspw. Felfe (2008), S. 112 f.

215 Vgl. Klimecki/Gmür (2005), S. 331 f.

durch hohe Aufwendungen für die Weiterentwicklung von Produkten, Strukturen und Prozessen, hohen Fehlerraten bei Routinetätigkeiten oder einer Abhängigkeit von externen Experten in Kernbereichen der Unternehmung. Vielmehr entstehen zum Teil immense Kosten in Folge erhöhter Aktivitäten zur Personalbedarfsdeckung. Dies reicht von der Anwerbung und Auswahl bis hin zur Einarbeitung von neuen Mitarbeitern.[216]

Zur Operationalisierung der Zielgrößen eines Bindungsmanagements werden in diesem Zusammenhang in der Literatur vielfach konkrete Kennziffern, wie bspw. Fluktuationsquoten, Mitarbeiterbeteiligungsraten, durchschnittliche Betriebszugehörigkeiten etc. angeführt, welche mehr oder weniger auf eine vorhandene Bindung schließen lassen.[217] Die Festlegung spezifischer Grenzwerte für unterschiedliche zum Einsatz kommende Kennziffern kann diesbezüglich eine Orientierung zur Erreichung der grundsätzlichen Ziele der Bindung, d. h. des Verbleibs und der Leistung, bieten.[218]

Die Ausführungen verdeutlichen die Notwendigkeit zum Management der Bindung mit dem Ziel der Beeinflussung des Personalrisikos insgesamt.[219] Lediglich so ist die für den dauerhaften betrieblichen Erfolg notwendige Nutzung der Motivation und Qualifikation der Mitarbeiter möglich. Zu beachten ist in diesem Zusammenhang jedoch, dass ein Bindungsmanagement aus ökonomischer Perspektive heraus erst dann eine Berechtigung aufweist, wenn die Opportunitätskosten in Folge einer Unterlassung die Kosten einer Durchführung übersteigen würden. In diesem Sinne begrenzen Kosten-Nutzen-Relationen sowohl die situationsspezifisch durchzuführenden Aufgaben als auch die davon betroffenen Mitarbeitergruppen.[220] Zielgröße des Bindungsmanagements ist somit nicht die unbegrenzte und uneingeschränkte Auseinandersetzung mit personalbezogenen Risiken, sondern deren Handhabung unter Beachtung von unternehmungsspezifisch variierenden ökonomischen Erfordernissen. Je größer dabei Art und Umfang der Abhängigkeit von Leistung- und Potenzialträgern ausfallen, desto größer ist die Bedeutung dieser Thematik für die jeweilige Unternehmung.[221]

---

216 Vgl. zu einer Beispielrechnung potenzieller Kosten Kolb (2008), S. 160.

217 Vgl. bspw. Bert/Jiménez (2005); Weyand (2005), S. 17 ff., sowie zu einem Überblick Szebel-Habig (2004), S. 51 ff.; Pepels (2004), S. 51 ff.

218 Vgl. Stührenberg (2004), S. 41 f.

219 Vgl. Becker (2010a), S. 237. Gmür/Thommen sprechen in diesem Zusammenhang vom „Management personalbezogener Risiken“. Vgl. Gmür /Thommen (2007), S. 215.

220 Vgl. Becker (2010a), S. 238.

221 Vgl. Gmür/Thommen (2007), S. 215 f.

Das Merkmal des **zeitlichen Horizonts**, d. h. der Dauer der angestrebten Bindung steht in einem engen Zusammenhang zu den erläuterten Zielgrößen der Bindung. So wird vielfach – zum Teil lediglich implizit – davon ausgegangen, dass grundsätzlich eine zeitlich unbefristete Bindung erreicht werden soll.[222] Demgegenüber stehen jedoch Überlegungen einer zeitlich begrenzten Bindung an eine Unternehmung, bspw. für die Dauer durchzuführender Projekttätigkeiten. Hier liegt die Annahme zugrunde, dass lebenslange Bindungen an eine Unternehmung die Ausnahme darstellen, was u. a. auf dynamische Umfeldbedingungen zurückgeführt wird.[223] Die Zunahme befristeter Arbeitsverhältnisse – auch im hochqualifizierten Bereich – stellt hierfür ebenfalls ein Indiz dar.[224] Eine Differenzierung eines Bindungsmanagements nach dem zeitlichen Horizont der Bindung ist daher ebenfalls denkbar und typisch.

Mit Bezug auf die betroffenen Mitarbeitergruppen kann sodann das Kriterium der **Zielgruppe** des Bindungsmanagements näher erläutert werden. Wie bereits angedeutet wurde, ist eine Bindung sämtlicher Mitarbeiter einer Unternehmung weder sinnvoll noch intendiert. Die Bindungsaktivitäten richten sich vielmehr verstärkt auf solche Mitarbeiter, welche für den unternehmerischen Erfolg relevant sind.[225] In der Literatur werden hierbei oftmals stark pauschalisierte Äußerungen getätigt. So spricht BRANHAM von *„Keeping the people who keep you in business.“*[226] Andere Autoren bezeichnen die angesprochenen Mitarbeiter (-gruppen) schlichtweg als Talente, High Potenzials, Leitungsträger oder als Mitarbeiter in Schlüsselpositionen, um nur einige Bezeichnungen anzuführen.[227] Detaillierter wird hingegen in solchen Beiträgen vorgegangen, in denen Merkmale zur Bestimmung der Zielgruppen des Bindungsmanagements herangezogen werden. Bestimmungskriterien können hier Personalbedarfsprognosen oder Leistungsmaße bzw. Potenziale der Mitarbeiter umfassen.[228]

Deutlich wird an diesen Ausführungen, dass Leistungsträger grundsätzlich nicht hierarchisch oben in einer Unternehmung angesiedelt sein müssen. Vielmehr können diese in sämtlichen Bereichen verortet sein. Die Bemühungen zur Bindung bspw. einer Gruppe von Entwicklungsingenieuren aus einer Fachabteilung können demnach für eine Unternehmung ebenso

---

222 DGFP (2004), S. 33 ff.; Meifert (2005), S. 2; Wucknitz/Heyse (2008), S. 7 f.

223 Vgl. bspw. Becker (2010a), S. 235; Szebel-Habig (2004), S. 10.

224 Vgl. o. V. (2010a).

225 Vgl. Wucknitz/Heyse (2008), S. 10; Brauweiler (2010), S. 80; Sattelberger (2002), S. 113 f.

226 Branham (2001).

227 Vgl. bspw. Szebel-Habig (2004), S. 9; Friedli/Thom (2001), S. 4; Hunziger/Biele (2002), S. 47; Wucknitz/Heyse (2008), S. 10; Brauweiler (2010), S. 80; Ettinger (2003), S. 27.

228 Vgl. Meifert (2008), S. 283; Jochmann (2001), S. 177 ff.; Becker (2010a), S. 236; Gmür/Thommen (2007), S. 215 ff.; Kahabka (2004), S. 83 ff.

von Bedeutung sein wie die Bindung des langjährigen Geschäftsführers, da ein Verlust durch Ausscheiden oder unmotiviertem Verhalten in beiden Fällen gravierende Folgen für den unternehmerischen Erfolg nach sich ziehen würde. Im Zusammenschluss bedeutet dies, dass die jeweiligen konkreten Mitarbeiter (-gruppen) von jeder Unternehmung sorgfältig auszuwählen bzw. zu bestimmen sind und sich sowohl hinsichtlich der Intensität als auch der Art der Bindung unternehmungs- und zielgruppenspezifisch stark unterscheiden.[229]

Neben den genannten Kriterien lässt sich ein Bindungsmanagement darüber hinaus in Bezug auf die **Bezugsobjekte** der Bindung differenzieren. In vielen Beiträgen wird grundsätzlich eine Bindung an die Unternehmung als Ganzes angenommen. Dementsprechend pauschal erfolgt dann die Erläuterung der entsprechenden Maßnahmengestaltung.[230] Bei einer genaueren Betrachtung ist dies jedoch kritisch zu hinterfragen. Gerade mit zunehmender Größe der Unternehmung stellt sich die Frage, ob diese in ihrer Gesamtheit vom einzelnen Mitarbeiter als solche wahrgenommen wird.[231] Hinzu kommen oftmals Veränderungen, welche zu Anpassungskonflikten und einer verzerrten Wahrnehmung der eigenen Unternehmung führen können.[232] Es kann daher angenommen werden, dass neben einer möglichen Bindung an die Gesamtunternehmung weitere kleinere (Teil-) Einheiten eine Rolle spielen, da diese dem Mitarbeiter innerhalb der alltäglichen Arbeit näher stehen und somit einen ganz anderen Bezugspunkt darstellen. Differenziert werden u. a. eine Bindung an die eigene Abteilung bzw. Organisationseinheit, an die direkte Arbeitsgruppe oder an direkte Vorgesetzte bzw. gleichgestellte Kollegen.[233] MEYER/ALLEN halten diesbezüglich beispielhaft fest: „*Behavior that is of direct benefit (or detriment) to a work team might be related more strongly to employees' commitment to the team or team leader than to commitment to the organization as a whole.*"[234]

Mit den **Trägern** eines Bindungsmanagements sind des Weiteren die an der ggf. konzeptionellen Ausgestaltung beteiligten Personen (-gruppen), Abteilungen oder Bereiche angespro-

---

229 Die Frage nach den Zielgruppen des Bindungsmanagements mündet letztlich im Extremfall der individualisierten Bindung, da stets noch feinere Differenzierungen vorgenommen werden können. Vgl. bspw. Meifert (2008), S. 279 f. Nachfolgend wird dieser Aspekt nicht weiter verfolgt. Vielmehr wird angenommen, dass entsprechende Maßnahmen unabhängig von der Motivlage des Einzelnen wirksam sind. Vgl. Gmür/Thommen (2007), S. 216; von Rosenstiel (1975), S. 230; Sabathil (1977), S. 35.

230 Vgl. Knoblauch (2004), S. 101 ff.; Wucknitz/Heyse (2008), S. 1 ff.

231 Vgl. Meifert (2005), S. 57; Zaccaro/Dobbins (1989), S. 267; Ashforth/Mael (1989), S. 31.

232 Vgl. zu einer kurzen Darstellung betrieblicher Beispiele Becker (2010a), S. 237.

233 Vgl. bspw. Klimecki/Gmür (2005), S. 336 f.; Meyer/Allen (1997), S. 20 f.; Becker (2010a), S. 237; Meifert (2005), S. 56 f.; Gmür/Thommen (2007), S. 220; Becker, T. E. (1992), S. 232 ff.; Becker, T. E. et al. (1996); Weller (2003), S. 84.

234 Meyer/Allen (1997), S. 22.

chen. Im Fokus stehen dabei üblicherweise das Personalmanagement bzw. die entsprechenden Mitarbeiter der Personalabteilung selbst. So geht bspw. die DGFP davon aus, dass ein Bindungsmanagement einen integralen Bestandteil des Personalmanagements darstellen sollte.[235] Darüber hinaus sind jedoch vor allem die obersten Unternehmungsführungsbereiche ebenso zu integrieren, wie die direkten Vorgesetzten. Erstere werden vor allem im Kontext der Initiierung geeigneter strategischer Initiativen angeführt, während letztere auf operativer Ebene insbesondere im Rahmen der Umsetzung einen verstärkten persönlichen Kontakt zu den jeweiligen Mitarbeitern vorweisen können.[236]

Letztlich ist auf das Merkmal der **Prozessorientierung** zu verweisen, welches die bereits erläuterten Charakteristika in einen zeitlichen Ablauf einordnet. Ein Bindungsmanagement findet demnach innerhalb eines festgelegten Ablaufschemas statt, wodurch eine effiziente Durchführung grundsätzlich gewährleistet werden soll. In der Forschungsliteratur finden sich diesbezüglich unterschiedliche Vorgehensweisen wieder, welche jedoch zumeist auf zentrale Aspekte planerischer, durchführender sowie kontrollierender Aktivitäten zurückgeführt werden können.[237] Beispielhaft ist nachfolgend der Prozess nach WUCKNITZ/HEYSE dargestellt, welcher sich durch seine Übersichtlichkeit und Kompaktheit auszeichnet (vgl. Abbildung 4).[238] Ein allgemeingültiges Vorgehen ist damit jedoch nicht beschrieben.

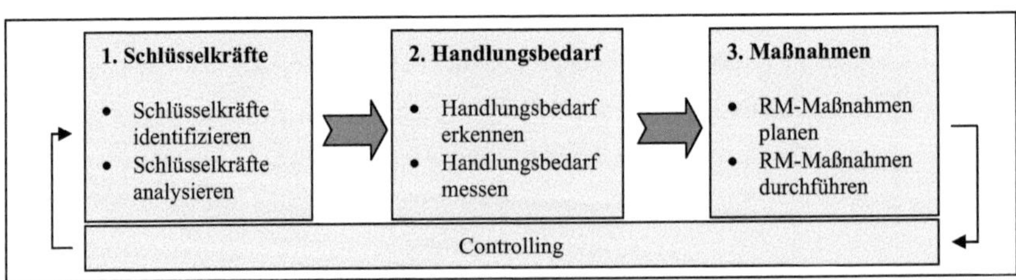

Abbildung 4: Retentionmanagement-Prozess.
Quelle: Wucknitz/Heyse (2008), S. 27.

WUCKNITZ/HEYSE differenzieren insgesamt sechs Teilschritte innerhalb der Kernbereiche Schlüsselkräfte, Handlungsbedarf und Maßnahmen. Ersteres bezieht sich darauf, Schlüsselkräfte zu identifizieren und anschließend zu analysieren. Kompetenzen, Einstellungen etc. der

235 Vgl. DGFP (2004), S. 38 ff.

236 Vgl. bspw. Stührenberg (2004), S. 42 ff.; DGFP (2004), S. 48 ff.; Flato/ Reinbold-Scheible (2008), S. 73.

237 Vgl. bspw. DGFP (2004), S. 37; Meifert (2008), S. 282 ff.; Jochmann (2001), S. 185 ff.; Althauser (2008), S. 76 f.

238 Vgl. Wucknitz/Heyse (2008), S. 26 ff.

relevanten Mitarbeitergruppen sind hierbei relevant.[239] Zweites ist in die Teilschritte „Handlungsbedarf erkennen“ und „Handlungsbedarf messen“ differenziert. Hierbei geht es darum, anhand von Signalen aktuelle Handlungserfordernisse ausfindig zu machen. Spezifische Kennzahlen können hier bspw. Indizien darstellen.[240] Im Anschluss daran sind im letzten Kernbereich die durchzuführenden Aktivitäten zentraler Gegenstand.[241] Abgeschlossen wird der Prozess durch ein Controlling, welches parallel stattfindet und gleichzeitig Rückschlüsse auf zukünftige Prozesse zulässt. Hier ist u. a. die Überprüfung vorab definierter Kennzahlen hinsichtlich deren Erreichung vorzunehmen.[242]

---

239 Vgl. Wucknitz/Heyse (2008), S. 43 ff.

240 Vgl. Wucknitz/Heyse (2008), S. 58 ff.

241 Vgl. Wucknitz/Heyse (2008), S. 89 ff.

242 Vgl. Wucknitz/Heyse (2008), S. 118 ff.

3 Bindungsmanagement für Ingenieure unter besonderer Berücksichtigung mittelständischer Industrieunternehmungen

3.1 Zur weiteren Vorgehensweise

Entsprechend der im zweiten Kapitel erörterten Untersuchungsgegenstände ist das weitere Vorgehen im dritten Kapitel vor dem Hintergrund der Forschungsmethodologie der bezugsrahmenorientierten explorativen Studie zu gestalten. Demnach erfolgt die Erarbeitung eines Forschungsrahmens zur theoretischen Exploration und Analyse des Bindungsmanagements im industriellen Mittelstand. Die Basis hierfür stellen, unter Berücksichtigung der ressourcenorientierten Perspektive, die Bindungsfaktoren der – aufgrund ihres Know-hows als erfolgskritische (Human-) Ressource geltenden – Ingenieure dar (Kapitel 3.3). Angesprochen sind die vorhandenen bzw. geschaffenen Ressourcen als Ausgangspunkt eines Bindungsmanagements (Human Capital Pool). Darauf aufbauend stehen die Maßnahmen eines Bindungsmanagements für Ingenieure im Fokus der Betrachtung (Kapitel 3.4), da hiermit die organisationalen Fähigkeiten (Organizational Capabilities) zur Nutzbarmachung dieser erfolgskritischen Ressourcen durch Strukturen, Prozesse, Systeme etc. thematisiert sind. Letztgenannte stellen gleichzeitig die Hauptaufgabe bei der Erarbeitung eines entsprechenden Forschungsrahmens für den Untersuchungsgegenstand des industriellen Mittelstands innerhalb dieser Arbeit dar.

Zur Erarbeitung eines diesbezüglich in der Breite angemessenen und gleichzeitig fokussierten Forschungsrahmens bietet sich aufgrund des bestehenden Forschungsdefizits in Bezug auf den Untersuchungsgegenstand als Ausgangspunkt die Heranziehung forschungsrelevanter Beiträge aus der Bindungsliteratur im Allgemeinen an, um so eine inhaltliche Basis für die weiteren Überlegungen zu schaffen. Bedingt durch die vielfältigen und interdisziplinären Zugänge, welche im Zusammenhang mit dem Bindungsphänomen bestehen, erscheint eine breite Berücksichtigung unterschiedlicher Erkenntnisse aus verschiedenen Forschungsgebieten obligatorisch. Gleichzeitig wird damit auch der Idee einer explorativen Studie entsprochen, die ein übergreifendes Denken in Ideen und Impulsen grundsätzlich befürwortet. Um dies in angemessener Art und Weise abbilden zu können, wird nachfolgend (Kapitel 3.2) zunächst ein Überblick über die wesentlichen theoretischen Erklärungsansätze unter Fokussierung einer institutionenökonomischen und einer verhaltensorientierten Perspektive sowie ergänzend einer absatzmarktorientierten Perspektive gegeben. Darüber hinaus wird Gleiches für entsprechende personalwirtschaftliche Konzepte und empirische Befunde vorgenommen.[243]

3.2 Überblick relevanter Beiträge aus der Forschungsliteratur

3.2.1 Theoretische Erklärungsansätze

3.2.1.1 Ansätze der neuen Institutionenökonomik

Ausgangspunkt institutionenökonomischer Überlegungen ist das ökonomische Paradigma[244], welches zur Analyse organisatorischer Fragestellungen um das Phänomen der Institution[245] erweitert wird. Die neue Institutionenökonomie[246] beschäftigt sich diesbezüglich mit den Auswirkungen spezifischer Institutionen, bspw. Verträgen, auf das menschliche Verhalten, wobei insbesondere die Möglichkeiten einer effizienten Gestaltung dieser Institutionen unter den Annahmen opportunistischen Verhaltens und begrenzter Rationalität der Akteure im Mittelpunkt stehen. Ein einheitliches Theoriegebäude stellt sie dabei nicht dar. Vielmehr liegen mit der Property-Rights-Theorie[247], der Transaktionskostentheorie[248] sowie der Principal-Agent-Theorie[249] drei methodologisch verwandte Teilansätze vor, welche sich zum Teil gegenseitig überschneiden, ergänzen oder sich aufeinander beziehen.[250]

In diesem Kontext lassen sich Bindungen vornehmlich aus ökonomischen bzw. rationalen Überlegungen zur Gestaltung individueller Vorteile erklären.[251] Grundlage dessen können bspw. transaktionsspezifische Investitionen in vorhandene Humanressourcen sein, welche in

---

243 Auch fanden zahlreiche Gespräche mit Experten aus Wissenschaft und Praxis statt, welche zu einer zielorientierten Entwicklung des Forschungsrahmens beigetragen haben. Eine Berücksichtigung der so gewonnenen inhaltlichen und formalen Erkenntnisse erfolgt an unterschiedlichen Stellen in indirekter Form. Vgl. zu diesem Vorgehen die Erläuterungen in Abschnitt 1.2.

244 Vgl. hierzu bspw. Franck/Opitz (2007), Sp. 1308.

245 Unter einer Institution werden Normen und Regeln, korporative Gebilde und Instrumente der Koordination und Motivation beschrieben. Vgl. Picot/Schuller (2004), Sp. 516; Dietl (1993), S. 32 f.; Franck/Opitz (2007), Sp. 1308; Picot et al. (2008), S. 33.

246 Die alte und die neue Institutionenökonomie bestehen bis heute parallel zueinander. Kernpunkt bilden die Annahmen der Neoklassik, wobei sich die neue Institutionenökonomie vor allem durch die Nutzung vereinfachter Prämissen und Modelle auszeichnet. Vgl. hierzu insbesondere Picot/Schuller (2004), Sp. 517 f.

247 Vgl. insbesondere Alchian (1977); Demsetz (1967).

248 Vgl. insbesondere Coase (1937); Williamson (1985; 1990; 1991).

249 Vgl. insbesondere Jensen/Meckling (1976); Ross (1973).

250 Vgl. zu einem Überblick über die Teilansätze bspw. Bea/Göbel (2010), S. 132 ff.; Schreyögg (2004), Sp. 1078 ff., sowie ferner Richter/Furubotn (2003); Göbel (2002).

251 Auch der von Scholz geprägte Begriff des Darwiportunismus lässt sich ferner in diesen Kontext einordnen. Vgl. Scholz (2003), Chalupa (2007).

einem bestimmten Kontext einen Nutzen aufweisen und alternativen Kontexten überlegen sind.[252] Die ökonomische Vorteilhaftigkeit einer Bindung beruht dann aus Unternehmungssicht u. a. auf dem Aufbau von Sozialkapital oder dem impliziten Erfahrungswissen der Mitarbeiter. Aus Mitarbeitersicht wiederum können u. a. Faktoren der (Arbeitsplatz-) Sicherheit von großer Relevanz sein. Diese Investitionen weisen hierbei einen umso größeren Nutzen auf, je präziser sie auf die Bedürfnisse der Unternehmung (bzw. des Mitarbeiters) ausgerichtet sind.[253] Sofern durch diese Investitionen die Möglichkeiten zur Abwicklung von Transaktionen am Markt eingeschränkt werden, d. h. bspw. auf Arbeitnehmerseite Chancen am Arbeitsmarkt durch spezifische Ausbildungen eingeschränkt sind, können Bindungen auch durch eine freiwillige Verpflichtung an ein nicht-opportunistisches Verhalten erzielt werden.[254]

Eine Berücksichtigung dieser grundlegenden Annahmen der ökonomisch ausgerichteten Ansätze in Bezug auf das Bindungsphänomen kann für die weiteren Überlegungen im Rahmen dieser Arbeit genutzt werden. Zu beachten ist jedoch, dass diese vor allem die soziale Einbettung ökonomischer Transaktionen ebenso wie weitere normative und machtbezogene Aspekte nicht thematisieren und somit eine *„ökonomische Verkürzung sozialen Lebens"*[255] vornehmen. Auch ist eine uneingeschränkte Übertragbarkeit auf das Bindungsphänomen nicht gegeben.[256]

3.2.1.2 Verhaltenswissenschaftliche Ansätze

Verhaltenswissenschaftliche Ansätze stellen einen zentralen Bezugspunkt zum Bindungsphänomen dar und liegen in einer großen Vielfalt, bspw. über die Motivations-, Führungs- und Gruppenforschung, vor. Dies bedingt sich vor allem dadurch, dass hier keine in sich geschlossene Perspektive besteht, sondern vielmehr unterschiedliche Forschungsdisziplinen, bspw. der Psychologie oder Soziologie, als Nachbardisziplinen der Sozialwissenschaften zum Einsatz kommen.[257] Auch lassen sich angrenzende Forschungsbereiche zu verwandten Konzepten der Bindung, bspw. der Fluktuationsforschung oder des psychologischen Vertrages einordnen. Um dennoch einen fokussierten Überblick über die verhaltenswissenschaftliche Perspektive

---

[252] Vgl. Williamson (1985), S. 62, sowie allgemein bspw. Bea/Göbel (2010), S. 319.

[253] Vgl. Sydow et al. (2002), S. 19; Manning/Wolf (2005), S. 38.

[254] Es wird vom Bonding, bspw. in Form von Kündigungsschutzgesetzen auf Unternehmensseite oder in Form von Senioritätsentlohnungen auf Arbeitnehmerseite, gesprochen. Vgl. hierzu bspw.Göbel (2002), S. 311; Sydow et al. (2002), S. 20.

[255] Sydow et al. (2002), S. 20.

[256] Vgl. Picot/Schuller (2004), Sp. 519, sowie zur Übertragbarkeit bspw. Bauer/Jensen (2001), S. 16.

[257] Vgl. Klimecki/Gmür (2001), S. 33; Kieser (2007), Sp. 1316 ff.

geben zu können, werden nachfolgend drei in der Literatur weit verbreitete Ansätze entlang der Analyseebenen Individuum, Gruppe sowie Organisation skizziert, welche das Bindungsphänomen fokussieren.[258] Es handelt sich um das organisationale Commitments nach MEYER/ALLEN, die soziale Identität nach TAJFEL/TURNER sowie die Anreiz-Beitrags-Theorie nach MARCH/SIMON.[259]

(1) Organisationales Commitment nach MEYER/ALLEN

Der organisationspsychologische Ansatz des organisationalen Commitment konzeptualisiert Bindung wesentlich als individuelle Einstellung gegenüber dem Objekt der Organisation.[260] MEYER/ALLEN gehen diesbezüglich unter Berücksichtigung bis dato vorliegender Partialmodelle von einem integrativen Commitmentverständnis mit den Dimensionen des affektiven, kalkulativen und normativen Commitments aus.[261] Erstes verstehen die Autoren als psychologischen Prozess bzw. Zustand, welcher auf der Akzeptanz von organisatorischen Werten und Zielen basiert. Eine vorliegende Werte- und Zielkongruenz, herausgebildet aus befriedigten individuellen Bedürfnissen sowie dem Gefühl einen wertvollen Beitrag für die Organisation liefern zu können, stellt damit den Kern des affektiven Commitments dar.[262] Zweites basiert auf subjektiven Kosten-Nutzen-Abwägungen unter Berücksichtigung von getätigten Investitionen und Alternativen.[263] Demnach entstehen persönliche Kosten in Höhe der getätigten Investitionen bei einem vorzeitigen Verlassen der Organisation. Diese fallen umso höher aus, je weniger anderweitige Alternativen vorliegen, da eine Kompensation dann nicht zu erwarten ist.[264] Bei Drittem letztendlich werden moralische Wertvorstellungen fokussiert. Hier liegt beim Individuum ein Gefühl der Verpflichtung aufgrund internalisierter Werte durch bspw.

---

258 Vgl. zu den Analyseebenen Staehle (1999), S. 151 und S. 161; von Rosenstiel (2007), Sp. 1302 ff.

259 Ferner können Hinweise zur Erklärung des Bindungsphänomens unter Berücksichtigung dieser Analyseebenen auch aus weiteren allgemeineren theoretischen Ansätzen heraus resultieren. Beispielhaft ist auf die prozesstheoretische Motivationsforschung oder die Kleingruppenforschung innerhalb der Analyseebenen Individuum bzw. Gruppe zu verweisen. Vgl. überblicksartig Berthel/Becker (2009), S. 43 ff. und S. 105 ff.

260 Vgl. Meyer/Allen (1991; 1997); Meyer/Herscovitch (2001), S. 305 f., sowie ergänzend Jaros (1997).

261 Partialmodelle beziehen sich vor allem auf eine Konzeptualisierung in das Einstellungs- sowie das Verhaltenscommitment. Vgl. hierzu Hrebiniak/Alutto (1972); Porter et al. (1974); Wiener/Gechman (1977); Salancik (1977); Steers (1977); Mowday et al. (1979); Mowday et al. (1982); Mowday (1998), S. 389 f.

262 Vgl. Meyer/Allen (1984), S. 375; Meyer/Allen (1997), S. 49 ff.

263 Die Autoren greifen hierbei auf das Konzept der Nebenwetten nach Becker zurück. Vgl. Becker, H. S. (1960), sowie ferner Meifert (2005), S. 40; Felfe (2008), S. 35; Gauger (2000), S. 70; Moser (1996), S. 1.

264 Vgl. Meyer/Allen (1984), S. 375; Meyer/Allen (1997), S. 56 ff.

familiäre Sozialisationsprozesse vor, welchen sich die Beteiligten freiwillig in Form von Opferbereitschaft oder Loyalität – auch entgegen rationaler Überlegungen – unterwerfen.[265]

MEYER/ALLEN betonen in ihrem Drei-Komponenten-Modell, dass sämtliche dieser Dimensionen parallel und in verschiedenen Intensitäten vorhanden sein können. Gleichzeitig weisen sie jedoch ausdrücklich darauf hin, dass ihr Ansatz insgesamt einstellungsorientiert ist und daher die affektive Dimension dominiert. Somit gilt neben der normativen vor allem auch die kalkulative Dimension als Ausdruck einer Einstellung gegenüber der Organisation, welche sodann ggf. jedoch (ir)rationaler und nicht emotionaler Natur ist.[266]

Aufgrund seiner weitreichenden Akzeptanz als Referenzrahmen auch über die Commitmentforschung hinaus und einer ebenfalls vielfachen Verwendung in konzeptionellen[267] sowie empirischen[268] Arbeiten erscheint eine Berücksichtigung im weiteren Verlauf dieser Arbeit unabdingbar. Nicht zuletzt auch in Bezug auf den Aspekt der Leistungsbereitschaft, welcher vor allem im Kontext der affektiven Komponente intensiv berücksichtigt wird.[269]

(2) Soziale Identität nach TAJFEL/TURNER

Die theoretische Basis der sozialpsychologischen Identifikationsforschung stellt der Gesamtansatz der sozialen Identität (Social Identity Approach) dar, welcher nach TAJFEL/TURNER in die Bereiche der Sozialen Identitätstheorie (Social Identity Theory – SIT) und der Selbst-Kategorisierungs-Theorie (Self-Categorization Theory – SCT) differenziert wird.[270]

Die soziale Identität gemäß der **SIT** wird dabei von TAJFEL als „*[...] part of an individual's self-concept which derives from his knowledge of his membership of a social group (or groups) together with the value and emotional significance attached to that membership*“[271] bezeichnet. Individuen streben daher die Mitgliedschaft in Gruppen an, die über entsprechendes Prestige verfügen, um das Bedürfnis nach positiver Selbstbewertung zu befriedigen. Vor

[265] Vgl. Meyer/Allen (1997), S. 60 ff.

[266] Vgl. Allen/ Meyer (1990), S. 3 ff.; Meyer/Allen (1991), S. 67 f.; Felfe (2008), S. 37.

[267] Vgl. bspw. Gauger (2000); Klimecki/Gmür (2005), S. 336 ff.; Ringlstetter/Kaiser (2008), S. 157 ff.; Gmür/Thommen (2007), S. 224; Beck/Wilson (2001); Schirmer (2007a; 2007b); Steinle et al. (1999).

[268] Vgl. bspw. Meifert (2005); Clugston (2000); Süß/Ritter (2005); Süß (2006); Süß/Kleiner (2007), sowie die Meta-Analyse von Meyer et al. (2002).

[269] Vgl. bspw. Meyer/Allen (1997), S. 24 f.; Felfe (2008), S. 26; Cohen (2007), S. 352; Riketta (2002), S. 257 ff.; Waszak (2007), S. 23, sowie zur kritischen Auseinandersetzung hiermit bspw. Weller (2003), S. 92.

[270] Vgl. Tajfel/Turner (1986); Tajfel (1974; 1978a; 1978b); Turner (1982; 1985; 1987).

[271] Tajfel (1978a), S. 63.

allem Organisationen werden hierbei als wichtige soziale Gruppen bezeichnet. Die organisationale Identifikation ist somit eine besondere Form der sozialen Identifikation.[272] Differenziert werden hierbei mit der kognitiven, affektiven, evaluativen und konativen Komponente unterschiedliche Dimensionen der organisatorischen Identifikation.[273] Die kognitive Komponente bezieht sich auf das Bewusstsein über die Mitgliedschaft in einer Organisation und basiert auf dem Prozess der Selbstkategorisierung, d. h. der bewussten Selbstzuschreibung zu einer Kategorie.[274] Sie gilt als Voraussetzung der Entwicklung weiterer affektiver, evaluativer sowie konativer Komponenten, welche sodann die emotionale Qualität der Mitgliedschaft, deren gefühlsmäßige und rationale Bewertung sowie das gezeigte Verhalten innerhalb der jeweiligen Gruppe betreffen.[275]

Die Ausprägung der einzelnen Komponenten ist dabei situativ variabel und wird durch den Kontext und die Salienz der jeweiligen Kategorie beeinflusst, was vor allem durch die Annahmen der **SCT** weiter spezifiziert wird.[276] So bezeichnet Salienz die psychologische Bedeutsamkeit der Kategorien, welche durch spezifische Situationen und relevante Vergleichsdimensionen variieren. Abhängig vom jeweiligen Kontext und den Vergleichsmöglichkeiten werden spezifische Kategorien gewählt und aktuell wirksam.[277]

Durch den Ansatz der sozialen Identität bestehen für Organisationen vor allem Hinweise darauf, wie die organisationale Identifikation der Mitarbeiter aktiv gefördert und gestaltet werden kann, indem eine Beeinflussung von Selbstkategorisierungsprozessen stattfindet.[278]

(3) Anreiz-Beitrags-Theorie nach MARCH/SIMON

Die Anreiz-Beitrags-Theorie stellt einen zentralen Bestandteil der verhaltenswissenschaftlichen Entscheidungstheorie dar, deren zentrales Erkenntnisinteresse in der Frage nach der Bestandssicherung von Organisationen durch die Anpassung an eine komplexe, sich verändernde

272 Vgl. Tajfel/Turner (1986), S. 8 ff.; Ashforth/Mael (1989), S. 20 ff.; Felfe (2008), S. 58; van Dick et al. (2004), S. 1 ff.; Riketta (2005); van Dick et al. (2006).

273 Vgl. Ellemers et al. (1999), S. 372; Felfe (2008), S. 66 f.; van Dick (2004), S. 15 f.; Vinke (2005), S. 34 ff.

274 Vgl. Van Dick (2001), S. 270; Wunderer/Mittmann (1995), Sp. 1155 ff.

275 Vgl. Van Dick (2001), S. 270; Felfe (2008), S. 66; van Dick (2004), S. 14 ff.

276 Vgl. bspw. Tajfel/Turner (1986), S. 13 ff.

277 Vgl. van Dick (2004), S. 37; Felfe (2008), S. 58 ff.

278 Vgl. Felfe (2008), S. 61 f.; van Dick (2004), S. 9 f. und S. 56 f.; Dutton et al. (1994), S. 243 ff.

Umwelt liegt.[279] Eine große Bedeutung kommt dabei den entscheidungsrelevanten individuellen Eigenschaften zu, wobei vor allem die begrenzte Informationsverarbeitungskapazität sowie die begrenzte Bereitschaft, sich für Organisationen zu engagieren, betont werden.[280]

Hier setzt die Anreiz-Beitrags-Theorie an, welche von der Existenz unterschiedlicher Motivstrukturen der jeweiligen Arbeitnehmer ausgeht.[281] Differenziert werden hierbei die intrinsischen von den extrinsischen Motivarten. Erste betonen, dass Handlungen um ihrer selbst Willen durchgeführt werden und dabei belohnend wirken. Als wesentlich gelten das Motiv nach Tätigkeit, Sinngebung, Reife der Persönlichkeit, Selbstverwirklichung sowie nach Leistung, Kontakt und Macht. Zweite stellen die äußere Belohnung in den Fokus. Handlungsergebnisse sind dann lediglich instrumenteller Natur zur Befriedigung materieller (bspw. Einkommen) oder immaterieller (bspw. Prestige, Sicherheit) Aspekte.[282]

Diese in Art und Ausprägung je nach Individuum unterschiedlich vorhandenen Motive sind durch spezifische **Anreize**[283] aktivierbar und führen zur Bereitschaft ein bestimmtes Verhalten zu zeigen, welches als **Beitrag** bezeichnet wird.[284] Hierauf basiert sodann der zentrale Mechanismus der Anreiz-Beitrags-Theorie, wonach Organisationen als Systeme wechselseitig abhängiger sozialer Verhaltensweisen interpretiert werden.[285] Die gewährten Anreize stellen hierbei den Ausgangspunkt dar. Erst durch deren Bereitstellung werden Beiträge, bspw. in Form von geleisteter Arbeit, erzeugt, welche wiederum die Quelle neuer Anreize bilden. Eine Organisation befindet sich daher genau dann im Gleichgewicht und ist überlebensfähig, solange diese Beiträge ausreichen, um genügend neue Anreize zu generieren. Der Arbeitnehmer wird seine Bereitschaft zur Generierung von Beiträgen dabei nur aufrechterhalten, wenn die

---

279 Vgl. Barnard (1938); Simon (1945); March/Simon (1958); Cyert/March (1963), sowie die jeweiligen deutschen Übersetzungen Barnard (1970); Simon (1981); March/Simon (1976); Cyert/March (1995).

280 Vgl. Berger/Bernhard-Mehlich (2006), S. 169; Kupsch/Marr (1991), S. 743 ff.; Bartscher-Finzer/Martin (1998), S. 113 ff.

281 Vgl. March/Simon (1976), S. 37 ff. Unter einem **Motiv** werden dabei latente Verhaltensbereitschaften im Sinne von im Zeitablauf stabilen psychischen Dispositionen gefasst. Vgl. von Rosenstiel (1975), S. 38 f.

282 Vgl. Becker (1990), S. 9 f.; Bea/Göbel (2010), S. 318 f.; Schanz (1991), S. 12 f.

283 Unter **Anreizen** werden Umwelt- und Anregungsbedingungen bzw. -stimuli verstanden, welche im organisatorischen Kontext durch Zahlungen („Payments“) materieller und immaterieller Art von der Organisation an seine Mitglieder geleistet werden. Vgl. March/Simon (1976), S. 82; Becker (1990), S. 10; Berger/ Bernhard/Mehlich (2006), S. 172. Die bewusste Gestaltung aufeinander abgestimmter Stimuli wird auch als betriebliches Anreizsystem bezeichnet. Vgl. zum Begriff insbesondere Wild (1973), S. 47.

284 Vgl. March/Simon (1976), S. 82.

285 Vgl. zum Folgenden March/Simon (1976), S. 81 f.

vorhandenen Anreize (gemessen an der individuell wahrgenommenen Werthaltigkeit) mindestens genauso groß sind wie die dafür durch ihn zu erbringenden Beiträge.[286]

Zur Sicherung des Bestandsproblems werden dabei aus beitragsorientierter Perspektive mit den Entscheidungen an der Grenze von Organisationen sowie – dem nachgelagert – Entscheidungen in der Organisation zwei Teilprobleme mit jeweils verschiedenen Arten von Verhaltensbereitschaften thematisiert und diesen eigene Erklärungsmodelle zugrunde gelegt.[287] Bei ersteren handelt es sich um individuelle Entscheidungen sich einer Organisation anzuschließen bzw. aus dieser wieder auszutreten (Eintritts- bzw. Austrittsentscheidung).[288] Zweite bezieht sich auf das eigentliche Arbeitsverhalten selbst.[289]

Die besondere Eignung der Anreiz-Beitrags-Theorie ergibt sich hierbei vor allem aus der vorgenommenen Differenzierung der Verhaltensbereitschaften in Bezug auf die Teilnahme bzw. den Verbleib sowie die Leistung. Sie stellt damit den einzigen theoretischen Erklärungsansatz zur Bindung dar, in dem eine solche Differenzierung explizit durchgeführt wird.[290] Zu bemerken ist jedoch, dass eine klare Abgrenzung dieser beiden motivationalen Verhaltensbereitschaften nach Aussage der Autoren nicht überschneidungsfrei vorgenommen werden kann.[291]

Insgesamt betrachtet liegen mit der verhaltenswissenschaftlichen Perspektive zahlreiche Hinweise in Bezug auf das Bindungsphänomen im Allgemeinen vor. Auch über die drei als wesentlich angeführten Ansätze hinaus können weitere Forschungsbereiche, bspw. des Organizational Citizenship Behaviors, sowie grundlegende Erkenntnisse, bspw. aus der prozesstheoretischen Motivationsforschung oder aus der Gruppenforschung, genutzt werden. Hier sind sodann ergänzend ebenfalls Hinweise zu den jeweiligen Teilaspekten der Verbleibe- und der Leistungsbereitschaft zu erwarten.

---

286 Der zentrale Mechanismus der Anreiz-Beitrags-Theorie stellt hierbei auch den Ausgangspunkt weiterer prozesstheoretischer Überlegungen der Motivationsforschung dar. So basiert u. a. die Gerechtigkeitstheorie nach Adams auf diesen Überlegungen. Vgl. Adams (1965), sowie zu einem Überblick bspw. Holtbrügge (2007), S. 18 f.; Wächter (1991), S. 207 ff.; Kupsch/Marr (1991), S. 741.

287 Vgl. insbesondere March/Simon (1976), S. 37 ff.

288 Diese Verhaltensbereitschaft zur Teilnahme gilt im Kontext der langfristigen Bestandssicherung als eigentlichen Kern der Theorie des organisationalen Gleichgewichts. Vgl. March/Simon (1976), S. 89 ff.

289 Vgl. March/Simon (1976), S. 37 ff.

290 Vgl. darüber hinaus auch eine kritische Auseinandersetzung bei Hentze/Graf (2005), S. 13; Stock-Homburg (2008a), S. 54 f.; Wunderer/Küpers (2003), S. 113 f.

291 Vgl. March/Simon (1976), S. 53.

3.2.1.3 Ansätze der Kundenbindungsforschung

Im Rahmen der Kundenbindungsforschung[292] werden Verhaltensbereitschaften von Kunden gegenüber einem Anbieter in Form von psychologischen Bewusstseinsprozessen thematisiert. Als ursächlich hierfür gelten unterschiedliche Bindungsursachen, welche HOMBURG/BRUHN entlang der klassischen Wirkungskette der Kundenbindung – vom Erstkontakt bis hin zum ökonomischen Erfolg – in situative, vertragliche, ökonomische, technisch-funktionale sowie psychologische Aspekte differenzieren.[293] Im Fokus stehen die Möglichkeiten des Anbieters sowohl zur Beeinflussung des tatsächlichen Verhaltens als auch der Verhaltensabsichten dieser Kunden, um die bestehende Austauschbeziehung nicht nur faktisch zu erhalten, sondern zukünftig auch intensivieren zu können.[294]

Hierfür werden unterschiedliche theoretische Erklärungsansätze herangezogen, welche ebenfalls weitgehend auf verhaltenswissenschaftliche Erkenntnisse zurückgreifen. Zu nennen sind bspw. sozialpsychologische Interaktionstheorien[295], deren Basis die bereits erläuterten anreizbeitragstheoretischen Überlegungen darstellen, oder das Konstrukt des Variety Seeking. Letzteres basiert auf einer Wechselbereitschaft trotz grundlegend vorhandener Zufriedenheit mit den Leistungen eines Anbieters.[296] Auch der stark ökonomisch geprägte transaktionskostentheoretische Ansatz findet oftmals eine entsprechende Verwendung.[297]

Eine Berücksichtigung der Kundenbindungsforschung ermöglicht diesbezüglich vor allem die Generierung ergänzender Impulse in Bezug auf den Untersuchungsgegenstand, welche sich aus der angenommenen Ähnlichkeit der beiden Konzepte Mitarbeiter- und Kundenbindung heraus ergeben.[298] Ähnliche Überlegungen liegen hierbei auch durch verschiedene Beiträge vor, welche sich mit einer Übertragbarkeit der Annahmen der Kunden- auf die Mitarbeiterbindung konkret auseinandersetzen.[299] Diese werden ebenfalls mit einbezogen.

---

292 Vgl. zu den Anfängen der Kundenbindungsforschung bspw. Copeland (1923), sowie zu einem allgemeinen Überblick der Entwicklungsgeschichte Homburg/Bruhn (2008), S. 7.

293 Vgl. Homburg/Bruhn (2008), S. 10 ff.

294 Vgl. Homburg/Bruhn (2008), S. 8; Bruhn (2001), S. 8 f.

295 Vgl. hierzu grundlegend Homans (1958); Thibaut/Kelley (1959).

296 Vgl. bspw. Herrmann (1992); Herrmann/Gutsche (1994); Peter (2001), S. 100.

297 Vgl. Abschnitt 3.2.1.1.

298 Vgl. bspw. Meifert (2005), S. 59 f.; Becker (2010a), S. 234; vom Hofe (2005), S. 30.

299 Vgl. bspw. Pepels (2002), S. 129 ff.; Bauer/Jensen (2001), S. 19 f.; Bauer/Jensen (2004); Jensen (2004), sowie ähnlich vom Hofe (2005); Wucknitz (2000); Stock-Homburg (2008b); Allen/Grisaffe (2001), S. 209 ff.; Stotz (2007).

3.2.2 Personalwirtschaftliche Konzepte und empirische Befunde

Mit personalwirtschaftlichen Konzepten sowie empirischen Befunden liegen neben den theoretischen Erklärungsansätzen weitere Formen der Auseinandersetzung mit dem Bindungsphänomen vor. Aufgrund der Vielfältigkeit der Beiträge ist nachfolgend für beide Formen ein tabellarischer Überblick ausgewählter Arbeiten wiedergegeben (vgl. Tabelle 4).[300]

Tabelle 4: Personalwirtschaftliche Konzepte und empirische Befunde im Überblick.

Autor(en)	Fokus	Methodisches Vorgehen	Zielgruppe	Inhaltsüberblick
Bereich I: Personalwirtschaftliche Konzepte				
Olesch (2000)	Maßnahmen zur Personal-akquisition und -bindung	konzeptionell	Ingenieure im Speziellen	**Personalakquisition** Insb. Hochschulmarketing **Personalbindung** Aufstiegs- und Entwicklungsmöglichkeiten Zielorientierte Vergütung Unternehmungskultur Mitarbeiterqualifizierung Zusätzliche Leistungen
Friedli/ Thom (2001)	Bezugsrahmen der nachhaltigen Personalerhaltung	konzeptionell	Mitarbeiter im Allgemeinen	**Bedingungsgrößen** Außerbetrieblich, betrieblich, personell **Zielsystem** Effektivitäts- und Effizienzkonzept **Instrumente der nachhaltigen Personalerhaltung** Personalgewinnung und -marketing, Personalentwicklung, Personalerhaltung i. e. S.
DGFP (2004)	Entscheidungskubus des Retentionmanagements	konzeptionell	Erfolgsentscheidende Mitarbeiter im Allgemeinen	**Einflussfaktoren** Menschen und Motive: Persönlichkeitsentfaltung, Einfluss, Status, Materielle Sicherheit, Soziale Einbindung, Konstanz, Veränderung, Orientierung/Sinn, Wettbewerb, Balance Retentionfaktoren: Fairness, Wertschätzung Retentionorientierte Unternehmungskultur **Handlungsfelder im Personalmanagement** Führung, Anreizsysteme, Personalauswahl, Personalentwicklung, Arbeitsgestaltung
Knoblauch (2004)	Personalbindungsinstrumente auf Basis von Motivation und Honorierung	konzeptionell	Mitarbeiter im Allgemeinen	**Unternehmungskultur und -image** Vision, Leitbild, Corporate Identity, Vertrauen, Anerkennung, Respekt, Image **Betriebsklima** Kommunikation, Sprache, Teamarbeit, soziale Einrichtungen **Führung**(s) -kompetenzen, -strukturen, -verhalten **Job** Aufgabenmitbestimmung, Entscheidungsspielräume, Karriere, Weiterbildung etc.

[300] Vgl. zu ähnlichen Überblicken bspw. Becker (2010a), S. 239 ff.; vom Hofe (2005), S. 23 ff.; Wucknitz/Heyse (2008), S. 29 ff., sowie zu weiteren konzeptionellen bzw. empirischen Beiträgen bspw. Nippa/Petzold (2000); Jaeger (2006); Bäth (2008); Hirschfeld, K. (2006); Sattelberger (2002); Chew (2004) bzw. PbS AG (1999); Schiedt (2000); Thom/Friedli (2003); Schlüter/Armutat (2004).

				Honorierung und Vergütung Prämiensystem, Leistungsentlohnung, Materielle Leistungen, Cafeteria-Konzept
Szebel-Habig (2004)	Systematisches Mitarbeiterbindungsmodell "PRISMA"	konzeptionell	Mitarbeiter im Allgemeinen	**Einflussfaktoren** gesellschaftlich, wirtschaftlich, technologisch, rechtlich-politisch, Weiterbeschäftigung älterer Arbeitnehmer, individuell **Mitarbeiterbindung als Prozess** **P**lanen, **R**ekrutieren, **I**ntegrieren, **S**egmentieren, **M**otivieren, **A**uswerten
Gmür/ Thommen (2007)	Bindungsmanagement	konzeptionell	Leistungsträger im Allgemeinen	**Gestaltungsfelder** Personaleinsatz und Arbeitsorganisation, Fort- und Weiterbildung, Anreizsystem
Meifert (2008)	Retentionmanagement	konzeptionell	Leistungsträger im Allgemeinen	**Leitgedanken** (Individualisierung, Prävention, Effektivität) **Praktische Umsetzung** (Funktionsbewertung, Potenzialeinschätzung, Risikoanalyse, Gestaltung)
Wucknitz/ Heyse (2008)	Retentionmanagement Maßnahmen auf Basis des RM Prozesses	konzeptionell	Schlüsselkräfte im Allgemeinen	**Erhöhung der Marktwirkung** Personalmarketing, Employer Branding **Steigerung der Angebotsattraktivität** Führung, Personalentwicklung, Leitbild etc. **Verstärkung der Bindung** Integration, Mitarbeiterbeteiligung etc.
Loffing/ Loffing (2010)	Sieben Erfolgsfaktoren der Mitarbeiterbindung	konzeptionell	Fach- und Führungskräfte in Gesundheitsfachberufen	**Unternehmungskultur, Personalmarketing, Personalauswahl, Mitarbeiterbetreuung, Personalentwicklung, Personalführung, Anreizsysteme**
Bereich II: Empirische Befunde				
Kienbaum (2001)	Retentionmanagement (Kienbaum Retention Studie)	Befragung von Personalleitern; n=67	Leistungsträger in 200 umsatzstärksten Unternehmungen	Strategische Faktoren, Image & Kultur, Führungsverständnis, Vergütung, Arbeitszeiten, Personalentwicklung, Ausrichtung des PM, Persönliches Arbeitsumfeld
Universum (2001); s. a. o. V. (2001), S. 8.	Bindungsfaktoren	Befragung von Hochschulabsolventen (>8 Jahre Berufserfahrung); bundesweit	hochqualifizierte Fach- und Führungskräfte	Gehalt (42 %) Arbeitsumgebung (34 %) Karrierechancen (32 %) kollegialer Umgang am Arbeitsplatz (30 %) Zugehörigkeitsgefühl (28 %) Weiterbildungsangebot (27 %)
ISR (2002)	Bindungsfaktoren	Befragung von Mitarbeitern; n=326.950	Mitarbeiter allgemein	Qualität der Unternehmungsführung Förderung der Mitarbeiterfähigkeiten Handlungsspielraum
Thom/ Friedli (2002)	Faktoren der Bindung	Befragung von High Potentials; n=500	High Potentials der Chemie- & Finanzbranche	**Chemiebranche**: zielgruppenspezifische immaterielle Anreize **Finanzbranche**: auch materielle Anreize
Bluhm et al. (2007)	Bedarf, Rekrutierung, Bindung im DL- und verarbeitenden Gewerbe	Befragung von Unternehmungsvertretern; n=311	Führungskräfte mittelgroßer Unternehmungen (50-1000 MA)	Weiterbildung und Förderung (92 %), Flexible Arbeitszeit (80 %), Vergütung (77 %), Aufstiegsmöglichkeiten (60 %), Umzugshilfen (55 %), weiteres (<28 %)
Gallup (2001-11)	Engagement Index	Befragung; n=1.323	Arbeitnehmer allgemein	Nur 14 Prozent der Mitarbeiter in deutschen Unternehmungen sind gebunden
VDI Wissensforum GmbH (2005, 08)	Emotionale Bindung von Ingenieuren (Teilstudie)	Befragung; n=1.300	Personalentscheider (800) sowie Ingenieure (500)	Verbleib in Unternehmung ca. 14 Jahre, Leistungsträger sind stärker gebunden, Geringere Bindung in Bereichen F&E sowie Qualitätsmanagement

Helzel (2009)	Gewinnung und Bindung in der Wasserwirtschaft	Befragung von Mitarbeitern; n=46	Beschäftigte kleinerer Unternehmungen	Attraktive Arbeitsplätze durch Gestaltungsmöglichkeiten, Vielseitigkeit, Verantwortungsgrad, Betriebsklima
Towers Perrin (2007-08) Towers Watson (2010)	Treiber der Mitarbeiterbindung und -motivation (Global Workforce Study)	Internationale Befragung von Arbeitnehmern; n=20.000	Arbeitnehmer allgemein	Arbeitsumfeld, Lern- und Entwicklungsmöglichkeiten, Vergütung, Nebenleistungen (Differenzierung von Bindung und Motivation)

Hinsichtlich bislang vorliegender **personalwirtschaftlicher Konzepte** ist festzustellen, dass die Spanne der Beiträge von einschlägigen Lehrbüchern des Personalmanagements bis hin zu Ratgebern aus der Praxis reicht. Während in ersten zumeist eine allgemeinere und abstraktere Auseinandersetzung mit der Thematik erfolgt, werden in letzteren vielfach sehr konkrete und detaillierte Handlungsempfehlungen für die alltägliche Praxis abgegeben.[301] Auch liegen den jeweiligen Beiträgen zumeist unterschiedliche Termini und Begriffe in Bezug auf die Mitarbeiterbindung zugrunde – bei gleichzeitig unterschiedlicher Akzentuierung der Teilaspekte der Verbleibe- und Leistungsbereitschaft.[302] Einige Autoren setzen sich darüber hinaus inhaltlich sowohl mit Einflussfaktoren und Gestaltungsmöglichkeiten auseinander, andere wiederum behandeln lediglich eine dieser Perspektiven. Dabei ist nicht zuletzt vielfach auch die Frage nach der wissenschaftlichen Basis der getätigten Aussagen zu stellen, da in einigen Fällen eigene – willkürliche – Schlüsse gezogen werden, ohne dass diesen eine wissenschaftliche Begründung oder eine empirische Überprüfung zugrunde liegt.[303]

Ähnliches gilt auch für die vorliegenden **empirischen Untersuchungen**, welche ebenfalls vor dem Hintergrund unterschiedlicher Interessen unter Verwendung verschiedener terminologischer und begrifflicher Abgrenzungen durchgeführt worden sind. Die ermittelten Erkenntnisse liefern hierbei Indizien in Bezug auf die Faktoren der Mitarbeiterbindung und/oder das Management der Bindung, allerdings ist deren Repräsentativität vielfach eingeschränkt.[304]

Eine Berücksichtigung dieser Beiträge ist jedoch unter den genannten Einschränkungen im vorliegenden Fall dennoch sinnvoll, da hierdurch ein Denken in unterschiedlichsten Bereichen durch die gegebene Vielfalt möglich ist. Vor allem in Bezug auf potenzielle Bindungsmaßnahmen im industriellen Mittelstand sind hier zahlreiche Denkanstöße zu vermuten.

301 Gerade Unternehmungsberatungen haben sich hier in den vergangenen Jahren mit einem Management der Bindung auseinandergesetzt. Vgl. bspw. Kienbaum (2001); Hay Group (2001).

302 Vgl. hierzu Abschnitt 2.4.1.

303 Vgl. zu dieser Kritik bspw. auch Becker (2010a), S. 242.

304 Dies ist vor allem auf die methodischen Vorgehensweisen zurückzuführen. Vgl. Becker (2010a), S. 241.

3.3 Bindungsfaktoren

3.3.1 Kategorisierung der Bindungsfaktoren

Eine zielorientierte Auseinandersetzung mit dem Bindungsphänomen ist aus unternehmerischer Perspektive nur möglich, wenn die Bestimmungsgrößen der Bindung bekannt sind. Dementsprechend ist die in der mittelständischen Unternehmung vorhandene Humanressource Ingenieur selbst angesprochen, welche in ihrer Entscheidung hinsichtlich eines Bleibe- und Leistungsverhaltens durch verschiedene Einflussgrößen geprägt ist.[305] Es wird somit der Frage nachgegangen, welche Faktoren das Ausmaß dieser Verhaltensbereitschaften beeinflussen. Zur weiteren Erarbeitung eines (Teil-) Forschungsrahmenes ist es hierbei zunächst erforderlich, diesen Themenkomplex zu systematisieren. Der gewählte Kategorisierungsvorschlag dient dabei als Orientierungsmuster und prägt den weiteren Verlauf der Arbeit.

In der relevanten Forschungsliteratur werden diesbezüglich zahlreiche Einflussfaktoren auf die Bindung diskutiert. Dementsprechend liegen verschiedene Vorschläge zur Einordnung dieser Faktoren vor, die je nach gewähltem Forschungsinteresse spezifische Schwerpunkte setzen.[306] Als gemeinsame Basis lassen sich die zahlreichen Einordnungen jedoch auf die Kategorien der umweltbezogenen, der unternehmungsbezogenen sowie der personenbezogenen Bindungsfaktoren zurückführen. Dem geht die Annahme voraus, dass es sich bei der Bindungsthematik um ein Phänomen handelt, bei dem ein **Individuum** über seine Bereitschaft zum Verbleib und zur Leistung innerhalb einer **Unternehmung** entscheidet. Fällt diese Entscheidung negativ aus, so wird dieses Individuum seine Leistungsbereitschaft zurücknehmen bzw. die Unternehmung verlassen und sich in der **Unternehmungsumwelt** orientieren.[307]

In den folgenden Abschnitten werden die zentralen Bindungsfaktoren unter Verwendung dieses grundlegenden Kategorisierungsvorschlags in Bezug auf den Untersuchungsgegenstand exploriert und analysiert. Vor allem innerhalb dieser drei Kategorien[308] bestehen dabei Interdependenzen und Überschneidungen, welche eine klare Abgrenzung nicht immer möglich machen.[309] Aus analytischen Gründen sind diese dennoch idealtypisch vorgenommen.[310]

---

305 Vgl. Abschnitt 2.1.

306 Vgl. bspw. March/Simon (1976), S. 53 ff.; Mathieu/Zajac (1990), S. 174; Allen/Meyer (1996), S. 265; Meyer/Allen (1997), S. 42 ff.; Felfe (2008), S. 131 ff.; Mowday et al. (1982), S. 30 ff.; Sabathil (1977), S. 36; Nieder (2004), Sp. 761 f.; Weller (2007), S. 27; Kieser (1995), Sp. 1446; Tschentscher (2009), S. 234.

307 Vgl. hierzu ähnlich Sabathil (1977), S. 34 f.; von Rosenstiel (1975), S. 230 ff.

308 Vgl. zu jeweiligen Unterkategorien die nachfolgenden Abschnitte.

309 Vgl. bspw. Mowday et al. (1982), S. 35; Haase (1997), S. 110.

3.3.2 Umweltbezogene Faktoren

Das Bindungsverhalten von Ingenieuren wird von Faktoren beeinflusst, die außerhalb bzw. in der Umwelt der Unternehmung liegen, in der eine Tätigkeit ausgeübt wird. Es handelt sich hierbei um Rahmenbedingungen des gesamtwirtschaftlichen sowie des gesellschaftlichen Bereichs (vgl. Abbildung 5).[311]

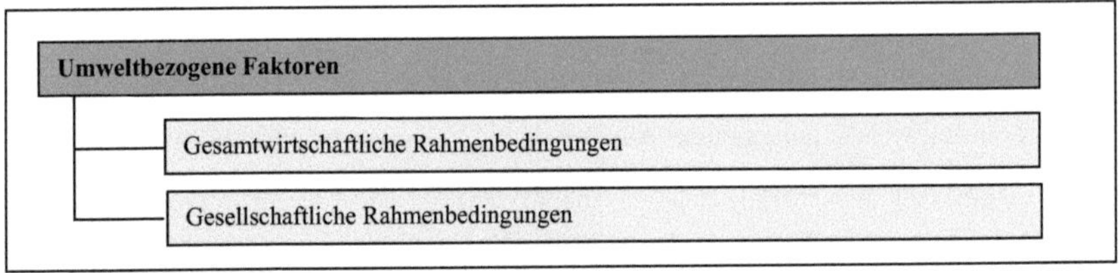

Abbildung 5: Umweltbezogene Bindungsfaktoren.
Quelle: In Anlehnung an March/Simon (1976), S. 94; Sabathil (1977), S. 40; Meyer/Allen (1997), S. 106.

Gesamtwirtschaftliche Rahmenbedingungen sind weitgehend in Bezug auf die allgemeine konjunkturelle Lage sowie die branchen- und berufsbezogene Arbeitsmarktsituation thematisiert.[312] Sie werden tendenziell stärker im Kontext der Verbleibebereitschaft diskutiert.[313]

Hinsichtlich der **allgemeinen konjunkturellen Lage** wird auf einen Zusammenhang zwischen der grundsätzlichen wirtschaftlichen Situation einer Volkswirtschaft und dem Bindungsverhalten abgestellt. Diesbezüglich wird vielfach vermutet, dass gerade schwache Konjunkturperioden mit einem stärkeren Bindungsverhalten einhergehen. Die Ausprägung der jeweiligen Arbeitslosenstatistiken gilt hier als wesentlicher Indikator. Je weniger unternehmungsexterne Veränderungsalternativen bestehen, desto höher ist die tendenziell vorhandene Bindung an die eigene Unternehmung ausgeprägt.[314] Angeführt wird in diesem Zusammenhang allerdings auch, dass die allgemeine Konjunkturlage einen verhältnismäßig komplexen Einflussfaktor darstellt und ohne eine weitere Konkretisierung bzw. Präzisierung als solcher

---

310 Zu verweisen ist darüber hinaus, dass nur bedingt spezifische Erkenntnisse zu Ingenieuren in der Literatur vorliegen. Vielfach wird dort u. a. allgemeiner von hochqualifizierten Fach- und Führungskräften gesprochen. Dies gilt es nachfolgend ebenfalls zu berücksichtigen. Vgl. auch Abschnitt 2.3.1 und 3.2.2.

311 Vgl. Sabathil (1977), S. 40 ff.; March/Simon (1976), S. 94 ff.; Meyer/Allen (1997), S. 58 f.; Grunwald (2001), S. 55 ff.; Bauer/Jensen (2001), S. 20.

312 Neben den situativen Rahmenbedingungen sind grundsätzlich auch die konstitutiven, d. h. arbeitsrechtlichen, Rahmenbedingungen relevant. Vgl. hierzu auch Grunwald (2001), S. 56; Sabathil (1977), S. 40 ff.

313 Vgl. bspw. March/Simon (1976), S. 94 ff.; Sabathil (1977), S. 46 ff.

314 Vgl. March/Simon (1976), S. 94 f.; Sabathil (1977), S. 47; Meyer/Allen (1997), S. 58 f.

lediglich sehr ungenaue Aussagen gestattet. So lassen sich bspw. regionale Unterschiede schon durch eine regionale Betrachtung des Indikators Arbeitslosigkeit feststellen.[315]

Eine Präzisierung dieses grundlegenden und verallgemeinernden Zusammenhangs liegt mit der **branchen- und berufsbezogenen Arbeitsmarktsituation** vor. Hier werden zwar grundsätzlich die gleichen Zusammenhänge angenommen, jedoch bestehen jeweils unterschiedliche Bedingungen, welche eine differenziertere Betrachtung ermöglichen.[316] So reagieren nicht sämtliche Branchen gleichermaßen auf einen konjunkturellen Trend. Gerade im industriellen Sektor werden – sowohl für Mittelständler als auch für große Unternehmungen – branchenspezifische Einwirkungsgrade erwartet. Auch gelten bspw. zukunftsweisende Branchen als grundsätzlich weniger bindungsfördernd.[317] Ähnliches wird auch für die berufsbezogene Arbeitsmarktsituation, bspw. durch GRUNWALD, angenommen. Hier ist ein größerer Einfluss auf das Bindungsverhalten dann zu erwarten, wenn die Arbeitslosigkeit innerhalb des eigenen Berufsstandes groß ist, wobei eine Übereinstimmung mit der allgemeinen Wirtschaftslage nicht zwangsläufig bestehen muss. Auf die Bedeutung der zeitlichen Komponente kann unter Berücksichtigung der Ingenieure verwiesen werden. So wurde noch Anfangs der 1990er Jahre von einer Ingenieurschwemme am Arbeitsmarkt gesprochen, während heute von einem Fachkräftemangel auszugehen ist.[318] Diese aktuellen Entwicklungen lassen die Vermutung zu, dass bei Ingenieuren tendenziell von einem geringeren Bindungsverhalten – sowohl in mittelständischen als auch in großen Unternehmungen – auszugehen ist. Eine Relativierung dieser Annahme muss jedoch aufgrund der vorliegenden Erkenntnisse insofern erfolgen, als eine große Relevanz weiterer Faktoren angenommen wird.[319] Hier werden auch rational kalkulatorische Überlegungen hinsichtlich des individuellen Nutzens einer Verhaltensänderung angestellt. MEYER/ALLEN halten diesbezüglich fest: „*[...] that employees evaluate alternatives not only in terms of their availability but also in terms of their viability for them personally.*“[320]

Neben gesamtwirtschaftlichen Rahmenbedingungen beziehen sich **gesellschaftliche Rahmenbedingungen** weitgehend auf bestehende Wertorientierungen und deren Auswirkungen

[315] Vgl. Sabathil (1977), S. 49; Grunwald (2001), S. 56.

[316] Vgl. Grunwald (2001), S. 55; Sabathil (1977), S. 47 ff.

[317] Vgl. March/Simon (1976), S. 96; Kowling (1993), S. 98 f.

[318] Vgl. bspw. Grunwald (2001), S. 55; VDI (2012), S. 8.

[319] Vgl. hierzu die nachfolgenden Abschnitte 3.3.3 und 3.3.4 dieser Arbeit.

[320] Meyer/Allen (1997), S. 59.

auf die Verhaltensbereitschaften zum Verbleib und zur Leistung.[321] Aufgrund zunehmender Globalisierungstendenzen finden sich innerhalb einer Gesellschaft (und somit auch innerhalb einer Unternehmung) vermehrt von einander abweichende Wertorientierungen wieder, wie FELFE feststellt.[322] Von Interesse sind dabei sowohl unterschiedliche kulturelle Wertorientierungen an sich als auch innerhalb einer Kultur vorzufindende Wertorientierungen und deren Wandel. Letzteres betrifft dann vor allem – für die Bundesrepublik Deutschland charakteristisch – westlich geprägte Wertorientierungen.[323]

Hinsichtlich des Forschungsumfangs bestehen in diesen Bereichen dennoch vergleichsweise wenige Erkenntnisse bezüglich der Auswirkungen auf das Bindungsverhalten. Auch gelten die bislang getroffenen Aussagen nicht als unumstritten.[324] Einen Beitrag zu **kulturellen Wertorientierungen** liefern bspw. FELFE/SCHMOOK/SIX, die deren Zusammenhang mit dem organisationalen Commitment von Arbeitnehmern innerhalb einer Gesellschaft untersuchen.[325] Die Ergebnisse zeigen, dass tendenziell individualistisch geprägte Wertorientierungen einen geringeren Einfluss auf das Bindungsverhalten ausüben, wobei die Autoren selbst jedoch limitierend anfügen, dass bei dieser Untersuchung gerade das Maß an Individualismus lediglich bedingt erfasst werden konnte.[326]

In Bezug auf einen **Wertewandel** innerhalb westlich geprägter Gesellschaften wird u. a. von SCHANZ oder NAGEL angenommen, dass hierdurch auch die individuellen Arbeitswerte, Erwartungen etc. und somit die individuellen Verhaltensbereitschaften angepasst werden.[327] Eine große Relevanz kommt dem insofern zu, da gegenwärtig von einem vergleichsweise tiefen Wandel ausgegangen wird. Die Veränderungen zeigen sich u. a. durch eine Abnahme traditioneller Eigenschaften, wie Disziplin und Unterordnung innerhalb der Tätigkeit, hin zu Eigenschaften der Selbstständigkeit, Durchsetzungsfähigkeit etc. GRUNWALD fasst diesen Wandel als eine Reduzierung der Pflicht- und Akzeptanzwerte hin zu einer Erweiterung der Selbstentfaltungswerte zusammen.[328] Die Auswirkungen auf das Bindungsverhalten sind da-

---

321 Unter Werten werden abstrakte und überindividuelle spezifische Aspekte einer Gesellschaft gefasst, die für den Einzelnen orientierungsstiftend sind. Eine Herausbildung erfolgt langfristig innerhalb unterschiedlicher Phasen der persönlichen Sozialisation. Vgl. von Rosenstiel/Stengel (1987), S. 35.

322 Vgl. Felfe (2008), S. 150.

323 Vgl. bspw. Felfe (2008), S. 149 ff.; Grunwald (2001), S. 57 f.; Sabathil (1977), S. 87.

324 Vgl. bspw. Meyer/Allen (1997), S. 62 f.

325 Vgl. Felfe et al. (2006), S. 94 ff. ; Felfe (2008), S. 150.

326 Vgl. Felfe (2008), S. 153.

327 Vgl. Schanz (1991), S. 6 f.; Grunwald (2001), S. 57; Nagel (2005), S. 26; Shahidi (2005), S. 36.

328 Vgl. Grunwald (2001), S. 57.

bei umstritten. So kann sich einerseits eine hohe Ausprägung dieser Selbstentfaltungswerte – bei einer entsprechenden Möglichkeit zur Umsetzung innerhalb der Tätigkeit – positiv auf das Bindungsverhalten auswirken.[329] Andererseits ist jedoch ein stärkeres Bedürfnis nach Abwechslung und Veränderung – auch außerhalb der aktuellen Tätigkeit – denkbar.[330] Entsprechend negativ ist dann der vermutete Zusammenhang zum Bindungsverhalten. Zu berücksichtigen ist hierbei allerdings auch, inwieweit eine entsprechende Suchneigung zur Verhaltensänderung ausgeprägt ist, wie MARCH/SIMON konstatieren.[331]

Festzustellen bleibt insgesamt, dass kurzfristig betrachtet vermutlich eher den gesamtwirtschaftlichen Rahmenbedingungen eine beeinflussende Wirkung zukommt, da diese einem vergleichsweise schnelleren Wandel unterliegen als die gesellschaftlichen Rahmenbedingungen. Gerade in mittelständischen Unternehmungen können diese vergleichsweise weniger stark ausgeglichen werden und wirken vermutlich stärker auf die Verhaltensbereitschaften der Ingenieure ein.[332] Langfristig sind jedoch auch gesellschaftliche Faktoren von Bedeutung, welche unternehmungsgrößenunabhängig auftreten. Die tatsächliche Stärke dieser Faktoren, ob kurz- oder langfristig relevant, sowie die Kausalität der auf sie bezogenen Wirkungszusammenhänge gelten jedoch in der Literatur als umstritten und allenfalls mittelbar wirksam.

3.3.3 Unternehmungsbezogene Faktoren

3.3.3.1 Vorbemerkungen

Neben den im vorherigen Abschnitt erläuterten umweltbezogenen Faktoren wird das Bindungsverhalten auch von Faktoren beeinflusst, die der Unternehmung selbst zugeordnet werden können. Diese stellen in nahezu sämtlichen Beiträgen den Kern der einflussausübenden Größen dar. Dementsprechend umfangreich und differenziert sind die jeweils vorgenommenen Einordnungen.[333] So betont bspw. FELFE Faktoren der Arbeit, Faktoren der Organisation sowie die Bedeutung der personalen Führung.[334] MEYER/ALLEN klassifizieren diesbezüglich vor allem allgemeine Merkmale der Organisation, rollenbezogene Merkmale im Rahmen der

---

329 Vgl. Grunwald (2001), S. 58; Nagel (2005), S. 26.

330 Vgl. hierzu bspw. Bauer/Jensen (2001), S. 18 f.

331 Vgl. March/Simon (1976), S. 99 f.

332 Vgl. Pfohl (2006a), S. 18 ff.; Hamer (2006), S. 33 ff.

333 Vgl. bspw. Bauer/Jensen (2001), S. 19 ff.; Ondrack (1995), Sp. 307 ff.; Ashforth/Mael (1989), S. 24 ff.

334 Vgl. Felfe (2008), S. 131 ff.

ausgeübten Tätigkeit sowie Arbeitserfahrungen.[335] Im Kern weisen diese und weitere Klassifikationen jedoch Ähnlichkeiten auf und lassen sich daher in Anlehnung an VON ROSENSTIEL auf vier zentrale Bereiche verdichten. Es handelt sich um allgemeine organisatorische Faktoren, Faktoren der Arbeit, soziale Faktoren sowie monetäre Faktoren (vgl. Abbildung 6).[336]

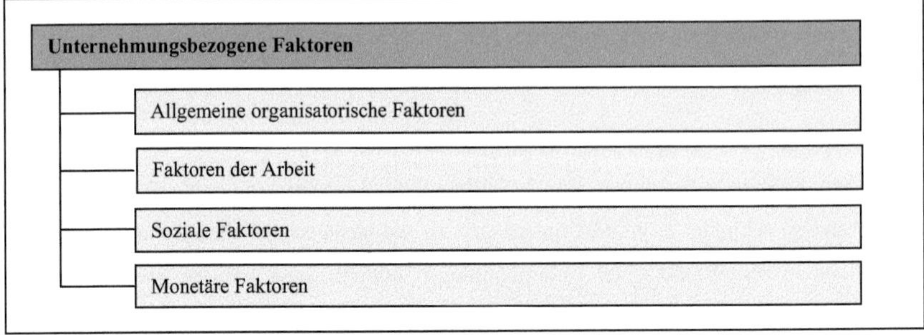

Abbildung 6: Unternehmungsbezogene Bindungsfaktoren.
Quelle: In Anlehnung an von Rosenstiel (1975), S. 231; Sabathil (1977), S. 36; Mathieu/Zajac (1990), S. 174; Kieser (1995), Sp. 1445.

3.3.3.2 Allgemeine organisatorische Faktoren

Allgemeine organisatorische Faktoren beziehen sich auf den gesamten organisatorischen Rahmen, in welchem eine Tätigkeit ausübt wird. Angesprochen ist somit u. a. die Selbstkategorisierung zu einer sozialen Gruppe (hier: Unternehmung) und die damit verbundenen Möglichkeiten zur Befriedigung von Motiven nach Zugehörigkeit, Anerkennung etc.[337] Angeführt werden dabei neben allgemeineren Faktoren wie der Unternehmungsgröße, der Branchenzugehörigkeit, dem Standort oder dem Unternehmungsimage[338] vor allem solche Faktoren, die bereits soziale Aspekte der Interaktion mit der Organisation als Ganzes andeuten. Dies betrifft bspw. die erlebte organisationale Unterstützung und das organisationale Zusammengehörigkeitsgefühl.[339] Darüber hinaus sind die strukturellen Eigenschaften relevant.[340]

335 Vgl. Meyer/Allen (1997), S. 106 sowie ähnlich Mowday et al. (1982), S. 28 ff.

336 Vgl. hierzu von Rosenstiel (1975), S. 231, sowie ähnlich Sabathil (1977), S. 36 March/Simon (1976), S. 53; Mathieu/Zajac (1990), S. 174; Kieser (1995), Sp. 1445.

337 Vgl. van Dick (2004), S. 13 ff.; Felfe (2008), S. 57 f.; DGFP (2004), S. 22.

338 Vgl. Sabathil (1977), S. 50 ff.; Nieder (2004), Sp. 761 f.; von Rosenstiel (1975), S. 333 ff.

339 Vgl. Felfe (2008), S. 141 ff.; Meyer/Allen (1997), S. 42 f.; Meyer/Smith (2000), S. 321.

340 Vgl. Mowday et al. (1982), S. 32 ff.; Meyer/Allen (1997), S. 42 f.; von Rosenstiel (1975), S. 231.; Morris/Steers (1980), S. 50.

In Bezug auf den Einflussfaktor **Unternehmungsgröße** wird angenommen, dass auf der einen Seite mit zunehmender Unternehmungsgröße eine Abnahme des Bindungsverhaltens einhergeht. MARCH/SIMON begründen dies u. a. mit sich zunehmend überschneidenden und konfliktär zueinander stehenden Gruppenmitgliedschaften, welche die Kompatibilität der formalen Rollenerfordernisse einschränken.[341] Gleichzeitig gelten jedoch auf der anderen Seite die mit zunehmender Unternehmungsgröße weitreichenderen Möglichkeiten bspw. zur Veränderung und Entwicklung als bindungsfördernd.[342]

Hinsichtlich der **Branchenzugehörigkeit** wird von SABATHIL auf die dynamischen Bedingungen einzelner Unternehmungen innerhalb der Wirtschaftszweige hingewiesen. Inwiefern ein jeweilig ausgeprägtes Bindungsverhalten daher als kritisch zu interpretieren ist, lässt sich somit zwar mit der Branche in Verbindung bringen, letztendlich sind allerdings weitere Faktoren, bspw. die Bedingungen innerhalb der Unternehmung, maßgeblicher.[343]

Für den **Standort** nimmt SABATHIL an, dass gerade in Ballungsgebieten beheimatete Unternehmungen u. a. aufgrund der vielfältigen externen Veränderungsmöglichkeiten mit einem geringeren Bindungsverhalten rechnen müssen als Unternehmungen, die in ländlich geprägten Regionen ansässig sind. Letzteres trifft dabei vielfach auf industrielle Mittelständler zu. Andererseits kann jedoch gerade die fehlende Attraktivität einer ländlichen Region ebenfalls zu einer geringen Verbleibebereitschaft führen. Zu berücksichtigen sind allerdings auch der Wohnort sowie der private Status, welche die Mobilität wesentlich mitbestimmen.[344]

Auch wird das **Image** einer Unternehmung in der Öffentlichkeit als relevanter Bindungsfaktor, bspw. von MARCH/SIMON, angeführt. Gerade als prestigeträchtig wahrgenommene Unternehmung werden u. a. zur individuellen Statusverbesserung genutzt, was wiederum positive Auswirkungen auf das Bindungsverhalten hat.[345] Vor dem Hintergrund des Identifikationsansatzes können in diesem Zusammenhang Prozesse der Identifikation mit der Organisation belegt werden.[346] Das Image einer Unternehmung hängt dabei von zahlreichen Faktoren wie dem Produkt, dem wirtschaftlichen Erfolg oder der Präsenz in der Öffentlichkeit, ab.[347]

---

341 Vgl. March/Simon (1976), S. 94; Mathieu/Zajac (1990), S. 180.

342 Vgl. Sabathil (1977), S. 54; von Rosenstiel (1975), S. 334; Weller (2007), S. 27.

343 Vgl. Sabathil (1977), S. 51.

344 Vgl. Sabathil (1977), S. 52 f.; Shahidi (2005), S. 38.

345 Vgl. March/Simon (1976), S. 73; Shahidi (2005), S. 37.

346 Vgl. Felfe (2008), S. 145; Ashforth/Mael (1989), S. 25.

347 Vgl. Sabathil (1977), S. 55; Felfe (2008), S. 141.

Soziale Aspekte der Interaktion sind durch den Aspekt der **organisationalen Unterstützung** angesprochen.[348] Hierunter werden grundlegende Anforderungen in Bezug auf eine erlebte Fairness und Wertschätzung durch die Unternehmung thematisiert.[349] Je dauerhafter und verbindlicher diese Faktoren ausgeprägt bzw. subjektiv wahrnehmbar sind, desto stärker wird ein tendenziell positiver Einfluss auf die Bindung, speziell auch die Leistungsbereitschaft, angenommen.[350] Bezüge zum Konstrukt des psychologischen Vertrages liegen vor.[351]

Das **organisationale Zusammengehörigkeitsgefühl** gilt hier als weiterer Einflussfaktor. Untersuchungen zeigen, dass unterschiedliche Ausprägungen von unternehmungsweit geteilten Überzeugungen und Einstellungen wesentlich auf das Bindungsverhalten einwirken.[352] Gesprochen wird auch von einem unternehmungsweiten kulturellen Verständnis, welches durch langjährige Sozialisation entstehen kann.[353]

Hinsichtlich **struktureller Eigenschaften**[354] bemerken MOWDAY ET AL., dass „*employees experiencing greater decentralization, greater dependence on the work of others, and greater formality of written rules and procedures felt more committed to the organization than employees experiencing these factors to a lesser extent.*“[355] Auch die Gewährung weitreichender Handlungsspielräume im Zuge flacher hierarchischer Strukturen zählen bspw. zu diesem Bereich.[356] Hiermit ist sodann in besonderem Maße die Leistungsbereitschaft angesprochen.[357] MEYER/ALLEN geben jedoch zu bedenken, dass die lediglich entfernte Wahrnehmung im beruflichen Alltag limitierend wirken kann: „*It might simply be that, in forming attitudes toward an organization, employees are more attuned to their own day-to-day work experiences than they are to these less tangible macro-level variables.*“[358]

---

348 Vgl. Felfe (2008), S. 141.

349 Erlebte Fairness bezieht sich auf die wahrgenommene Berechenbarkeit und Transparenz unternehmerischer Handlungen. Erlebte Wertschätzung beinhaltet das Maß der Berücksichtigung individueller Interessen und gleichzeitig die Absicht zur personenbezogenen Anerkennung. Vgl. bspw. Meyer/Smith (2000), S. 321; Meyer et al. (2002), S. 20 ff.; Meyer/Allen (1997), S. 46 ff.; DGFP (2004), S. 23.

350 Vgl. Martin (2001), S. 319.

351 Vgl. Felfe (2008), S. 141.

352 Vgl. hierzu auch die Ausführungen zum affektiven Commitment in Abschnitt 3.2.1.2.

353 Vgl. Lok et al. (2005), S. 490; Felfe (2008), S. 145; Bea/Göbel (2010), S. 308; Meyer/Allen (1997), S. 42; Sheridan (1992), S. 1032.

354 Vgl. von Rosenstiel (1975), S. 337; Mowday et al. (1982), S. 32; Meyer/Allen (1997), S. 42.

355 Mowday et al. (1982), S. 33.

356 Vgl. von Rosenstiel (1975), S. 338.

357 Vgl. Martin (2001), S. 319.

358 Meyer/Allen (1997), S. 42.

Insgesamt bleibt festzuhalten, dass sich die allgemeinen organisatorischen Faktoren durch eine große Vielfältigkeit und Heterogenität auszeichnen und somit eine präzise Zuordnung erschwert ist. Hinsichtlich der als allgemeiner geltenden Faktoren werden auch deren Ausprägungen durchaus kontrovers betrachtet, so dass kaum Vermutungen für das Bindungsverhalten von Ingenieuren im industriellen Mittelstand vorgenommen werden können.[359] Größere Einigkeit besteht hier bei solchen Faktoren, welche die soziale Interaktion sowie die strukturellen Eigenschaften thematisieren. Erstgenannte sind dabei auch für die Bindungsbereitschaft von vergleichsweise großer Relevanz.[360]

3.3.3.3 Faktoren der Arbeit

Während die allgemeinen organisatorischen Faktoren einen lediglich mittelbaren Bezug zur alltäglichen Tätigkeit in der Unternehmung aufweisen, sind mit den Faktoren der Arbeit solche Merkmale angesprochen, welche sich aus der konkreten Arbeitssituation heraus direkt ergeben. Zahlreiche Motive werden mit der Arbeit als grundsätzlichem Bindungsfaktor in Zusammenhang gebracht. Als wesentlich gilt die Möglichkeit zur intrinsischen Belohnung durch eine als spaßbringend, sinnstiftend und befriedigend wahrgenommene Tätigkeit.[361]

In der Forschungsliteratur werden als konkrete Bindungsfaktoren insbesondere die Arbeitstätigkeit in Bezug auf die äußeren Charakteristika des Arbeitsplatzes, die Arbeitsaufgabe bzw. Arbeitsinhalte, die damit zusammenhängenden rollenspezifischen Aspekte sowie die Qualifizierungs- und Aufstiegsmöglichkeiten behandelt.[362]

Unter die **äußeren Charakteristika des Arbeitsplatzes** fallen bspw. Merkmale der direkten Umgebungsbedingungen und der technischen und räumlichen Ausstattung. Hinsichtlich deren Ausprägung gilt insbesondere eine humane bzw. menschengerechte Gestaltung als Einflussfaktor auf die Bindung. Die Ausrichtung der Arbeitsabläufe an den Arbeitnehmern führt dabei nicht nur zu einer Verminderung der subjektiven Anstrengung, sondern entspricht gleichzeitig auch dem grundlegenden Motiv nach Erhalt der Sicherheit und der Gesundheit am Arbeitsplatz.[363] Darüber hinaus kann dann auch eine als angenehm, innovationsfördernd etc. emp-

---

359 Vgl. hierzu auch Grunwald (2001), S. 53 f.

360 Vgl. Meyer/Smith (2000), S. 329.

361 Vgl. von Rosenstiel (1975), S. 106; Ondrack (1995), S. 310; Wunderer/Küpers (2003), S. 180.

362 Vgl. Felfe (2008), S. 132 ff.; von Rosenstiel (1975), S. 293 ff.; Mowday et al. (1982), S. 31 f.

363 Vgl. Felfe (2008), S. 132 ff.; Sabathil (1977), S. 58 f.; von Rosenstiel (1975), S. 294.

fundene Umgebung entsprechende Beeinflussungen nach sich ziehen. Zahlreiche weitere Faktoren, nicht zuletzt die adäquate Erfüllung der Arbeitsaufgaben, hängen u. a. auch von der Ausstattung der Arbeitsplätze und der zur Verfügung gestellten Arbeitsmittel ab. Insbesondere in (ingenieurs-) technischen Berufen ist dies für das Bindungsverhalten von Bedeutung.[364]

Die **Arbeitsaufgaben bzw. -inhalte** werden in der Forschungsliteratur zunächst hinsichtlich ihrer Vielseitigkeit betrachtet. Vielseitige und abwechslungsreiche Aufgaben, welche als bindungsfördernd gelten, zeichnen sich nach FELFE durch den Einsatz kognitiver, sozialer und sensumotorischer Fähigkeiten aus. Demnach werden nicht nur verschiedene Arbeitsmittel genutzt, vielmehr bestehen auch soziale Kontakte zu weiteren Arbeitnehmern oder ein Wechsel des Arbeitsortes ist zur Erfüllung notwendig.[365] Damit eng im Zusammenhang steht des Weiteren auch der gewährte Handlungsspielraum. Denkbar sind selbst bei vielseitigen Aufgaben eine starke Einschränkung der Freiheit zur selbständigen Entscheidungsfindung und zur zeitlichen Einteilung sowie eine Kontrolle sämtlicher Vorgänge. Als relevant für das Bindungsverhalten wird jedoch von zahlreichen Autoren die Gewährung entsprechender Freiräume erachtet. Ein hohes Maß an Autonomie fördert u. a. das Motiv nach Einfluss, Selbstverwirklichung und Sinngebung auf die bzw. in der Arbeit.[366] Besondere Relevanz kommt dem für Ingenieure zu, da diese eine hohe Qualifikation aufweisen. Je höher die Qualifikation ist und je vielseitiger die entsprechend vorhandenen Fähigkeiten, desto gravierender sind annahmegemäß die Auswirkungen bei einer fehlenden Möglichkeit zu deren Nutzung innerhalb der Arbeitsaufgaben.[367]

Im engen Kontext der Arbeitsaufgaben bzw. -inhalte werden weiterhin **rollenspezifische Aspekte** thematisiert. Maßgeblich sind dabei das Auftreten von Rollenkonflikten und Rollenambiguitäten bzw. unklaren Rollendefinitionen.[368] Hier wird vielfach angenommen, dass das dauerhafte und übermäßige Auftreten dieser Merkmale das Bindungsverhalten negativ beeinflusst.[369] Klare, transparente und erfüllbare Rollen fördern demnach durch konsistentes Verhalten im Umkehrschluss die Bindung an die Unternehmung, wie u. a. MATHIEU/ZAJAC bemer-

---

364 Vgl. Felfe (2008), S. 135.

365 Vgl. Felfe (2008), S. 132; Mathieu/Zajac (1990), S. 179.

366 Vgl. DGFP (2004), S. 22; Türk (1995), S. 328; Butler/Waldroop (2000; 2004); von Rosenstiel (2009), S. 174; March/Simon (1976), S. 54; Schanz (1991), S. 15.

367 Vgl. von Rosenstiel (1975), S. 296; Becker (2010b), S. 1; Schlüter/Armutat (2004).

368 Vgl. Meyer/Allen (1997), S. 45; Hirschfeld/Feild (2000), S. 789 ff.; Ashforth/Mael (1989), S. 29 f.

369 Vgl. Mowday et al. (1982), S. 32; Felfe (2008), S. 133; Haase (1997), S. 115; March/Simon (1976), S. 91.

ken.[370] Die Relevanz rollenspezifischer Aspekte ergibt sich dabei zusätzlich aus der Tatsache, dass Rollenerfordernisse nicht ausschließlich auf die Arbeitstätigkeit beschränkt sind, sondern private Verpflichtungen gleichermaßen betreffen. Die Vereinbarkeit bzw. Balance von privaten sowie beruflichen Rollenerfordernissen wirkt hier entsprechend bindungsfördernd.[371]

Als letzter Bereich der arbeitsbezogenen Faktoren werden in der Forschungsliteratur die **Qualifizierungs- und Aufstiegsmöglichkeiten** behandelt. Von Bedeutung sind diese aufgrund der individuellen Motive nach Wachstum und Entwicklung, welche durch unterschiedliche Möglichkeiten einer beruflichen Weiter- und/oder Aufstiegsbildung maßgeblich bedient werden.[372] Damit verbunden sind neben materiellen Aspekten, bspw. ein höheres Einkommen, vor allem immaterielle Motive des Zugewinns an Anerkennung oder Status, wie VON ROSENSTIEL anführt.[373] Insbesondere bildungsstarke und an der Arbeit selbst interessierte Ingenieure können so in ihrer Bleibebereitschaft besonders beeinflussbar sein.[374] Zu berücksichtigen sind jedoch individuelle Unterschiede in der Bewertung hoher Aufstiegsmöglichkeiten, welche nicht grundsätzlich angestrebt werden.[375] Der VDI geht diesbezüglich jedoch davon aus, dass die Stärke der Bindung positiv mit der Höhe der Position in der Unternehmung korreliert.[376]

Insgesamt wird für die hier erläuterten Faktoren der Arbeit – vor allem für Ingenieure – eine sehr große Bedeutung zur Beeinflussung des Bindungsverhaltens vermutet. Eine herausragende Relevanz kann in diesem Zusammenhang nach vorliegender Erkenntnislage insbesondere für die Arbeitsaufgabe bzw. -inhalte angenommen werden. Ähnliches gilt für den Bereich der Qualifizierungs- und Aufstiegsmöglichkeiten.[377] Inwiefern Ingenieure in mittelständischen Industrieunternehmungen hiervon im Speziellen beeinflusst sind, hängt dabei letztlich auch von den dort vorgefundenen Bedingungen ab.

---

370 Vgl. Mathieu/Zajac (1990), S. 180; DGFP (2004), S. 22.

371 Vgl. bspw. Klimecki/Gmür (2005), S. 346 f.; Scandura/Lankau (1997), S. 377 ff., sowie zu einem Überblick differenzierbarer Rollenerwartungen bspw. Neuberger (2002), S. 320.

372 Vgl. DGFP (2004), S. 21 f.; Felfe (2008), S. 134; Sebald/Enneking (2006), S. 41; Meier et al. (2003), S. 54.

373 Vgl. von Rosenstiel (1975), S. 325.

374 Vgl. Neef (2007), S. 167; Olesch (2000), S. 286; Stanz (2009), S. 17 ff., sowie im Allgemeinen Berthel/Becker (2010), S. 402; Martin (2001), S. 319.

375 Vgl. von Rosenstiel (1975), S. 326 f.; Goffee/Jones (2007), S. 28.

376 Vgl. VDI Wissensforum (2008), S. 9.

377 Vgl. Felfe (2008), S. 135; Towers Watson (2010); Schlüter/Armutat (2004).

3.3.3.4 Soziale Faktoren

Eine weitere Gruppe von Bindungsfaktoren liegt mit den sozialen Faktoren vor. Annahmegemäß stellt der Arbeitsplatz einen wesentlichen Ort des Kontaktes zu anderen Menschen dar. Einen sozialen Umgang zu besagten Mitmenschen zu pflegen entspricht dabei zahlreichen Motiven, bspw. nach Geltung oder Sinngebung. Für das Bindungsverhalten zentral ist in diesem Zusammenhang die Frage danach, wie die soziale Interaktion zwischen den verschiedenen Teilnehmern einer Unternehmung geprägt ist.[378] Im Wesentlichen werden die Interaktionen mit dem Vorgesetzten sowie mit Gleichgestellten behandelt.[379] Darüber hinaus lässt sich das Organisationsklima insgesamt als relevante Größe identifizieren.[380]

Die **Interaktion mit dem Vorgesetzten** spricht die vertikale Dimension an. Grundlegend ist dabei eine beidseitige Einflussnahme auf das Verhalten denkbar, wobei jedoch der Vorgesetzte weitreichendere Möglichkeiten zur Willensdurchsetzung besitzt.[381] Dessen Verhalten gilt daher als entscheidende Größe. Zahlreiche Autoren nehmen hierbei an, dass sich Verhaltensweisen zur Förderung und Entwicklung von Aspekten wie Autonomie, Kompetenz etc. positiv vor allem auf die Leistungsbereitschaft auswirken.[382] Auch die Möglichkeit zur vertrauensvollen Kommunikation wird hervorgehoben. Zu unterscheiden ist allerdings, ob diese unter Vermittlung einer echten Gesprächsbereitschaft sowie eines echten Interesses am Mitarbeiter und seinen individuellen Zielen erfolgt.[383] Letztlich sind auch scheinbar banale Merkmale, bspw. der individuellen Sympathie oder der Übereinstimmung motivationaler Orientierungen, relevant, wie VON ROSENSTIEL bemerkt.[384] Eine eindeutige Bewertung der Bedeutung einzelner Verhaltensweisen des Vorgesetzten wird jedoch als schwierig erachtet, da Interaktionsbeziehungen durch eine hohe individuelle und situative Komplexität geprägt sind.[385]

---

378 Vgl. von Rosenstiel (1975), S. 266; Schnake (1991), S. 748 f.

379 Weiterhin sind auch Interaktionen mit nicht der Unternehmung zugehörigen Gruppen wie bspw. Kunden relevant. Gerade im Vertriebsbereich ist dies von Bedeutung. Vgl. bspw. von Rosenstiel (1975), S. 292.

380 Vgl. Sabathil (1977), S. 60 ff.; Meier et al. (2003), S. 54.

381 Vgl. hierzu bspw. Berthel/Becker (2010), S. 157 f.

382 Vgl. Felfe (2008), S. 140; March/Simon (1976), S. 54; Martin (2001), S. 319; Sabathil (1977), S. 61 ff.; Geißler (2006), S. 9; Gallup (2011); von Rosenstiel (2009), S. 174; Schnake (1991), S. 748.

383 Vgl. von Rosenstiel (1975), S. 284; March/Simon (1976), S. 72; Felfe (2008), S. 140; Schlüter/Armutat (2004); Mathieu/Zajac (1990), S. 180.

384 Vgl. von Rosenstiel (1975), S. 282.

385 Vgl. bspw. von Rosenstiel (1975), S. 280 f.

Mit der **Interaktion zwischen Gleichgestellten** ist ein weiterer Bindungsfaktor angesprochen, welcher die horizontale Dimension betrifft.[386] Demnach finden sich Ingenieure in einer Unternehmung sowohl in formalen als auch in informalen Gruppen wieder,[387] welche nach SABATHIL beide auf das Bindungsverhalten einwirken.[388] Hinsichtlich der konkreten Ausprägung des Einflusses unterschiedlicher Gruppen, wird dabei mit der Gruppenkohäsion als Ausmaß des inneren Zusammenhalts einer Gruppe ein zentrales Merkmal herangezogen.[389] Demnach gelten insbesondere hoch kohäsive Gruppen als relevant für ein entsprechendes Bindungsverhalten.[390] Im Wesentlichen zeichnen sich diese u. a. durch eine geringe Größe sowie ein vergleichsweise langes Zusammensein aus.[391] Gerade kleine Gruppengrößen weisen hierbei einen bedeutsameren Einfluss aus, da die Interaktionsmöglichkeiten intensiver sind. Durch die Langfristigkeit der bestehenden Kontakte wird darüber hinaus eine wechselseitige Sympathie gefördert, welche die Bindung an die Gruppe – so bspw. MARCH/SIMON – weiter erhöht.[392] Die Allgemeingültigkeit solcher Aussagen ist allerdings bestritten. So können hoch kohäsive Gruppen auch negativ auf das Bindungsverhalten Einfluss nehmen. Dies geschieht u. a. dann, wenn sich die in der Gruppe herausgebildeten Gruppennormen von den Normen der Unternehmung oder des Individuums unterscheiden bzw. diesen entgegenwirken.[393]

Mit dem **Organisationsklima**[394], verstanden als die Qualität von interner Arbeitswelt bzw. von Zusammenarbeit und -wirken in einer Unternehmung, ist ein weiterer Bindungsfaktor zu erläutern, welcher nach MARTIN vor allem auf die Verbleibebereitschaft einwirkt.[395] Die zuvor behandelten Interaktionsbeziehungen stellen hier einen wesentlichen Bestandteil dar, wobei jedoch darüber hinaus gegangen wird.[396] So benennen bspw. JAMES/JAMES mit Rollen-

---

386 Vgl. bspw. von Rosenstiel (1975), S. 271 ff.; Cappelli (2000), S. 108.

387 Formale Gruppen entstehen aufgrund arbeitsteiliger Erfordernisse und werden durch die formale Hierarchie planvoll gebildet. Informale Gruppen hingegen dienen der Erfüllung individueller Bedürfnisse und bilden sich unabhängig von organisatorischen Strukturen selbstständig. Vgl. Berthel/Becker (2010), S. 112.

388 Vgl. Sabathil (1977), S. 62 f.

389 Vgl. zum Begriff bspw. Berthel/Becker (2010), S. 127.

390 Vgl. Felfe (2008), S. 140; Sabathil (1977), S. 63, sowie hierzu kritisch Labianca (2005), S. 17.

391 Vgl. Berthel/Becker (2010), S. 127.

392 Vgl. March/Simon (1976), S. 59; Mathieu/Zajac (1990), S. 177.

393 Vgl. Sabathil (1977), S. 63; March/Simon (1976), S. 75; Berthel/Becker (2010), S. 127 f.

394 Mit dem Begriff des Klimas wird allgemein ein innerer Zustand sozialer Aggregate erfasst. Vgl. von Rosenstiel/Bögel (2004), Sp. 532 f.; Weinert (2004), S.641 ff.

395 Vgl. Martin (2001), S. 319.

396 Werden lediglich die sozialen Interaktionsbeziehungen thematisiert, wird vom Betriebsklima gesprochen. Vgl. zu einer Differenzierung zwischen Betriebs- und Organisationsklima von Rosenstiel/Bögel (2004), Sp. 532 f. Insgesamt werden beide Begriffe jedoch oftmals synonym, dann zumeist unter Nutzung des Terminus Betriebsklima, verwendet. Vgl. bspw. Knoblauch (2004), S. 118 f.; Hentze/Graf (2005), S. 40 f.

stress und dem Fehlen von Harmonie, der Herausforderung bei der Arbeit, der Unterstützung und Erleichterung durch den Vorgesetzten sowie der Kooperation in einer Arbeitsgruppe vier wesentliche Einflussfaktoren.[397] Das Konzept des Organisationsklimas gilt von daher als komplex und nur bedingt erfass- und operationalisierbar. Unter anderem hängt dies auch damit zusammen, dass eine objektive Betrachtung nicht stattfindet, sondern subjektive Wahrnehmungen und Beschreibungen der Teilnehmer der Organisation ausschlaggebend sind.[398] Darüber hinaus bleibt unklar, ob es ein für die Gesamtunternehmung vorherrschendes Organisationsklima gibt oder vielmehr in einzelnen Organisationseinheiten unterschiedliche Klimata existieren.[399] Zur Förderung des Bindungsverhaltens wird daher von einigen Autoren lediglich von der Notwendigkeit eines guten Organisationsklimas gesprochen. Im Fokus stehen zumeist in der Unternehmung bestehende Stimmungen, welche bspw. durch die Vermeidung von Kollegenneid oder fehlender Anerkennung umschrieben werden. Aber auch komplizierte, unüberschaubare Arbeitsabläufe oder extreme Arbeitszeiten können darüber hinaus eine entsprechend negative Wirkung aufweisen und soziale Interaktionen entscheidend behindern.[400]

Insgesamt wird den hier erläuterten sozialen Faktoren eine große Relevanz zur Beeinflussung des Bindungsverhaltens zugesprochen.[401] So konstatieren MOWDAY ET AL.: „*[...] the greater the social interaction, the more social ties the individual develops with the organization. As a result, the individual becomes further linked to his or her employer.*“[402] Dabei ist zu vermuten, dass diese Relevanz sozialer Faktoren weitgehend unternehmungsgrößenunabhängig vorzufinden ist und somit auch das Bindungsverhalten von Ingenieuren in mittelständischen Industrieunternehmungen gleichermaßen beeinflusst.

3.3.3.5 Monetäre Faktoren

Mit monetären Faktoren sind materielle Belohnungen angesprochen, die von der Unternehmung auf Basis des jeweilig zugrunde liegenden Arbeitsvertrages gewährt werden. Sie umfassen nach VON ROSENSTIEL neben den der Arbeit direkt finanziell zuordbaren auch die ledig-

---

397 Vgl. James/James (1989), S. 739 ff.

398 Vgl. Loffing/Loffing (2010), S. 54.

399 Vgl. von Rosenstiel/Bögel (2004), Sp. 533; ähnlich Sabathil (1977), S. 61 f.

400 Vgl. hierzu bspw. Knoblauch (2004), S. 118 f.

401 Vgl. March/Simon (1976), S. 72.

402 Mowday et al. (1982), S. 35.

lich indirekt zuordbaren finanziellen Zuwendungen.[403] Eine grundlegende Bindungswirkung von materiellen organisatorischen Belohnungen resultiert dabei aus dem Motiv nach materieller Sicherheit und Unabhängigkeit. Darüber hinaus ist auch das Motiv der sozialen Anerkennung, bspw. durch die Erlangung von materiellen Statussymbolen, angesprochen.[404] Als potenzielle Bindungsfaktoren lassen sich die Höhe der Belohnungen sowie die Belohnungsstruktur anhand grundlegender Prinzipien der Belohnungsgerechtigkeit identifizieren.

Die Prinzipien der **Belohnungsgerechtigkeit** umfassen zunächst einen angenommenen Zusammenhang zwischen der monetären Belohnung und dem Anforderungsgrad sowie dem Leistungsgrad. Demzufolge wird eine Belohnung als gerecht wahrgenommen und ist somit bindungsfördernd, wenn zum einen der Schwierigkeitsgrad der zu leistenden Arbeit und zum anderen die individuell tatsächlich erbrachte Leistung eine Berücksichtigung finden.[405] Darüber hinaus werden mit der Qualifikations-, der Markt- und der sozialen Gerechtigkeit weitere Prinzipien einer gerechten Belohnung herangezogen.[406] Als qualifikationsgerecht werden Belohnungen empfunden, wenn sämtliche Qualifikationen mit einbezogen werden und nicht lediglich die für die jeweilige Position benötigten.[407] Marktgerechtigkeit ist gegeben, sofern aktuelle Belohnungen des Marktes (u. a. bei Wettbewerbern) für vergleichbare Positionen berücksichtigt werden. Eine soziale Gerechtigkeit besteht letztlich bei einer Relevanz von für den Ingenieur sozial bedeutsamen Merkmalen.

Vor diesem Hintergrund thematisiert bspw. VON ROSENSTIEL die **Höhe** monetärer **Belohnungen**. Hier wird die plausible Vermutung, dass eine höhere Belohnung grundsätzlich einen stärken Einfluss auf die Bindung aufweist, eher abgelehnt. Für diese Vermutung spricht zwar die Annahme, dass sich die Wertigkeit von mehr finanzieller Zuwendung zunächst positiv auswirkt[408], letztlich jedoch aufgrund einer unzureichenden Bestimmbarkeit durch fehlende bzw. uneinheitliche Norm- und Wertvorstellungen in der Gesellschaft nicht den ausschlaggebenden Aspekt darstellt. Vielmehr sind die individuellen Motive grundverschieden und deren

403 Vgl. von Rosenstiel (1975), S. 231, sowie zu einem Überblick Berthel/Becker (2010), S. 542.

404 Vgl. DGFP (2004), S. 22; Grunwald (2001), S. 64; von Rosenstiel (1975), S. 109.

405 Vgl. zum sogenannten Äquivalenzprinzip Kosiol (1962), S. 29 ff.

406 Vgl. zu einem Überblick Berthel/Becker (2010), S. 543 ff.; Hentze/Graf (2005), S. 97.

407 In der Qualifikationsorientierung wird zunehmend eine Ergänzung bzw. Substitution der Anforderungsorientierung gesehen. Ausschlaggebend hierfür sind komplexer werdende Aufgaben, die eine ganzheitliche Orientierung an den Qualifikationen erfordern. Vgl. Berthel/Becker (2010), S. 544; Ackermann/Eisele (2004), Sp. 700 f. Diesbezüglich werden diese nachfolgend einheitlich verwendet.

408 So führt bspw. von Rosenstiel diesbezüglich das Anfangsgehalt einer Position an, welches aufgrund zumeist fehlender Kenntnisse über weitere Bedingungen der Arbeit in seiner absoluten Höhe entsprechend stark beurteilt wird. Vgl. von Rosenstiel (1975), S. 234 f., sowie ferner March/Simon (1976), S. 91.

(Nicht-) Erreichung von den subjektiven Erwartungen und Bewertungen jedes Einzelnen abhängig.[409] Somit kommt der relativen Belohnungshöhe eine entscheidendere Bedeutung zu, wobei sich Arbeitnehmer hinsichtlich der Frage, ob eine Belohnung diesbezüglich als angemessen und somit bindungsfördernd – nach MARTIN insbesondere in Bezug auf die Verbleibebereitschaft[410] – empfunden wird, an Kriterien aus ihrem sozialen Umfeld orientieren. Demnach vergleichen Ingenieure ihr Gehalt mit dem, was andere Ingenieure verdienen und berücksichtigen ihnen bekannte Variablen, bspw. den Anforderungsgrad der Arbeit oder die Betriebszugehörigkeitsdauer.[411] Zu bemerken bleibt allerdings, dass das subjektive Gerechtigkeitsempfinden mit der tatsächlichen objektiven Realität nicht zwangsläufig übereinstimmen muss. Unvollständige Informationen und eine begrenzte Rationalität tragen hierzu bei.[412]

In einem engen Zusammenhang mit der Belohnungshöhe steht dann auch die Erhöhung der Belohnungen, da auch hier das subjektive Gerechtigkeitsempfinden eine wesentliche Rolle in Bezug auf die Verbleibebereitschaft spielt. Gewährte Belohnungserhöhungen sind daher nicht grundsätzlich als positiv zu beurteilen (auch wenn die Wertigkeit von mehr materiellen Zuwendungen sicherlich größer ist), sondern lediglich dann, wenn bspw. die individuellen Erwartungen erfüllt bzw. übertroffen werden und sie relativ zu Belohnungserhöhungen anderer Arbeitnehmer in der Unternehmung nachvollziehbar sind. Wesentliche Kriterien sind nach VON ROSENSTIEL auch hierbei die empfundene Gerechtigkeit hinsichtlich der Anforderungen, Leistungen etc.[413] Mit Belohnungserhöhungen einher gehen zum Teil auch Veränderungen der auszuübenden Tätigkeit, bspw. innerhalb von Beförderungen, welche dann nicht lediglich einen materiellen, sondern auch einen immateriellen Charakter aufweisen.[414]

In Bezug auf die **Belohnungsstruktur** sind die Prinzipien der Belohnungsgerechtigkeit ebenfalls relevant, welche bei der anteiligen Zusammensetzung der (Gesamt-) Belohnung zum Einsatz kommen und unterschiedliche Wirkungen auf das Bindungsverhalten aufweisen. Als Hauptalternativen gelten anforderungsorientierte Belohnungen auf der einen sowie leistungsorientierte Belohnungen auf der anderen Seite, wobei in der Regel eine Kombination aus bei-

409 Vgl. Berthel/Becker (2010), S. 543.

410 Vgl. Martin (2001), S. 319.

411 Vgl. von Rosenstiel (1975), S. 249; Mowday et al. (1982), S. 34; Sebald/Enneking (2006), S. 41; von Rosenstiel (2009), S. 174; Scheidl (1991), S. 263 f.

412 Vgl. von Rosenstiel (1975), S. 259.

413 Vgl. von Rosenstiel (1975), S. 260.

414 Vgl. March/Simon (1976), S. 60 f.

den akzeptiert ist.[415] Einen Einfluss auf die Bereitschaft zur Leistungserbringung haben diesbezüglich vor allem leistungsorientierte Belohnungen. Grundvoraussetzung hierfür ist allerdings, dass ein konkreter Zusammenhang zwischen der erbrachten Leistung und der Belohnung vorliegt und zweifelsfrei erkennbar ist. Je unklarer diese Beziehung ist und je weniger Möglichkeiten zur Erbringung dieser Leistung bestehen, desto geringer – so bspw. VON ROSENSTIEL – fallen das subjektive Gerechtigkeitsempfinden und die Bindungswirkung aus.[416]

Neben den erläuterten anforderungs- sowie leistungsgerechten Belohnungsstrukturen kommt auch der Sozialgerechtigkeit der Belohnung als weiterem Anteil der (Gesamt-) Belohnung eine große Relevanz zu. Angesprochen ist die durch VON ROSENSTIEL vertretene Annahme, dass Arbeitnehmer auch durch weitere Arten von Belohnungen, die nicht mehr unmittelbar im Zusammenhang mit der Tätigkeit stehen, vor allem in ihrem – so MARTIN – Verbleibeverhalten, beeinflussbar sind.[417] Der soziale Charakter dieser Belohnungen steht dann zwar im Vordergrund, muss letztlich jedoch nicht uneingeschränkt gelten. Denkbar sind somit auch weitere Zuwendungen, bspw. zur Statusverbesserung, die dies lediglich noch andeuten.[418]

Abschließend bleibt festzuhalten, dass die Relevanz monetärer Faktoren für das Bindungsverhalten kontrovers diskutiert wird. Auf der einen Seite gelten finanzielle Aspekte vor allem in Bezug auf die relative Höhe und deren Struktur als grundlegende Bindungsfaktoren und spielen eine dementsprechend – auch unternehmungsgrößenunabhängig – große Rolle. Auf der anderen Seite werden weitere Faktoren, bspw. der Arbeit selbst, angeführt, deren Bedeutung als wesentlicher eingestuft wird. Argumentiert wird hier vor allem damit, dass finanzielle Aspekte stets nur ein Mittel zur Erfüllung weiterer Motive darstellen. Die Erzielung eines Einkommens ist stets extrinsischer Natur und von kalkulativen Überlegungen geprägt.[419] In Bezug auf den industriellen Mittelstand kann darüber hinaus vermutet werden, dass sich aufgrund der finanziellen Restriktionen – gerade langfristig betrachtet – lediglich solche Ingenieure verstärkt binden, welche monetäre Aspekten als weniger ausschlaggebend beurteilen. Die Bedeutung monetärer Faktoren ist jedoch auch dort grundsätzlich nicht zu unterschätzen.

---

415 Vgl. March/Simon (1976), S. 61; von Rosenstiel (1975), S. 239.

416 Vgl. von Rosenstiel (1975), S. 236 ff.; March/Simon (1976), S. 61 f.; Sabathil (1977), S. 71.

417 Vgl. Martin (2001), S. 319.

418 Vgl. von Rosenstiel (1975), S. 263 ff.; Sabathil (1977), S. 72.

419 Vgl. von Rosenstiel (1975), S. 232; Grunwald (2001), S. 64; Ackermann/Eisele (2004), Sp. 699; Gallup (2011); Mathieu/Zajac (1990), S. 179; Shahidi (2005), S. 38; Süß/Ritter (2005), S. 14.

3.3.4 Personenbezogene Faktoren

Neben umwelt- und unternehmungsbezogenen Faktoren sind Einflussgrößen auf das Bindungsverhalten im Zusammenhang mit der Person des Ingenieurs selbst feststellbar. Diese individuellen Bestimmungsgrößen lassen sich anhand der Kategorien demografische und berufsbezogene Faktoren sowie Faktoren der Persönlichkeit erläutern (vgl. Abbildung 7).[420]

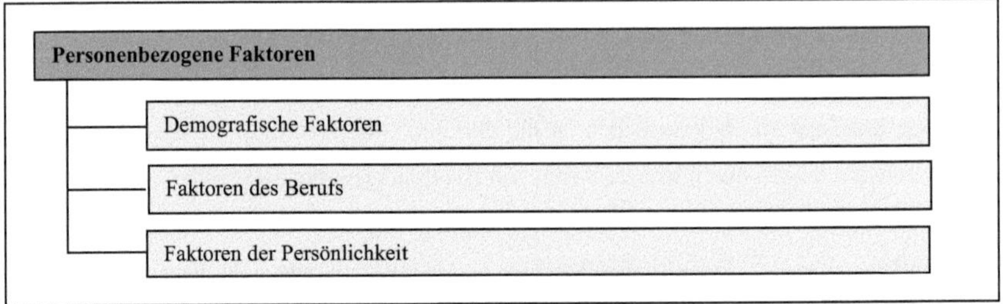

Abbildung 7: Personenbezogene Bindungsfaktoren.
Quelle: In Anlehnung an Sabathil (1977), S. 36; Mathieu/Zajac (1990), S. 174; Meyer/Allen (1997), S. 106; Felfe (2008), S. 145.

Unter den **demografischen Faktoren** gelten insbesondere die Merkmale des Alters, des Familienstandes und des Geschlechts als relevant.[421]

Hinsichtlich des **Alters** besteht weitgehende Einigkeit darüber, dass vor allem die Verbleibebereitschaft mit zunehmendem Alter stärker ausgeprägt ist. Ein signifikanter, allerdings schwacher Zusammenhang wird hier von vielen Autoren vermutet.[422] Begründet wird dies mit unterschiedlich vorliegenden Prozessen der Selektion und Sozialisation sowie entsprechender Barrieren im individuellen Mobilitätsempfinden, wie bspw. dem Streben nach Sesshaftigkeit. Gerade jüngere Arbeitnehmer befinden sich hier oftmals noch in einem Orientierungsprozess, welcher auch berufliche Veränderungen einschließt.[423] Bei Ingenieuren im Speziellen wird

---

420 Teilweise werden demografische und berufsbezogene Faktoren unter erstgenannter Kategorie gefasst. An dieser Stelle erfolgt eine Differenzierung zur Wahrung einer größeren Übersichtlichkeit. Vgl. bspw. Felfe (2008), S. 145 ff.; Meyer/Allen (1997), S. 43 ff.; Sabathil (1977), S. 77 ff.; Mowday et al. (1982), S. 30 f.

421 Vgl. Felfe (2008), S. 145 f.; Meyer/Allen (1997), S. 43 f.; Sabathil (1977), S. 77.

422 Vgl. Meyer/Allen (1997), S. 43; Mathieu/Zajac (1990), S. 177; Meyer et al. (2002), S. 28 ff.; March/Simon (1976), S. 96 f.; Sabathil (1977), S. 78 ff.; Mowday et al. (1982), S. 30; Mayer/Schoorman (1998), S. 19.

423 Vgl. Felfe (2008), S. 145; Sabathil (1977), S. 80; March/Simon (1976), S. 97; Hannay/Northam (2000), S. 68.

jedoch eine z. T. auch altersunabhängig hohe Verbleibebereitschaft angenommen, welche der VDI als eine „*bemerkenswerte Treue*“[424] bezeichnet.[425]

Mit dem Alter eng zusammenstehend ist das Merkmal des **Familienstandes**. Demnach befinden sich ältere Ingenieure vermehrt in familiären Bindungen wieder, was sich bspw. durch eine höhere Anzahl an festen Partnerschaften zeigt. Die Merkmale Alter und Familienstand korrelieren allerdings nicht zwangsläufig miteinander, da familiäre Bindungen auch bereits in jüngeren Jahren entstehen. In jedem Fall wird angenommen, dass der Familienstand einen Einfluss auf das Bindungsverhalten ausübt. Tendenziell gelten feste familiäre Bindungen diesbezüglich – so bspw. SABATHIL – als bindungsfördernder, da die Einkommenssicherheit und die Gewährleistung stabiler beruflicher Verhältnisse auch mit Rücksicht auf die Familienangehörigen stärker im Mittelpunkt stehen.[426] Allgemeingültige Aussagen liegen allerdings aufgrund der Abhängigkeit von weiteren Faktoren nicht vor.[427]

Darüber hinaus wird das **Geschlecht** als demografischer Bindungsfaktor thematisiert. Aussagen hierüber gelten jedoch als wenig fundiert, da individuelle Unterschiede insbesondere auch geschlechterübergreifend wirksam sind und die klassischen Rollenbilder zunehmend verblassen.[428] Demnach lässt sich gezeigtes Bindungsverhalten, welches bspw. auf familiären Umständen beruht, heute nicht mehr zwangsläufig dominant weiblichen oder männlichen Ingenieuren zuordnen. MEYER/ALLEN stellen diesbezüglich fest: „*[...] that gender differences in comitment, when they are found, are more appropriately attributed to different work characteristics and experiences that happen, in some samples, to be linked to gender.*“[429] Zu bemerken bleibt bezüglich des Bindungsfaktors Geschlecht darüber hinaus allerdings, dass gerade ingenieurstechnisch geprägte Tätigkeiten bis dato weitgehend männlich geprägt sind.[430]

Mit **berufsbezogenen Faktoren** sind neben den demografischen Faktoren weitere individuelle äußerliche Merkmale angesprochen. Sie unterscheiden sich insofern, als sie nicht den privaten Bereich betreffen. Diskutiert werden das Bildungsniveau und die Betriebszugehörigkeit.[431]

---

424 VDI Wissensforum (2008), S. 8.

425 Vgl. VDI Wissensforum (2008), S. 8.

426 Vgl. Sabathil (1977), S. 80 f.; Mellor et al. (2001), S. 171 ff.

427 Vgl. Meyer/Allen (1997), S. 44; Mathieu/Zajac (1990), S. 177 f.

428 Vgl. Mathieu/Zajac (1990), S. 177.

429 Meyer/Allen (1997), S. 43.

430 Vgl. VDI Wissensforum (2008), S. 27.

431 Vgl. Sabathil (1977), S. 84 ff.; Felfe (2008), S. 146.

Die Erkenntnisse zum Zusammenhang zwischen **Bildungsniveau** und Bindungsverhalten sind uneinheitlich und lassen allgemeingültige Aussagen kaum zu.[432] Auf der einen Seite liegen Erkenntnisse vor, die mit einem höheren Bildungsniveau ein stärkeres Bleibe- und Leistungsverhalten annehmen. Bspw. zeigt eine Untersuchung des VDI, dass Ingenieure, die ihre Qualifikation als sehr gut beurteilen, nach eigenen Aussagen höhere Bindungswerte erreichen als Ingenieure, die dies anders beurteilen.[433] Dies steht oftmals auch in Verbindung mit einem dementsprechend hohen sozialen Status in der Unternehmung, was jedoch keinesfalls als hinreichende Bedingung hierfür gesehen wird.[434] Auf der anderen Seite führt ein hohes Bildungsniveau vermehrt zu alternativen Möglichkeiten auf dem Arbeitsmarkt, was ein entsprechendes Verhalten bewirken kann, so FELFE.[435] Es sind somit für diesen Bindungsfaktor weitere Aspekte, bspw. der Spezialisierungsgrad der ausgeübten Tätigkeit, zu berücksichtigen.

Der Faktor **Betriebszugehörigkeitsdauer** wird ähnlich eingeschätzt wie der Faktor des Alters. Auch hier werden positive Zusammenhänge mit einer zunehmenden Verweildauer in einer Unternehmung und der Verbleibebereitschaft vielfach vermutet.[436] Lediglich innerhalb des ersten Jahres nach erfolgtem Eintritt ist das Bindungsverhalten abnehmend, was MEYER/ALLEN auf die Verarbeitung ggf. erlebter Enttäuschungen zurückführen.[437] Zum Teil beruht dieser positive Zusammenhang auf kalkulativen Überlegungen, da bspw. gewisse Privilegien mit der Zeit erreicht worden sind.[438] Auch eine Übernahme von Werten und Normen ist denkbar, wie MEYER/ALLEN festhalten: „*It is possible that employees need to aquire a certain amount of experience with an organization to become strongly attached to it or that long-service employees retrospectively develop affective attachment to their organization.*"[439] Der VDI geht von einer durchschnittlich hohen Betriebszugehörigkeit von 14 Jahren speziell bei Ingenieuren aus und belegt eine schwach positive Korrelation zur Unternehmungsgröße.[440]

Mit den **Faktoren der Persönlichkeit** sind abschließend solche personenbezogenen Merkmale angesprochen, welche sich äußerlich nur noch bedingt erkennen lassen. Es werden vor al-

---

432 Vgl. Meyer/Allen (1997), S. 44; Mowday et al. (1982), S. 30; Mathieu/Zajac (1990), S. 177.

433 Vgl. VDI Wissensforum (2008), S. 10.

434 Vgl. Sabathil (1977), S. 84; Schnake (1991), S. 747.

435 Vgl. Felfe (2008), S. 146; Mayer/Schoorman (1998), S. 19.

436 Vgl. Felfe (2008), S. 145; Meyer/Allen (1997), S. 44; Sabathil (1977), S. 78 ff. und S. 87; March/Simon (1976), S. 96 f.

437 Vgl. Meyer/Allen (1987), S. 199 ff.; Meyer et al. (1991), S. 717 ff.; Meyer et al. (1998), S. 29 ff.

438 Vgl. Meyer/Allen (1997), S. 60.

439 Meyer/Allen (1997), S. 43.

440 Vgl. VDI Wissensforum (2008), S. 8 f.

lem spezifische Persönlichkeitscharakteristika bis hin zu Persönlichkeitstypologien diskutiert.[441] Auch das Konzept des Variety Seeking wird diesbezüglich angeführt.[442]

Hinsichtlich **spezifischer Persönlichkeitscharakteristika** liegen Befunde vor, die u. a. eine positive Einstellung zur Arbeit oder eine selbst wahrgenommene Kompetenz als Einflussfaktor speziell auf die Leistungsbereitschaft identifizieren.[443] Darüber hinaus werden für die Selbstwirksamkeitserwartung als Maß der positiven Einschätzung eigener Fähigkeiten zur erfolgreichen Bewältigung verschiedener Aufgaben Zusammenhänge vermutet.[444] Der organisationale Selbstwert gilt hier als Sonderform und erfasst, inwieweit ein Arbeitnehmer insbesondere seinen Beitrag für und in der Unternehmung als wertvoll wahrnimmt. Je mehr er dies tut, desto stärker ist der vermutete Einfluss auf das Bindungsverhalten.[445] Als kritisch gilt in Bezug auf diese Befunde allerdings deren isolierte Betrachtung. MEYER/ALLEN gehen vielmehr davon aus, dass erst eine Beeinflussung der Bindung stattfindet, wenn einzelne Charakteristika im Zusammenhang mit weiteren Faktoren der Arbeit interpretiert werden.[446] Darüber hinaus ist auch die Wirkungsrichtung weitgehend unklar. So kann nach den Annahmen des Identifikationsansatzes auch die Identifikation mit einer als attraktiv wahrgenommenen Unternehmung erst zur Erhöhung der Selbstwirksamkeitserwartung führen.[447]

Einen Schritt weiter gehen solche Überlegungen, die **Persönlichkeitstypologien** im Kontext des Bindungsverhaltens thematisieren. VON ROSENSTIEL nennt hier bspw. den ruhigen und realistischen Persönlichkeitstyp als potenziell bindungsbereiter im Vergleich zum aggressiven, extrovertierten und künstlerischen Persönlichkeitstyp.[448] Begründet wird dies mit einem Motiv nach Harmonie und Konstanz und der Bereitschaft, sich entsprechend anzupassen.[449] Persönlichkeitstypologien und deren spezifische Ausprägung gelten jedoch nach vorliegender Erkenntnislage als sehr umstritten, da sie Arbeitnehmer auf wenige Verhaltensweisen reduzie-

---

441 Vgl. Meyer/Allen (1997), S. 44 f. und S. 48; Felfe (2008), S. 147 ff.; Sabathil (1977), S. 81 ff.

442 Vgl. Bauer/Jensen (2001), S. 18; Meifert (2005), S. 69.

443 Vgl. Felfe (2008), S. 147 f.; Mathieu/Zajac (1990), S. 178 f.; Meyer et al. (2002), S. 28 ff.; Meyer/Allen (1997), S. 44; Schnake (1991), S. 750 f.

444 Vgl. Bandura (1997), S. 36 ff.; Felfe (2008), S. 147; Weinert/Scheffer (2004), Sp.332.

445 Vgl. Meyer/Allen (1997), S. 48; Felfe (2008), S. 147 f.

446 Vgl. Meyer/Allen (1997), S. 44 und S. 48.

447 Vgl. Felfe (2008), S. 148.

448 Vgl. von Rosenstiel (1975), S. 367.

449 Vgl. auch Felfe (2008), S. 148 f.

ren bzw. stilisieren, die letztendlich keine allgemeingültigen Aussagen zulassen. So führt bspw. Verträglichkeit nicht zwangsläufig zu einer hohen Bindungsbereitschaft.[450]

Darüber hinaus wird mit dem Konzept des **Variety Seeking** ein weiterer Einflussfaktor auf das Bindungsverhalten thematisiert. In Analogie zur Kundenbindungsforschung ist hiermit eine in der Persönlichkeitsstruktur vermutete Neigung zum Wechsel eines Arbeitgebers trotz vorhandener Bindung angesprochen. Begründet wird dies u. a. mit dem Wunsch nach einer erlebnisorientierten Lebensgestaltung, welche sich durch die Suche nach neuen beruflichen Herausforderungen realisieren lässt. Entsprechend negativ sind die Auswirkungen auf die Bereitschaft zu Verbleib und Leistung, wobei vor allem jüngere hochqualifizierte Arbeitnehmer hiervon Gebrauch machen. Gesicherte Erkenntnisse liegen hier allerdings kaum vor.[451]

Insgesamt bleibt in Bezug auf die hier identifizierten personenbezogenen Bindungsfaktoren festzuhalten, dass diese hinsichtlich ihres Einflusses auf das Bindungsverhalten grundsätzlich weitgehend unumstritten sind. Gerade mit Blick auf persönlichkeitsbezogene Faktoren sind spezifische Ausprägungen jedoch aufgrund ihrer Komplexität und ihrer geringen Operationalisierbarkeit kaum zweifelsfrei belegbar. Dies gilt sowohl im Allgemeinen als auch für Ingenieure im Speziellen. Darüber hinaus ist zu vermuten, dass diese weitgehend unabhängig von der tatsächlichen Beschäftigung in der jeweiligen Unternehmung vorliegen.

3.3.5 Zusammenfassender Überblick

Die theoretische Exploration anhand der grundlegend angenommenen Kategorien der umweltbezogenen, unternehmungsbezogenen sowie personenbezogenen Bindungsfaktoren für Ingenieure verdeutlicht, dass vor allem erst- und letztgenannte in ihrer Bedeutung hinter den unternehmungsbezogenen Faktoren zurückstehen.

So zeichnen sich gerade umweltbezogene Bindungsfaktoren durch einen hohen Abstraktionsgrad aus und sind in Bezug auf kurzfristige Anpassungen der Verhaltensbereitschaften weniger präsent. Sie werden tendenziell stärker mit der Entscheidung zum Verbleib in Verbindung gebracht, was insbesondere für die gesamtwirtschaftlichen Rahmenbedingungen gilt. Auch wird eine entsprechende Verhaltensbeeinflussung gleichermaßen für Ingenieure in mittelständischen wie auch in großen Industrieunternehmungen vermutet. Eine Steuerung dieser Faktoren ist dabei für industrielle Mittelständler nahezu ausgeschlossen.

450 Vgl. Sabathil (1977), S. 82 f.

451 Vgl. Bauer/Jensen (2001), S. 18; Meifert (2005), S. 69; Pepels (2002), S. 134 f.

Ähnliches gilt auch für die personenbezogenen Bindungsfaktoren, welche weitgehend unumstritten sind und ebenfalls stärker im Kontext der Verbleibebereitschaft stehen. Ausgenommen hiervon sind lediglich die schwer erfassbaren Faktoren der Persönlichkeit. In der Bedeutung weisen personenbezogene Faktoren einen grundsätzlichen Charakter auf, welcher nicht im Zusammenhang mit der Bindung an die eigene Unternehmung stehen muss und somit vermutlich auch betriebsgrößenunabhängig auftritt. Für industrielle Mittelständler bedeutet dies, dass eine Beeinflussung höchstens mittelbar bzw. indirekt erfolgen kann.[452]

Im Fokus eines Bindungsverhaltens von Ingenieuren stehen daher vor allem unternehmungsbezogene Faktoren, da sich diese unmittelbar auf die mittelständische Unternehmung beziehen lassen und dementsprechend direkt gesteuert werden können. Vor allem Faktoren der Arbeit stellen hier – insbesondere hinsichtlich der Aufgabeninhalte – für Ingenieure im industriellen Mittelstand vermutlich wesentliche Bindungsfaktoren dar, welche sich ggf. von denen in industriellen Konzernen aufgrund der jeweilig vorgefundenen Bedingungen unterscheiden. Eine Unterscheidung ist vermutlich auch in Bezug auf die monetären Faktoren möglich, wobei Ingenieure im industriellen Mittelstand diese – insgesamt kontrovers diskutierten – Faktoren dann aus den gleichen Gründen weniger stark bewerten. Soziale Faktoren darüber hinaus haben ebenso wie allgemeine organisatorische Faktoren eine betriebsgrößenunabhängig große Bedeutung. Gerade bei letzterem ist jedoch aufgrund der Vielfältigkeit eine differenzierte Betrachtung sinnvoll. Abbildung 8 fasst die theoretischen Erkenntnisse unter **Hervorhebung** der als besonders relevant vermuteten Einflussgrößen übersichtlich zusammen.

[452] Vgl. hierzu allgemein bspw. Weyand (2005), S. 9; Nagel (2005), S. 26.

Umweltbezogene Faktoren
▪ Gesamtwirtschaftliche Rahmenbedingungen - Konjunkturelle Lage - Branchen- und berufsbezogene Arbeitsmarktsituation ▪ Gesellschaftliche Rahmenbedingungen - Kulturelle Wertorientierungen - Wertewandel westlich geprägter Gesellschaften
Unternehmungsbezogene Faktoren
▪ Allgemeine organisatorische Faktoren - Größe, Branche, Standort, Image - **Organisationale Gerechtigkeit, organisationale Zusammengehörigkeit** - Strukturelle Eigenschaften ▪ Faktoren der Arbeit - Äußere Charakteristika der Arbeit - **Arbeitsaufgabe bzw. -inhalte** - **Rollenspezifika** - **Qualifizierungs- und Aufstiegsmöglichkeiten** ▪ Soziale Faktoren - **Interaktion mit Vorgesetzten sowie mit Gleichgestellten** - **Organisations- bzw. Betriebsklima** ▪ Monetäre Faktoren - Belohnungshöhe - Belohnungsstruktur
Personenbezogene Faktoren
▪ Demografische Faktoren - **Alter**, Familienstand, Geschlecht ▪ Faktoren des Berufs - Bildungsniveau - **Betriebszugehörigkeitsdauer** ▪ Faktoren der Persönlichkeit - Persönlichkeitscharakteristika bzw. -typologien - Variety Seeking

Abbildung 8: Überblick potenzieller Bindungsfaktoren von Ingenieuren im industriellen Mittelstand auf Basis der theoretisch erfolgten Exploration.

3.4 Maßnahmen des Bindungsmanagements

3.4.1 Kategorisierung der Maßnahmen des Bindungsmanagements

Eine zielorientierte Einwirkung auf die Einflussgrößen des Bindungsverhaltens erfolgskritischer Mitarbeiter ist aus unternehmerischer Perspektive nur möglich, wenn die spezifischen Gestaltungspotenziale eines Bindungsmanagements bekannt sind und genutzt werden. Folglich sind in diesem Kapitel die vermuteten Fähigkeiten mittelständischer Industrieunternehmungen zur Nutzbarmachung der Humanressource Ingenieur angesprochen. Es wird der Frage nachgegangen, welche unternehmerischen Potenziale zur Beeinflussung der Bleibe- und

Leistungsentscheidung auf Basis der relevanten Bindungsfaktoren dieser erfolgskritischen Humanressource bestehen und wie diese effizient eingesetzt werden können.

Die hier innerhalb der weiteren Erarbeitung des (Teil-) Forschungsrahmens zu behandelnden Bindungsmaßnahmen stellen somit den eigentlichen Kern der theoretischen Exploration und Analyse dar. Hierbei gilt es zunächst eine **Systematik** vorzulegen, mit der sich dieser weitläufige Themenkomplex strukturieren lässt. Gleichzeitig ist zu gewährleisten, dass der industrielle Mittelstand darin wiedergefunden werden kann und somit fokussiert ist. Das so gewählte Vorgehen prägt den Fortgang der weiteren Arbeit entscheidend mit.

Ausgangspunkt der Überlegungen sind die vorliegenden Beiträge aus der Forschungsliteratur und bereits bestehende Bindungsmanagement-Konzepte. Die bestehenden Erkenntnisse zum Bindungsmanagement im Allgemeinen sind dabei durch eine Vielzahl von heterogenen Gestaltungsvorschlägen geprägt, was nicht zuletzt auf unterschiedlich orientierte Forschungsperspektiven und -interessen aus Theorie und Praxis zurückzuführen ist.[453] Die Zusammenstellung eines in der Breite angemessenen, aber dennoch zielorientiert und fokussiert aufgestellten Forschungsrahmens ist somit gemessen an dieser Ausgangslage erschwert. Um dennoch eine sinnvolle Systematisierung vornehmen zu können, bietet sich vor allem eine Orientierung an solchen Kategorisierungsvorschlägen an, welche eine vergleichsweise gut fundierte theoretische Ausgangsbasis aufweisen.[454] Darüber hinaus sollte die Tatsache berücksichtigt werden, dass Bindungsmaßnahmen das Feld managementbezogener Aktivitäten nahezu vollständig abdecken und auch unbewusst, d.h. mit anderer Intention, initiiert werden können.

Dem Rechnung tragend, orientiert sich die hier vorgenommene Kategorisierung an den grundlegenden **Managementfunktionen** im Kontext der Unternehmungsführung. Der funktionale Managementbegriff fokussiert hierbei auf die spezifischen Aufgaben, welche im System und Prozess zur Führung einer Unternehmung arbeitsteilig vollzogen werden müssen.[455] Üblich ist eine Differenzierung in fünf Managementfunktionen. Es handelt sich um die Funktionen In-

---

453 Vgl. bspw. Meyer/Allen (1997), S. 69 ff.; Agarwala (2003), 179; Pfeffer (1997), S. 173; Ashforth/Mael (1989), S. 26 ff.; van Dick (2004), S. 7 ff. und S. 44 ff.; Organ (1988), S. 81 ff.; Knoblauch (2004), S. 113 ff.; Pepels (2002), S. 140 ff.

454 Angesprochen ist u. a. die Gestaltung betrieblicher Anreizsysteme auf Basis anreiz-beitragstheoretischer Überlegungen. Vgl. bspw. Schanz (1991), S. 3 ff.; Evers (1991), S. 739; Hentze/Lindert (1998), S. 1010 ff.

455 Diese sogenannten Kernaufgaben umfassen sachliche Tätigkeiten der Willensbildung (Analyse, Planung, Entscheidung) und -durchsetzung (Steuerung, Kontrolle), als auch personenorientierte Personalführungsaufgaben. Vgl. grundlegend bspw. Koontz/O'Donnell (1976), S. 69 ff. Abzugrenzen ist der institutionelle Managementbegriff, welcher auf die Träger der Führungsprozesse abzielt. Vgl. bspw. Staehle (1999), S. 71 ff.; Steinmann/Schreyögg (2005), S. 6 ff.; Ulrich/Fluri (1995), S. 13 f.; Becker (2011b), S. 23 f.; Schierenbeck/Wöhle (2008), S. 113 f.; Macharzina/Wolf (2010), S. 35 ff.

formation, Planung, Kontrolle, Organisation sowie Personal. Diese werden im Sinne eines Management- bzw. Führungsprozesses als dynamische Phasen erachtet und stellen idealtypisch „*[...] eine kreisförmig aufeinander aufbauende Folge von Aufgaben [...]*“[456] dar.

Innerhalb eines **Management- bzw. Führungssystems**, welches als Rahmenkonzept sämtlicher Verhaltensregeln zu Strukturen und Prozessen zur Erfüllung und Gestaltung der Führungsaufgaben gilt, sind die genannten Managementfunktionen als Führungssubsysteme zu begreifen. Ausgehend von einer ganzheitlichen Ausrichtung wird eine funktionsbereichsübergreifende Sichtweise an- und eine ineinandergreifende Gestaltung vorgenommen. Die Führungssubsysteme werden als Informations-, Planungs-, Kontroll-, Personal- und Organisationssystem bezeichnet. Sie basieren auf dem unternehmungspolitischen Rahmen, welcher den Ausgangspunkt einer unternehmerischen Gesamtperspektive bildet (vgl. Abbildung 9).[457]

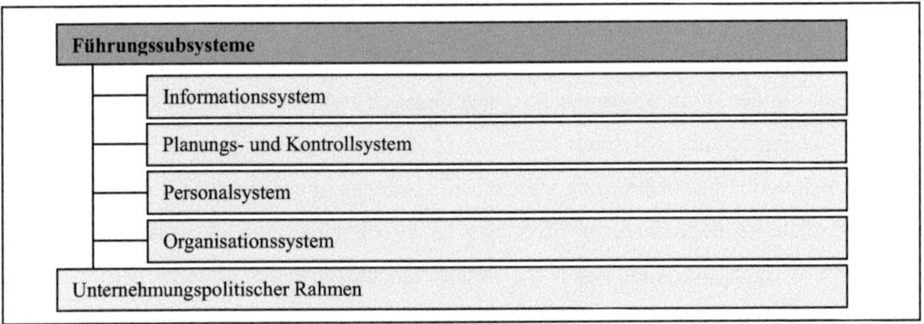

Abbildung 9: Elemente des Management- bzw. Führungssystems.
Quelle: In Anlehnung an Becker (2011a), S. 20.

Neben ihrem primären Zweck als Instrumente der Unternehmungsführung lassen sich die jeweiligen Elemente der Führungssubsysteme und des unternehmungspolitischen Rahmens auch unter motivationalen Aspekten betrachten. Demnach kann durch eine zielgerichtete Gestaltung unmittelbar bzw. mittelbar auch auf die Verhaltensbereitschaften zum Verbleib und zur Leistung eingewirkt werden. Potenzielle Bindungsmaßnahmen sind somit abbildbar und können entsprechend eingeordnet werden.[458]

Das gewählte Vorgehen erscheint dabei auch hinsichtlich einer Übertragbarkeit auf den industriellen Mittelstand geeignet, da die benannten Führungssubsysteme grundsätzlich auch Gegenstand einer Unternehmungsführung in mittelständischen Unternehmungen sind. Bezüg-

456 Becker (2011a), S. 18.

457 Vgl. Becker (2011a), S. 19 f.; Becker (2011b), S. 32 f., sowie ferner Schierenbeck/Wöhle (2008), S. 132 ff.

458 Vgl. Berthel/Becker (2010), S. 536 f.; Becker (1991), S. 569 f.

lich deren konkreter Ausprägung sowie der damit verbundenen Auswirkungen auf die Fähigkeiten zur Gestaltung eines Bindungsmanagements sind sodann an jeweils geeigneter Stelle Vermutungen etc. anzustellen.[459] Einen wesentlichen Schwerpunkt bilden dabei die Ausführungen zu den noch zu erläuternden Teilsystemen des Personalsystems. Aufgrund der Tatsache, dass bei der zu bearbeitenden Thematik erfolgskritische personale Ressourcen im Mittelpunkt stehen, erscheint dies folgerichtig.

3.4.2 Maßnahmen des Informationssystems

Gegenstand des Informationssystems als Führungssubsystem ist die Erhebung, Verarbeitung, Bewertung und Übertragung von unternehmungsrelevanten Informationen. Dieses stellt die Basis unternehmerischer Entscheidungen dar und gibt gleichzeitig Hinweise zur Gestaltung der weiteren Führungssubsysteme. Das Informationssystem ist somit der wesentliche Ausgangspunkt eines jeden Führungs- bzw. Managementsystems.[460]

Vor dem Hintergrund einer Steuerung des Bindungsverhaltens steht diesbezüglich vor allem der Umgang mit unternehmungsrelevanten Informationen in Bezug auf die Mitarbeiter im Fokus.[461] Die **Mitarbeiterinformation** fokussiert sämtliche auf diese Zielgruppe bezogenen Informationen. Sie vollzieht sich innerhalb des betrieblichen Informationsmanagements.[462] Eine Einwirkung erfolgt hierbei auf unterschiedliche Bindungsfaktoren, bspw. des organisatorischen und des sozialen Bereiches.[463] Es wird eine ganzheitliche Sichtweise auf die ausgeübte Tätigkeit ermöglicht und gleichzeitig ein offener, transparenter und somit vertrauensvoller Umgang vermittelt. Die Ingenieure werden in die Geschehnisse einbezogen und ganzheitlich als verantwortungsvolle Individuen wahrgenommen, was als zentraler Bindungsbereich gilt.[464] Auch für industrielle Mittelständler ist dies von enormer Bedeutung.

---

459 Vgl. Füglistaller et al. (2009), S. 305.

460 Vgl. Becker (2011b), S. 28; Becker (2011a), S. 61; Ferstl/Sinz (2007), Sp. 733; Wöhe/Döring (2010), S. 165 f.

461 Vgl. Berthel/Becker (2010), S. 591; Rump (2004), Sp. 1231 ff.; Pfeffer (1998), S. 64 ff.; von Rosenstiel (2009), S. 174.

462 Mitarbeiterinformation ist abzugrenzen von externen Informations- bzw. Kommunikationsaktivitäten, welche sich auf externe Anspruchsgruppen, bspw. im Rahmen der Öffentlichkeitsarbeit, richten und die gesamtunternehmerische Information und Kommunikation vervollständigen. Vgl. Winterstein (1996), S. 8 f.; Abschnitt 3.4.6.

463 Vgl. Abschnitt 3.3.3.3.

464 Vgl. Flato/Reinbold-Scheible (2008), S. 192 f.; Rump (2004), Sp. 1232 f.; McElroy (2001), S. 333.

Im Wesentlichen werden vor diesem Hintergrund zwei zentrale Aspekte diskutiert. Es handelt sich zum einen um die grundsätzlichen Entscheidungen zu Art und Umfang der zur Verfügung zu stellenden Informationen. Angesprochen sind die **Informationsinhalte**. Zum anderen wird die Art und Weise des Transportes der Informationen thematisiert. Hier steht die Form der Informationsübermittlung durch die Gestaltung von **Kommunikationsprozessen** im Fokus (vgl. Abbildung 10).[465]

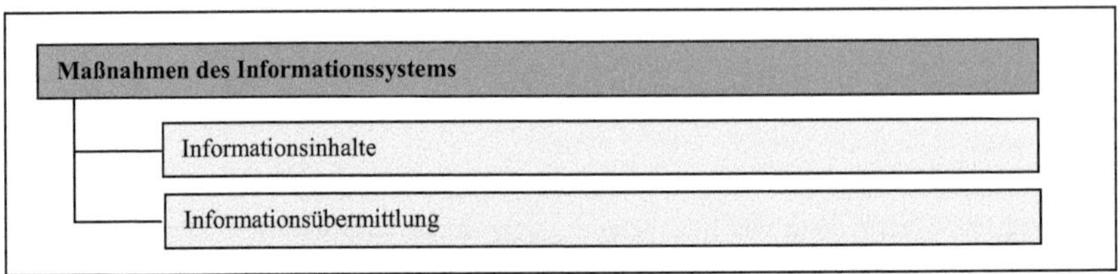

Abbildung 10: Maßnahmen des Informationssystems.
Quelle: In Anlehnung an Hentze/Graf (2005), S. 488 f.; Rump (2004), Sp. 1233.

Hinsichtlich der **Informationsinhalte** ist vor allem das Betriebsverfassungsgesetz relevant, welches das Mindestmaß an Arbeitnehmerinformationen und entsprechenden informatorischen Maßnahmen regelt.[466] Im Rahmen eines Bindungsmanagements wird diesen Maßnahmen jedoch von vielen Autoren eine untergeordnete Rolle beigemessen, da sie einem gesetzlichen Soll entsprechen. Auch ist eine Einflussnahme auf individuelle Verhaltensbereitschaften durch eine Nutzung der Organe der Betriebsverfassung kaum möglich. Gestaltungspotenziale werden daher vielfach vor allem in der darüber hinaus stattfindenden Bereitschaft zur Bereitstellung von Informationen vermutet. Als Prämissen gelten eine auf freiwilliger Basis erfolgende regelmäßige, rechtzeitige und umfassende Versorgung mit Informationen über unternehmungs- und aufgabenbezogene Aspekte. Im Fokus stehen dabei jedoch weniger die unmittelbare Arbeitsaufgabe selbst und die für die einzelnen Mitarbeiter erforderlichen Informationen, als vielmehr die darüber hinaus tatsächlich quantitativ und qualitativ nachgefragten Informationen für die gesamte bzw. bestimmte Teile der Mitarbeiterschaft, bspw. der Ingenieure.[467] HENTZE/GRAF differenzieren diesbezüglich bspw. die Kategorien Arbeitsplatz, Umge-

---

465 Vgl. Hentze/Graf (2005), S. 488 f.; Rump (2004), Sp. 1233; Winterstein (1996), S. 1; Pepels (2002), S. 142.

466 Vgl. Rump (2004), Sp. 1233 f.

467 Vgl. Berthel/Becker (2010), S. 591; Evers (1991), S. 750; Flato/Reinbold-Scheible (2008), S. 192; Staehle (1999), S. 577; Pfeffer (1998), S. 64 ff.; Zielke (2004), S. 43.

bung des Arbeitsplatzes, persönliche Angelegenheiten, wirtschaftliche Lage der Unternehmung, Unternehmungspolitik sowie allgemeine Unternehmungsinformationen.[468]

Eine Überlastung der Mitarbeiter durch zu viele bereitgestellte Informationen im Sinne einer nicht mehr zu leistenden kognitiven Verarbeitungsfähigkeit wird indes nicht angenommen. Selbst bei einer hohen Quantität an Informationen tritt dieser Effekt – so bspw. WINTERSTEIN – eher selten auf und tritt hinter der Möglichkeit zur Förderung eines positiven Transparenz- und Offenheitserlebens zurück, welches sich auch auf die Bereitschaft zur engagierten Leistungserbringung auswirkt. Dies gilt insbesondere für solche Mitarbeitergruppen, bei denen eine ausgeprägte Fähigkeit zum selektiven Umgang mit großen Informationsmengen vermutet wird. Ingenieure sind hier aufgrund ihres Ausbildungshintergrunds und ihrer hohen Qualifikation mit eingeschlossen.[469]

Grenzen einer derart offenen Bereitstellung von Informationsinhalten liegen nach RUMP in der Notwendigkeit zur Wahrung von Betriebsgeheimnissen begründet, welche insbesondere mit der langfristigen Existenzsicherung der Unternehmung im Zusammenhang stehen. Abzuwägen gilt es hier, inwiefern überlebenswichtige Wissensvorsprünge mitgeteilt werden.[470]

Der Umgang mit unternehmungs- und aufgabenrelevanten Informationen ist bei industriellen Mittelständlern durch eine besondere Vorsicht und Zurückhaltung geprägt, da diese Informationen vielfach mit der Wettbewerbsfähigkeit unmittelbar und vergleichsweise intensiv verbunden sind. Dies gilt insbesondere für Informationen im Zusammenhang mit der wirtschaftlichen Lage.[471] Hier bestehen Befürchtungen, dass eine Kenntnis über die aktuelle Ertragslage – nicht zuletzt durch eine entsprechend fehlende Marktmacht – von Lieferanten oder Kunden ausgenutzt werden könnte. Gerade Branchen, in denen ein hoher Preisdruck vorherrscht, sind hiervon potenziell betroffen. Auch intern können entsprechende Forderungen, bspw. nach Gehaltserhöhungen, bei einer positiven Ertragslage über die Organe der Betriebsverfassung gestellt werden.[472] Eine Übertragung dieser Zurückhaltung auf den internen Kontext erscheint daher nicht abwegig. Es ist davon auszugehen, dass auch hier hinsichtlich bestimmter Informationsbereiche tendenziell vorsichtig agiert wird und Details auch intern lediglich bedingt offengelegt werden. Denkbar ist darüber hinaus auch ein mangelndes Bewusstsein in die

468 Vgl. Hentze/Graf (2005), S. 488.

469 Vgl. Winterstein (1996), S. 223 f.; Rump (2004), Sp. 1236; Pepels (2002), S. 142.

470 Vgl. Rump (2004), Sp. 1236 f.

471 Vgl. Hamel (2006), S. 258.

472 Vgl. o. V. (2011).

Notwendigkeit zur umfassenden Mitarbeiterinformation in Bezug auf weitere, weniger sensible Informationsbereiche.[473] Einen wesentlichen Faktor stellt hier der Inhaber selbst dar, welcher die Informationsbereitstellung innerhalb der Unternehmungsführung entscheidend prägt.

Trotz dieser potenziell vorhandenen Einschränkungen ist jedoch davon auszugehen, dass die gesamte Mitarbeiterschaft und vor allem die erfolgskritischen Ingenieure vergleichsweise gut über sämtliche unternehmungs- und aufgabenrelevanten Aspekte informiert sind. Dies bedingt sich bereits durch die Überschaubarkeit der Organisation sowie die bestehende Nähe zur Inhabergeschäftsführung. Gerade bedeutsame Sachverhalte können so vermutlich kaum geheim gehalten werden und erfahren eine schnelle Verbreitung innerhalb der Unternehmung, welche in großen industriellen Konzernen nicht möglich ist.[474] Eine ganzheitliche Perspektive ist somit größen- und systembedingt gegeben und als Fähigkeit zur Bindungssteuerung von entsprechender Relevanz. Gleichwohl gilt es zu bemerken, dass eine bloße Kenntnis relevanter Informationen eine offiziell vorgenommene Bereitstellung nicht ersetzt.

Neben der erläuterten tatsächlichen Zugänglichkeit zu unterschiedlichen Informationsinhalten ist somit vor allem auch die **Informationsübermittlung** von Bedeutung. Im Wesentlichen geht es um die Frage der erlebten Zugänglichkeit, d. h. der Art der Aufbereitung und Weitergabe. Hiermit rückt der Kommunikationsaspekt stärker in den Blickpunkt.[475] So vollzieht sich die Übermittlung von Informationen durch die Kommunikation, welche gleichzeitig die Erwartungen, Verhaltensweisen etc. beeinflussen kann. Kommunikation erfolgt somit zweckorientiert und erfüllt neben einer Informations- auch eine Beeinflussungsfunktion.[476]

Eine konkrete Umsetzung der Informationsübermittlung ist nach BRUHN Gegenstand der **innerbetrieblichen Kommunikationsgestaltung**.[477] Im Wesentlichen lassen sich direkte von indirekten Aktivitäten differenzieren. Erste sind durch einen unmittelbar zwischenmenschlichen bzw. persönlichen Kontakt gekennzeichnet und finden bspw. in Form von Betriebsversammlungen, Abteilungs- oder Teamsitzungen sowie in Form von Mitarbeitergesprächen statt. Zweite zeichnen sich durch die Nutzung medialer Kommunikationsträger aus. Verbreitet

---

473 Vgl. hierzu im Allgemeinen bspw. Rump (2004), Sp. 1237.

474 Vgl. bspw. Krämer (2009), S. 214 f.

475 Unter **Informationen** werden mit verbundenen Bedeutungsinhalten konstruierte Signale verstanden. Es handelt sich um zu einem spezifischen Zweck zusammengestellte Daten. Da Informationen jedoch stets auch einen Sender und einen Empfänger aufweisen, wird die Notwendigkeit eines Mechanismus zur Übertragung deutlich. Vgl. Bartölke/Grieger (2004), Sp. 779; Rump (2004), Sp. 1232; Klöfer (2002), S. 184 f.

476 Vgl. Bruhn (2007), Sp. 898; Happe (2007), S. 189.

477 Vgl. bspw. Bruhn (2007), Sp. 898 ff.

sind Geschäfts- und Sozialberichte, Mitarbeiterzeitschriften, Schwarze Bretter, Firmenbroschüren etc. Darüber hinaus finden auch computergestützte Informations- und Kommunikationssysteme eine starke Verbreitung. Hierzu zählen Intra- und Internet, Datenbanken etc.[478]

Die tatsächliche Auswahl der jeweiligen Kommunikationsinstrumente ist von verschiedenen Faktoren, bspw. der zu übermittelnden Information, abhängig und findet zumeist in kombinierter Form statt, um eine umfassende und ganzheitliche Wirkung zu erzielen. Bei industriellen Mittelständlern kommen jedoch verstärkt direkte Aktivitäten zum Einsatz, was sich aus der überschaubaren Größe ergibt und andere Kommunikationsinstrumente obsolet erscheinen lässt. Erst mit zunehmender Größe werden dann auch indirekte Aktivitäten zunehmend wichtiger, wobei gerade die Nutzung ressourcenintensiver computergestützter Systeme vermutlich mit der Problematik fehlender finanzieller und personeller Ressourcen kollidieren kann.[479]

Unter den unterschiedlichen Kommunikationsinstrumenten gelten jedoch gerade diese direkten Aktivitäten als wirkungsvollste Art der Informationsübermittlung, wie bspw. RUMP feststellt. Vor allem bei einer hohen Komplexität der Sachverhalte können vielfältige Inhalte durch verbale und nonverbale Komponenten vermittelt werden. Mimik, Gestik etc. weisen ein ebenfalls relevantes informatorisches Potenzial auf. Darüber hinaus ermöglicht der direkte Kontakt Rückkopplungsprozesse in Form von Diskussionen oder Rückfragen, was der Interpretationsbedürftigkeit von Informationen entgegenkommt. Auch ist eine zielgruppenspezifische Ansprache möglich, welche sich verhaltensbeeinflussend auswirken kann.[480] Industriellen Mittelständlern kommt hierbei größenbedingt die Tatsache zu Gute, dass sich die einschränkende Wirkung direkter Aktivitäten bei einem zu großen Kreis der zu Informierenden nur bedingt entfaltet. Auch kann eine Zwischenschaltung weiterer Mitarbeiter zur Informationsübertragung durch die flachen Hierarchien und kurzen Informationswege ebenfalls minimiert und einer Verfälschung bzw. einem Verlust von Informationen vorgebeugt werden.[481]

Insgesamt kann festgehalten werden, dass Handlungspotenziale eines Bindungsmanagements innerhalb des Informationssystems hauptsächlich durch eine umfassende und kontinuierliche Informationsbereitstellung sowie durch eine Gestaltung kommunikativer Prozesse zur Informationsübermittlung vorliegen. Diesbezüglich werden im industriellen Mittelstand aufgrund der besonderen Charakteristika weitgehende Potenziale vermutet. So können größenbedingt

---

478 Vgl. Rump (2004), Sp. 1235; Hentze/Graf (2005), S. 489; Bruhn (2007), Sp. 899 f.

479 Vgl. Füglistaller et al. (2009), S. 307; Klöfer (2002), S. 189.

480 Vgl. Rump (2004), Sp. 1237 f.; Regnet (2004), Sp. 1000.

481 Vgl. Hentze/Graf (2005), S. 489 f.

nicht nur unternehmungsrelevante Informationen vergleichsweise gut bereitgestellt, sondern durch den Einsatz direkter Kommunikationsformen auch entsprechend übertragen werden. Die Fähigkeiten zur Steuerung des Bindungsverhaltens durch das Informationssystem im industriellen Mittelstand sollten daher eine Berücksichtigung finden.

3.4.3 Maßnahmen des Planungs- und Kontrollsystems

Der Begriff der Planung impliziert eine gedankliche Vorwegnahme sowie eine systematische Gestaltung zukünftiger Entscheidungs- und Handlungsspielräume.[482] Innerhalb des **Planungssystems** werden hierbei sämtliche in der Unternehmung erstellten Pläne hinsichtlich ihrer funktionalen und zielorientierten Zusammenhänge sowie ihrer Unter- und Überordnungsbeziehungen erfasst.[483] Mit der Kontrolle erfolgt eine Überwachung des Realisationsgrades unternehmerischer Planungsaktivitäten zu diversen Zeitpunkten. Das **Kontrollsystem** beinhaltet demzufolge sämtliche Vergleiche zwischen Soll- und Ist-Zuständen als auch vorzunehmende Abweichungsanalysen und ist als planungsbegleitende Aktivität zu begreifen.[484]

Die jeweiligen Ausprägungen solcher Planungs- und Kontrollaktivitäten sind dabei in Abhängigkeit von der tatsächlichen Unternehmungsgröße durchaus variabel. Gerade in kleineren mittelständischen Industrieunternehmungen ist auch aufgrund der geringer vorhandenen Komplexität eine weniger starke Ausdifferenzierung vorhanden. Der Inhaber stellt in jedem Fall den zentralen Bezugspunkt dar und führt entsprechende Aktivitäten vielfach selbst durch. Auch wenn hierbei zum Teil auf formale Instrumente verzichtet wird, so ist ein angemessen detailliertes Vorgehen auch im industriellen Mittelstand unabdingbar, um langfristige Erfolgspotenziale aufbauen und erhalten zu können.[485]

Die Ansatzpunkte der Führungssubsysteme „Planung" und „Kontrolle" lassen sich dementsprechend – auch im industriellen Mittelstand – in vielfältiger Art und Weise abbilden, was sich nicht zuletzt auf die unterschiedlichen und unternehmungsweit relevanten Bezugsobjekte zurückführen lässt. Im Fokus einer Steuerung motivational bedingter Verhaltensbereitschaften steht jedoch weniger eine Betrachtung der zahlreichen konkreten Maßnahmen, In-

482 Vgl. Pfohl/Stölzle (1997), S. 2; Wöhe/Döring (2010), S. 76; Becker (2011b), S. 139.

483 Vgl. Becker (2011b), S. 143 f.

484 Vgl. Becker (2011b), S. 153.

485 Vgl. Pfohl (2006b), S. 92.

strumente oder Techniken der Planung und Kontrolle[486] als vielmehr die Fähigkeit, die Mitarbeiter an solchen Aktivitäten und Prozessen **mitwirken** bzw. **partizipieren** zu lassen.[487] Maßgebliche Impulse werden hierbei vor allem innerhalb des Planungssystems, d. h. des Entscheidungssystems, vermutet.[488] Im Wesentlichen kann so eine Reaktion der Unternehmung auf verschiedene Bindungsfaktoren, bspw. der sozialen Faktoren oder der Faktoren der Arbeit hinsichtlich einer Gestaltung grundlegender Motive nach sozialer Gruppenorientierung, Wertschätzung, Vertrauen, Ganzheitlichkeit, etc., durch das Einbeziehen in unterschiedliche (gesamt-) unternehmerische Planungs- und Kontrollprozesse erfolgen.[489] Gerade für hochqualifizierte Ingenieure ist dies von nicht zu unterschätzender Bedeutung.[490]

Zu differenzieren ist hierbei zwischen einer gesetzlich sowie einer freiwillig gewährten Partizipation durch die Unternehmung. Während der gesetzlichen Partizipation[491] jedoch aufgrund des gleichgestellten Anwendungscharakters kaum eine Bedeutung zur Steuerung des Bindungsverhaltens beigemessen wird und sich die tatsächliche arbeitnehmerindividuelle Mitbestimmung hierdurch im betrieblichen Alltag auf ein Minimum reduziert, ist vor allem die **freiwillig** gewährte **Partizipation** an unternehmerischen Planungs- und Kontrollprozessen von größerer Relevanz. Diese lässt sich stärker auf das Individuum beziehen und kann gleichzeitig unternehmungsspezifisch ausgearbeitet werden, wie BERTHEL/BECKER feststellen.[492] Im Fokus stehen vor allem hochqualifizierte Führungskräfte unterschiedlicher Hierarchieebenen. Diese sind mit steigender Hierarchieebene auch automatisch vermehrt mit Planungs- und Kontrollaufgaben vertraut. In Zeiten abnehmender vertikaler Leitungsstrukturen sind allerdings auch hochqualifizierte Fachkräfte mit zunehmenden Autonomiegraden ausgestattet.[493] Gerade im industriellen Mittelstand kann dies ein Potenzial darstellen, da flache und überschaubare Strukturen als typisch gelten.[494] Eine grundsätzliche Fähigkeit zur Partizipation der Ingenieure an Entscheidungen ist somit vermutlich vergleichsweise deutlich ausgeprägt. In

486 Vgl. zu einem Überblick bspw. Becker (2011a), S. 111 ff.; Becker (2011b), S. 145 ff.

487 Es wird auch von einer Teilnahme bzw. Teilhabe an Endscheidungen gesprochen. Vgl. Wagner (2004), Sp. 1115; Zielke (2004), S. 42; Bartscher-Finzer/Martin (1998), S. 137 f.

488 Vgl. Becker (2011b), S. 142; Berthel/Becker (2010), S. 590; Wagner (2004), Sp. 1116.

489 Vgl. Wagner (2004), Sp. 1119; March/Simon (1976), S. 54; Becker (1991), S. 584.

490 Vgl. bspw. von Rosenstiel (1987), S. 4 f.; Antoni (1999), S. 569 ff.

491 Aspekte der gesetzlichen Partizipation sind über die unternehmerische (ausschließlich in Kapitalgesellschaften) und die betriebliche Mitbestimmung geregelt. Vgl. hierzu Becker (2011b), S. 130 ff.

492 Vgl. Berthel/Becker (2010), S. 590; Becker (1991), S. 584.

493 Vgl. hierzu umfassend Bea/Göbel (2010), S. 393 ff.

494 Vgl. Abschnitt 2.2.2.

der relevanten Forschungsliteratur werden diesbezüglich vor allem der Partizipationsgrad, der Entscheidungstyp sowie die Reichweite der Partizipation diskutiert (vgl. Abbildung 11).[495]

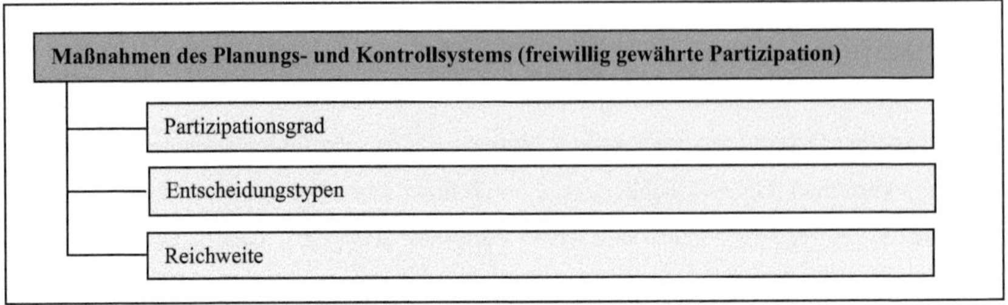

Abbildung 11: Maßnahmen des Planungs- und Kontrollsystems.
Quelle: In Anlehnung an Wagner (2004), Sp. 1116 ff.; Berthel/Becker (2010), S. 590.

Im Rahmen eines Bindungsmanagements wird vielfach auf die Notwendigkeit einer aktiven Beteiligung an Planungs- und Kontrollprozessen verwiesen, welche in Abhängigkeit von der jeweiligen Position vorzunehmen ist, um so eine Balance zwischen Unter- und Überforderung zu vermeiden.[496] Unterschieden wird der **Partizipationsgrad**, beginnend bei keinen Mitsprachemöglichkeiten über Informations- und Vorschlagsmöglichkeiten bis hin zur Möglichkeit eines Vetos oder sogar zur völligen Autonomie.[497]

Im industriellen Mittelstand hängt das Ausmaß der tatsächlichen aktiven Beteiligung an Planungs- und Kontrollprozessen wesentlich mit dem Inhaber selbst zusammen. Da solche Prozesse – wie bereits angedeutet – je nach Größe der Unternehmung in mehr oder weniger formalisierter Form stattfinden, ist gerade in kleineren Unternehmungen davon auszugehen, dass diese vielfach lediglich als Ideen im Kopf des Unternehmers vorhanden sind.[498] Eine mitarbeiterbezogene Partizipation kann hierdurch erschwert sein, sofern der Inhaber dem nicht bewusst entgegensteuert. Auch ist es von dessen grundlegender Einstellung abhängig, inwieweit eine Partizipation tatsächlich erfolgt. Eine – in der Literatur vielfach angenommene[499] – patriarchalische Grundhaltung ist vermutlich weniger zielführend als eine kooperative Grund-

---

495 Vgl. insbesondere Wagner (2004), Sp. 1116 ff.

496 Vgl. Gebert (1993), S. 484.

497 Vgl. Wagner (2004), Sp. 1118; Steinle et al. (1999), S. 228.

498 Vgl. Füglistaller et al. (2009), S. 305 f.; Pfohl (2006b), S. 92.

499 Vgl. Pfohl (2006a), S. 18; Hamel (2006), S. 237.

haltung. Von einer dementsprechenden Prägung auf die nachgelagerten (Führungs-) Ebenen kann dabei aufgrund der räumlichen und sozialen Nähe ausgegangen werden.[500]

In diesem Zusammenhang kann eine Partizipation in vielfältiger Art und Weise praktiziert werden. Es wird auch von mehrdimensionalen Partizipationsmustern gesprochen, welche eine situative Einordnung des jeweiligen Partizipationsgrades ermöglichen. Im Wesentlichen können diesbezüglich eine Partizipation an unterschiedlichen Entscheidungstypen sowie die Reichweite bzw. das Ausmaß der Partizipation differenziert werden.[501]

Eine Partizipation an unterschiedlichen **Entscheidungstypen** fokussiert eine Einordnung auf der jeweilig betroffenen Managementebene. Insbesondere eine operative und eine strategische Ebene sind hier zu nennen.[502] Strategische Entscheidungen beziehen sich dabei auf langfristig erfolgswirksame Entscheidungen, welche sich durch eine hohe Komplexität und Unsicherheit auszeichnen. Hier geht es um den Aufbau geschäftsstrategischer Erfolgspotenziale. Eine Partizipation kann bspw. durch die Mitwirkung an Planungen zur Erschließung strategischer Kundengruppen erfolgen. Operative Entscheidungen beziehen sich unmittelbar auf eine Steuerung des aktuellen Wertschöpfungsprozesses und weisen einen hohen Gegenwartsfokus auf. Hier ist eine Mitwirkung an operativen Planungen in den Funktionsbereichen denkbar. [503]

In Bezug auf die **Reichweite bzw.** das **Ausmaß der Partizipation** lässt sich eine individuelle bzw. arbeitsplatzbezogene, eine gruppen- bzw. abteilungsbezogene sowie eine organisational-institutionale Betrachtung vornehmen. Erstes erfolgt weitgehend im Rahmen der alltäglich zu erfüllenden Arbeitsaufgaben durch personalbezogene Maßnahmen wie bspw. Job Enrichment oder Job Enlargement. Zweites bezieht sich, bspw. durch den Einsatz von Qualitätszirkeln, ebenfalls auf diesbezüglich vornehmbare Maßnahmen, allerdings auf einer höheren Aggregationsstufe. Letztes erfolgt unternehmungsweit, bspw. in Form von Sprecherausschüssen oder freiwilligen Gremien im Rahmen von Partnerschaften, durch Kapitalbeteiligungen.[504]

Für den industriellen Mittelstand kann mit Blick auf Ingenieure entsprechender Hierarchieebenen von einem hohen Ausmaß an Partizipation insbesondere in Bezug auf die beiden erstgenannten Aspekte ausgegangen werden. So gilt eine grundsätzlich generalistisch ausgeprägte Arbeitsweise bei einem breit vorhandenen Fachwissen dieser Mitarbeiter als charakteristisch

---

[500] Vgl. insbesondere auch Abschnitt 3.4.4.6.

[501] Vgl. Wagner (2004), Sp. 1116 ff.

[502] Vgl. Wagner (2004), Sp. 1118.

[503] Vgl. bspw. Pfohl (2006b), S. 81.

[504] Vgl. Wagner (2004), Sp. 1118; Berthel/Becker (2010), S. 590.

für Unternehmungen dieser Größenordnung. Eine Arbeitsteilung erfolgt dabei selten sach-, sondern vielmehr personenbezogen.[505] Dies impliziert größere Tätigkeitsspielräume auf den genannten Ebenen, welche dann vermehrt auch Planungs- und Kontrollaufgaben bzw. eine Partizipation an entsprechenden Entscheidungsprozessen enthalten.[506] Nach HAMEL sind diese Mitarbeiter *„zum selbstständigen Handeln „verurteilt", sie erlangen auch früher große Verantwortung als in größenbedingt stark differenzierten Unternehmen.*"[507] Betroffen hiervon können strategische als auch operative Entscheidungen sein. Zu berücksichtigen ist in diesem Kontext allerdings die Dominanz des Inhabers selbst, welcher nicht nur einen guten Überblick über die gesamte Unternehmung hat, sondern gleichzeitig auch einen starken Gestaltungswillen aufweist. Da dieser darüber hinaus auch das unternehmerische Risiko trägt, ist letztlich eine Einschränkung der Partizipation jederzeit aus gegebenem Anlass möglich.[508] Gerade auf einer ganzheitlich-institutionalen Ebene bzw. bei strategisch besonders relevanten Entscheidungen ist dies zu erwarten. HAMEL geht bspw. davon aus, dass *„Vielfach [...] keine systematische Einbeziehung der Mitarbeiter in die betrieblichen Probleme der Aufgabenbewältigung [...]*"[509] vorgenommen wird. Durch eine Ausweitung der Partizipation in diesen Bereichen sind aus bindungsperspektivischen Überlegungen heraus somit weitere Potenziale realisierbar.

Insgesamt liegen die Potenziale eines Bindungsmanagements im Planungs- und Kontrollsystem insbesondere in der freiwillig gewährten Mitwirkung bzw. Partizipation an entsprechenden Entscheidungsprozessen. Partizipation kann dabei vielfältige Grade und Muster aufweisen. Der industrielle Mittelstand ist hier vermutlich systembedingt in einer guten Ausgangsposition, da vorhandene Strukturen nur bedingt sachlich-inhaltlich ausdifferenziert sind und die Arbeitsteilung somit eine ganzheitliche Perspektive begünstigt. Dies wirkt sich auf die Teilhabe an Entscheidungsprozessen positiv aus. Inwiefern dies sodann tatsächlich genutzt wird, ist in nicht unerheblichem Maße vom Inhaber und dessen Grundeinstellung abhängig.

---

505 Vgl. Pfohl (2006a), S. 18 ff.

506 Vgl. Behrends (2007), S. 26.

507 Hamel (2006), S. 246; Pfohl (2006b), S. 92.

508 Vgl. Pfohl (2006a), S. 19; Hamel (2006), S. 242 f.

509 Hamel (2006), S. 243.

3.4.4 Maßnahmen des Personalsystems

3.4.4.1 Vorbemerkungen

Das Personalsystem stellt in der relevanten Literatur einen Schwerpunkt bei der Betrachtung eines Bindungsmanagements dar und ist diesbezüglich auch im industriellen Mittelstand von Bedeutung. Unter der Personalfunktion wird dabei nicht lediglich die institutionelle und instrumentelle Wahrnehmung von personalbereichsbezogenen Aufgaben verstanden, sondern im Sinne eines Personalmanagements auch die Führungsverantwortung jeglicher Vorgesetzten auf sämtlichen hierarchischen Ebenen mit einbezogen. Im industriellen Mittelstand ist dies vermutlich durch den intensiven Zuschnitt auf die inhabergeführte Geschäftsleitung ausgeprägt.[510] Personalbezogene Aufgaben durchdringen somit das Management- bzw. Führungssystem in Gänze und sind durch ihre grundsätzliche Vielfältigkeit gekennzeichnet.[511]

Konkret lässt sich ein so verstandenes Personalmanagement in die Bereiche der Verhaltenssteuerung und der Systemgestaltung differenzieren (vgl. Abbildung 12). Die **Verhaltenssteuerung** bezieht sich neben der direkten Personalführung durch die unmittelbaren Vorgesetzten auch auf die Führungsaktivitäten weiterer Führungskräfte durch die Systemhandhabung. Mit der **Systemgestaltung** sind Führungstätigkeiten angesprochen, welche für das Personal durch die Schaffung von mitarbeiterbezogenen Systemen durchgeführt werden.[512]

Von beiden Hauptkomponenten geht eine verhaltenssteuernde Wirkung auf das Personal aus. Diesbezüglich liegen mit einer zielgerichteten Gestaltung dieser verschiedenen primären Teilsysteme zahlreiche Maßnahmenbereiche eines Bindungsmanagements vor.[513] Die jeweiligen Maßnahmen sind somit tendenziell nicht neu, sondern bereits weit verbreitet und aus anderen Zusammenhängen bekannt. BRÖCKERMANN geht davon aus, dass diese lediglich *„[...] durch die Grundphilosophie der Personalbindung mit neuer Qualität belegt [...]“* werden.[514] Im Fokus stehen vor allem die Teilsysteme Personalbedarfsdeckung, Personalentwicklung, Ar-

---

510 Vgl. Becker (2006b), S. 278.

511 Vgl. Berthel/Becker (2010), S. 13 f.; Becker (2011a), S. 177.

512 Vgl. Berthel/Becker (2010), S. 15; Becker (2006b), S. 277 f.

513 Vgl. Berthel/Becker (2010), S. 15 f.

514 Bröckermann (2007), S. 27.

beitsbedingungen, Personalvergütung sowie Personalführung.[515] Diese werden in den nachfolgenden Abschnitten schwerpunktmäßig thematisiert.[516]

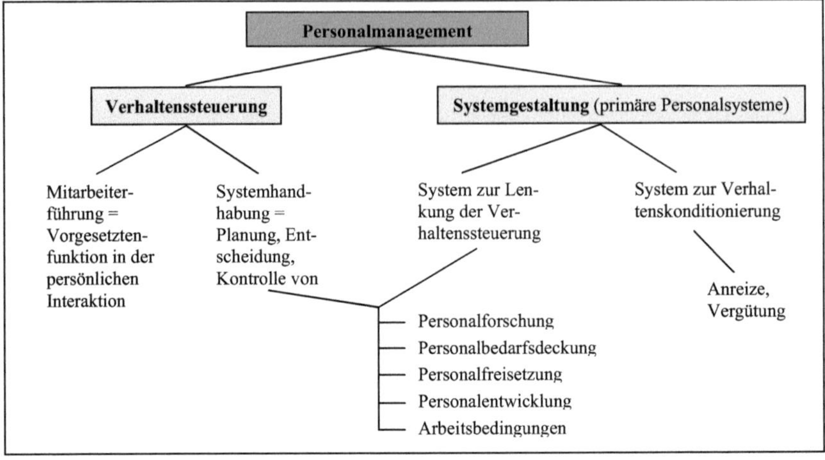

Abbildung 12: Begriffszusammenhang des Personalmanagements.
Quelle: Berthel/Becker (2010), S. 16.

Ein so verstandenes Personalmanagement findet sich mit den genannten Kernfunktionen im industriellen Mittelstand grundsätzlich wieder. Hinsichtlich der Ausprägung einzelner Personalfunktionen können jedoch in Abhängigkeit von der tatsächlichen Betriebsgröße Unterschiede bestehen. Gerade in kleineren Unternehmungen werden vielfach Funktionsbereiche gebündelt und in Personalunion ausgeübt.[517] Hier ist zu vermuten, dass gerade hinsichtlich der Systemgestaltung Defizite auftreten können bzw. einzelne Teilsysteme nicht explizit vorhanden sind. Nichts desto trotz werden die jeweiligen Funktionen zumindest implizit wahrgenommen und sind somit für die weiteren Überlegungen von Bedeutung.[518] Festzustellen sind in jedem Fall potenzielle Gefahren einer geringen Institutionalisierung und Professionalisierung, welche typischerweise aus der vorhandenen Ressourcenknappheit heraus resultieren.[519]

---

515 Vgl. bspw. Meyer/Allen (1997), S. 68 ff.; van Dick (2004), S. 9 f.; Gmür/Thommen (2007), S. 226.

516 Aspekte des Teilsystems Personalforschung finden sich im Wesentlichen in den genannten Teilsystemen wieder und werden an geeigneter Stelle mit thematisiert. Weitere Aspekte sekundärer Teilsysteme, bspw. der Personalorganisation, sind darüber hinaus an dieser Stelle nicht thematisiert. Vgl. Becker (2006b), S. 277. Eine grundsätzliche Relevanz ist jedoch auch hier zu vermuten. Vgl. Loffing/Loffing (2010), S. 83.

517 Vgl. Füglistaller et al. (2009), S. 307; Krämer (2009), S. 220 f.

518 Entsprechend des in dieser Arbeit verwendeten Mittelstandsbegriffs werden nur solche Unternehmungen betrachtet, in denen ein institutionalisiertes Personalwesen (betriebs-) größenbedingt vorhanden ist. Vgl. Abschnitt 2.2.1.

519 Vgl. Behrends (2004), Sp. 1575.

Dies wirkt sich vermutlich auch auf die Fähigkeit zur zielgerichteten Gestaltung personalbezogener Maßnahmen zur Steuerung des Bindungsverhaltens aus. Inwiefern dies für die jeweiligen Teilsysteme tatsächlich zutrifft, ist in den folgenden Abschnitten näher zu explorieren.

3.4.4.2 Personalbedarfsdeckung

Gegenstand der Personalbedarfsdeckung ist die Gewinnung und Bereitstellung von Personal, welches zur Erfüllung der arbeitsteiligen Aufgaben in der Unternehmung benötigt wird.[520] Angesprochen werden sämtliche personalmanagementbezogenen Aktivitäten im Kontext der Suche bis hin zum Einsatz der notwendigen personalen Ressourcen.[521]

Eine Verhaltenssteuerung kann nach Auffassung zahlreicher Autoren bereits zu diesem frühen Zeitpunkt vorgenommen werden, da sich Verhaltensbereitschaften der Mitarbeiter nicht erst während der Ausübung der Tätigkeit entwickeln, sondern dessen Basis weit vor dem eigentlichen Vertragsabschluss gelegt wird.[522] Es besteht die Möglichkeit zur Steuerung einer Initialbindung, welche einen Einfluss auf das spätere Bindungsverhalten ausübt. Unter Berücksichtigung der erläuterten Bindungsfaktoren ist vor allem eine Einwirkung auf allgemeine organisatorische Faktoren möglich, da gerade der Grundstein für Fairness, Vertrauen etc. frühzeitig gelegt wird. Auch können personenbezogene Bindungsfaktoren mittelbar gesteuert werden. So ist eine direkte Einwirkung auf Faktoren der Persönlichkeit oder auf demografische Faktoren nur bedingt möglich, da diese kaum veränderbar sind; allerdings kann der Versuch unternommen werden, solche Merkmale auszuwählen, welche zur Unternehmung passen.[523]

Für den industriellen Mittelstand ist eine entsprechend ausgestaltete Personalbedarfsdeckung von großer Bedeutung, da Fehlbesetzungen nicht nur hohe Neubesetzungskosten nach sich ziehen, sondern sich motivationale Fehlleistungen, bedingt durch die absolut betrachtet geringe Mitarbeiteranzahl, stärker auswirken als in entsprechenden Großkonzernen.[524] Welche konkreten Potenziale zur bindungsfördernden Gestaltung dabei vermutet werden, ist durch

---

[520] Es wird auch von Personalbeschaffung (i. w. S.) gesprochen. Vgl. Fröhlich/Holländer (2004), Sp. 1403 ff.

[521] Vgl. hierzu Berthel/Becker (2010), S. 301 ff.

[522] Vgl. Kieser et al. (1990), S. 37; Mowday et al. (1982), S. 27; Pfeffer (1998), S. 64 ff.; McElroy (2001), S. 330; Organ (1988), S. 82; Hannay/Northam (2000), S. 65 ff.

[523] Vgl. Loffing/Loffing (2010), S. 90 f.; Kieser (1995), Sp. 1447 f.; Weyand (2005), S. 9.

[524] Vgl. Mugler (1999), S. 91; Hamel (2006), S. 245.

eine Betrachtung der Teilbereiche der Personalbedarfsdeckung weiter zu explorieren. Es handelt sich um die Personalbeschaffung, -auswahl und -einführung (vgl. Abbildung 13).[525]

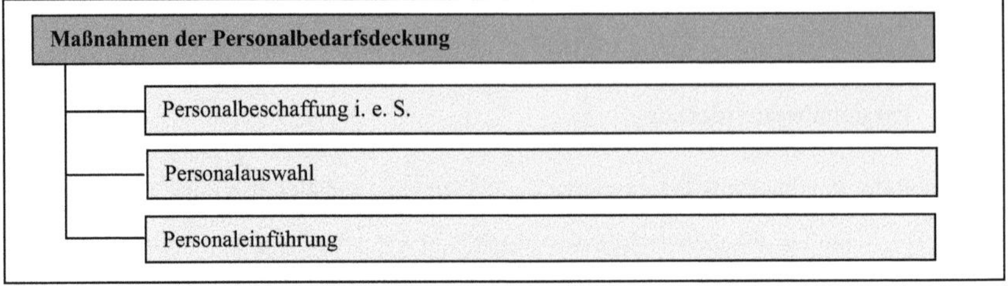

Abbildung 13: Maßnahmen der Personalbedarfsdeckung.
Quelle: In Anlehnung an Berthel/Becker (2010), S. 301 ff.

Mit der **Personalbeschaffung i. e. S.** (synonym: Rekrutierung, Personalwerbung)[526] ist die eigentliche Suche nach potenziell passenden Bewerbern auf den internen sowie externen Arbeitsmärkten angesprochen.[527]

Die **interne Personalbeschaffung** orientiert sich dabei an dem bereits in der Unternehmung vorhandenen Personal. Im Fokus stehen dabei vor allem solche Instrumente, die mit einer Personalbewegung, d. h. mit einer Änderung des bestehenden Arbeitsverhältnisses, im Zusammenhang stehen. Genannt wird hier vielfach die innerbetriebliche Stellenausschreibung. Auch Aktivitäten der Personalentwicklung lassen sich jedoch in diesen Kontext einordnen.[528]

Als Maßnahme eines Bindungsmanagements werden diese Aktivitäten sehr positiv bewertet.[529] So entfallen bspw. nicht nur Einarbeitungskosten etc., sondern es wird auch den bereits in der Unternehmung tätigen Ingenieuren eine entsprechende Wertschätzung entgegengebracht. Auch ist eine Verknüpfung mit der Laufbahn- und Karriereplanung möglich, welche dem Motiv nach Wachstum und Entwicklung entspricht. Darüber hinaus sind diese Ingenieure bereits mit der Unternehmungskultur vertraut und somit vergleichsweise stark gebunden.[530]

Ein Einsatz der genannten Instrumente kann im industriellen Mittelstand grundsätzlich gleichermaßen vorgenommen werden wie in industriellen Konzernen auch. Vorteilhaft stellt sich

525 Vgl. hierzu umfassend insbesondere Berthel/Becker (2010), S. 301 ff.

526 Vgl. Fröhlich/Holländer (2004), Sp. 1408.

527 Vgl. Berthel/Becker (2010), S. 303 ff.

528 Vgl. zu einem Überblick bspw. Berthel/Becker (2010), S. 304 ff.; Fröhlich/Holländer (2004), Sp. 1411 ff.

529 Vgl. Fröhlich (2001), S. 41; Worrach (2001), S. 68.

530 Vgl. Fröhlich/Holländer (2004), Sp. 1411 f.; Berthel/Becker (2010), S. 323.

vor allem die Möglichkeit zur Verhaltenssteuerung durch die damit verbundene Entwicklung der Ingenieure dar. Als deutlich limitierend gilt jedoch die geringe Mitarbeiteranzahl insgesamt, welche die Anzahl an potenziell geeigneten Kandidaten stark einschränkt. Auch können größere Umbesetzungen zu vergleichsweise intensiven Destabilisierungen führen, weshalb die Nutzung des Bindungsinstrumentes interne Personalbeschaffung als gering beurteilt wird.[531] Vielfach wird auch davon ausgegangen, dass diesbezüglich eher das Instrument der Mehrarbeit zum Einsatz kommt, um eine kurzfristige Flexibilität bei sich verändernden Auftragslagen sicherzustellen. Aus einer Bindungsperspektive wird dies jedoch kritisch beurteilt.[532]

Mit der **externen Personalbeschaffung** erfolgt eine Orientierung an neuem, bislang nicht in der Unternehmung tätigem Personal.[533] Ein Überblick möglicher Beschaffungswege und -instrumente ist in Abbildung 14 wiedergegeben.

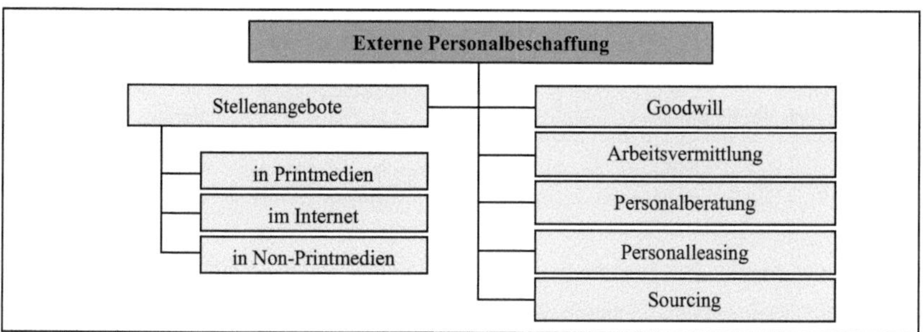

Abbildung 14: Methoden der externen Personalbeschaffung.
Quelle: Fröhlich/Holländer (2004), Sp. 1414.

Aus einer bindungsbezogenen Perspektive gelten gerade innovative Beschaffungswege wie die Personalberatung, das Sourcing oder der Goodwill[534] als vielversprechend, da diese eine als notwendig erachtete persönliche bzw. individualisierte Ansprache ermöglichen.[535] Auch eignen sich diese zur zielorientierten Ansprache von insbesondere hochqualifizierten Fachkräften, bspw. Ingenieuren, vor dem Hintergrund des bestehenden Fachkräftemangels.

---

531 Vgl. Hamel (2006), S. 245; Mugler (1999), S. 92.

532 Vgl. Hamel (2006), S. 254.

533 Vgl. Berthel/Becker (2010), S. 307 ff.

534 Beim **Sourcing** erfolgt eine Ansprache durch den potenziellen Arbeitgeber bspw. durch die (Online-) Recherche bei Stellengesuchen, das Scouting oder das Networking in den entsprechenden Fachszenen (bzw. seit jüngerer Zeit auch in den entsprechenden Online-Portalen). **Goodwill** bezieht sich – bei einem positiven Unternehmungsimage – bspw. auf die freiwillige Ansprache von Freunden und/oder Bekannten durch die bereits in der Unternehmung beschäftigten Arbeitnehmer bei vorliegenden Vakanzen. Vgl. bspw. Fröhlich/Holländer (2004), Sp. 1415 f.; Berthel/Becker (2010), S. 308 f.

535 Vgl. bspw. Sattelberger (2002), S. 122.

Als spezifische Vorgehensweise innerhalb des Sourcings wird das **Hochschulmarketing** (synonym: Campus Recruiting) angeführt, da es sich auf die Zielgruppe der Fach- und Führungsnachwuchskräfte beschränkt.[536] Zum Tragen kommt hierbei die Tatsache, dass das akquisitorische Potenzial auf spezifischen Teilarbeitsmärkten, bspw. für Ingenieure, stark eingeschränkt ist. Dies führt zu einer Orientierung an Fähigkeitspotenzialen, welche auf zukünftige Vakanzen ausgerichtet sind.[537] Durch ein Hochschulmarketing können so frühzeitig entsprechende Kontakte hergestellt und Bindungspotenziale langfristig aufgebaut werden. Die einzelnen Instrumente reichen vom Halten eines Fachvortrages in einer Vorlesung bis hin zur Mitarbeit in unterschiedlichen Hochschulgremien (vgl. Abbildung 15).[538]

▪ Hochschultage ▪ Fachvorträge durch Unternehmungsangehörige ▪ Aushänge ▪ Studierenden-Betreuungsprogramme ▪ Anzeigen in Hochschulpublikationen ▪ Präsenz auf Fachmessen ▪ Spenden ▪ Firmenguide für Bewerber	▪ Stipendien ▪ Besichtigungen und Exkursionen ▪ Unternehmungspräsentationen ▪ Unterstützung bei Dissertationen, Bachelor- und Masterarbeiten ▪ Praktikumsplätze ▪ Teilnahme an Hochschulmessen ▪ Qualifizierungsprojekte an Hochschulen ▪ Mitarbeit in Hochschulgremien

Abbildung 15: Maßnahmen des Hochschulmarketings.
Quelle: In enger Anlehnung an Fröhlich/Holländer (2004), Sp. 1417.

Sämtliche der angeführten internen und externen Beschaffungswege können unter Betonung des Aspektes der Personalwerbung in das Konzept des **Personalmarketing** integriert werden, welchem eine zentrale Bedeutung vor allem als Bindungsmaßnahme[539], zu kommt.[540] Hierunter werden in Anlehnung an das Absatzmarketing vorhandene bzw. potenzielle Mitarbeiter als interne bzw. externe Kunden der Unternehmung betrachtet, dessen Bedürfnissen bestmöglich zu entsprechen ist. Unterschieden werden ein internes bzw. externes Personalmarketing, wobei die entsprechenden absatzmarktorientierten Instrumente auf den Personalbereich übertragen werden.[541] Im Idealfall erfolgt eine ganzheitliche Positionierung der Arbeitgebermarke. Es wird vom Employer Branding gesprochen.[542]

---

536 Vgl. Fröhlich/Holländer (2004), Sp. 1416 f.; Berthel/Becker (2010), S. 308.

537 Vgl. Fröhlich/Holländer (2004), Sp. 1413; Abschnitt 3.4.4.3.

538 Vgl. hierzu auch Thom/Friedli (2008), S. 5 ff.

539 Vgl. bspw. Wucknitz/Heyse (2008), S. 91 f.; Szebel-Habig (2004), S. 40 ff.

540 Vgl. Berthel/Becker (2010), S. 316 ff.

541 Vgl. Strutz (2004), Sp. 1592 f.; Szebel-Habig (2004), S. 41.

542 Das Employer Branding gilt als enger Partner der Unternehmungsidentität mit Fokus auf den Bereich der Personalbeschaffung. Vgl. Berthel/Becker (2010), S. 317; Kötter et al. (2002), S. 21; Abschnitt 3.4.6.

Als Maßnahme eines Bindungsmanagements wird insbesondere letzterem eine weitreichende Bedeutung zugemessen, da Identifikationspotenziale mit der Arbeitgebermarke bereits vor dem ersten Kontakt zur Unternehmung herausgebildet werden und der Wunsch einer entsprechenden Bindung an die Unternehmung, sei es durch die Aufrechterhaltung des Beschäftigungsverhältnisses oder einer (Initiativ-) Bewerbung, ohne weiteres Zutun etabliert werden kann. Zu beachten ist, dass eine Gestaltung lediglich langfristig erfolgen kann.[543]

Industrielle Mittelständler sind hinsichtlich einer Nutzung der vielfältigen Möglichkeiten der externen Personalbeschaffung erkennbaren Restriktionen ausgesetzt. So erfordern diese nicht selten hohe personelle und finanzielle Ressourcen, welche nur eingeschränkt zur Verfügung stehen.[544] Verwiesen wird hier vor allem auf den Aufbau einer umfassenden Personalmarketing-Konzeption. Entsprechend werden vor allem Absatzmärkte fokussiert, auf welchen sodann ein entsprechender Bekanntheitsgrad vorherrscht, während der allgemeine Bekanntheitsgrad in der breiten Öffentlichkeit und auf dem Arbeitsmarkt vielfach zurücksteht. Dies wirkt sich sodann vor allem überregional nachteilig aus.[545] Betroffen hiervon ist auch das Hochschulmarketing, da hier nur bedingt ein kontinuierlich aktives Vorgehen gewählt wird.[546] Potenziale werden daher vor allem durch ein gezielteres und räumlich begrenzteres Vorgehen vermutet. Bspw. kann der Goodwill als gezielter Beschaffungsweg zur Ansprache von Freunden und Bekannten der Ingenieure genutzt werden. Die vielfach vorgefundene enge Beziehung der Mitarbeiter zu ihrer mittelständischen Unternehmung kann diesbezüglich zu einer intensiven Mundpropaganda führen, wobei die so angesprochenen Kandidaten dann durch diese bestehenden Sozialkontakte vergleichsweise gut gebunden sind. Darüber hinaus wird auch dem Inhaber ein umfangreiches soziales Netzwerk nachgesagt, welches zur Rekrutierung eingesetzt werden kann.[547] Auch der regional hohe Bekanntheitsgrad, welcher zumeist auf der Standorttreue basiert, kann in Kombination mit gezielten Aktivitäten, bspw. an regionalen Hochschulen, eine bindungsfördernde externe Personalbeschaffung verbessern. Der Aufbau einer regionalen Arbeitgebermarke ist somit denkbar, wobei gerade die diesbezüglich erreichbare Authentizität vermutlich ein weiteres Potenzial begründen kann.

---

543 Vgl. Wucknitz/Heyse (2008), S. 92 f.; Szebel-Habig (2004), S. 46; Loffing/Loffing (2010), S. 71 ff.; Agarwala (2003), S. 191; Sattelberger (2002), S. 121; van Dick et al. (2006), S. 87 f.; Schirmer (2007a), S. 57.

544 Vgl. Mugler (1999), S. 95; Bluhm et al. (2009), S. 6; Meier et al. (2003), S. 36 ff.

545 Vgl. Hamel (2006), S. 246.

546 Hamel (2006), S. 245.

547 Vgl. Abschnitt 2.2.1 und 2.2.2; Krämer (2009), S. 215.

Mit der **Personalauswahl** ist die nächste Teilaufgabe der Personalbedarfsdeckung angesprochen. Zentral sind sämtliche weiterführenden Entscheidungs- und Auswahlprozesse zur Schließung bestehender Vakanzen bis hin zur finalen Besetzungsentscheidung.[548]

Als weit verbreitet und gleichermaßen in der bindungsrelevanten Forschungsliteratur vielfach aufgegriffen werden – nach jeweils vorausgehender Analyse der Bewerbungsunterlagen[549] – die Instrumente des Auswahlinterviews, der Arbeitsprobe sowie des Assessment Centers.[550] Das Auswahlinterview (synonym: Einstellungsinterview)[551] ermöglicht durch die persönliche Kommunikation eine direkte Bezugnahme auf die Kandidaten. Dies wird unter Bindungsaspekten als bedeutsam erachtet. Auf Unklarheiten bzw. auf Rückfragen kann somit unmittelbar reagiert werden.[552] Im Rahmen von Arbeitsproben[553] wird durch das Vorliegen von Verhaltensstichproben der Versuch unternommen, auf zukünftig ähnliches Verhalten zu schließen.[554] Ähnlich einzuordnen ist auch die Assessment Center- Methode, welche zu weiten Teilen aus arbeitsprobenartigen Testverfahren sowie aus Arbeitssimulationen besteht.[555] Eine hohe Akzeptanz dieser komplexen Methode liegt bei den Kandidaten insbesondere dann vor, wenn diese professionell durchgeführt wird, d. h. methodisch abgestimmte Beobachtungs- und Beurteilungskriterien vorliegen, konstruktives Feedback unmittelbar erteilt wird etc. Hierdurch werden wesentliche Aspekte einer Unternehmungskultur in Bezug auf Offenheit, Transparenz, Wertschätzung im Umgang mit dem (zukünftigem) Personal vermittelt.[556]

Unter den erläuterten Auswahlinstrumenten gilt im industriellen Mittelstand vor allem das Auswahlinterview als dominant.[557] Neben seiner einfachen und unkomplizierten Einsetzbarkeit ist vermutlich vor allem die geringe Belastung unternehmerischer Ressourcen hierfür ausschlaggebend. Auf die Nutzung von kosten- und zeitintensiven Instrumenten wie bspw.

---

548 Vgl. Schuler (2004), Sp. 1366 ff.; Berthel/Becker (2010), S. 327 ff.

549 Vgl. Schuler (2004), Sp. 1369.

550 Vgl. bspw. Loffing/Loffing (2010), S. 93 ff.; Flato/Reinbold-Scheible (2008), S. 111 ff.; Szebel-Habig (2004), S. 132. Zu einem Überblick über die Instrumente der Personalauswahl vgl. Schuler (2007), S. 436.

551 Vgl. hierzu im Allgemeinen bspw. Berthel/Becker (2010), S. 334 ff.; Schuler (2004), Sp. 1370.

552 Ein beispielhafter Gesprächsablauf findet sich u. a. bei Flato/Reinbold-Scheible (2008), S. 113.

553 Unter Arbeitsproben werden „inhaltlich valide und erkennbare äquivalente Stichproben des erfolgsrelevanten beruflichen Verhaltens in Form standardisierter Aufgaben“ verstanden. Schuler (2004), Sp. 1371.

554 Vgl. Schuler (2004), Sp. 1372.

555 Die Ausgestaltung kann sehr unterschiedlich erfolgen. Grundsätzlich wird von einem ein- bis dreitägigem Verfahren ausgegangen. Vgl. zu einem Überblick bspw. Berthel/Becker (2010), S. 279 ff.; Schuler (2004), Sp. 1373, sowie zur kritischen Auseinandersetzung mit dieser Methode Kompa (2004), Sp. 473 ff.

556 Vgl. Flato/Reinbold-Scheible (2008), S. 115; DGFP (2004), S. 66; Loffing/Loffing (2010), S. 98.

557 Vgl. Mugler (1999), S. 97.

dem Assessment Center wird dabei vielfach verzichtet.[558] Unter Bindungsaspekten kann somit zwar der Vorteil der persönlichen Kommunikation genutzt werden, allerdings wird ein solches Vorgehen in der vorliegenden Forschungsliteratur aufgrund der eingeschränkten Validität durchaus kritisch beurteilt.[559] Denkbar ist hier alternativ u. a. die Durchführung von Teil- oder Einzel-Assessment Centern, durch welche die vorhandenen Ressourcen weniger stark beansprucht und auch kleinste Zielgruppen abgedeckt werden können. Gerade für den Bereich der hochqualifizierten Ingenieure ist ein solches Vorgehen aus bindungsbezogenen Überlegungen heraus empfohlen, da die Ergebnisse dieses Auswahlverfahrens gerade im Vergleich zum Auswahlinterview als wesentlich höher eingeschätzt werden. Das Hinzuziehen einer externen Beratung erscheint dabei in vielen Fällen jedoch unverzichtbar.[560]

Ein zentrales Instrument zur Förderung einer bindungsorientierten Personalauswahl, welches in Bezug auf sämtliche der angeführten Maßnahmen von Bedeutung ist, ist diesbezüglich nach WANOUS mit der **realistischen Rekrutierung** (synonym: realistische Tätigkeitsvorschau)[561] gegeben.[562] Angesprochen ist eine möglichst an der Realität orientierte Darstellung der mit der jeweiligen Tätigkeit verbundenen Bedingungen und Besonderheiten während der Personalauswahl. Es wird von zahlreichen Autoren davon ausgegangen, dass Bewerber vielfach zu optimistische Erwartungen in Bezug auf die Unternehmung, den Arbeitsplatz etc. haben und Unternehmungen selbst im Vorfeld dazu neigen, verstärkt positive Informationen zu vermitteln, um die Entscheidung der Kandidaten zu Ihren Gunsten zu beeinflussen. Der so beim späteren Beschäftigungsbeginn entstehende Realitätsschock resultiert dann ggf. in einer Änderung der Bindungsbereitschaft.[563] Durch die Nutzung von Auswahlinterviews kann eine realistische Informationsvermittlung stattfinden, sofern dem Kandidaten die Möglichkeit der direkten Nachfrage gegeben wird.[564] Vor allem im industriellen Mittelstand ist dies durch den dominanten Einsatz dieses Auswahlinstrumentes vermutlich gut nutzbar. Als wesentlich effizienter gelten jedoch auch hier die Verfahren der simulationsorientierten Auswahl, da nicht

558 Vgl. Hamel (2006), S. 248.

559 Vgl. Hamel (2006), S. 248 f.

560 Vgl. Mugler (1999), S. 98; Lippianowski (1999), S. 98 ff.

561 Der Anwendungsbereich erstreckt sich teilweise auch auf die Personalbeschaffung i. e. S. Vgl. Kieser et al. (1990), S. 143. Die Personaleinführung hingegen ist definitionsbedingt nicht mehr Gegenstand der Tätigkeitsvorschau, da der Eintritt in die Unternehmung hier bereits vollzogen ist. Vgl. Wanous (2002), S. 54.

562 Vgl. zum Folgenden auch Wanous (2002), S. 53 ff.; Wanous (1989), S. 117 ff.

563 Vgl. Berthel/Becker (2010), S. 318; Galais/Moser (2001), S. 179 ff.; Hannay/Northam (2000), S. 66.

564 Vgl. bspw. DGFP (2004), S. 67; Kieser et al. (1990), S. 144.

nur eine verbale Informationsweitergabe erfolgt, sondern die tatsächlichen Arbeitsbedingungen (zumindest in Grenzen) realitätsnah erlebt und somit nachvollzogen werden können.[565]

Die in der Personalauswahl gewählten Kandidaten sind abschließend Gegenstand der **Personaleinführung**.[566] Hierunter wird die langfristige Integration in fachlicher (tätigkeitsbezogene Einarbeitung) als auch sozialer (soziale Eingliederung) Hinsicht verstanden.[567] Gerade letzterem wird aus bindungsbezogener Perspektive von vielen Autoren eine große Bedeutung beigemessen, da sich eine von Beginn an stabile Integration nicht nur positiv auf die Vermeidung einer ungewollten Frühfluktuation auswirkt, sondern auch zu einer Förderung der Leistungsbereitschaft beitragen kann.[568] Konkret vollzieht sich die Personaleinführung prozessartig über verschiedene Phasen, in denen jeweilige Zeitabschnitte von der Entscheidung für eine Stelle über die Konfrontation am ersten Arbeitstag, die daran anschließende Einarbeitung bis hin zur dauerhaften Integration eine Betrachtung finden.[569]

Eine Einwirkung auf die einzelnen Phasen ist zur Steuerung des Bindungsverhaltens diesbezüglich durch unterschiedliche Maßnahmen möglich. So können Einführungsschriften etc. den Zeitraum bis zum eigentlichen Eintritt in die Unternehmung gestalten. Am ersten Arbeitstag gilt es vor allem einem ggf. auftretenden Realitätsschock durch Gelegenheiten zum Austausch von Meinungen und Erwartungen entgegenzuwirken. Darüber hinaus können offizielle Aufnahmerituale eingesetzt werden. Die tatsächliche Einarbeitung ist durch Einarbeitungsprogramme[570] unterstützbar. Dies gilt für eine Steuerung des Bindungsverhaltens vermutlich vor allem dann, wenn die Anforderungen an eine Tätigkeit hoch und die Aufgaben komplex sind, was für Ingenieure angenommen wird. Den mit der Einarbeitung betrauten Personen kommt hierbei nach Ansicht zahlreicher Autoren der Forschungsliteratur eine besondere Relevanz zu, um bereits frühzeitig soziale Bindungen zu fördern. Verwiesen wird auf den Einsatz von Paten- und Mentorenkonzepten.[571] Eine dauerhafte Integration vollzieht sich ab-

---

565 Vgl. Kieser et al. (1990), S. 145; Wanous (2002), S. 127; Flato/Reinbold-Scheible (2008), S. 114 f.

566 Vgl. Berthel/Becker (2010), S. 348 und S. 352.

567 Vgl. Berthel/Becker (2010), S. 348 f.; Bartscher-Finzer (2004), Sp. 1479 ff.

568 Vgl. Kieser et al. (1990), S. 3; Sattelberger (2002), S. 128; Berthel/Becker (2010), S. 348; Zielke (2004), S. 42.

569 Vgl. hierzu Berthel/Becker (2010), S. 352; ähnlich Bartscher-Finzer (2004), Sp. 1484; DGFP (2004), S. 67.

570 Vgl. hierzu bspw. Kieser et al. (1990), S. 166 ff.; Loffing/Loffing (2010), S. 101.

571 Als **Paten** werden gleichgestellte Kollegen bezeichnet, welche zur Unterstützung der fachlichen Einarbeitung institutionalisiert eingesetzt werden. Mit **Mentoren** sind hierarchisch höher gestellte Personen angesprochen. Diese fungieren bspw. als Coach oder Rollenvorbild. Vgl. Kieser et al. (1990), S. 157 ff.; Loffing/Loffing (2010), S. 102 ff.; Flato/Reinbold-Scheible (2008), S. 117 ff.

schließend im Kontext bestehender Sozialstrukturen. Hier können bspw. klare Formulierungen von Verhaltenserwartungen zur Bindungssteuerung beitragen.[572]

Die aufgezeigten Möglichkeiten zur Personaleinführung unterscheiden sich diesbezüglich im industriellen Mittelstand kaum von denen anderer Unternehmungen.[573] Lediglich hinsichtlich der umfassenden Ausgestaltung einzelner Instrumente sind Einschränkungen zu vermuten, welche ebenfalls auf ressourcenbedingte Restriktionen zurückzuführen sind. Auch sind bedingt durch den geringeren Formalisierungsgrad vermutlich weniger schriftliche Einführungsdokumente etc. vorhanden.[574] Es ist jedoch anzunehmen, dass eine bindungsfördernde Einführung dennoch vergleichsweise einfach vorgenommen werden kann, da die Möglichkeiten gerade zur sozialen Eingliederung – auch hierarchieübergreifend – durch jeweils überschaubare (Betriebs-) Größen besser gegeben ist. Im Detail spielen allerdings auch hier die Mentalität des Inhabers sowie die durch diesen geprägte Unternehmungskultur eine Rolle.[575]

Insgesamt bleibt festzuhalten, dass die Personalbedarfsdeckung den Ausgangspunkt eines Bindungsmanagements darstellt, da bereits zu diesem frühen Zeitpunkt ein Einfluss auf die Bindungsbereitschaft ausgeübt werden kann. Vor allem eine entsprechende Gestaltung der Bereiche Beschaffung, Auswahl und Einführung ist hier vorzunehmen, wobei sich der industrielle Mittelstand vermutlich mit einem strukturellen Defizit konfrontiert sieht. So sind im Wesentlichen aus ressourcenbezogenen Überlegungen heraus vor allem kaum umfassende aktive Rekrutierungs- oder komplexe Auswahlinstrumente einsetzbar. Eine Bindungssteuerung erfolgt daher vielmehr durch eine regional und individuell bezogene Instrumentennutzung, wobei der Aspekt der persönlichen Kommunikation von Bedeutung ist. Dies zeigt sich vermutlich auch in der Personaleinführung, welche jedoch durch die Überschaubarkeit der (Betriebs-) Größe begünstigt sein könnte.

---

572 Vgl. zu den jeweiligen Maßnahmen der Personaleinführung umfassend Berthel/Becker (2010), S. 352 ff.

573 Vgl. Mugler (1999), S. 98.

574 Vgl. Abschnitt 2.2.2.

575 Vgl. hierzu auch Abschnitt 3.4.6.

3.4.4.3 Personalentwicklung

Mit der Personalentwicklung ist ein weiteres Subsystem zur Lenkung der Verhaltenssteuerung angesprochen. Personalentwicklung bezieht sich auf sämtliche systematischen und methodischen Maßnahmen zur Veränderung des Qualifikationspotenzials der Mitarbeiter.[576]

Aus einer bindungsbezogenen Perspektive heraus stellt die Personalentwicklung einen von vielen Autoren als bedeutsam erachteten Bereich dar, da auf der einen Seite durch Investitionen in die Qualifikation der Mitarbeiter eine Wertschätzung an der jeweiligen Person sowie an einer langfristigen Zusammenarbeit verdeutlicht werden können. Auf der anderen Seite können Möglichkeiten zur Ausübung neuer und ggf. höherrangiger Tätigkeiten gleichsam verbessert werden. Dem Wunsch nach Weiterentwicklung und Selbstverwirklichung kann so entsprochen werden. Damit sind monetäre, aber auch weitere prestige- oder statusbezogene Aspekte verbunden.[577] Es kann somit auf zahlreiche Bindungsfaktoren eingewirkt werden.

Für den industriellen Mittelstand wird trotz der hohen Relevanz einer Personalentwicklung vielfach ein eher unsystematisches Vorgehen vermutet, welches entsprechende Auswirkungen auf die Fähigkeit zur Bindungssteuerung nach sich ziehen kann. Als ursächlich gelten u. a. auch hier ressourcenbedingte Restriktionen. Darüber hinaus können vermutlich strukturelle Gegebenheiten zu Einschränkungen führen.[578] Dies gilt es unter Beachtung der in der relevanten Forschungsliteratur vielfach als zentral erachteten Inhalte einer bindungsfördernden Personalentwicklung weiter zu explorieren. Es handelt sich um die Teilbereiche Bildung (Aus- und Fortbildung), Arbeitsstrukturierung sowie Förderung der Karriere- bzw. Laufbahnplanung.[579] Dem vorgelagert ist die Leistungs- und Potenzialbeurteilung (vgl. Abbildung 16).[580]

Als konkrete Instrumente zur **Leistungs- und Potenzialbeurteilung** können – weitgehend analog zur Personalauswahl[581] – unterschiedliche Verfahren eingesetzt werden, wobei zu-

576 Nicht zielorientiert stattfindende Lern- und Sozialisationsvorgänge sind hiervon abzugrenzen. Vgl. Becker, M. (2009), S. 4; Berthel/Becker (2010), S. 388 f.

577 Vgl. Berthel/Becker (2010), S. 590 f.; Hertig (1996), S. 220; Mugler (1999), S. 101; McElroy (2001), S. 332.

578 Vgl. Hamel (2006), S. 251 f.; Feldmann (1991), S. 409 f.; Schmid (1993), S. 288.

579 Vgl. zur Orientierung an diesen Teilbereichen im Allgemeinen Berthel/Becker (2010), S. 388 ff.; Becker (1991), S. 582 ff.; Becker, M. (2009), S. 4 f., sowie speziell im Kontext eines Bindungsmanagements Flato/Reinbold-Scheible (2008), S. 89 ff.; Loffing/Loffing (2010), S. 128 ff.; DGFP (2004), S. 68 ff.

580 Vgl. bspw. Berthel/Becker (2010), S. 244 ff.

581 Die Anwendungsbereiche der Eignungsbeurteilung erstrecken sich neben der Personalentwicklung und -auswahl auch auf weitere Personalsubsysteme, wie bspw. der Personalvergütung. Akzentuierungen möglicher Instrumente sind zu berücksichtigen. Vgl. Berthel/Becker (2010), S. 255 und S. 411 ff.

nächst verschiedene Formen von Beurteilungsgesprächen, bspw. Mitarbeiterjahres- oder Zielvereinbarungsgespräche, im Fokus stehen.[582] Komplexere Verfahren sind u. a. Führungskräfte-Audits, Assessment Center oder Orientierungscenter, welche insbesondere zur Analyse zukünftiger Potenziale genutzt werden. Unter Bindungsaspekten wird hauptsächlich dem Orientierungscenter eine große Bedeutung zugeschrieben, da die bei Führungskräfte-Audits und Assessment Centern auftretende Verliererproblematik weitgehend vermieden wird. Im Fokus steht vielmehr die Formulierung von Entwicklungs- und Qualifikationszielen unter Berücksichtigung einer realistischen Selbsteinschätzung durch die Mitarbeiter selbst.[583]

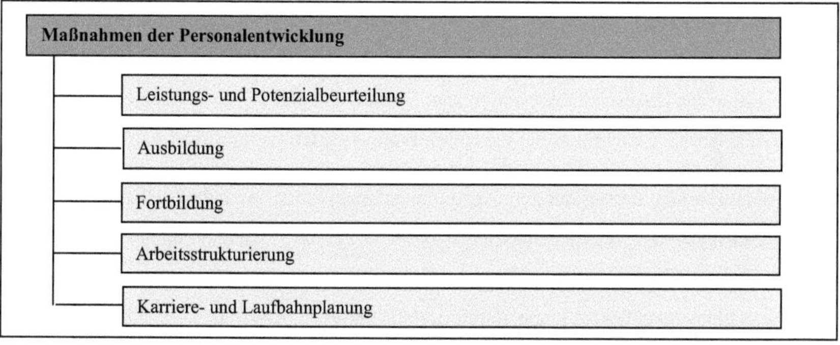

Abbildung 16: Maßnahmen der Personalentwicklung.
Quelle: In Anlehnung an Berthel/Becker (2010), S. 388 ff.

Die Nutzung von Instrumenten und Verfahren zur Leistungs- und Potenzialbeurteilung ist im industriellen Mittelstand durch wenig formalisierte und vor allem ressourcenschonende Instrumente dominiert. Dies vollzieht sich analog zur Gestaltung der Personalauswahl, d. h. das Beurteilungsgespräch steht hierbei im Fokus der Betrachtung.[584] Aus einer bindungsbezogenen Perspektive heraus können somit vor allem die Vorteile einer direkten und persönlichen Kommunikation genutzt werden. Gleichermaßen ist jedoch auch hier zu vermuten, dass das Fehlen von methodischen Standards und entsprechendem Know-how zur Beurteilung negative Auswirkungen nach sich ziehen kann.[585] Somit sind zumindest abgeschwächte Varianten komplexerer Beurteilungsverfahren unter Zuhilfenahme von externen Experten denkbar.

582 Vgl. zu den vielfältigen Verfahren der Leistungsbeurteilung bspw. Berthel/Becker (2010), S. 259 ff.

583 Vgl. DGFP (2004), S. 69; Flato/Reinbold-Scheible (2008), S. 90 f.

584 Vgl. hierzu auch Abschnitt 3.4.4.2, sowie bspw. Krämer (2009), S. 223.

585 Vgl. DGFP (2004), S. 68 f.; Loffing/Loffing (2010), S. 124; Flato/Reinbold-Scheible (2008), S. 92.

Auf den Ergebnissen der Leistungs- und Potenzialbeurteilung bauen die weiteren Teilbereiche der Personalentwicklung auf. Im Fokus des Bereichs Bildung steht die Vermittlung beruflicher Kenntnisse und Fertigkeiten des Personals durch Aus- und Fortbildung.[586]

Unter Maßnahmen der **Ausbildung** werden im Kontext der Bindung von Ingenieuren im Wesentlichen duale Studiengänge und Trainee-Programme thematisiert.[587] Erstes stellt eine Kombination aus einer Berufsausbildung und einem (Fach-) Hochschulstudium dar, in dem neben der zu absolvierenden Ausbildung im Betrieb ein entsprechendes ordentliches Studium absolviert wird. Als Maßnahme eines Bindungsmanagements wird dieses als sinnvoll erachtet, um Nachwuchskräfte durch den intensiven Kontakt während der gesamten Ausbildungszeit frühzeitig an die Unternehmung zu binden.[588] Zweites kommt als spezielles Einarbeitungsprogramm für Hochschulabsolventen zum Einsatz und eignet sich zur gezielten Vermittlung betriebsinternen Geschehens bei einer extern absolvierten Erstausbildung.[589]

Der Durchführbarkeit der erläuterten Ausbildungsformen sind im industriellen Mittelstand vielfach kapazitäts- und ressourcenbedingte Grenzen gesetzt.[590] Gerade Trainee-Programme sind aufgrund der formal gering ausgeprägten Struktur mit einer überschaubar gehaltenen Abteilungsbildung strukturiert kaum durchführbar. Darüber hinaus ist eine Nutzung dualer Studiengänge nicht nur mit höheren Kosten, sondern auch mit einer entsprechend intensiven Betreuung verbunden. Um dennoch entsprechende Maßnahmen anwenden zu können, werden oftmals Ausbildungskooperationen, bspw. mit benachbarten Unternehmungen, empfohlen. So können ggf. Rationalisierungsvorteile realisiert werden. Dies erfordert jedoch eine entsprechende Offenheit sowie einen hohen Abstimmungs- und Koordinationsaufwand unter den teilnehmenden Unternehmungen.[591] Eine Orientierung an bestehenden Studiengängen kann darüber hinaus ebenfalls unter bindungsbezogenen Aspekten sinnvoll sein, erfüllt jedoch weniger die Anforderungen an unternehmungsspezifisch ausgerichtete Ausbildungsinhalte.[592]

---

586 Vgl. Müller-Vorbrüggen (2010), S. 8; Berthel/Becker (2010), S. 423.

587 Im Sinne einer stellenvorbereitenden Personalentwicklung wird hier auch von Personalentwicklung „into-the-job“ gesprochen. Vgl. bspw. Berthel/Becker (2010), S. 422.

588 Vgl. Berthel/Becker (2010), S. 429.

589 Vgl. Berthel/Becker (2010), S. 426 f.; Thom/Friedli (2008), S. 15 ff.

590 Vgl. Hamel (2006), S. 249.

591 Vgl. bspw. Meier et al. (2003), S. 17.

592 Vgl. Hamel (2006), S. 249 f.; Lippianowski (1999), S. 118; Cappelli (2000), S. 111.

Der Bereich **Fortbildung**[593] gilt als eigentlicher Kern einer jeden Personalentwicklung.[594] Im Fokus stehen Maßnahmen, die räumlich, zeitlich und ggf. auch inhaltlich entfernt von der direkten Tätigkeit, d. h. „off-the-job", stattfinden (bspw. Fachseminare, Vorträge, Workshops). Darüber hinaus werden Maßnahmen differenziert, welche unmittelbar am Arbeitsplatz, d. h. „on-the-job", stattfinden (bspw. planmäßige Unterweisung, Stellvertretung) oder aber zumindest einen inhaltlichen Bezug zu diesem darstellen. Letztere gelten als „near-the-job" (bspw. Lernstatt, Qualitätszirkel).[595] Insbesondere – aber nicht ausschließlich – im Rahmen von „on-the-job"-Maßnahmen können dabei auch beratende Begleitungen, sogenannte Coachings, durchgeführt werden.[596]

Potenziale zur Steuerung der Bindungsbereitschaft bestehen im Bereich Fortbildung insbesondere durch die Signalisierung einer Wertschätzung der Unternehmung gegenüber den Ingenieuren. Hier gilt bspw. das Coaching als vergleichsweise starkes Instrument, da es aufgrund seines individuellen Zuschnitts eine besondere Wertschätzung verdeutlicht.[597] Darüber hinaus kann auch erbrachtes Leistungsverhalten entsprechend belohnt werden. Zu differenzieren ist allerdings, ob die Fortbildungen lediglich eine Anreizfunktion wahrnehmen oder tatsächliche Qualifizierungen angestrebt werden. Ersteres weist eine durchaus ambivalente Wirkung auf, da exklusive Fortbildungen, bspw. Sprachseminare im Ausland, zwar attraktiv sind, jedoch mit Personalentwicklung meist nur wenig gemein haben und einen erheblichen Kostenfaktor darstellen.[598] Aus der Sicht des Bindungsmanagements ist der auftretende Effekt dabei lediglich von kurzfristiger Dauer. Letzteres hingegen kann bei einer institutionalisierten und kontinuierlichen Nutzung nach transparenten Kriterien durch die individuelle Verbesserung der Fertigkeiten und Kenntnisse im Sinne einer echten Qualifikation auch mittelfristig positiv auf die Bereitschaft zum Verbleib und zur Leistung einwirken.[599]

Die Durchführung von Fortbildungen ist vor allem „off-the-job" mit hohen Kosten verbunden, welche aus den Opportunitätskosten der Abwesenheit, der Veranstaltungskosten etc. heraus resultieren. MUGLER geht diesbezüglich davon aus, dass externe Fortbildung *„[...] zu*

---

593 Synonym wird auch der Begriff der Weiterbildung verwendet. Vgl. bspw. Berthel/Becker (2010), S. 429.

594 Vgl. Berthel/Becker (2010), S. 428 f.

595 Vgl. zu einem umfassenden Überblick bspw. Berthel/Becker (2010), S. 470 f.; Wunderer (2007), S. 363.

596 Ähnlich wird bspw. auch das Counselling eingeordnet, welches auf Beratungen rund um Qualifizierungsprozesse zugeschnitten ist. Vgl. Berthel/Becker (2010), S. 473.

597 Vgl. Loffing/Loffing (2010), S. 130.

598 Vgl. Berthel/Becker (2010), S. 398.

599 Vgl. Hertig (1996), S. 221.

einer teuren Investition werden [...]“ kann.[600] Gerade für den industriellen Mittelstand stellt dies eine limitierende Größe dar. Demnach finden sich dort vermehrt solche Maßnahmen wieder, welche weniger kostenintensiv ausfallen, was eher „on-the-job“- sowie „near-the-job“-Maßnahmen betrifft.[601] Externe Fortbildungen werden vielfach erst ab einer bestimmten Hierarchieebene gewährt, wobei das erworbene Wissen im Anschluss an das weitere Personal intern vermittelt wird. HAMEL umschreibt das wesentliche Prinzip als *„learning by doing*“.[602] Zur Steuerung des Bindungsverhaltens tragen hierbei der intensive direkte Kontakt unter den Mitarbeitern sowie die deutliche Anwendbarkeit der so erfolgten Fortbildung im alltäglichen Arbeitsprozess wesentlich bei. Gerade letzteres ist mit einer geringeren Transferproblematik des Gelernten verbunden und stellt somit eine echte Entwicklungsmaßnahme dar.[603]

Einen weiteren Teilbereich einer bindungsfördernden Personalentwicklung stellt die **Arbeitsstrukturierung** dar. Angesprochen ist die Veränderung des Arbeitsfeldes, welches vergrößert als auch verkleinert werden kann.[604] Während eine Arbeitsfeldverkleinerung durch eine Arbeitsteilung erfolgt, wird insbesondere der Arbeitsfeldvergrößerung im Kontext eines Bindungsmanagements eine entsprechende Aufmerksamkeit geschenkt. Zentrale Maßnahmen liegen mit dem Job Enlargement, dem Job Enrichment sowie dem Job Rotation vor.[605] Da diese Maßnahmen den unmittelbaren Arbeitsvollzug betreffen, werden sie auch als Training „on-the-job“ bezeichnet.[606]

Für die Gestaltung einer bindungsfördernden Personalentwicklung kommt diesen Maßnahmen eine wesentliche Bedeutung zu, da so verschiedene Entwicklungsperspektiven durch herausfordernde, interessante und abwechslungsreiche Arbeitsinhalte aufgezeigt werden. Insbesondere hochqualifizierte Ingenieure sind im speziellen angesprochen, da ein grundsätzlich großes Interesse an der Arbeitsaufgabe vermutet wird.[607] Die Veränderung bzw. Erhöhung von Tätigkeits-, Entscheidungs- und/oder Kontrollbereichen und die so implizit angebotene Ver-

---

600 Mugler (1999), S. 104.

601 Vgl. Mugler (1999), S. 104 ff.; Feldmann (1991), S. 410.

602 Hamel (2006), S. 251.

603 Vgl. Mugler (1999), S. 106; Hamel (2006), S. 251 f.

604 Vgl. Berthel/Becker (2010), S. 438 f.

605 **Job Enlargement** bezieht sich auf die horizontale Anreicherung mit neuen, aber qualitativ gleichwertigen Aufgaben. **Job Enrichment** hingegen betrifft deren vertikale Anreicherung hinsichtlich einer Verantwortungszunahme etc. **Job Rotation** letztlich umfasst den planmäßigen Wechsel von Arbeitsplätzen. Vgl. Berthel/Becker (2010), S. 443 f., sowie zu weiteren Maßnahmen bspw. Müller-Vorbrüggen (2010), S. 9.

606 Vgl. Wunderer (2007), S. 363; Hertig (1996), S. 220.

607 Vgl. Abschnitt 3.3.3.3.

besserung der individuellen Qualifikation kann nach vorliegenden Erkenntnissen sowohl zur Beeinflussung der Leistungsbereitschaft als auch der Verbleibebereitschaft genutzt werden.[608]

Die Anwendung entsprechender Maßnahmen ist im industriellen Mittelstand gut möglich, da vergleichsweise wenige Ressourcen beansprucht werden. Gleichwohl ist deren systematische Ausgestaltung unter bindungsbezogenen Aspekten vermutlich weniger stark ausgeprägt. So ist bspw. die formale Durchführung eines kontinuierlichen Job Rotation durch die begrenzte Abteilungsbildung und -ausdifferenzierung eingeschränkt sowie darüber hinaus nur bedingt mit einer vergleichsweise engen Ausstattung an personellen Ressourcen vereinbar. Die tendenziell generalistisch und weniger arbeitsteilig ausgelegte Arbeitsweise führt jedoch grundsätzlich verstärkt dazu, dass sowohl vor- und nachgelagerte als auch hierarchisch höhere Tätigkeiten mit wahrgenommen werden. Gerade im Bereich der Hochqualifizierten sind eng umrissene Tätigkeitsbeschreibungen eher die Ausnahme und beinhalten daher bereits implizit die oben angesprochenen Maßnahmen.[609] Eine Bindungssteuerung ist somit über die Arbeitsstrukturierung vermutlich vergleichsweise gut möglich. In wie weit dies jedoch unternehmungsspezifisch umgesetzt wird, ist voraussichtlich durch die tatsächlich gewährten Freiräume durch den Inhaber und dessen Einwirkungen auf die einzelnen Arbeitsbereiche abhängig. Vielfach „*[...] regieren diese in auch relativ unbedeutende Entscheidungen hinein [...].*“[610]

Während mit der Arbeitsstrukturierung weitgehend arbeitsplatzgebundene Maßnahmen thematisiert werden, lässt sich mit der **Karriere- bzw. Laufbahnplanung** ein weiterer Teilbereich der Personalentwicklung darstellen, welcher auf eine Stellenveränderung fokussiert.[611] Dies beinhaltet neben einer (klassisch) vertikalen auch eine horizontale Perspektive. Mit der Führungs-, Fach- und der Projektlaufbahn lassen sich diesbezüglich drei wesentliche Formen differenzieren.[612]

Im Kontext eines Bindungsmanagements bieten die unterschiedlichen Karriere- und Laufbahnformen die Möglichkeit zur Wertschätzung bislang erbrachter Arbeitsleistungen sowie das Interesse an einer langfristigen Zusammenarbeit zu signalisieren. Hiervon ist sowohl die

---

608 Vgl. Hertig (1996), S. 220.

609 Vgl. Hamel (2006), S. 246.

610 Hamel (2006), S. 247.

611 Vgl. bspw. Berthel/Becker (2010), S. 452 ff.; Müller-Vorbrüggen (2010), S. 8.

612 **Führungslaufbahnen** fokussieren einen vertikalen Aufstieg bei gleichzeitiger Übernahme von mehr Verantwortung etc. **Fachlaufbahnen** (synonym: Spezialistenlaufbahn) hingegen zielen auf einen horizontalen Zuwachs an fachlichen Aufgaben ab. In **Projektlaufbahnen** werden zeitlich befristete Sonderaufgaben kontinuierlich übertragen. Vgl. Berthel/Becker (2010), S. 457 ff.

Verbleibe- als auch die Leistungsbereitschaft betroffen. Aufstiegsorientierte Entwicklungsmaßnahmen gelten somit als weitere wesentliche organisationale Fähigkeit zur Steuerung des Bindungsverhaltens.[613] Maßgeblich ist hierbei jedoch die inhaltliche Ausgestaltung des Karrieresystems. So sollten die angebotenen Möglichkeiten von den Mitarbeitern auch als solche gewünscht sein bzw. mit den individuellen Zielen übereinstimmen. Gerade alternative Laufbahnformen, welche parallel angeboten werden, weisen hier wesentliche Steuerungspotenziale auf, wenn diese eine ernsthafte Entscheidungsalternative darstellen und der Entwicklungspfad prägnant und klar aufgezeigt wird.

Die Potenziale des industriellen Mittelstands sind diesbezüglich vermutlich stark eingeschränkt, da bereits strukturbedingt nur wenige Hierarchieebenen bestehen. Demnach ist gerade der vertikale Aufstieg nur in geringem Maße möglich. Die vorhandenen Positionen sind vielfach bereits durch langjährige Mitarbeiter belegt, und Alternativen bestehen kaum, da die Hierarchie nicht künstlich ausgebaut werden kann und dies gleichzeitig bei den bestehenden Mitarbeiterzahlen ineffizient wäre. Demzufolge bieten sich vor allem die Nutzung von Fach- und Projektlaufbahnen an, um horizontale Laufbahnen bindungsfördernd nutzen zu können.[614]

Insgesamt kann festgehalten werden, dass das Subsystem der Personalentwicklung auf Basis vorherig durchgeführter Leistungs- und Potenzialbeurteilungen durch die Teilbereiche Bildung, Arbeitsstrukturierung sowie Karriere- und Laufbahnplanung vielfältige Ansatzpunkte zur Steuerung des Bindungsverhaltens aufweist. Dem industriellen Mittelstand sind jedoch vermutlich aus kapazitäts- und ressourcenbedingten Gründen Grenzen in Bezug auf spezifische Maßnahmen bzw. dessen Umfang, bspw. im Bereich Ausbildung, „off-the-job"-Fortbildungen oder Führungslaufbahnen, gesetzt. Gleichwohl liegen durch die Nutzung alternativer Optionen, bspw. der Arbeitsstrukturierung oder Fachlaufbahnen, Ausweichmöglichkeiten vor. Deren Anwendung erscheint auch vor der grundsätzlich hohen Relevanz einer Personalentwicklung aus ökonomischen Überlegungen heraus sinnvoll.

---

613 Vgl. Hertig (1996), S. 220.

614 Vgl. Mugler (1999), S. 123 f.; Lippianowski (1999), S. 114 f.; Meißner/Becker (2007), S. 398.

3.4.4.4 Gestaltung der Arbeitsbedingungen

Mit der Gestaltung der Arbeitsbedingungen ist die gezielte Einwirkung auf die spezifischen äußeren und objektiven Merkmale der Arbeit angesprochen.[615] Differenziert werden sachliche (unter Berücksichtigung ergonomischer, organisatorischer und technologischer Aspekte) sowie personale (gruppenbezogene) Arbeitsbedingungen (vgl. Abbildung 17).[616] Weitreichende Potenziale zur Steuerung des Bindungsverhaltens werden vermutet, da die Unternehmung auf diese Weise unterschiedliche Anreize setzt, und somit auf zahlreiche, im Wesentlichen arbeits- und sozialbezogene, Bindungsfaktoren einwirkt.[617]

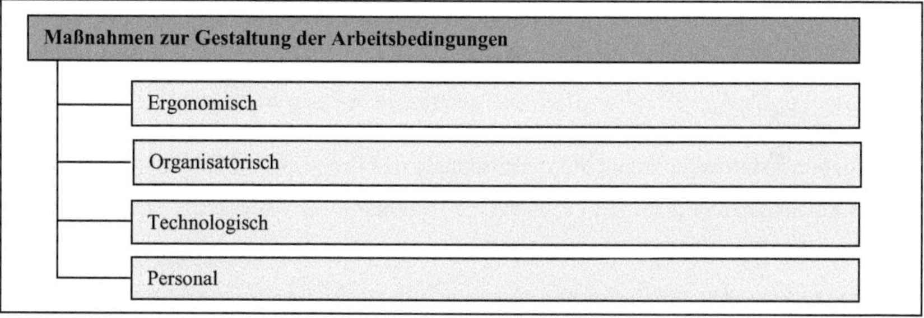

Abbildung 17: Maßnahmen zur Gestaltung der Arbeitsbedingungen.
Quelle: In Anlehnung an Berthel/Becker (2010), S. 92 und S. 511 ff.

Eine entsprechende Auseinandersetzung mit den Möglichkeiten zur Gestaltung der jeweiligen sachlichen sowie personalen Arbeitsbedingungen ist dabei für den industriellen Mittelstand vermutlich von vergleichsweise großer Bedeutung, um den in den weiteren Teilsystemen des Personalmanagements ressourcenbedingten Defiziten begegnen zu können. Welche konkreten Potenziale diesbezüglich bestehen, gilt es nachfolgend weiter zu explorieren.

Unter sachlich **ergonomischen** Aspekten ist die **Gestaltung von Arbeitsplätzen** unter physiologischen, psychologischen etc. Aspekten angesprochen.[618] Die Erhaltung der Mitarbeitergesundheit ist hierbei nicht nur aus ökonomischer Perspektive sinnvoll und durch die Rege-

---

615 Vgl. hierzu Berthel/Becker (2010), S. 90 f. und S. 509 ff. Diesbezüglich wird auch von der umfassenderen Personalbetreuung oder Personalpflege gesprochen. Vgl. bspw. Grunwald (2001), S. 80 ff.

616 Vgl. zur gewählten Differenzierung Berthel/Becker (2010), S. 92 und S. 511 ff. Die Autoren differenzieren sachliche Arbeitsbedingungen des Weiteren entsprechend ihrer exogenen sowie endogenen Prägung. Erstgenannte werden nicht weiter thematisiert, da sie außerhalb der unternehmerischen Gestaltbarkeit liegen.

617 Vgl. Abschnitt 3.3.3.3 und 3.3.3.4.

618 Vgl. hierzu bspw. Berthel/Becker (2010), S. 512 ff.

lungen des Arbeitsschutzrechtes determiniert[619], sondern kann durch weitere Maßnahmen auch den Ausgangspunkt eines Bindungsmanagements darstellen, um eine grundlegend positive Arbeitsatmosphäre und befriedigende Arbeitsvoraussetzungen zu schaffen.[620]

Eine Durchführbarkeit ist diesbezüglich im industriellen Mittelstand grundsätzlich ebenso gegeben wie in Unternehmungen anderer Größenkategorien auch. Einschränkend wirken jedoch vermutlich begrenzte personale und finanzielle Ressourcen zur Auseinandersetzung mit solchen Fragestellungen, welchen ggf. erst dann eine höhere Relevanz beigemessen wird, wenn die Erfüllung der tatsächlichen Arbeitsaufgaben beeinträchtigt ist.

Mit der sachlich **organisatorischen Arbeitsgestaltung** sind des Weiteren die Aufgabe sowie die Arbeitszeit angesprochen.[621] Beiden Bereichen wird im Kontext eines Bindungsmanagements in der Forschungsliteratur vielfach eine zentrale Bedeutung zugedacht.[622]

Die **Aufgabengestaltung** umfasst die Arbeitsinhalte und den Arbeitsablauf. Im Fokus stehen eine persönlichkeitsfördernde und ganzheitliche Gestaltung der Aufgaben.[623] Dies geschieht u. a. durch eine Gewährung von Freiräumen bei entsprechenden Handlungs- und Entscheidungsspielräumen sowie der Zuweisung anspruchsvoller und herausfordernder Aufgaben.[624]

Für den industriellen Mittelstand ist hinsichtlich bestehender Potenziale vor allem auf die Erläuterungen zur Arbeitsstrukturierung innerhalb der Personalentwicklung zu verweisen. Demnach werden Potenziale einer bindungsfördernden Aufgabengestaltung vor allem für Ingenieure angenommen.[625] Auch ist u. a. bereits systembedingt eine Gestaltung der Arbeitsabläufe vergleichbar gut möglich, da bspw. durch geringere Formalisierungsgrade schnellere An-

---

619 Vgl. zu einer Übersicht bspw. Heilmann (2004), Sp. 386 ff.

620 Vgl. Hertig (1996), S. 219; Zielke (2004), S. 42 f.

621 Vgl. Berthel/Becker (2010), S. 518.

622 Vgl. bspw. Grunwald (2001), S. 87 ff.; Friedli/Thom (2001), S. 26 ff.; Hertig (1996), S. 216 ff.; Flato/Reinhold-Scheible (2008), S. 93 ff.

623 Vgl. Berthel/Becker (2010), S. 518 f.; Hertig (1996), S. 217; DGFP (2004), S. 71 ff.; Morse (2006), S. 14; de Vos/Meganck (2009), S. 46.

624 Anknüpfungspunkte zu Maßnahmen des Job Enlargement etc. liegen hier vor. Vgl. Abschnitt 3.4.4.3. Darüber hinaus ist die Gestaltung der Aufgabe auch ein Thema des Organisationssystems. Aus dieser strukturell-organisatorischen Perspektive können bereits durch die Zerlegung und Synthese der (Gesamt-) Aufgabe bindungsfördernde Arbeitsstrukturen und -prozesse geschaffen werden. Vgl. Berthel/Becker (2010), S. 518; Steinle et al. (1999), S. 233; Abschnitt 3.4.5.

625 Vgl. Abschnitt 3.4.4.3.

passungen vorgenommen werden können. Die Nutzung dieses Steuerungspotenzials hängt jedoch ganz wesentlich auch vom Inhaber selbst bzw. dessen Einstellung ab.[626]

Die Gestaltung der **Arbeitszeit** wird im Kontext eines Bindungsmanagements unter dem Aspekt der Flexibilität intensiv diskutiert.[627] Es liegen zahlreiche Arbeitszeitsysteme vor, welche hinsichtlich der tatsächlichen Möglichkeiten zur Flexibilisierung variieren. Im Fokus stehen eine Arbeitszeitflexibilisierung ohne Reduzierung des Zeitumfanges, unterschiedliche Formen der Teilzeitarbeit sowie eine Flexibilisierung der Lebensarbeitszeit (vgl. Abbildung 18).[628]

Arbeitszeitflexibilisierung ohne Reduzierung des Zeitumfanges	Formen der Teilzeitarbeit	Flexibilisierung der Lebensarbeitszeit
• Gleitzeitregelungen • Wöchentlich flexible Arbeitszeiten • Jahresarbeitszeit • Variable Arbeitszeit • Vertrauensarbeitszeit • Schichtarbeit	• Klassische Formen der Teilzeitarbeit • KAPOVAZ • Job Sharing • Gleitender Übergang in den Ruhestand	• Lebensarbeitszeitmodelle • Sabbatical

Abbildung 18: Arbeitszeitsysteme.
Quelle: In enger Anlehnung an Nicolai (2006), S. 165.

In der Abbildung nicht vorhanden, jedoch mit einer Arbeitszeitflexibilisierung eng verknüpft, ist die **Telearbeit**, welche als Sammelbegriff für unterschiedliche Formen der Teleheimarbeit, kollektiver oder alternierender Telearbeit gilt. Inwiefern eine Anwendbarkeit für spezifische Arbeitspositionen vorliegt, ist jedoch vor allem von den Arbeitsinhalten abhängig.[629]

Im Kontext flexibler Arbeitszeitsysteme wird in der Literatur darüber hinaus vielfach der Begriff des **Work-Life-Balance** verwendet, da sich dieser aus dem Blickwinkel der Arbeitszeitgestaltung unter Berücksichtigung eines Interessensausgleichs von Unternehmung und Arbeitnehmern betrachten lässt.[630] Work-Life-Balance geht jedoch über diesen Aspekt hinaus

---

626 Vgl. Abschnitt 3.4.5.

627 Differenziert werden hierbei **inhaltliche** und **formale** Flexibilisierungskriterien. Erste beziehen sich auf eine chronometrische, chronologische und eine örtliche Dimension. Zweite thematisieren den Bezugszeitraum sowie unterschiedliche Grade der Individualisierung etc. Vgl. Friedli/Thom (2001), S. 26; Flato/Reinhold-Scheible (2008), S. 93; Grunwald (2001), S. 87.

628 Nicht sämtliche der abgebildeten Arbeitszeitsysteme weisen ein gleichermaßen großes Flexibilisierungspotenzial auf. So ist bspw. die Schichtarbeit diesbezüglich stark eingeschränkt und unter Bindungsaspekten weniger relevant. Vgl. zu einer umfassenden Darstellung der einzelnen Arbeitszeitsysteme bspw. Berthel/Becker (2010), S. 521 ff.; Nicolai (2006), S. 165 ff.

629 Angesprochen ist somit vielmehr eine Flexibilisierung des Arbeitsortes. Da dies jedoch weitgehend auch mit einer Flexibilisierung der Lage und Dauer der Arbeitszeit, also chronologischen und chronometrischen Aspekten, einhergeht, wird diese Maßnahme in der Literatur unter den Arbeitszeitsystemen subsumiert. Vgl. Friedli/Thom (2001), S. 29; Flato/Reinhold-Scheible (2008), S. 95 ff.

630 Vgl. Flato/Reinhold-Scheible (2008), S. 93.

und thematisiert durch die Anwendung weiterer Maßnahmen ebenfalls den sozialen, familiären und gesundheitlichen Bereich.[631] Abbildung 19 gibt hierzu einen Überblick.

Gestaltungsbereiche	Beispielhafte Einzelmaßnahmen
Betreuungsangebote bei Neueinstellungen	Unterstützung bei einer Wohnungssuche, Vermittlung von Kinderbetreuungsplätzen, Informationen über sportliche und gesellschaftliche Angebote in der Region etc.
Beratung und Betreuung im Rahmen der Elternzeit	Beratung zu arbeitsbezogenen Fragestellungen, Informationen zum Betriebsgeschehen während der Elternzeit, Wiedereinstiegsprogramme, Familienservice etc.
Kinderbetreuung	Babysitter-Pool, Betriebskindergarten, Eltern-Kind-Büro, Ferienbetreuung, Elternstammtisch etc.
Familienbetreuung	Betreuungsangebote für pflegebedürftige Familienangehörige, Sonderurlaub zur Pflege von Angehörigen, Einbezug der Familie bei Betriebsfesten, Besuche von Angehörigen im Betrieb etc.
Integration bei ausländischer Herkunft	Look-and-see-Trips, Informationen über lokale Gegebenheiten und Bräuche, Bekanntmachen mit Gesundheits- und Sozialsystem etc.
Gesundheitsförderung	Betriebssportaktivitäten, Förderung von Vereinsmitgliedschaften, Ernährungs- und Suchtberatung, ernährungsbewusste Betriebskantine, Vorsorgeuntersuchungen

Abbildung 19: Ansatzpunkte einer Work-Life-Balance.
Quelle: Eigene Darstellung in Anlehnung an Flato/Reinhold-Scheible (2008), S. 182 ff.

Zur Steuerung des Bindungsverhaltens werden eine flexible Gestaltung der Arbeitszeiten sowie die Durchführung von Work-Life-Balance-Maßnahmen hoch bewertet.[632] Eine nachhaltige Wirkung ist u. a. dadurch erzielbar, dass den Mitarbeitern von Seiten der Unternehmung durch die ganzheitliche Betrachtung über deren rein berufliche Arbeitssituation hinaus eine Wertschätzung entgegen gebracht wird. Gleichzeitig wird jedoch darauf verwiesen, dass sich diese Wirkung erst dann entfacht, wenn Möglichkeiten selbstbestimmter Handlungen auch tatsächlich gewährt werden. Die Berücksichtigung der individuellen Mitarbeiterinteressen zur Vereinbarung privater Ziele mit beruflichen Erfordernissen stellt den entscheiden Aspekt dar. Somit ist das Angebot je nach Unternehmung situations- und bedürfnisorientiert auszugestalten. Gleichzeitig gilt es, die betrieblichen Interessen nicht aus dem Blick zu verlieren.[633]

Für den industriellen Mittelstand erscheint eine Nutzung der Instrumente der Arbeitszeitflexibilisierung als Bindungsmaßnahme grundsätzlich sinnvoll und möglich. Es ist jedoch davon auszugehen, dass zwischen den unterschiedlichen Flexibilisierungsformen zu differenzieren ist. So werden gerade solche Formen als weniger geeignet erachtet, welche zu einem zeitlich längerem Ausfall der Mitarbeiter (bspw. durch Sabbaticals) und somit zu kapazitätsbedingten

631 Im Fokus steht vor allem die Vereinbarkeit von Familie und Beruf in verschiedenen Lebensabschnittsphasen, weshalb auch von einem umfassenden Konzept einer familienorientierten Personalpolitik gesprochen wird. Vgl. Flato/Reinhold-Scheible (2008), S. 179.

632 Vgl. Giese et al. (2005), S. 7; Zielke (2004), S. 43; de Vos/Meganck (2009), S. 46; Thiele (2009), S. 61 ff.

633 Vgl. Friedli/Thom (2001), S. 27; Flato/Reinhold-Scheible (2008), S. 188 f.; Berthel/Becker (2010), S. 522.

Engpässen aufgrund der ohnehin engen Ausstattung an personellen Ressourcen führen können. Auch Sonderformen, wie das Job Sharing oder die Telearbeit, sind darüber hinaus tätigkeitsspezifisch und individuell zu prüfen.[634] Gerade letzteres kann jedoch ggf. auch dazu beitragen, räumlich vorhandene Engpässe innerhalb der Unternehmung zu entzerren.[635] Vielfach ist es darüber hinaus vom Inhaber selbst abhängig, inwiefern er diese Flexibilitätspotenziale unter Bindungsaspekten tatsächlich ausnutzt. So können eine variable oder eine Vertrauensarbeitszeit in überschaubaren mittelständischen Unternehmungen mit vorhandenen Sozialstrukturen tendenziell eher durchgeführt werden als in anonymen Großkonzernen.

Hinsichtlich der mit den flexiblen Arbeitszeiten oftmals verbundenen Work-Life-Balance ist insbesondere auf die hohe Kostenintensität zahlreicher Maßnahmen zu verweisen. Demnach ist davon auszugehen, dass das Angebot im industriellen Mittelstand vielfach geringer ausfällt und ggf. individueller geregelt wird. Gleichwohl ist auf das hohe Bindungspotenzial solcher Maßnahmen zu verweisen, welches die entstehenden Kosten kompensieren kann.[636] So besteht hier nicht nur die Möglichkeit auf weniger kostenintensive Maßnahmen auszuweichen, sondern auch Kooperationsmöglichkeiten mit anderen Unternehmungen einzugehen.

Mit der sachlich **technologischen Gestaltung** von **Arbeitsplätzen** ist der dritte Bereich der sachlichen Arbeitsbedingungen angesprochen. Aus der Perspektive eines Bindungsmanagements kann der Einsatz moderner Technologien eine Wirkung auf die Bereitschaft zum Verbleib und zur Leistung ausüben, da neben einer effizienteren und erleichterten Erfüllung der Arbeitsaufgaben insbesondere auch innovativere und kreativere Lösungen denkbar sind.[637] Beispielhaft zu nennen sind hier die Einführung neuer EDV-Systeme und Softwareprogramme im Ingenieurbereich. Mit deren Hilfe können technologische Grenzen verschoben und neue Perspektiven aufgezeigt werden. Selbstverwirklichendes Arbeiten ist so förderbar.

Die Nutzung neuester Technologien an den jeweiligen Arbeitsplätzen erscheint bereits aus ökonomischer Perspektive heraus für jeden industriellen Mittelständler unabdingbar, um eine hohe Innovationsrate und somit ggf. marktführende Positionen behaupten zu können. Dies gilt jedoch grundsätzlich auch für Industrieunternehmungen anderer Größenkategorien. Es ist jedoch zu vermuten, dass industrielle Mittelständler aufgrund ihrer hohen Flexibilität und der vielfach kundenindividuellen Produktion tendenziell eher dazu in der Lage sind, neue Tech-

---

634 Vgl. Lippianowski (1999), S. 109 f.

635 Vgl. Lippianowski (1999), S. 135 ff.

636 Vgl. Bluhm et al. (2009), S. 7.

637 Vgl. hierzu im Allgemeinen bspw. Berthel/Becker (2010), S. 531 f.

nologien zu nutzen und in die bestehenden Abläufe zu integrieren.[638] Gerade größere technologische Erneuerungen können darüber hinaus jedoch auch mit außergewöhnlichen finanziellen Belastungen einhergehen, welche tendenziell schwerer zu tragen sind.

Nachdem die sachlichen Arbeitsbedingungen ausführlich erläutert worden sind, gilt es, die **personalen Arbeitsbedingungen** zu thematisieren. Angesprochen ist die Verlagerung von Einzelarbeits- hin zu Gruppenarbeitsplätzen bzw. zur Gruppenarbeit.[639] Mit klassischen Arbeitsgruppen, Fertigungsteams, teilautonomen Arbeitsgruppen, Qualitätszirkeln, Projektgruppen sowie dem Team-Work-Management liegen unterschiedliche Gestaltungsformen vor[640], welche anhand der Art der ihnen übertragenen Aufgaben, Kompetenzen und Verantwortungen differenziert werden.[641]

Eine Steuerung des Bindungsverhaltens vollzieht sich durch den Einsatz dieser unterschiedlichen Gruppenarbeitsformen dabei nicht nur in Bezug auf die unmittelbar betroffenen sozialen Bindungsfaktoren. Darüber hinaus können durch das Erlernen sowie die Ausübung unterschiedlicher Fähigkeiten und Fertigkeiten innerhalb dieser Gruppen auch weitere, bspw. personalentwicklungsbezogene, Maßnahmen umgesetzt werden. Auch werden Prozesse der Kommunikation und Zusammenarbeit und somit Leistungsbereitschaften und -ergebnisse verbessert. Entsprechend hoch wird die Gruppenarbeit in der Bindungsliteratur bewertet.[642] Zu berücksichtigen ist allerdings die Notwendigkeit eines systematischen Vorgehens, welches durch eine Beachtung grundlegender Gestaltungshinweise einer bindungsfördernden Gruppenarbeit gewährleistet wird.[643] Abbildung 20 fasst diese überblicksartig zusammen.

Die Nutzung von Gruppenarbeitsformen ist im industriellen Mittelstand grundsätzlich gleichermaßen möglich, wie in Großkonzernen auch. Ausgangspunkt derartiger Überlegungen sind betriebliche Erfordernisse aufgrund der jeweiligen Arbeitsinhalte, weshalb eine entspre-

---

638 Vgl. Hamel (2006), S. 244.

639 Angesprochen sind an dieser Stelle ausschließlich formale Gruppen. Informale Gruppen hingegen entziehen sich weitgehend einer unternehmerischen Gestaltung. Vgl. Abschnitt 3.3.3.4. Eine Einwirkung auf letztere ist ggf. über die Unternehmungskultur möglich, sofern diese stark ausgeprägt ist und sich Abweichungen zu bestehenden Werten und Normen nur geringfügig herausbilden. Vgl. Abschnitt 3.4.6.

640 Vgl. ausführlich Antoni (1994); Antoni (1995), S. 27; Berthel/Becker (2010), S. 114 ff.; Bea/Göbel (2010), S. 410 ff.

641 Gestaltungspotenziale werden vor allem für teilautonome Arbeitsgruppen und Projektgruppen betont. Qualitätszirkel können dies über geführte Diskussionen leisten, welche neben fachlichen Problemen auch soziale Missstände enthalten können und so eine eigene soziale Qualität erlangen. Mit dem Team-Work-Management ist ein weitgehend idealtypisches Vorgehen angesprochen. Vgl. hierzu Berthel/Becker (2010), S. 116; Bea/Göbel (2010), S. 415.

642 Vgl. Loffing/Loffing (2010), S. 132.

643 Vgl. Weinert (2004), S. 451, sowie ähnlich Loffing/Loffing (2010), S. 133 f.; Agarwala (2003), S. 191.

chende Nutzung im ingenieurtechnischen Bereich erforderlich scheint.[644] Es ist jedoch zu vermuten, dass die Anwendung solcher Konzepte einfacher vorgenommen werden kann, da ein geringerer Komplexitätsgrad vorherrscht.[645] Unter Bindungsaspekten ist auch der hohe Anteil an persönlicher Kommunikation und Vernetztheit von Bedeutung. Dies führt dazu, dass die Ingenieure sich bereits vorab kennen und sich ein Teamgeist etc. schneller entwickeln kann. Gleichermaßen ist der Einsatz formaler Instrumente zur Steuerung der Gruppen vermutlich geringer ausgeprägt, was sich auf den charakteristisch niedrigen Formalisierungsgrad zurückführen lässt.[646] Gerade diesbezüglich können allerdings entsprechende Maßnahmen, bspw. einer Gruppenvergütung, zu einer Förderung der Leistungsbereitschaft beitragen.

- Vielfalt an Fähigkeiten innerhalb der Gruppe
- Kleine Gruppengröße von max. 10-12 Personen
- Teamorientierte Auswahl der Gruppenmitglieder
- Trainingsbedarf identifizieren
- Klar definierte Ziele und Aufgaben
- Verknüpfung der individuellen Vergütung mit der Gruppenleistung
- Gruppenorientierte Leistungsbeurteilungen
- Schaffung und Erhaltung einer Vertrauensbasis
- Gegenseitige Teilnahme zur Entscheidung etablieren
- Entwicklung und gegenseitige Förderung eines „Teamgeistes“
- Förderung transparenter Kommunikation und Kooperation

Abbildung 20: Richtlinien erfolgreicher Gruppenarbeit.
Quelle: In enger Anlehnung an Weinert (2004), S. 451.

Zusammenfassend lässt sich festhalten, dass durch die Gestaltung der Arbeitsbedingungen vielfältige Ansatzpunkte zur Steuerung des Bindungsverhaltens vorliegen. Im Wesentlichen betrifft dies unterschiedliche sachliche als auch personale Aspekte. Der industrielle Mittelstand weist hier vermutlich insbesondere hinsichtlich sachlicher Arbeitsbedingungen deutliche Potenziale zur Gestaltung der Arbeitsinhalte und -abläufe auf. Darüber hinaus kann auch hinsichtlich personaler Arbeitsbedingungen eine besondere Stärke vermutet werden.

3.4.4.5 Personalvergütung

Mit der Personalvergütung ist die Gestaltung sämtlicher aus der geregelten Arbeitsbeziehung zwischen Arbeitgeber und -nehmer heraus resultierenden materiellen bzw. materiell orientier-

---

644 Vgl. Abschnitt 2.3.2.

645 Vgl. Abschnitt 2.2.2.

646 Vgl. Abschnitt 2.2.2.

ten Leistungen angesprochen.[647] Es wird vielfach von einer direkten Verhaltenssteuerung in Bezug auf die Aspekte des Verbleibs und der Leistung ausgegangen, wobei eine vergleichsweise gute Differenzierung dieser beiden Aspekte in der Literatur unterstellt wird.[648] Eine Einwirkung erfolgt vor allem auf die monetären Bindungsfaktoren,[649] da somit Motiven nach Sicherheit, bspw. Absicherung der familiären Existenz, entsprochen werden kann. Darüber hinaus sind Aspekte nach Anerkennung und Status relevant.[650]

Im industriellen Mittelstand stellt die Personalvergütung daher – ebenso wie in industriellen Großkonzernen – eine bedeutsame personalwirtschaftliche Aufgabe dar. Sie ist allerdings von der als charakteristisch angenommenen Knappheit vorhandener Ressourcen, insbesondere finanzieller Art, geprägt. Vielfach wird hier ein strukturelles Defizit im Vergleich zu großen Unternehmungen vermutet.[651] Die nachfolgenden Ausführungen sind hierdurch bestimmt.

Eine bindungsfördernde Personalvergütung lässt sich diesbezüglich in obligatorische sowie fakultative Vergütungsbestandteile differenzieren.[652] Darüber hinaus sind Aspekte der Gesamtvergütung relevant (vgl. Abbildung 21).[653]

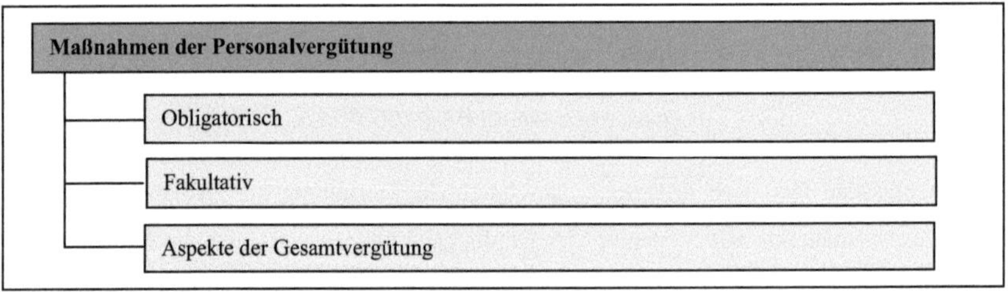

Abbildung 21: Maßnahmen der Personalvergütung.
Quelle: In Anlehnung an Berthel/Becker (2010), S. 540 ff.

Zu den **obligatorischen Vergütungsbestandteilen** zählt neben der anforderungsorientierten direkten Grundvergütung die leistungsorientierte Direktvergütung. Ergänzt wird dies um die

---

647 Vgl. Berthel/Becker (2010), S. 540 f.; Nicolai (2006), S. 128.

648 Vgl. Martin (2001), S. 319; Scheidl (1991), S. 264 ff.; Becker (1995), Sp. 40 f.

649 Vgl. Abschnitt 3.3.3.5.

650 Vgl. Hamel (2006), S. 257; Nicolai (2006), S. 127; Flato/Reinhold-Scheible (2008), S. 97.

651 Vgl. Behrends (2007), S. 26; Hamel (2006), S. 256; Schmid (1993), S. 290 f.

652 Diesen liegen die Prinzipien der Entgeltdifferenzierung (Anforderungs-, Leistungs-, Sozial- und Marktorientierung) zugrunde, welche aus unternehmerischer Perspektive die Basis zur methodischen Bestimmung unterschiedlicher Entgeltformen darstellen und eine gerechte Belohnung gewährleisten sollen. Vgl. hierzu auch Abschnitt 3.3.3.5.

653 Vgl. Berthel/Becker (2010), S. 540 ff.; Ackermann/Eisele (2004), Sp. 702 ff.; Nicolai (2006), S. 128 ff.

gewährten Sozialleistungen.[654] Erstes bezieht sich hauptsächlich auf das reine Zeitentgelt, bei welchem die Dauer der Arbeitszeit das entscheidende Merkmal darstellt. Zweites baut vielfach auf dieser fixen Grundvergütung auf und weist aufgrund der individuellen Zuordbarkeit einen variablen Charakter aus. Benannt werden vor allem Leistungszulagen, welche zumeist auf subjektiven Leistungsbeurteilungen[655] basieren.[656] Letztes beinhaltet sämtliche weiteren direkten Leistungen, die weder der Vergütung noch weiteren Erfolgsbeteiligungen zugeordnet werden (vgl. Abbildung 22). Als wesentlich gilt in Abgrenzung zu den gesetzlich und tariflich gewährten Leistungen das Merkmal der Freiwilligkeit.[657]

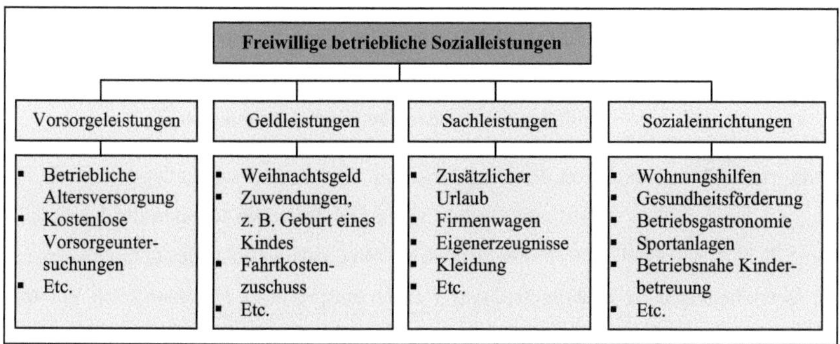

Abbildung 22: Überblick freiwilliger betrieblicher Sozialleistungen.
Quelle: In enger Anlehnung an Hentze/Graf (2005), S. 207.

Als Bindungsmaßnahme finden vor allem reine Zeitentgelte in nahezu sämtlichen Beschäftigungsverhältnissen ihre Berücksichtigung. Durch den fehlenden Leistungsbezug eignen sich diese, wie zahlreiche Autoren anführen, jedoch lediglich zur Steuerung einer Verbleibebereitschaft durch die Schaffung einer kontinuierlich und konstant zu erzielenden Basisvergütung.[658] Die Bedeutung leistungsorientierter Formen der Direktvergütung ergibt sich dabei aus der Berücksichtigung des Prinzips der leistungsgerechten Entgeltfindung.[659] So wird mit der unmittelbaren Verknüpfung von Leistung und Entgelthöhe insbesondere eine Verhaltenssteuerung in Bezug auf die Bereitschaft zur Leistungserbringung geschaffen, welche umso

---

654 Vgl. zu einem umfassenden Überblick Berthel/Becker (2010), S. 545 ff.; Hentze/Graf (2005), S. 116 ff.

655 Vgl. zu deren Kriterien (bspw. Flexibilität oder Entscheidungsfähigkeit) Grimm/Vollmer (2007), S. 97.

656 Vgl. zu weiteren Entgeltformen (bspw. Prämie, Provision etc.) Berthel/Becker (2010), S. 551 ff.

657 Eine Abgrenzung bleibt insgesamt unscharf, da einige Leistungen mehrfach zugeordnet werden können. Vgl. bspw. Berthel/Becker (2010), S. 563 ff.; Hentze/Graf (2005), S. 206 f.; Nicolai (2006), S. 143.

658 Vgl. Berthel/Becker (2010), S. 547; Hentze/Graf (2005), S. 118; Friedli/Thom (2001), S. 24; Ackermann/Eisele (2004), Sp. 703.

659 Vgl. hierzu auch Abschnitt 3.3.3.5.

größer ausfällt, je größer der variable Anteil ausgestaltet wird. Der hier erläuterte Fokus auf die individuelle Leistung ermöglicht dabei eine vergleichsweise direkte und zielgerichtete Steuerung des Verhaltens einzelner Mitarbeiter. Voraussetzung ist eine klare und transparente Formulierung von Maßstäben und Kriterien, welche zur Beurteilung der Leistung herangezogen werden, wie Flato/Reinbold-Scheible anführen.[660] Freiwillige betriebliche Sozialleistungen letztlich ermöglichen durch ihre vielfältigen Ausgestaltungsmöglichkeiten eine zielgerichtete Berücksichtigung individueller Interessen der Mitarbeiter. Ob eine Beeinflussbarkeit von Verbleib und/oder Leistung vorgenommen werden kann, ist nach vorliegenden Erkenntnissen unklar.[661] So wird grundsätzlich eher die Bereitschaft zum Verbleib angesprochen, da die Gewährung dieser Sozialleistungen nicht direkt von der individuellen Leistung abhängig ist.[662] Dennoch liegen gerade aus der betrieblichen Sozialpolitik Untersuchungen vor, die darüber hinaus ebenfalls eine Stimulation der Leistungsbereitschaft postulieren.[663]

Im industriellen Mittelstand sind die obligatorischen Vergütungsbestandteile vielfach durch vorliegende Tarifverträge vorbestimmt, welche einen grundlegenden Rahmen für die Gestaltungsmöglichkeiten darstellen. Es besteht jedoch die Möglichkeit sich an den unteren Grenzen dieser Vereinbarungen zu positionieren, was vielfach entsprechend der finanziellen Voraussetzungen genutzt wird. Es ist somit zu vermuten, dass hinsichtlich der Möglichkeiten zur Gestaltung des obligatorischen Vergütungssystems Defizite bestehen, welche sich jedoch zwangsläufig in Grenzen halten müssen.[664] Vor allem hinsichtlich der Gestaltung von Leistungszulagen sind hier Gestaltungspotenziale nutzbar. Am prägnantesten verdeutlichen sich die eingeschränkten finanziellen Möglichkeiten jedoch in Bezug auf die freiwilligen betrieblichen Sozialleistungen. Deren inhaltlicher Breite sind vermutlich spürbare Limitationen gesetzt. Hamel geht sogar davon aus, dass soziale Leistungen vielfach nur dort gewährt werden, wo sie durch Tarifverträge vorgegeben sind und die Mitarbeiter im Vergleich zu Unternehmungen anderer Größenkategorien somit deutlich schlechter gestellt sind.[665] Bindungsbezogene Potenziale liegen in diesem Bereich somit vermutlich lediglich bedingt vor.

Die **fakultativen Vergütungsbestandteile** weisen einen grundsätzlich variablen Charakter auf, unterscheiden sich jedoch von der variablen Direktvergütung, da sie nicht auf der indivi-

---

660 Vgl. Flato/Reinbold-Scheible (2008), S. 98.

661 Vgl. Nicolai (2006), S. 142 f.

662 Vgl. Hentze/Graf (2005), S. 152; Martin (2001), S. 319; Meier et al. (2003), S. 55.

663 Vgl. bspw. Frick et al. (2000), S. 84; Knoll/Rasche (1996), S. 17.

664 Vgl. Hamel (2006), S. 256; Krämer (2009), S. 224 f.

665 Vgl. Hamel (2006), S. 256 f.

duellen Arbeitsleistung, sondern der Leistung einzelner Unternehmungsbereiche bzw. der Gesamtunternehmung beruhen. Die Ausgestaltung erfolgt durch verschiedene Möglichkeiten zur materiellen Beteiligung der Mitarbeiter. Differenziert werden die Erfolgs- und die Kapitalbeteiligung.[666]

Bei der **Erfolgsbeteiligung** erfolgt eine Beteiligung auf Basis des unternehmerischen Gesamtergebnisses.[667] Als Bemessungsgrundlage zur Bestimmung des betrieblichen Erfolgs lassen sich verschiedene Beteiligungsbasen heranziehen, welche den Erfolgsbeteiligungsformen „Leistung", „Ertrag" und „Gewinn" zugeordnet werden können. (vgl. Abbildung 23).[668]

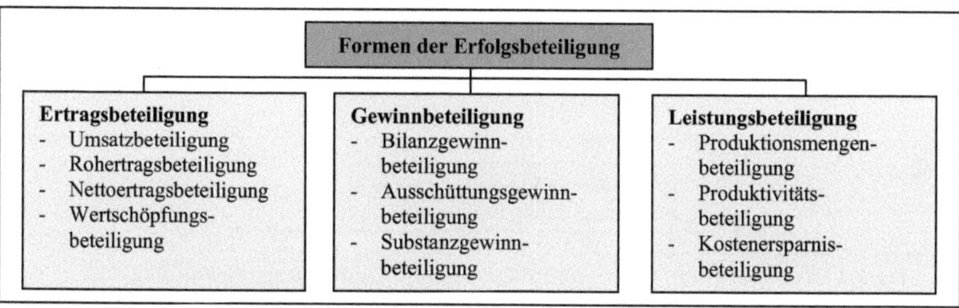

Abbildung 23: Formen der Erfolgsbeteiligung.
Quelle: Nicolai (2006), S. 146.

Die Grafik verdeutlicht, dass innerhalb der Erfolgsbeteiligung vielfältige Ausgestaltungsformen für das Bindungsmanagement möglich sind. Angesprochen ist dabei vor allem eine Steuerung der Leistungsbereitschaft, da – analog zur variablen Direktvergütung – eine Verknüpfung zwischen Leistung und Entgelthöhe vorliegt. Durch die Abkopplung von der direkten (individuellen) Arbeitsleistung ist eine zielgerichtete Einwirkung jedoch erschwert.[669]

Für den industriellen Mittelstand kann die Nutzung von Erfolgsbeteiligungsmodellen eine Möglichkeit zur Kompensation des beschriebenen Defizites in der Direktvergütung darstellen. So ist eine Beteiligung am Unternehmungserfolg vergleichsweise einfacher möglich als in Großkonzernen, da bestehende Vergütungsstrukturen leichter angepasst werden können. Darüber hinaus stellt ein solches Vorgehen keinen weiteren Kostenfaktor dar, da lediglich eine

[666] Es handelt sich somit weniger um Vergütungen im engeren Sinne als um freiwillige Leistungen, welche dauerhaft mit einzelnen Mitarbeitern oder für weite Teile der gesamten Belegschaft leistungs- und sozialbezogen vereinbart und zusätzlich zur obligatorischen Vergütung gewährt werden. Vgl. Berthel/Becker (2010), S. 568 ff.; Hentze/Graf (2005), S. 174 ff.

[667] Vgl. Hentze/Graf (2005), S. 176 f.

[668] Vgl. Schneider (2004), Sp. 715 f.; Esser/Faltlhauser (1974), S. 25 ff.; Zander/Femppel (1997), S. 142 ff.

[669] Vgl. Hentze/Graf (2005), S. 155 und S. 175; Becker (1995), Sp. 41; McElroy (2001), S. 331.

Beteiligung bei einem positiven Ergebnis erfolgt.[670] Dem entgegen steht jedoch die vielfach vorgefundene Einstellung der Inhaber, Jahresabschlüsse als „*geheime Kommandosache*“[671] zu betrachten und Erfolge nur ungerne zugänglich zu machen. HAMEL bezeichnet mittelständische Unternehmungen, welche Mitarbeiterbeteiligungssysteme nutzen, daher auch als Pioniere, bei welchen „*vermutlich ein dramatisches Umdenken*“[672] erforderlich ist.

Was die Verwendung der so erzielten individuellen Erfolgsanteile betrifft, sind ebenfalls unterschiedliche Möglichkeiten gegeben. Neben einer Barausschüttung können diese in eine Beteiligung am Kapital der Unternehmung umgewandelt werden. Eine solche **Kapitalbeteiligung** erfolgt am Eigen- oder Fremdkapital der Unternehmung.[673] Es liegen vielfältige Ausgestaltungsmöglichkeiten – im Wesentlichen von der Gesellschaftsform der Unternehmung abhängig – vor.[674] Abbildung 24 gibt hierzu einen allgemeinen Überblick.[675]

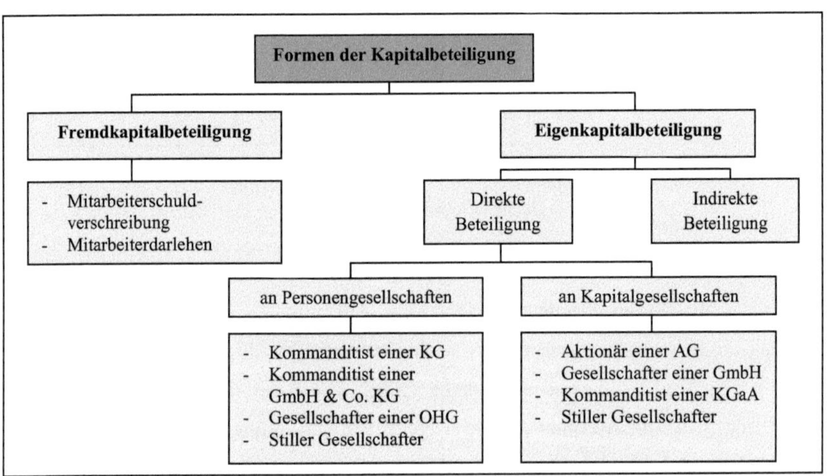

Abbildung 24: Formen der Kapitalbeteiligung.
Quelle: In Anlehnung an Nicolai (2006), S. 147.

670 Vgl. Hamel (2006), S. 257.

671 Hamel (2006), S. 258.

672 Hamel (2006), S. 257.

673 Die Mitarbeiter werden de jure zu Miteigentümern der Unternehmung; sie werden am unternehmerischen Risiko beteiligt. Vgl. Berthel/Becker (2010), S. 578 ff.; Nicolai (2006), S. 144.

674 Vgl. zu einer ausführlichen Erläuterung einzelner Beteiligungen bspw. Schneider et al. (2007), S. 146 ff.

675 Der in dieser Arbeit verwendete Mittelstandsbegriff schließt aufgrund der fehlenden Emissionsfähigkeit der betrachteten Unternehmungen eine Beteiligung als Aktionär sowie als Kommanditist bei einer KGaA grundsätzlich aus. Gleiches gilt für Fremdkapitalbeteiligungen in Form von Mitarbeiterschuldverschreibungen. Vgl. Hentze/Graf (2005), S. 192 f.; Nicolai (2006), S. 147.

Kapitalbeteiligungsformen beziehen sich im Kontext eines Bindungsmanagements dabei primär auf die Steuerung der Bereitschaft zum Verbleib, da der Mitarbeiter vor allem durch die Eigenkapitalbeteiligung an die Unternehmung gebunden wird.[676] Darüber hinaus ist jedoch auch eine Steuerung der Leistungsbereitschaft möglich, da dieser nun für seine eigene Unternehmung tätig ist und daher eine entsprechende Motivation zur Leistung aufweisen sollte.[677]

Für industrielle Mittelständler stellen Kapitalbeteiligungsmodelle diesbezüglich nicht nur entsprechende Möglichkeiten zur Bindung erfolgskritischer Mitarbeiter wie bspw. Ingenieure dar, sondern sie können auch, bspw. durch die Eigenkapitalbeteiligung, zur Verbesserung der Finanzierungssituation beitragen.[678] Als weit verbreitet eingesetztes Instrument wird daher vor allem die „stille Gesellschaft" genannt, da diese relativ unkompliziert nutzbar ist und gleichzeitig unternehmungsspezifisch ausgestaltet werden können.[679] Aufwendigere Formen, bspw. eines GmbH-Gesellschafters, werden hingegen weniger stark eingesetzt, obwohl hierbei – trotz einer Aufweichung – die Entscheidungsgewalt insgesamt beim Inhaber verbleibt, da es sich lediglich um die Vergabe von Minderheitsanteilen handelt.[680] Die Beteiligung an einer KG oder einer OHG ist darüber hinaus als Bindungsinstrument durch die unbeschränkte Haftung für einen Großteil der Mitarbeiter kaum einsetzbar.[681]

Neben der jeweiligen Ausgestaltung obligatorischer und fakultativer Vergütungsbestandteile zur Steuerung des Bindungsverhaltens kommt insbesondere der daraus resultierenden **Gesamtvergütung** eine Bedeutung im Rahmen eines Bindungsmanagements zu. Organisationale Fähigkeiten bestehen in der unternehmungsspezifischen Kombination und Gewichtung der jeweiligen Vergütungsformen. FLATO/REINBOLD-SCHEIBLE gehen davon aus, dass gerade für den Einsatz variabler Vergütungsformen „*[...] der Fantasie mehr oder weniger keine Grenzen gesetzt [...]*"[682] sind. Eine diesbezüglich intensiv diskutierte Vorgehensweise zur Flexibilisierung und Individualisierung der Gesamtvergütung stellen sogenannte **Cafeteria-Systeme** dar.[683] Grundidee ist, den Arbeitnehmer aus einem Paket verschiedener Vergütungsmöglich-

---

676 Vgl. bspw. Hertig (1996), S. 206; Berthel/Becker (2010), S. 569; Martin (2001), S. 319.

677 Vgl. Sattelberger (2002), S. 15 f.

678 Vgl. Hamel (2006), S. 257; Nicolai (2006), S. 145; Meier et al. (2003), S. 55.

679 Als Bindungsinstrument für hochqualifizierte Nachwuchskräfte wird diese Form jedoch aufgrund der fehlenden Solvenz dieser Zielgruppe als lediglich bedingt nutzbar erachtet. Vgl. Schmeisser (2004), Sp. 987.

680 Vgl. Nicolai (2006), S. 148.

681 Vgl.Schneider et al. (2007), S. 145.

682 Flato/Reinbold-Scheible (2008), S. 97.

683 Vgl. hierzu Dycke/Schulte (1986), S. 577 ff.; Wagner (1991), S. 91 ff.; Berthel/Becker (2010), S. 583 ff.

keiten die für ihn als wichtig erachteten Bestandteile auswählen zu lassen. Eine zusätzliche Vergütung wird dabei nicht gezahlt, da dieser gleichzeitig auf andere Vergütungsmöglichkeiten verzichten muss. Gegenstand der Wahlmöglichkeiten sind variable Direktvergütungen, Erfolgs- und Kapitalbeteiligungen, betriebliche Sozialleistungen, aber auch zeitliche Komponenten im Rahmen von Arbeitszeitmodellen.[684]

Für das Bindungsmanagement von Bedeutung sind hierbei eine frühzeitige Einbeziehung der Arbeitnehmerpräferenzen sowie eine Gewährung echter Wahlmöglichkeiten bei einer stets flexiblen Anpassungsfähigkeit an sich ändernde Bedingungen. Limitierend wirken die jeweilige Leistungsfähigkeit der Unternehmung sowie der hohe administrative Aufwand.[685] Der Einsatz dieses Instrumentes kann jedoch auch für den industriellen Mittelstand vermutlich eine Alternative zum bestehenden Vergütungsdefizit darstellen, da hierdurch – abgesehen von den Durchführungskosten – keine zusätzlichen Kosten der Vergütung entstehen. Durch die geringere Ausgangsbasis an variablen Vergütungsbestandteilen sowie an gewährten Sozialleistungen ist allerdings eine geringere Intensität eines solchen Instrumentes zu vermuten.

Insgesamt betrachtet lassen sich Maßnahmen eines Bindungsmanagements innerhalb des Subsystems Personalvergütung durch die Gestaltung obligatorischer und fakultativer Vergütungsbestandteile identifizieren. Der industrielle Mittelstand ist diesbezüglich in seiner Fähigkeit zur Personalvergütung einem strukturellen Defizit ausgesetzt, welches sich ggf. durch individuelle Möglichkeiten zur Flexibilisierung der Vergütung oder der Nutzung entsprechender Beteiligungsmodelle abschwächen lässt. Da die Personalvergütung jedoch auch im industriellen Mittelstand – trotz dieser Einschränkungen – keinesfalls außer Acht gelassen werden kann, ist eine Thematisierung im Rahmen eines Bindungsmanagements unabdingbar.

3.4.4.6 Personalführung

Die Personalführung beschäftigt sich insbesondere mit der direkten Verhaltensbeeinflussung der Mitarbeiter innerhalb einer Vorgesetzten-Mitarbeiter-Beziehung.[686] Eine Auseinandersetzung mit solchen Fragestellungen ist für industrielle Mittelständler – ebenso wie für industrielle Großkonzerne – von entscheidender Relevanz. Im Fokus steht die interaktive Personalführung, welche sich durch die persönliche Wechselbeziehung zwischen Führer und Geführ-

684 Fixe Vergütungen dürfen per deutsches Steuerrecht nicht in andere Leistungen umgewandelt werden und sind somit nicht Gegenstand von Cafeteria-Systemen. Vgl. Berthel/Becker (2010), S. 584.

685 Vgl. Flato/Reinbold/Scheible (2008), S. 102; Berthel/Becker (2010), S. 584 f.

686 Vgl. Berthel/Becker (2010), S. 156; Becker (2006b), S. 278; Ridder (2009), S. 300; Drumm (2008), S. 409.

tem auszeichnet und in Form von Gesprächen, Sitzungen etc. stattfindet.[687] Es handelt sich im Wesentlichen um einen individuellen und kommunikativen Führungsprozess, welcher auf eine interpersonale Ebene hinsichtlich der Führung von Gruppen erweiterbar ist.[688]

Die Bedeutung einer so verstandenen Personalführung für die Gestaltung eines Bindungsmanagements ergibt sich durch die Möglichkeiten zur Verhaltensbeeinflussung innerhalb der direkten (sozialen) Interaktion mit den Mitarbeitern.[689] Es bestehen somit weitreichende Potenziale zur Steuerung der Bleibebereitschaft, vor allem aber der Leistungsbereitschaft, wie MARTIN annimmt.[690] Hierbei kann nicht nur unmittelbar auf die sozialen Bindungsfaktoren eingewirkt werden, sondern es können – durch ein entsprechendes Führungsverhalten der direkten Vorgesetzten – auch allgemeine organisatorische Faktoren, bspw. Werteorientierungen, vermittelt werden.[691] Im Fokus steht diesbezüglich vor allem der Inhaber selbst, welcher durch seine Grundhaltung das Führungsverständnis bzw. -verhalten in der mittelständischen Industrieunternehmung im Wesentlichen prägt. Aufgrund der geringen Anzahl an Hierarchieebenen wirkt dieser auch auf das Führungsverhalten der weiteren Führungskräfte ein (vgl. Abbildung 25).[692] Dies gilt es nachfolgend weiter zu explorieren und zu analysieren.

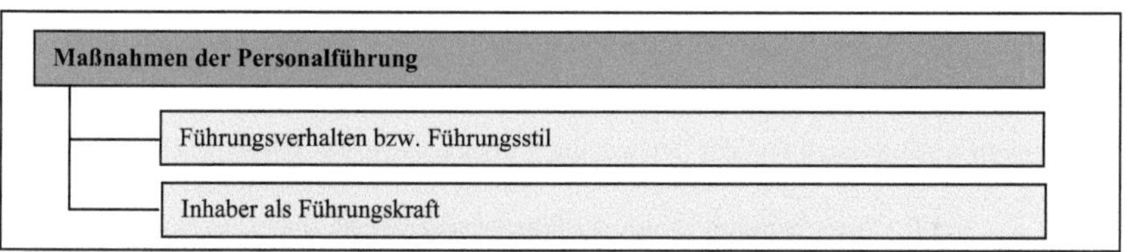

Abbildung 25: Maßnahmen der Personalführung.
Quelle: In Anlehnung an bspw. Hentze/Graf (2005), S. 269 ff.

Hinsichtlich der Frage, wie die Verhaltensbereitschaften der Mitarbeiter im konkreten Falle gezielt gesteuert werden können, d. h. welche **Führungsverhaltensweisen** bzw. **Führungs-**

687 Abzugrenzen hiervon ist die strukturelle Personalführung, welche das gesamte Führungs- bzw. Managementsystem und deren mittelbare Auswirkungen auf das Verhalten der Mitarbeiter betrifft. Gegenstand sind administrative Regelungen, hierarchische Einordnungen etc. Vgl. Bartölke/Grieger (2004), Sp. 778 f.; Berthel/Becker (2010), S. 159; Nicolai (2006), S. 180.

688 Vgl. Nicolai (2006), S. 180. Durch den Einbezug von Gruppenmerkmalen, bspw. der Gruppenzusammensetzung, ist von einer erhöhten Komplexität der Führung auszugehen. Vgl. Berthel/Becker (2010), S. 111.

689 Vgl. bspw. Gmür/Thommen (2007), S. 52; Loffing/Loffing (2010), S. 138; Kieser (1995), Sp. 1451.

690 Vgl. Martin (2001), S. 319; Gallup (2011).

691 Vgl. Abschnitt 3.3.3.2 und 3.3.3.4.

692 Vgl. Pfohl (2006b), S. 89; Becker (2006b), S. 278.

stile[693] zu ergreifen sind, bestehen unterschiedliche theoretische Annahmen, welche sich in vielfältigen Abhandlungen zu Führungstechniken, -modellen, -prinzipien etc. wiederfinden.[694] Weit verbreitet sind vor allem eigenschafts-, verhaltens- und situationsorientierte Ansätze.[695]

Eigenschaftsorientierte Ansätze fokussieren in der Persönlichkeitsstruktur verankerte, individuelle Merkmale, welche zur Ausübung von Führungstätigkeiten prädestinieren.[696] Solche Führungspersönlichkeiten zeichnen sich bspw. durch Leidenschaft oder Entschlusskraft aus.[697] In jüngeren Ansätzen wird auch Charisma als besondere Führungseigenschaft hervorgehoben und damit zusammenhängend eine transaktionale bzw. transformationale Führung.[698]

Verhaltensorientierte Ansätze hingegen betonen zeitlich konstante Verhaltensweisen von Führungskräften und fokussieren auf die Führungsstilforschung.[699] Üblicherweise werden ein- sowie zweidimensionale Führungsstile differenziert. Erste fokussieren eine Aufteilung der Entscheidungsaufgaben zwischen Vorgesetztem und Mitarbeiter auf einem Führungsstilkontinuum, welches vom autoritären bis zum kooperativen Führungsstil reicht.[700] Zweite beziehen sich mit einer Mitarbeiter- und einer Aufgabenorientierung auf zwei voneinander unabhängige Verhaltensweisen, welche unterschiedlich kombinierbar sind.[701] [702]

In **situationsorientierten Ansätzen** erfolgt weitergehend eine Berücksichtigung situativer Einflussgrößen auf den Führungserfolg. Ausschlaggebend ist demnach die soziale Situation, welche sich in Abhängigkeit von der Gruppe, der Aufgabe sowie der Führungssituation mani-

693 Unter den Begriff Führungsverhalten werden sämtliche Verhaltensweisen der Führungskraft subsumiert. Mit einem Führungsstil hingegen ist als der engere Begriff das konsistente und innerhalb von Bandbreiten wiederkehrende Verhalten angesprochen. Vgl. Becker (2006b), S. 287; Hentze/Graf (2005), S. 269.

694 Ursächlich hierfür ist u. a., dass der interaktive Führungsprozess durch eine große Dynamik und zahlreiche Einflussfaktoren geprägt ist und allgemeingültige Empfehlungen somit kaum abgegeben werden können. Eine einheitliche Führungstheorie liegt diesbezüglich nicht vor und könnte der Komplexität des Führungsphänomens auch kaum gerecht werden. Vgl. Berthel/Becker (2010), S. 157; Mugler (1999), S. 125.

695 Vgl. zu einer Übersicht bspw. Hentze/Graf (2005), S. 275 ff.; Felfe (2008), S. 136 ff., sowie zu weiteren Ansätzen bspw. Berthel/Becker (2010), S. 174 ff.

696 Vgl. Hentze/Graf (2005), S. 277.

697 Solche Ansätze werden intensiv kritisiert, da kaum konsistente empirische Belege über die Wirksamkeit bestimmter Eigenschaften vorliegen. Sie stellen somit lediglich eine Prädisposition zur Verhaltenssteuerung dar. Vgl. hierzu Ridder (2009), S. 332; Hentze/Graf (2005), S. 279.

698 Vgl. bspw. Bass (1990; 1999); Bass/Avolio (1994); Felfe (2005; 2006).

699 Vgl. Hentze/Graf (2005), S. 279 ff.

700 Im Kontext des kooperativen Führungsstils werden weitere verwandte Führungsstile angeführt. So wird bspw. der partizipative Führungsstil aufgrund seines zentralen Merkmals der Partizipation, welches als wesentlich für eine Kooperation gilt, oftmals sogar gleichgesetzt. Vgl. Hentze/Graf (2005), S. 271 f.

701 Vgl. Hentze/Graf (2005), S. 283 f; Becker (2006b), S. 287; Berthel/Becker (2010), S. 166 ff.

702 Kritik wird auch an den verhaltensorientierten Ansätzen geübt, da diese ausschließlich auf das Verhalten der Vorgesetzten abstellen und den Führungsprozess somit verkürzen. Vgl. Hentze/Graf (2005), S. 283.

festiert. Dies bestimmt darüber, inwieweit eine Aufteilung der Führungsaufgaben erfolgt.[703] So wird bspw. einem erfahrenen Ingenieur mehr Verantwortung übertragen werden können, als einer vergleichsweise jungen Nachwuchsfachkraft.[704]

Im Kontext eines Bindungsmanagements gilt unter zahlreichen Autoren vor allem ein grundsätzlich mitarbeiterbezogenes Führungsverhalten als vielversprechender Ansatz, wobei auf eine schematisierte Auswahl eines Führungsstils als bindungssteuernde Maßnahme verzichtet wird. Vielmehr ist die situationsgerechte Anpassungsfähigkeit grundsätzlich geeigneter Führungsstile unter Berücksichtigung unternehmungsspezifischer Voraussetzungen sowie der individuellen Bedürfnisse und Anforderungen der Mitarbeiter als relevant erachtet. Dies erfolgt im Idealfall gegenüber jedem Mitarbeiter mehr oder weniger differenziert.[705]

Im industriellen Mittelstand werden diesbezüglich Vorteile vermutet, da in geringerem Maße formalisierte Regelungen bzw. strikte Vorgaben zum Führungsverhalten in bestimmten Situationen etc. vorliegen, welche eine prinzipielle Einengung des Führungsverhaltens erfordern könnten.[706] Gleichzeitig können trotzdem vorhandene Führungsgrundsätze[707] aufgrund der bestehenden räumlichen Nähe stärker gelebt werden. Als Basis eines solch mitarbeiterbezogenen Führungsverhaltens dienen dann vor allem kooperativ-partizipative Führungsstile, da diese einen starken Mitarbeiterbezug aufweisen.

Gerade der **Inhaber** kann hier durch seinen engen Bezug zur Unternehmung, welcher sich u. a. in einer ausgeprägten Leidenschaft und einem hohen Gestaltungswillen ausdrückt, ggf. zu einer entsprechend authentischen und inspirierenden Führung im Stande sein und dies auch auf weitere Führungskräfte übertragen.[708] Vor allem für hochqualifizierte Ingenieure ist dies aufgrund des hohen Interesses an der Arbeitsaufgabe selbst sowie dem Streben nach Autonomie, Selbstverwirklichung etc. relevant.[709] Inwiefern ein derartiges Führungsverhalten allerdings tatsächlich zur Anwendung kommt, ist kritisch zu hinterfragen. So wird der Inhaber

703 Vgl. Hentze/Graf (2005), S. 287 ff.

704 Als kritisch wird in Bezug auf situationsorientierte Ansätze erachtet, dass konkrete Gestaltungsempfehlungen aufgrund der Vielfältigkeit der situativen Bedingungen kaum mehr abgegeben werden können. Die Anwendbarkeit in der Praxis ist somit stark eingeschränkt. Vgl. Becker (2006b), S. 286; Hentze/Graf (2005), S. 291.

705 Vgl. Hertig (1996), S. 230 f; Berthel/Becker (2010), S. 591; Becker (2006b), S. 288; Schanz (1991), S. 24.

706 Vgl. Becker (2006b), S. 283.

707 Führungsgrundsätze stellen grundlegende Verhaltensleitlinien dar, welche sich auf Basis der Führungsphilosophie aus der Unternehmungsphilosophie und -kultur ableiten. Sie weisen einen entsprechend dauerhaften und normierenden Charakter auf. Vgl. Hentze/Graf (2005), S. 269; Berthel/Becker (2010), S. 159.

708 Vgl. Abschnitt 2.2.2.

709 Vgl. Evers (1991), S. 746; Flato/Reinbold-Scheible (2008), S. 192 f.

selbst vielfach auch als einschränkende Variable aufgefasst, da er sich ggf. durch eine patriarchalische Grundhaltung auszeichnet. Begründet durch den Anspruch, seine Unternehmung zu führen, tritt dieser ggf. eher paternalistisch und autoritär auf. SCHMIDT spricht von einer „*Herr im Hause*“[710]-Mentalität, die sich zwar durch eine väterliche Fürsorge ausdrücken, aber auch potenzielle Konflikte bis hin zu einer Anpassung der Verhaltensbereitschaften verursachen kann. Grundsätzliche Aussagen können hier allerdings kaum getroffen werden. Vielmehr bestehen Vermutungen, dass sich eine solche Grundhaltung eher in der älteren Inhabergeneration wiederfindet, wohingegen in jüngeren Generationen tendenziell ein mitarbeiterorientiertes Verhalten zur Anwendung kommt.[711]

Insgesamt zeigt sich innerhalb der Personalführung, dass eine Steuerung des Bindungsverhaltens in der Fähigkeit zur situationsbedingten Anpassung des Führungsverhaltens auf Basis kooperativ-partizipativer Führungsstile liegt. Der industrielle Mittelstand ist hier vermutlich aufgrund seiner charakteristischen Merkmale begünstigt. Der Inhaber selbst und dessen grundsätzliches Führungsverständnis bzw. -verhalten stellen diesbezüglich vielfach den entscheidenden Bezugspunkt dar. Selbst dann sind allgemein gehaltene Aussagen jedoch kaum zu treffen, da sich der Führungsprozess durch eine hohe Dynamik auszeichnet.

3.4.5 Maßnahmen des Organisationssystems

Mit dem Organisationssystem ist eine organisatorische Umsetzung bzw. strukturelle Verankerung der Gestaltungspotenziale aus den weiteren Führungssubsystemen angesprochen.[712] Motivational bedingte Verhaltensbereitschaften der Mitarbeiter können so ebenfalls gesteuert werden.[713] Das Organisationssystem nimmt diesbezüglich auf nahezu sämtliche Bindungsfaktoren Bezug, da es strukturelle Voraussetzungen für die Durchführung zahlreicher Bindungsmaßnahmen darstellt. Die Basis einer unternehmerischen Entsprechung von dahinterstehenden Mitarbeitermotiven nach Sicherheit, Kontakt, Autonomie etc. kann so gebildet werden.[714]

---

710 Schmidt (2003), S. 12.

711 Vgl. Pfohl (2006b), S. 90; Hamel (2006), S. 237; Schmidt (2003), S. 12; Mugler (1999), S. 125 f.; Krämer (2009), S. 223; Schweinsberg (2006), S. 65 ff.

712 Vgl. Picot (2007), Sp. 1283 f.

713 Vgl. Bea/Göbel (2010), S. 10 ff.; Worrach (2001), S. 68.

714 Vgl. Bea/Göbel (2010), S. 13; Berthel/Becker (2010), S. 591.

Zugrunde gelegt wird in diesem Zusammenhang ein instrumentaler Organisationsbegriff.[715] Dieser geht davon aus, dass die Unternehmung eine Organisation *hat* und thematisiert „*[...] die Gesamtheit aller generellen expliziten Regelungen zur Gestaltung von Aufbaustrukturen und Ablaufprozessen der Unternehmung.*“[716] Eingesetzt wird dieses Regelsystem bei gegebenen Zielsetzungen als Führungsinstrument.[717] Dem Begriffsverständnis folgend ist im Rahmen des Organisationssystems eine bindungsfördernde Gestaltung der Aufbau- sowie der Ablauforganisation bedeutsam (vgl. Abbildung 26).[718] Nachfolgend werden diese beiden Bereiche in Bezug auf den industriellen Mittelstand näher exploriert und analysiert.[719] Im Fokus steht das für den industriellen Mittelstand als charakteristisch erachtete Merkmal einer überschaubaren Organisationsstruktur, welches grundsätzlich bereits eine geringere Ausprägung formal-organisatorischer Maßnahmen impliziert.[720]

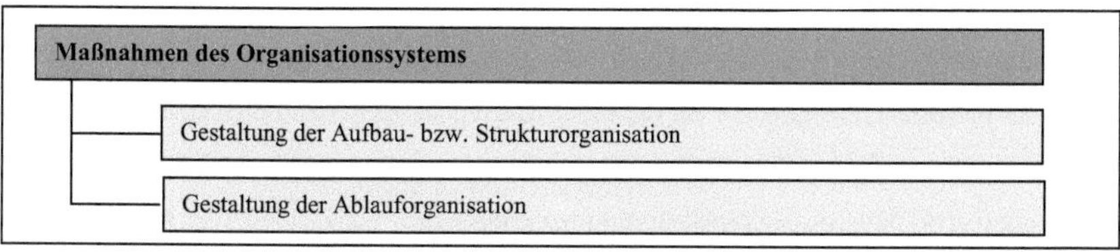

Abbildung 26: Maßnahmen des Organisationssystems.
Quelle: In Anlehnung an Bea/Göbel (2010), S. 247 ff.

Gegenstand der **Aufbauorganisation** ist die Schaffung einer stabilen Struktur, dem Stellengefüge, welches sich im Organigramm der Unternehmung wiederspiegelt (synonym: formale Organisationsstruktur, Strukturorganisation).[721] Potenziale eines Bindungsmanagements liegen hierbei in der Gestaltung der den verschiedenen Formen der Strukturorganisation – wesentlich werden die drei Grundformen der funktionalen, divisionalen oder Matrixorganisation angeführt[722] – zugrunde liegenden Strukturdimensionen bzw. Gestaltungsprinzipien. Es han-

---

715 Dieser ist abzugrenzen vom institutionellen Organisationsbegriff, welcher ein offenes sozio-technisches System postuliert. Vgl. hierzu bspw. Bea/Göbel (2010), S. 6.

716 Becker (2011a), S. 160.

717 Vgl. Becker (2011a), S. 160; Bea/Göbel (2010), S. 5.

718 Vgl. Thiele (2005), S. 46; Schirmer (2007a), S. 51.

719 Zu verweisen ist auf zahlreiche Interdependenzen zwischen beiden Bereichen, da diese das organisatorische Gesamtproblem lediglich unter unterschiedlichen Gesichtspunkten betrachten. Vgl. Frost (2004), Sp. 45 ff.; Becker (2011a), S. 161; Bea/Göbel (2010), S. 247 f.

720 Vgl. Abschnitt 2.2.2.

721 Angesprochen ist somit die Zerlegung der Unternehmungsaufgabe in verschiedene Teilaufgaben im Rahmen der Aufgabenanalyse sowie die anschließende Zusammensetzung zu spezifischen Aufgabenkomplexen innerhalb der Aufgabensynthese. Vgl. Becker (2011a), S. 161; Bea/Göbel (2010), S. 247 ff.

722 Vgl. Bühner/Tuschke (2007), Sp. 1289; Bea/Göbel (2010), S. 388.

delt sich um die Spezialisierung, die Koordination, die Konfiguration, die Entscheidungsdelegation sowie die Formalisierung.[723] Zum Teil bedingen sich diese dabei gegenseitig und sind charakteristisch für eine der genannten aufbauorganisatorischen Grundformen.

Die Strukturdimension der **Spezialisierung** bezieht sich auf die Form der notwendigen Arbeitsteilung in der Unternehmung, d. h. es erfolgt eine Zerlegung der unternehmerischen Gesamtaufgabe in differenzierbare Teilaufgaben, wobei der Grad (hoch vs. niedrig) und die Art (verrichtungs-, objektbezogen, Mischformen) der Spezialisierung differenziert werden.[724] [725]

Im Kontext eines Bindungsmanagements wird darauf verwiesen, dass der Spezialisierungsgrad niedrig ausgeprägt sein sollte, d. h. die Anzahl der zu bildenden Stellen nicht zu stark auszudifferenzieren ist. Dies entspricht einer organisatorischen Umsetzung der aus den anderen Führungssubsystemen erläuterten Forderung nach abwechslungsreichen und verantwortungsvollen (Teil-) Aufgaben. Dieser Aspekt fällt umso mehr ins Gewicht, je höher die Qualifikation der betroffenen Mitarbeiter ist, da so die Diskrepanz zwischen Leistungsfähigkeit und -erwartung umso größer ist.[726] In diesem Zusammenhang gilt gerade die objektbezogene Spezialisierung (bspw. divisionale Organisation) im Vergleich zur verrichtungsbezogenen Spezialisierung (bspw. funktionale Organisation) als geeignet, da diese Spezialisierungsart einen geringeren Spezialisierungsgrad aufweist. Demnach werden die Mitarbeiter zu Spezialisten für ihr Produkt, ihre Region etc., was dazu führt, dass sämtliche Funktionen innerhalb dieses Objektes eine Beachtung finden und eine Gesamtperspektive vorhanden ist.[727] Ähnlich erfolgt die Argumentation für mehrdimensionale Spezialisierungen (bspw. Matrixorganisation). Insbesondere wird hier eine Förderung kreativer Problemlösungsprozesse herausgestellt, welche im Zusammenhang mit ganzheitlichem und selbstbestimmten Handeln stehen.[728]

---

723 Vgl. zu einem Überblick insbesondere Kieser/Walgenbach (2010), S. 65 ff., sowie ähnlich Bea/Göbel (2010), S. 289 ff.

724 Mit dem **Spezialisierungsgrad** ist die Anzahl der zu bildenden Stellen angesprochen. Eine hohe Spezialisierung liegt vor, wenn die Differenzierung der Teilaufgaben vergleichsweise stark ausgeprägt ist. Die **Spezialisierungsart** bezieht sich auf die inhaltliche Aufgabenteilung. Als typisch gelten eindimensionale Formen der verrichtungs- und objektbezogenen Spezialisierung sowie mehrdimensionale Mischformen. Vgl. Bea/Göbel (2010), S. 289 ff.; Reiß (1992), Sp. 2289; Hentze et al. (2005), S. 439.

725 Betrachtet wird hierbei vor allem die zweite Hierarchieebene, welche sich direkt unterhalb der Unternehmungsleitung (hier: Inhaberführung) befindet. Auf nachgelagerten Ebenen ist vielfach mit individuellen Spezialisierungsarten und deren Vermischung zu rechnen. Vgl. Bühner/Tuschke (2007), Sp. 1291.

726 Vgl. Bea/Göbel (2010), S. 291.

727 Vgl. Bea/Göbel (2010), S. 292, S. 363 f. und S. 370 f.

728 Vgl. Bea/Göbel (2010), S. 381 f.

Im industriellen Mittelstand liegen zumeist verrichtungsorientierte Aufbauorganisationen vor, was vor allem für die kleineren Unternehmungen gilt. Erst mit zunehmender Größe werden auch weitere Spezialisierungsarten tendenziell eingesetzt, wobei allerdings mehrdimensionale Aufbauprinzipien als untypisch gelten und vielfach aufgrund der Fokussierung auf ein dominantes Hauptprodukt sachlich-inhaltlich keine Gestaltungsgrundlage bieten.[729] Die Bindungspotenziale fallen diesen Aspekt betreffend jedoch lediglich vordergründig betrachtet geringer aus. So ist zu vermuten, dass die mit einer Verrichtungsorientierung einhergehenden Nachteile verhältnismäßig wenig ins Gewicht fallen, da sich die gesamte mittelständische Organisation insgesamt durch eine große Überschaubarkeit auszeichnet. Demnach führt vor allem der geringe Spezialisierungsgrad dazu, dass eine Differenzierung der Teilaufgaben sehr gering ausfällt. Eine Abteilungsbildung erfolgt lediglich im notwendigen Maße, und die Arbeitsweise ist tendenziell generalistisch ausgeprägt. Dies kann dazu beitragen, die Verhaltensbereitschaften der Mitarbeiter positiv zu beeinflussen.

Ein weiteres Gestaltungsprinzip ist mit der **Koordination** angesprochen. Eine Notwendigkeit hierzu ergibt sich unmittelbar aus der Aufteilung der Gesamtaufgabe in unterschiedliche Teilaufgaben, welche nun zur adäquaten Erreichung des unternehmerischen Gesamtziels aufeinander auszurichten sind. [730] Im Fokus stehen die Koordinationsmechanismen bzw. -instrumente der Fremdkoordination (bspw. persönliche Weisungen, Programme, Pläne) und der Selbstkoordination (bspw. Selbstabstimmung, organisationsinterne Märkte).[731]

Vor dem Hintergrund eines Bindungsmanagements werden eindeutige Aussagen zu den jeweiligen Koordinationsmöglichkeiten nicht abgegeben. Auch wird angenommen, dass in den meisten Fällen eine Kombination verschiedender Instrumente vorgenommen wird. Grundsätzlich kommt im Rahmen der Fremdkoordination insbesondere der Koordination durch persönliche Weisungen eine Bedeutung zu, da die individuelle Beziehung zum Vorgesetzten betont wird. Eine entsprechende Verhaltenssteuerung ist dann allerdings von der Persönlichkeit, dem Führungsverhalten etc. des Vorgesetzten abhängig.[732] Negative Aspekte einer vorhandenen Fremdbestimmung sowie des zum Ausdruck kommenden Unterstellungsverhältnisses können

---

729 Vgl. Bühner/Tuschke (2007), Sp. 1292.

730 Vgl. Kieser/Walgenbach (2010), S. 93 ff.

731 Von Fremd- bzw. Selbstkoordination wird gesprochen, wenn die Koordination nicht im bzw. im Einflussbereich der Mitarbeiter liegt. Vgl. Bea/Göbel (2010), S. 297 ff.; Kieser/Walgenbach (2010), S. 101 ff.

732 Vgl. Abschnitt 3.4.4.6.

durch eine Koordination durch Programme sowie durch Pläne abgemildert und eine Selbstbestimmung gefördert werden.[733]

Aspekte einer Selbstbestimmung kommen darüber hinaus vor allem durch die Instrumente der Selbstkoordination zur Geltung. So unterstützen organisationsinterne Märkte durch eine weitgehend ganzheitliche Ausrichtung der Aufgabenbereiche autonome und verantwortliche Handlungen.[734] Als kritisch gilt jedoch, dass sich dies weitgehend nur auf die jeweilige Bereichsleitung bezieht.[735] Mit der Koordination durch Selbstabstimmung können darüber hinaus ebenfalls wirksame Impulse gesetzt werden. Es wird jedoch darauf verwiesen, dass gerade Selbstabstimmungsprozesse nur in Teilbereichen umsetzbar sind, da entsprechende Gruppenentscheidungen aus Zeit- und Qualifikationsgründen limitiert sind.[736]

Der industrielle Mittelstand profitiert in diesem Zusammenhang vielfach von einem grundsätzlich geringeren Koordinationsbedarf, da die Komplexität des gesamten Systems vergleichsweise gering ausgeprägt ist. Mit steigender Unternehmungsgröße nimmt hierbei durch eine differenziertere Leistungserstellung und einer diesbezüglich bestehenden Notwendigkeit zur horizontalen und vertikalen Aufgabenspezialisierung tendenziell auch der Bedarf nach effizienter Koordination zu.[737] Demzufolge ist auch die Anwendung verschiedener Koordinationsinstrumente überschaubar und gewährleistet eine schnelle und flexible Abstimmung. Zum Einsatz kommen vor allem persönliche Weisungen innerhalb der Fremdkoordination, welche durch den Inhaber geprägt sind und von diesem entsprechend bindungsfördernd gestaltet werden können.[738] Selbstkoordination vollzieht sich – je nach dem wie weit dies vom Inhaber zugelassen wird – durch Selbstabstimmungsprozesse.

Die beiden bislang behandelten Strukturdimensionen der Spezialisierung und Koordination gelten als zentrale Prinzipien formaler Strukturdimensionen. Darauf aufbauend gilt es jedoch die so entstandene äußere Form des Stellengefüges – die hierarchische Ordnung – zu thematisieren. Dies geschieht mittels des Merkmals der **Konfiguration**, welches sich in einer engen begrifflichen Fassung[739] insbesondere mit den Weisungsbefugnissen bzw. -kompetenzen ein-

---

733 Vgl. Bea/Göbels (2010), S. 320 f.

734 Vgl. Bea/Göbel (2010), S. 321.

735 Vgl. Kieser/Walgenbach (2010), S. 117 f.

736 Vgl. Kieser/Walgenbach (2010), S. 103 ff.

737 Vgl. Behrends (2007), S. 26 f.

738 Vgl. Pfohl (2006a), S. 19; Füglistaller et al. (2009), S. 306; Krämer (2009), S. 216.

739 Vgl. zu einer weiteren Fassung bspw. Bea/Göbel (2010), S. 311 ff.

zelner Stellen beschäftigt, d. h. dem durch die Organisation verliehenem Recht, anderen Anweisungen zu erteilen (synonym: **Leitungssystem**).[740] Als alternative Gestaltungsformen werden das Einlinien-, Mehrlinien- sowie das Stabliniensystem angeführt.[741] Darüber hinaus sind Aspekte der Gliederungstiefe, Leitungsspannen und Stellenrelationen relevant.[742]

Im Kontext eines Bindungsmanagements wird in Anlehnung an die Aspekte des selbstbestimmten und verantwortlichen Handelns auf einen Abbau von Hierarchieebenen verwiesen. Es wird von schlanken Hierarchien gesprochen.[743] Die damit einhergehende Vergrößerung der Leitungsspannen, welche zu einer Förderung von mehr Selbstkontrolle und Verantwortung der Mitarbeiter beitragen, sind allerdings insofern problematisch, da die Beziehung zum Vorgesetzten aufgrund dessen potenzieller Überlastung im Allgemeinen abnimmt.[744] Im industriellen Mittelstand ist diese Problematik jedoch grundsätzlich weniger stark ausgeprägt, da die überschaubaren Strukturen und die vergleichsweise geringe Mitarbeiteranzahl von vornherein einen flachen hierarchischen Aufbau bei einer angemessenen Leitungsspanne implizieren.[745] Die charakteristisch vorhandenen flachen Hierarchien führen demnach auch zu einem (intensiveren) Kontakt bis hin zur Unternehmungsspitze bzw. zum Inhaber, was unter Bindungsaspekten von großer Bedeutung ist. In industriellen Großkonzernen liegt hier vielfach nicht nur eine räumliche, sondern vor allem auch eine sozial kaum zu überbrückende Distanz vor.[746]

Die Anwendung verschiedener Liniensysteme ist darüber hinaus im Allgemeinen mit jeweiligen Vor- und Nachteilen verbunden, welchen auch eine dementsprechende Bindungswirkung zukommt.[747] So gelten u. a. Einliniensysteme hinsichtlich der Länge der Informationswege als benachteiligt, während Mehrliniensysteme durch die vorhandene Mehrdeutigkeit der Kompetenzregelungen Defizite aufweisen. Industrielle Mittelständler weisen jedoch systembedingt Potenziale zur effizienteren Nutzung der vor allem zum Einsatz kommenden Einliniensysteme

---

[740] Vgl. Kieser/Walgenbach (2010), S. 72 und S. 127 ff.

[741] **Einliniensysteme** basieren auf einer Einfachunterstellung, d. h. untergeordnete Instanzen bekommen Anweisungen ausschließlich von der direkt übergeordneten Instanz. Bei **Mehrliniensystemen** hingegen erfolgt die Weisungserteilung durch mehrere höherrangige Instanzen. Das **Stabliniensystem** basiert auf dem Einliniensystem. So werden den Abteilungen Stäbe zur unterstützenden Aufgabenerfüllung zugeordnet. Vgl. Bea/Göbel (2010), S. 299 ff.; Kieser/Walgenbach (2010), S. 128 ff.; Vahs (2009), S. 112 ff.

[742] Mit der **Gliederungstiefe** ist die vertikale Ausgestaltung der Weisungsstellen angesprochen. **Leitungsspannen** beziehen sich auf die Anzahl der direkt untergeordneten Stellen einer Instanz. Die **Stellenrelation** betrifft das Verhältnis von Instanzen und ausführenden Stellen. Vgl. Kieser/Walgenbach (2010), S. 148 ff.

[743] Vgl. Schmid (1993), S. 288.

[744] Vgl. Bea/Göbel (2010), S. 320.

[745] Vgl. Füglistaller et al. (2009), S. 306.

[746] Vgl. Behrends (2007) S. 28.

[747] Vgl. Bea/Göbel (2010), S. 301; Kieser/Walgenbach (2010), S. 135.

auf. So bleiben die Informationswege aufgrund der Gesamtgröße überschaubar und die Kompetenzregelungen durch den engen Zuschnitt auf die Inhabergeschäftsführung eindeutig.[748]

Eine weitere Strukturdimension stellt die **Delegation** dar. Während durch das Merkmal der Konfiguration die Weisungsbefugnisse grundsätzlich festgelegt werden, erfolgt durch die Delegation eine Betrachtung der Verteilung der Entscheidungsbefugnisse bzw. -kompetenzen, d. h. der Festlegung von Regelungen zur entscheidungsrelevanten Vertretung der Unternehmung nach innen und außen.[749] Ausgehend von der Unternehmungsspitze bestehen hierbei unterschiedliche Varianten hinsichtlich des Übertragungsumfanges von Entscheidungskompetenzen auf nachrangige Stellen. Die zentralen Gestaltungsalternativen werden durch die Zentralisation sowie die Dezentralisation als zwei Extrempole eines Kontinuums beschrieben.[750]

Aus der Bindungsperspektive heraus gilt vor allem die Gestaltung einer weitreichenden Dezentralisation von Entscheidungskompetenzen als zielführend, da so verantwortungsvolles und selbstbestimmtes Handeln gefördert werden kann. Die organisatorische Verankerung zur aktiven Mitentscheidung unterstützt somit eine Steuerung des Bindungsverhaltens.[751] Als kritisch wird in diesem Zusammenhang allerdings der Konflikt zwischen Führungskräften, bzw. weisungsbefugten Instanzen, und nachgeordneten Instanzen bemerkt, da die Anreicherung mit Verantwortung auf nachgelagerten Ebenen mit einer gleichzeitigen Verdünnung selbiger auf den höher gelagerten Ebenen verbunden ist.[752]

Im industriellen Mittelstand ist die Strukturdimension der Delegation vor allem bei kleineren Unternehmungen in Form einer stark ausgeprägten Zentralisation auf die Unternehmungsleitung in der Person des Inhabers vorzufinden. Erst mit zunehmender Unternehmungsgröße werden Dezentralisierungstendenzen angenommen. Wesentliche Entscheidungskompetenzen sind auf der höchsten Hierarchieebene verankert. Entsprechend ist zu vermuten, dass eine strukturelle Delegation kaum als Bindungsmaßnahme eingesetzt wird. Gerade durch die Über-

---

[748] Vgl. Pfohl (2006a), S. 19; Schmid (1993), S. 288; Krämer (2009), S. 216.

[749] Vgl. Kieser/Walgenbach (2010), S. 72 und S. 151 ff.

[750] Von **Zentralisation** wird gesprochen, wenn die Entscheidungskompetenzen auf das oberste Leitungsorgan fokussiert sind. Eine **Dezentralisation** liegt vor, sofern eine systematische Verlagerung von der Unternehmungsleitung auf nachrangige Stellen organisatorisch gestaltet wird. Vgl. Bea/Göbel (2010), S. 293 ff.

[751] Diese organisatorische Verankerung geht dabei weit über den bereits thematisierten Aspekt der Partizipation hinaus, welche als freiwillige und fallbezogene Beteiligung bspw. innerhalb eines gewählten Führungsstils gilt. Vgl. hierzu Kieser/Walgenbach (2010), S. 156; Bea/Göbel (2010), S. 294.

[752] Vgl. Bea/Göbel (2010), S. 320.

tragung von Verantwortungen können jedoch Bindungspotenziale gefördert werden, was vielfach in erfolgreichen mittelständischen Industrieunternehmungen dennoch praktiziert wird.[753]

Als letzte Strukturdimension im Rahmen aufbauorganisatorischer Regelungen wird das Merkmal der **Formalisierung** angeführt. Formalisierung thematisiert Regelungen zur Form und zur medialen Umsetzung der Kommunikation zwischen den Mitgliedern der Unternehmung unter Fokussierung auf deren schriftliche Ausarbeitung.[754] Differenzierbar sind hier bspw. die Strukturformalisierung und die Aktenmäßigkeit.[755]

Als Maßnahme eines Bindungsmanagements wird insbesondere ein weitgehender Verzicht auf formalisierte Regelungen propagiert.[756] So gilt ein hoher Formalisierungsgrad als bürokratisch und kann den kreativen Arbeitsprozess behindern bzw. lähmen. Es wird allerdings auch angemerkt, dass hierdurch Arbeitsprozesse strukturiert werden können und somit ein Gefühl der Sicherheit entsteht.[757]

In Bezug auf den industriellen Mittelstand wird zumeist zwar auf das grundsätzliche Vorhandensein von organisationalen Regelungen und deren schriftlicher Fixierung verwiesen, allerdings wird dies nicht selten auf das Notwendige beschränkt. Betont wird vielmehr die Notwendigkeit einer flexiblen Unternehmungssteuerung, um so eine schnelle Anpassung an sich verändernde Umweltbedingungen vornehmen zu können. Zu stark ausgeprägte formale Regelungen können dies ggf. behindern.[758] Ein geringer Formalisierungsgrad ist dementsprechend als charakteristisches Merkmal gegeben.[759]

Neben der Gestaltung der Aufbauorganisation ist die damit eng zusammenhängende Gestaltung der **Ablauforganisation** zu thematisieren. In einem traditionellen Verständnis ist die Ablauforganisation (synonym: Arbeitsorganisation) der Aufbauorganisation nachgelagert bzw. sie wird innerhalb einer bereits bestehenden Aufbauorganisation durchgeführt.[760] Zur

---

753 Vgl. Kayser (1995), Sp. 1302; Pepels 2002, S. 133; Krämer (2009), S. 216.

754 Vgl. Kieser/Walgenbach (2010), S. 72 und S. 157 ff.

755 Erstes bezieht sich als Merkmal der Bürokratisierung auf die Nutzung von Organisationsschaubildern, -handbüchern etc. Zweites beinhaltet die Formalisierung des Informationsflusses durch schriftliche Anweisungen, sogenannte Dienstanweisungen. Vgl. Kieser/Walgenbach (2010), S. 157 ff.

756 Dies bezieht sich vor allem auf innovationsfördernde Arbeitskontexte. Vgl. bspw. Becker (1991), S. 588.

757 Vgl. hierzu auch Abschnitt 3.3.3.2.

758 Vgl. Kayser (1995), Sp. 1303.

759 Vgl. Pfohl (2006a), S. 19; Füglistaller et al. (2009), S. 306; Krämer (2009), S. 215.

760 Wesentliche Merkmale sind eine Zerlegung vorhandener Arbeitsaufgaben bis hin zu kleinsten Handgriffen sowie eine anschließende personale Zuordnung notwendiger Arbeitsteile, deren zeitliche Abstimmung sowie deren räumlich sinnvolle Anordnung. Vgl. Bea/Göbel (2010), S. 258 f. und S. 329 ff.

Steuerung des Bindungsverhaltens wird diese Vorgehensweise jedoch nur bedingt als wirksam erachtet, da sie im Wesentlichen auf einem tayloristischen Arbeitsverständnis basiert, welches u. a. mit einem sehr hohen Spezialisierungsgrad verknüpft ist.[761] Für die Gestaltung eines Bindungsmanagements als wichtiger wird daher die Ablauforganisation im Sinne einer **Prozessorganisation** erachtet. Bei prozessorientierten Abläufen steht die Gestaltung von Geschäftsprozessen unter räumlichen, zeitlichen und personalen Gesichtspunkten im Mittelpunkt. Die klassische Ausrichtung an aufbauorientierten Arbeitsprozessen wird dabei verlassen und durch eine umfassende Ausrichtung am Kunden ersetzt.[762] Als gestalterische Erscheinungsformen gelten bspw. das Key-Account- oder das Produktmanagement.[763]

Im Kontext der Gestaltung eines Bindungsmanagements wird diesbezüglich davon ausgegangen, dass durch die Überwindung der Fokussierung auf einzelne innerbetriebliche Funktionen eine stärkere Orientierung an gesamtunternehmerischen Prozessen erfolgt. Mit dem Merkmal der Ganzheitlichkeit sind dann unternehmerisches Denken und Erkennen von Zusammenhängen förderbar.[764] Gleichzeitig werden funktionale Spezialisierungen, Koordinationserfordernisse sowie übermäßig steile Konfigurationen u. a. dadurch abgebaut, dass vielfältige Tätigkeiten bei größeren Handlungsspielräumen und klaren Verantwortungszuweisungen bearbeitet werden. Auch der Gruppenaspekt findet hierbei Eingang, da Tätigkeitsbereiche bei vorliegender Überlastung problemlos von Einzelnen auf ganze Gruppen übertragbar sind.[765]

Eine entsprechend prozessorientierte Ausrichtung ist dabei auch im industriellen Mittelstand möglich. Es ist in diesem Zusammenhang sogar davon auszugehen, dass zu einer Realisierung der als typisch geltenden Flexibilität und Reaktionsschnelligkeit am Markt ein solches Vorgehen im Besonderen berücksichtigt wird. Auch kann das Fehlen von umfangreichen und starren Organisationsstrukturen eine Prozessperspektive begünstigen.[766]

Insgesamt betrachtet liegen Potenziale zur Steuerung des Bindungsverhaltens innerhalb des Organisationssystems in der Gestaltung der Aufbau- und Ablauforganisation. Der industrielle Mittelstand erscheint hierbei in einer guten Ausgangsposition, da der Komplexitätsgrad struk-

---

761 Bindungsrelevante Gestaltungsoptionen liegen hier bestenfalls in einer weniger strikten Festlegung einzelner Arbeitsschritte in Bezug auf die Dauer und/oder die Reihenfolge vor, um individuelle Handlungsspielräume zu erhöhen. Vgl. Bea/Göbel (2010), S. 332.

762 Das Wertkettenmodel nach Porter stellt die Grundlage dieser Überlegungen dar. Vgl. hierzu Porter (1985), S. 33 ff., sowie ferner Volck (1997), S. 31 ff.; Bea/Göbel (2010), S. 352 ff. und S. 406.

763 Vgl. Bea/Göbel (2010), S. 384 f.; Schirmer (2007a), S. 53.

764 Vgl. Bea/Göbel (2010), S. 355 f. und S. 408.

765 Vgl. Bea/Göbel (2010), S. 323 f. und S. 332.

766 Vgl. Pfohl (2006b), S. 104.

tureller Maßnahmen insgesamt weniger stark ausgeprägt ist. Dementsprechend fallen auch ggf. vorliegende Defizite, bspw. einer hohen Zentralisation innerhalb der Entscheidungsdelegation, weniger stark ins Gewicht. Gleiches gilt für die oftmals bestehende verrichtungsorientierte Spezialisierung. Zu berücksichtigen ist bei der Betrachtung der Gestaltungsprinzipien der Aufbauorganisation aber, dass diese vielfach nicht unabhängig voneinander nutzbar sind. So ist u. a. eine weitreichende Delegation von Entscheidungen mit einem verrichtungsorientierten Organisationsaufbau kaum vereinbar. Auch in Bezug auf die damit eng zusammenhängende Gestaltung der Ablauforganisation im Sinne einer Prozessorganisation sind zumindest grundlegende Potenziale im industriellen Mittelstand zu vermuten.

3.4.6 Maßnahmen des unternehmungspolitischen Rahmens

Gegenstand des unternehmungspolitischen Rahmens ist die Schaffung einer konzeptionellen Gesamtsicht auf die Unternehmung, welche auf sämtliche Führungssubsysteme innerhalb des Führungssystems ausstrahlt.[767] Einen wesentlichen Bezugspunkt stellen die zentralen Werte, Verhaltensweisen und organisatorischen Normen dar, die die jeweilige Unternehmung prägen und ihr so eine spezifische und unverwechselbare Identität verleihen.[768] Für eine Steuerung des Bindungsverhaltens wird diesen eine enorme Bedeutung beigemessen. Vor allem dann, wenn es gelingt, eine hohe Übereinstimmung individueller und unternehmungsbezogener Werte zu erzielen.[769] Diesbezüglich wird auf nahezu alle unternehmungsbezogenen Bindungsfaktoren Bezug genommen, da die Auseinandersetzung mit der grundlegenden unternehmungspolitischen Ausrichtung auf sämtliche weiteren Aspekte im Zusammenhang mit der Mitgliedschaft in der Unternehmung wirkt. Im besonderen Fokus stehen allerdings solche Bindungsfaktoren, die die Bedeutung von Werten und Normen thematisieren, bspw. die allgemeinen organisatorischen oder die sozialen Faktoren.[770] Für ein Bindungsmanagement im industriellen Mittelstand erscheint eine Thematisierung des unternehmungspolitischen Rahmens daher unverzichtbar. Konkret lassen sich diesbezüglich die Teilbereiche der Unterneh-

---

[767] Vgl. Becker (2011b), S. 91; Becker (2011a), S. 113; Becker (1990), S. 5; Steinle (2005), S. 76.

[768] Vgl. Pfohl (2006b), S. 80 f.; Dillerup/Stoi (2011), S. 51f.; Becker (2011b), S. 30 f.

[769] Vgl. Kieser (1995), Sp. 1450 f.; Agarwala (2003), S. 191; Schiedt (2000), S. 55; Shahidi (2005), S. 38; Schirmer (2007a), S. 53.

[770] Vgl. Abschnitt 3.3.3.2 und 3.3.3.4.

mungsphilosophie, -politik, -kultur und -identität differenzieren, welche Gegenstand der nachfolgenden Überlegungen sind (vgl. Abbildung 27).[771]

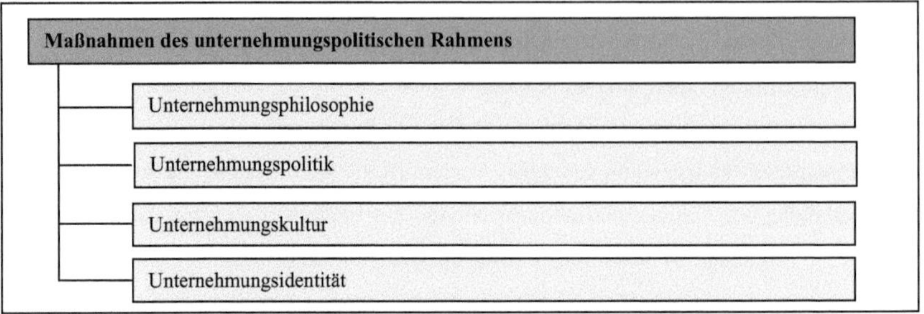

Abbildung 27: Maßnahmen des unternehmungspolitischen Rahmens.
Quelle: In Anlehnung an Bleicher (2004), S. 80 ff.

Mit der **Unternehmungsphilosophie** sind zunächst grundlegende Einstellungen, Überzeugungen und Wertvorstellungen einer Unternehmung in Bezug auf eine moralische, ethische, soziale und gesellschaftliche Verantwortung angesprochen.[772] Basierend auf der Erziehung und den Erfahrungen von für die Unternehmung relevanten Persönlichkeiten, bestimmen sie im großen Umfang das Denken sowie die Handlungsweisen sämtlicher Mitarbeiter.[773] Eine Gestaltung erfolgt vor allem durch eine aktive Reflektion der vorhandenen Wertebasis der Unternehmung, da prägende Merkmale, bspw. durch historische Lernprozesse, in jeder Unternehmung grundsätzlich schon vorhanden sind. Demzufolge geht es weniger um den Entwurf einer neuen Philosophie als vielmehr um eine gezielte und bindungswirksame Weiterentwicklung der bestehenden Wertebasis. Gerade die Fähigkeit zur bewussten Auseinandersetzung mit diesen Aspekten kann einen wesentlichen Gestaltungsaspekt eines Bindungsmanagements darstellen.[774] Als potenzielles Instrumentarium werden u. a. Werte- und Ethikkodizes angeführt, mit deren Hilfe eine verpflichtende Kodifizierung von bestehenden bzw. erwünschten moralischen Prinzipien erfolgen kann.[775]

---

771 Vgl. hierzu insbesondere Bleicher (1994), S. 43 ff.; Bleicher (2004), S. 80 ff., sowie ferner Dillerup/Stoi (2011), S. 52; Berthel/Becker (2010), S. 592.; Loffing/Loffing (2010), S. 66 ff.

772 Vgl. zum folgenden auch Bleicher (1994), S. 57 ff., sowie Bleicher (2004), S. 94 ff.

773 Diese stellen den sichtbaren Teil der innerhalb der Unternehmungskultur vielfach unbewusst vorhandenen und gelebten Werte dar. Es wird auch von einer Transparentmachung bzw. einer Werteerhellung und -definition gesprochen. Vgl. Bleicher (2004), S. 99 f.; Dillerup/Stoi (2011), S. 59.

774 Vgl. DGFP (2004), S. 24; Fisch (2003), S. 215; Dessler (1999), S. 60.

775 Differenzierbar sind eine Übernahme bestehender Kodizes (bspw. die 10 Gebote für Unternehmer vom Bund Katholischer Unternehmer e. V. oder der Global Compact der Vereinten Nationen) oder deren selbstständige Erarbeitung. Vgl. Dillerup/Stoi (2011), S. 60 ff.

Im industriellen Mittelstand sind die grundlegenden moralischen, sozialen und gesellschaftlichen Wertvorstellungen sehr stark durch den Inhaber geprägt. Demnach übt dieser einen wesentlichen Einfluss auf die bestehenden Werte und deren Weiterentwicklung aus. Vielfach wird in diesem Zusammenhang von einer Inhabergeschäftsführung gesprochen, welche *„[...] mit der Attitüde des Eigners „ihren" Betrieb betrachtet und führt [...].*"[776] Ein diesbezüglich ggf. patriarchalisches Auftreten und eine damit verbundene hohe Bedeutung emotionaler Aspekte im Arbeitgeber-Arbeitnehmer-Verhältnis führen dazu, dass Mitarbeiter im weitesten Sinne als Familienangehörige betrachtet werden und sich der Inhaber für diese entsprechend einsetzt. Wertvorstellungen wie bspw. soziale Sicherheit erfahren somit eine andere Bedeutung, als dies u.U. in Großkonzernen, trotz eines auch dort grundsätzlichen Vorhandenseins, möglich ist.[777] Als Fähigkeit zur Steuerung von Verhaltensbereitschaften können solche Wertevorstellungen von großer Bedeutung sein, da diese zumeist auch anders bzw. intensiver (vor-) gelebt werden. Dies stellt das eigentliche Bindungspotenzial dar.[778]

Mit der **Unternehmungspolitik** ist grundsätzlich die Schaffung eines Interessensausgleichs zwischen unterschiedlichen Anspruchsgruppen der Unternehmung angesprochen, wobei im Kontext eines Bindungsmanagements insbesondere die Mitarbeiter im Fokus stehen. Im Wesentlichen geht es um die Formulierung von Unternehmungszielen, welche in diesem Zusammenhang als grundsätzlich normative Vorstellungen und durch spezifische Handlungen zukünftig anzustrebende Sachverhalte verstanden werden.[779] Sie bauen auf den unternehmungsbezogenen Werten auf und verdeutlichen mittels ihrer verbindlichen und schriftlich erfolgten Autorisierung, wie diese Werte nutzbar gemacht werden können.[780] Anhand ihres Konkretisierungsgrades lassen sich diese unternehmungspolitischen Aussagen in unterschiedliche Ebenen von Unternehmungszielen differenzieren. Genannt werden vor allem die Ebenen Unternehmungszweck, -vision, -mission und -ziel.[781]

Aufgrund der besonderen Eigentümerstruktur im inhabergeführten industriellen Mittelstand ist zu vermuten, dass sich Aspekte der Unternehmungspolitik auf ein geringes Maß beschränken lassen und ein Interessensausgleich zwischen verschiedenen Anspruchsgruppen ver-

---

776 Hamel (2006), S. 237.

777 Vgl. Hamel (2006), S. 237; Boesl (1992), S. 992.

778 Die Verhaltensdimension ist insbesondere Gegenstand der noch zu erläuternden Unternehmungskultur. Die Übergänge sind jedoch fließend und eine Abgrenzung somit nur bedingt möglich und sinnvoll.

779 Vgl. Bleicher (2004), S. 157 ff.

780 Vgl. Dillerup/Stoi (2011), S. 69 und S. 84; Pfohl (2006b), S. 83.

781 Vgl. Dillerup/Stoi (2011), S. 69 ff.; Becker (2011b), S. 95 ff.; Vahs (2009), S. 128; Pfohl (2006b), S. 84.

gleichsweise einfacher herbeigeführt werden kann. Der Inhaber bzw. die Inhaberfamilie steht mit dem Bestreben nach einer langfristigen Sicherung des Bestandes und der Selbstständigkeit im Mittelpunkt. Dies führt tendenziell zu einer kontinuierlicheren und nachhaltigeren Ausrichtung bei gleichzeitiger Vermeidung von großen Veränderungen oder Brüchen, was sich entsprechend auf die Unternehmungsziele der jeweiligen Zielebenen auswirkt. Auch ist ein Streben nach kurzfristiger Gewinnmaximierung, wie es oft in fremdmanagerdominierten Großkonzernen vorherrscht, weniger stark ausgeprägt.[782] Unter Bindungsaspekten können so vermittelte Elemente von Sicherheit und Langfristigkeit von Bedeutung sein. Gleichwohl ist zu beachten, dass gerade industrielle Mittelständler vielfach von schwankenden Auftragsauslastungen betroffen sind und externe Marktentwicklungen nur durch die Wahrung einer hohen Flexibilität ausgleichen können. Unternehmungspolitisch kann dies zur Notwendigkeit von zeitlich befristeten Arbeitsverhältnissen oder der Durchführung von Kurzarbeit führen.[783]

Inwiefern die jeweiligen Zielebenen dabei tatsächlich ausdifferenziert und formal benannt werden, kann durchaus unterschiedlich ausfallen. LEITNER stellt diesbezüglich in einer Studie fest, dass bei 1/5 der mittelständischen Industrieunternehmungen sogar keine nähere Konkretisierung erfolgt.[784] Potenziale zur Förderung der Bindungsbereitschaft liegen hier aber dennoch vor. So tragen bspw. gut formulierte Unternehmungsziele auch im industriellen Mittelstand zur Motivation der Mitarbeiter bei. Dies gelingt insbesondere dann, wenn diese ein hohes Anspruchsniveau und einen herausfordernden Charakter aufweisen. Darüber hinaus können sie einen Maßstab für das bislang Erreichte darstellen.[785]

Die **Unternehmungskultur**[786] wird als das implizite Bewusstsein einer Unternehmung umschrieben. Dieses resultiert aus den akzeptierten Normen und internalisierten Werten der Mitglieder der Unternehmung, welche für deren Verhaltensweisen maßgeblich sind.[787] Im Mittelpunkt stehen somit sämtliche durch die Unternehmungsmitglieder gelebten sowie im

---

782 Vgl. Hamel (2006), S. 237 f.; Pfohl (2006b), S. 84.

783 Vgl. Hamel (2006), S. 254.

784 Vgl. Leitner (2001), S. 121.

785 Vgl. Dillerup/Stoi (2011), S. 88.

786 Synonym wird auch von Organisationskultur gesprochen. Vgl. hierzu Vahs (2009), S. 125. Scholz geht jedoch davon aus, dass dieser Begriff allgemeiner gefasst ist. Dem folgend wird hier der unternehmungsbezogene Ausdruck der Unternehmungskultur verwendet. Vgl. Scholz (2007), Sp. 1832.

787 Vgl. Bleicher (2004), S. 236 ff.; Scholz (2007), Sp. 1832; Dillerup/Stoi (2011), S. 94 ff.; Steinle (2005), S. 98 f., sowie grundsätzlich zum Begriff der Unternehmungskultur Peters/Waterman (1982); Doppler/Lauterburg (2002), S. 451.

Laufe der Zeit verinnerlichten Traditionen, Ideale, Überzeugungen, Verhaltensweisen etc.[788] Auch hier sind – analog zur Gestaltung der Unternehmungsphilosophie – vor allem eine aktive Reflektion und eine zielorientierte Weiterentwicklung dieser Aspekte angesprochen. Differenziert werden diesbezüglich in Anlehnung an SCHEIN[789] Symbolsysteme/Artefakte, Werte/Normen/Standards sowie Grundannahmen, wobei die Sichtbarkeit der einzelnen Merkmale in der genannten Reihenfolge abnimmt. Wesentliche Gestaltungspotenziale sind hierüber abbildbar.[790] So kann bspw. durch die Erarbeitung von Leitlinien oder Verhaltensmaximen auf Werte, Normen und Standards eingewirkt werden. Physische Ausdrucksformen, wie gemeinsame Sprachen, Designs, (Arbeits-) Kleidungen, aber auch Rituale, Zeremonien etc. werden durch Symbolsysteme/Artefakte beschrieben.

Gerade letzerem wird jedoch eine lediglich unterstützende Funktion zugedacht, da die wesentlichen Gestaltungspotenziale vor dem Hintergrund eines Bindungsmanagements durch tatsächliche Handlungen und das Vorleben der wertebezogenen Inhalte bestehen. Angesprochen sind hier vor allem die Kulturträger selbst, d. h. neben dem Personalmanagement die Führungskräfte der Unternehmung. Ersteres bezieht sich auf eine werteorientierte Gestaltung der Personalarbeit, welche bspw. über eine Personalauswahl unter Berücksichtigung kultureller Aspekte der Unternehmung erfolgen kann. Zweites beinhaltet ein symbolbewusstes Management, in dem bestehende bzw. angestrebte Werte authentisch, nachhaltig und widerspruchsfrei vermittelt werden. Artefakte und Symbole können hierzu zielorientiert eingesetzt werden.[791]

Im industriellen Mittelstand stellt diesbezüglich vor allem der Inhaber in seiner Funktion als zentrale Führungskraft einen wesentlichen Bezugspunkt zur tatsächlich gelebten Unternehmungskultur dar. Es wird vielfach von einer ihm zukommenden Vorbildfunktion gesprochen. In dem Maße, in dem vorhandene Wertvorstellungen durch diesen konkret und kontinuierlich vorgelebt werden, kann ein Bindungsverhalten unterschiedlich stark begründet sein.[792] Eine Übertragbarkeit auf die ihm nachgelagerten Hierarchieebenen bzw. eine konsistente Ausrichtung sämtlicher Führungssubsysteme gelingt dabei vergleichsweise einfach, da die gesamte

788 Die Unternehmungskultur hängt eng mit der Unternehmungsphilosophie zusammen. Während sich zweite jedoch auf die Sinn- und Werteebene selbst bezieht, fokussiert erste auf die Verhaltens- und Objektebene. Vgl. Bleicher (2004), S. 236; Wiedmann (2007), Sp. 231 f.

789 Vgl. insbesondere Schein (1984), S. 4, sowie ergänzend Schein (1985; 1995).

790 Eine umfassende Gestaltung der Unternehmungskultur ist dabei nur in Grenzen möglich. So kann u. a. nur bedingt auf die gänzlich unbewussten und nach außen nicht sichtbaren Grundannahmen eingewirkt werden. Vgl. bspw. auch Dillerup/Stoi (2011), S. 95; Steinle (2005), S. 99; Becker (2011b), S. 111 f.; Scholz (2007), Sp. 1833; DGFP (2004), S. 25; Müller-Vorbrüggen (2004a), S. 42.

791 Vgl. Steinle (2005), S. 104 f.; in Teilbereichen auch DGFP (2004), S. 26.

792 Vgl. Hamel (2006), S. 238; Füglistaller et al. (2009), S. 306.

Organisation überschaubar ist. Die auf einer intensiven persönlichen Kommunikation beruhenden Sozialbeziehungen stellen hier einen entscheidenden Bezugspunkt der Unternehmungskultur dar und führen tendenziell zu einem hohen interpersonalen Vertrauen. Eine Steuerung des Bindungsverhaltens kann diesbezüglich vergleichsweise intensiv vorgenommen werden.[793] Der Anwendung symbolhafter Verhaltensweisen und Handlungen, im Wesentlichen innerhalb der Ebene der Symbolsysteme und Artefakte, kommt somit insofern eine Bedeutung zu, da die dahinter stehenden Grundannahmen, Werte/Normen/Standards wirksam vermittelt und sichtbar gemacht werden können. Eine in sich schlüssige sowie nach außen einheitliche Unternehmungskultur gilt hier als wesentliche organisationale Fähigkeit, da diese kaum zu imitieren ist. Auch trägt sie weitreichend zur sozialen Integration, zur Stärkung des Gemeinschaftsgefühls, aber auch zur Sinnvermittlung und somit zur Steigerung der Leistungsbereitschaft bei.[794]

Letztlich ist die Gestaltung der **Unternehmungsidentität** (Corporate Identity) innerhalb des unternehmungspolitischen Rahmens angesprochen.[795] Im Fokus steht hierbei die Schaffung eines identifikationsfördernden Bildes (Corporate Image) im Innen- und Außenverhältnis.[796] Als wesentliche Gestaltungspotenziale werden das Unternehmungsdesign, die Unternehmungskommunikation sowie das Unternehmungsverhalten benannt.[797] Mit erstem ist der Fokus auf visuelle Aspekte der Unternehmungserscheinung gelegt. Es wird davon ausgegangen, dass eine unverwechselbare und sich von anderen Unternehmungen differenzierende Gestaltung weitreichende Potenziale beinhaltet. Mit zweitem ist die Nutzung sämtlicher Maßnahmen der Information und Kommunikation angesprochen.[798] Eine Steuerung des Bindungsverhaltens ist erreichbar, wenn den Kunden als auch den Mitarbeitern als internen Kunden ein einheitliches und verlässliches Bild der Unternehmung vermittelt wird.[799] Letztes bezieht sich auf die Verhaltensweisen der Unternehmungsmitglieder, beginnend mit der Unternehmungs-

---

793 Vgl. Pfohl (2006b), S. 89 f.

794 Vgl. Bea/Göbel (2010), S. 321; Loffing/Loffing (2010), S. 44; Scholz (2007), Sp. 1836.

795 Vgl. bspw. Wiedmann (2007), Sp. 230 ff.

796 Vor allem der Prozess der Selbstkategorisierung zur sozialen Gruppe „Unternehmung" kann so gefördert werden. Vgl. hierzu die Ausführungen zur organisationalen Identifikation in Abschnitt 3.2.1.2.

797 Vgl. Wiedmann (2007), Sp. 234 f.; Loffing/Loffing (2010), S. 68 ff.

798 Dies beinhaltet neben der internen Kommunikation mit den Mitarbeitern (vgl. Abschnitt 3.4.2) die externe Kommunikation mit dem öffentlichen Unternehmungsumfeld (bspw. Absatz- und Produktwerbung, Public Relations). Vgl. zu einem Überblick bspw. Bruhn (2007), Sp. 899 f.

799 Vgl. Loffing/Loffing (2010), S. 70; Wiedmann (2007), Sp. 231; Felfe (2008), S. 61; van Dick et al. (2006), S. 85 ff.; Kötter et al. (2002), S. 20.

spitze bis zu den einfachen Angestellten. Entscheidend ist auch hier eine konsistente und widerspruchsfreie Ausrichtung der Verhaltensweisen im Innen- und Außenverhältnis.

Die Gestaltung einer Unternehmungsidentität ist vielfach mit einem hohen Ressourceneinsatz sowohl in finanzieller als auch in personaler Hinsicht verbunden. Gerade eine umfassende und auf Dauer angelegte Unternehmungskommunikation, bspw. in Form von Öffentlichkeitsarbeit, ist hiervon betroffen. Im industriellen Mittelstand wird dies nur in einem eingeschränkten Maße durchgeführt. Zum einen bestehen Einschränkungen aufgrund von knappen Ressourcen, zum anderen werden Märkte vielfach lediglich in Nischen bearbeitet. Oftmals steht auch das Produkt selbst weniger stark in der Öffentlichkeit, was sich entsprechend auf das wahrgenommene produktbezogene Image auswirken kann.[800] Nichts desto trotz kann gerade ein regional begrenztes Auftreten entsprechend gefördert werden. Die vielfach gewachsenen und ortsverbundenen Strukturen können hier einen Vorteil darstellen. Auch ist eine einheitliche Gestaltung eines Unternehmungsdesigns bereits aus kundenbezogenen Erfordernissen heraus auch für industrielle Mittelständler unumgänglich. Es ist somit zu vermuten, dass der industrielle Mittelstand diesbezüglich nicht grundsätzlich gegenüber den industriellen Großkonzernen benachteiligt ist, sondern vor allem kunden- und regionsspezifisch eine starke Unternehmungsidentität aufbauen kann. Vielfach ist sogar von einem konsistenteren und in sich schlüssigeren Unternehmungsverhalten auszugehen. Dies kann ebenfalls ein Gestaltungspotenzial innerhalb eines Bindungsmanagements darstellen.

Insgesamt bleibt festzuhalten, dass sich der unternehmungspolitische Rahmen durch zahlreiche sich zum Teil überschneidende Teilbereiche auszeichnet. Entsprechend umfassend stellen sich die Gestaltungsmöglichkeiten im Kontext eines Bindungsmanagements dar, wobei hiervon das gesamte Führungs- bzw. Managementsystem nachhaltig betroffen ist. Im industriellen Mittelstand werden hierbei deutliche Potenziale vermutet, welche u. a. in einer konsistenten und authentischen Ausgestaltung von Unternehmungsphilosophie und -kultur begründet liegen. Auch hier wird dem Inhaber selbst eine wesentliche Rolle hinsichtlich der tatsächlichen Nutzung dieser Potenziale zugeschrieben. Defizite liegen ggf. in der Ausgestaltung der Unternehmungsidentität, wobei hier jedoch einzelne Aspekte unterschiedlich zu bewerten sind.

---

[800] Vgl. Hamel (2006), S. 235; Kürble (2009), S. 121 ff.

3.4.7 Zusammenfassender Überblick

Die theoretische Exploration und Analyse der Bindungsmaßnahmen industrieller Mittelständler für Ingenieure erfolgte unter Verwendung des Managementsystems als Orientierungsraster. Die vielfältigen potenziellen Einzelmaßnahmen konnten so den jeweiligen Subsystemen zugeordnet werden. Hierbei hat sich gezeigt, dass organisationale Fähigkeiten vor allem bei immateriellen Maßnahmen vermutet werden, während materielle Maßnahmen tendenziell schwächer ausgeprägt sind. Eine tatsächliche Nutzung entsprechender Fähigkeiten ist dabei jedoch vor allem vom Inhaber selbst abhängig, welcher die mittelständische Unternehmung entscheidend prägt. Abbildung 28 gibt einen Überblick über die behandelten Aspekte, wobei im industriellen Mittelstand vermutete Stärken bzw. potenzielle Fähigkeiten in Bezug auf einzelne Subsysteme und Maßnahmen **optisch hervorgehoben** sind.

Maßnahmen des Informationssystems
- **Informationsinhalte (Art und Umfang der Bereitstellung)**
- **Informationsübermittlung (direkte** und indirekte Formen)

Maßnahmen des Planungs- und Kontrollsystems (freiwillig gewährte Partizipation)
- **Partizipationsgrad (Information und Vorschlag, Mitsprache,** völlige Autonomie)
- **Entscheidungstypen (operativ, strategisch)**
- **Reichweite (arbeitsplatzbezogen, abteilungsbezogen, organisational-institutional)**

Maßnahmen des Personalsystems
Innerhalb der Teilsysteme des Personalmanagements…

Personalbedarfsdeckung
- Personalbeschaffung i. e. S. (intern und extern, Employer Branding)
- **Personalauswahl (Auswahlinterview,** AC, **realistische Rekrutierung)**
- **Personaleinführung (Entscheidung, Konfrontation, Einarbeitung, Integration)**

Personalentwicklung
- **Leistungs- und Potenzialbeurteilung (Gespräche,** Verfahrenseinsatz)
- Ausbildung (duales Hochschulstudium, Trainee-Programme)
- Fortbildung (**on-the-job**, off-the-job, **near-the-job**)
- **Arbeitsstrukturierung (Job Enlargement, Job Enrichment,** Job Rotation)
- Karriere- und Laufbahnplanung (Führungs-, **Fach- und Projektkarriere**)

Gestaltung der Arbeitsbedingungen
- Ergonomisch (physiologische, psychologische etc. Arbeitsplatzgestaltung)
- **Organisatorisch (Arbeitsaufgabe, Arbeitszeit,** Work-Life-Balance)
- Technologisch
- **Personal (Gruppenarbeit, systematische Gestaltung der Gruppenarbeit)**

Personalvergütung
- Obligatorisch (Zeitentgelt, **Leistungszulagen**, betriebliche Sozialleistungen)
- **Fakultativ (Erfolgs- und Kapitalbeteiligung)**
- **Aspekte der Gesamtvergütung (Cafeteria-System)**

Personalführung
- **Mitarbeiterbezogenes Führungsverhalten, Inhaber als Führungskraft**

Maßnahmen des Organisationssystems
- **Gestaltung der Strukturorganisation (Spezialisierung, Koordination, Konfiguration,** Delegation, **Formalisierung)**
- **Gestaltung der Prozessorganisation**

Maßnahmen des unternehmungspolitischen Rahmens
- **Unternehmungsphilosophie, -politik, -kultur,** -identität

Abbildung 28: Überblick potenzieller Bindungsmaßnahmen im industriellen Mittelstand auf Basis der theoretisch erfolgten Exploration.

4 Forschungsmethodik

4.1 Ziele der Untersuchung und Auswahl der Verfahrensmethodik

Im vorherigen Kapitel erfolgte die theoriebasierte Exploration und Analyse des Bindungsmanagements mittelständischer Industrieunternehmungen. Dementsprechend wurden die Bindungsfaktoren von Ingenieuren sowie die entsprechenden Maßnahmen des Bindungsmanagements fokussiert. Die so gewonnenen Erkenntnisse des Forschungsrahmens dienen als Ausgangspunkt für die nachfolgende empirische Exploration und Analyse. Ziel ist es hierbei, die Praxis des Bindungsmanagements industrieller Mittelständler für Ingenieure aus der Perspektive der Unternehmung heraus näher zu betrachten und der Theorie innerhalb eines Erklärungsrahmens gegenüberzustellen.[801] Angestrebt wird dabei im konkreten Fall nicht die Erfassung von Idealvorstellungen als vielmehr die Beleuchtung der tatsächlichen Fakten in der unternehmerischen Praxis. Es wird der Frage nachgegangen, welche Bindungsfaktoren von Unternehmungsseite aus wahrgenommen werden sowie welche Maßnahmen eines Bindungsmanagements tatsächlich zur Anwendung kommen und welche nicht. Die Frage der Nicht-Berücksichtigung bzw. der Nicht-Anwendung ist ebenso Ziel der Untersuchung und lässt sich ausschließlich durch eine Fokussierung auf die Unternehmungsperspektive beantworten.

Zur bestmöglichen Erreichung dieser Untersuchungsziele gilt es, eine geeignete Verfahrensmethodik auszuwählen. Im Zusammenhang mit explorativen qualitativen Studien werden diesbezüglich in der relevanten Forschungsliteratur grundsätzlich die Erhebungsverfahren Einzelfallstudie, Befragung, Beobachtung, Experiment und Inhaltsanalyse diskutiert.[802]

Im vorliegenden Fall wird auf die **Erhebungsmethode** der Befragung im Kontext der Einzelfallstudie zurückgegriffen. Ergänzend kommt darüber hinaus die Inhaltsanalyse zum Einsatz.

Mit der **Einzelfallstudie** ist diesbezüglich kein spezifisches und isoliertes Verfahren der qualitativen Sozialforschung angesprochen. Vielmehr erfolgt eine Einordnung zwischen konkreter Erhebungstechnik und methodologischem Paradigma.[803] Sie liegt der vorliegenden prinzipiell methodenpluralistisch ausgelegten bezugsrahmenorientierten Forschungsstrategie zu-

801 Vgl. hierzu auch Abschnitt 1.2.

802 Vgl. zu einer ausführlichen Erläuterung der einzelnen Methoden bspw. Lamnek (2010), S. 272 ff.

803 Vgl. Lamnek (2010), S. 272; Witzel (1982), S. 78.

grunde und ermöglicht eine Einbeziehung zahlreicher Aspekte und somit der sozialen Lebenswelt bzw. der vorgefundenen Realität in den untersuchten Einheiten.[804]

Als konkrete Methodik zur Erhebung der Daten wird die **Befragung** von Experten **in Form problemzentrierter Interviews**[805] ausgewählt.[806] Hiermit liegt eine Methodik vor, die eine offene und flexible, aber auch fokussierte Analyse erlaubt.[807] So findet eine Wirklichkeitsdefinition durch den befragten Experten statt, der die Praxis des Untersuchungsgegenstandes ohne eine Prädetermination des Forschers aufzeigen kann. Die Interviews sind somit für unerwartete Informationen zugänglich. Gleichzeitig besitzt der Forscher eine variable Reaktionsmöglichkeit auf die Äußerungen des Experten. Ein spontanes Nachfassen zur Generierung möglichst vieler Hinweise ist daher möglich. Dennoch ist ein zielorientiertes Vorgehen gegeben, da sich der Forscher an einer vorher festgelegten und hinsichtlich bereits getätigter theoretischer Vorüberlegungen erörterten Problemstellung (bspw. innerhalb eines Forschungsrahmens) orientiert und daher der Gefahr des Abschweifens entgegenwirkt.[808]

Als Experten werden hierbei solche Personen bezeichnet, welche innerhalb ihres spezifischen beruflichen Handlungsfeldes über entsprechendes Fachwissen, aber auch über Praxis-, Prozess- und Deutungswissens verfügen und dem Forscher einen kompetenten realitätsbezogenen Einblick in das unerforschte Feld ermöglichen.[809] Im konkreten Fall bezieht sich dies auf die (Inhaber-) Geschäftsführer und auf leitende Mitarbeiter der Personalbereiche. Als Repräsentanten der jeweiligen mittelständischen Unternehmung können diese im besagten, klar definierten Wirklichkeitsausschnitt wertvolle Informationen liefern. Eine Bereitschaft potenzieller Experten zu einem Gespräch erscheint in diesem Zusammenhang grundsätzlich gegeben.

Ergänzend kommt darüber hinaus die Methode der **Inhaltsanalyse** zur Anwendung.[810] Zwar werden hierdurch keinerlei neue Daten erhoben, jedoch erscheint die zusätzliche Auswertung

---

804 In diesem Sinne können mehrere soziale Einheiten untersucht werden. Das Herausgreifen individualistischer Einzelfälle hingegen bezeichnet Lamnek als Extremfall. Vgl. Lamnek (2010), S. 275 und S. 309.

805 Vgl. zur Prägung des Begriffs des problemzentrierten Interviews Witzel (1982; 1985).

806 Vgl. Lamnek (2010), S. 332 ff.; Mayring (2002), S. 67.

807 Vgl. Lamnek (2010), S. 320 f.

808 Vgl. Lamnek (2010), S. 336; Mayring (2002), S. 71.

809 Vgl. Gläser/Laudel (2010), S. 11 ff.; Lamnek (2010), S. 655 f.; Bogner/Menz (2005), S. 46; Becker, M. (2009), S. 762.

810 Vgl. Lamnek (2010), S. 435 ff.

bereitgestellter Informationen durch die jeweilig befragten Unternehmungen, bspw. in Form von unternehmungsinternen Dokumenten, durchaus sinnvoll.[811]

4.2 Auswahl der Stichprobe der Untersuchung

In Bezug auf die Stichprobe (engl. Sample)[812] der Untersuchung sind zunächst die Kriterien zu deren Auswahl näher zu thematisieren. Diesbezüglich lässt sich zunächst festhalten, dass die Ziehung einer Zufallsstichprobe,[813] wie dies im Rahmen quantitativer Untersuchungen üblich ist, für qualitative Untersuchungen kaum geeignet erscheint. So kann diese nur dann sinnvoll gezogen werden, wenn die Grundgesamtheit sachlich-inhaltlich, zeitlich und örtlich abgrenzbar ist, um so vorab formulierte und klar umrissene Erkenntnisinteressen repräsentativ abbilden zu können. Auch wird normalerweise eine große Anzahl von Untersuchungsobjekten vorausgesetzt, was bei offenen qualitativen Methoden wie der Befragung in Form problemzentrierter Experteninterviews nicht ausreichend realisierbar ist.[814]

Zur Anwendung kommt daher mit der **bewussten Auswahl** ein nicht zufallsgesteuertes Auswahlverfahren. Hiermit ist eine Vorgehensweise angesprochen, welche planvoll unter Berücksichtigung vorheriger Überlegungen gezielt erfolgt. So wird auf Basis gewisser (theoretischer) Vororientierungen eine Auswahl von wenigen relevanten Untersuchungsobjekten nach Gutdünken vorgenommen.[815] Dabei wird vorausgesetzt, dass dem Forscher bekannt ist, worauf er seine Aufmerksamkeit richtet. LAMNEK empfiehlt in Anlehnung an HELFFERICH eine dreistufige Vorgehensweise, in der zunächst die interessierende Gruppe so präzise wie möglich zu bestimmen ist. Anschließend ist darauf zu achten, dass die Variation innerhalb der zu untersuchenden Fälle möglichst groß sein sollte. Zuletzt, d. h. nach erfolgter Datenerhebung, ist eine Überprüfung der Geltungsbereiche der getätigten Aussagen notwendig.[816] Nach KROMREY eignet sich diese bewusst organisierte Auswahl vor allem für Vorklärungen in Problemberei-

811 Die Kombination unterschiedlicher Erhebungsmethoden wird als Triangulation bezeichnet. So können spezifische Schwächen einer Methode durch Stärken anderer Methoden ausgeglichen werden. Vgl. Gläser/Laudel (2010), S. 105.

812 Vgl. Kromrey (2009), S. 252; Diekmann (2010), S. 376.

813 Vgl. hierzu sowie zu den zugehörigen Auswahlverfahren bspw. Atteslander (2010), S. 273 ff.; Kromrey (2009), S. 279 ff.; Diekmann (2010), S. 378 ff.

814 Vgl. Lamnek (2010), S. 236; Kromrey (2009), S. 295.

815 Vgl. Kromrey (2009), S. 265 ff.

816 Vgl. Helfferich (2009), S. 175; Lamnek (2010), S. 351.

chen, in denen vergleichsweise wenige Erkenntnisse vorhanden sind.[817] Zu beachten ist jedoch, dass die Generierung generalisierender Aussagen weitgehend ausgeschlossen ist. Stattdessen werden generalistische Existenzaussagen generiert, Hypothesen entwickelt etc. Repräsentativität im Sinne eines quantitativen Vorgehens wird weder angestrebt noch erreicht.[818]

Für die konkrete Auswahl der Untersuchungsobjekte im vorliegenden Fall erfolgt diesbezüglich zunächst eine Berücksichtigung der verwendeten qualitativen Arbeitsdefinition des Mittelstandes. Im Fokus steht hier das dominante Merkmal der Vereinigung von Eigentum und Leitung (Inhaberführung) sowie ergänzend das Merkmal der wirtschaftlichen und juristischen Selbstständigkeit.[819] Zur weiteren Eingrenzung potenziell relevanter Untersuchungseinheiten wird des Weiteren auf das Vorhandensein einer (zumindest in Teilen) ausdifferenzierten Personalabteilung sowie der Gewährleistung einer überschaubaren Organisationsstruktur Bezug genommen.[820] Somit soll sichergestellt werden, dass im Sinne des Forschungsrahmens vergleichbare Untersuchungseinheiten ausgewählt werden, welche eine abschließend verzerrungsfreie Auswertung ermöglichen.

Darüber hinaus erfolgt eine Eingrenzung aufgrund der Vielschichtigkeit des industriellen Sektors. Von Interesse sind im Zusammenhang mit der Mitarbeiterbindungsthematik vor allem Ingenieure der Bereiche Maschinenbau und Elektrotechnik.[821] Dementsprechend werden die industriellen Wirtschaftszweige fokussiert, in denen eine entsprechende Konzentration dieser Ingenieure angenommen wird. Es handelt sich um das verarbeitende Gewerbe sowie die Energie- und Wasserversorgungsindustrie. Deren vielfältige Branchen werden in diesem Zusammenhang jedoch nicht weiter eingegrenzt und als weitgehend homogen betrachtet.[822]

---

817 Vgl. Kromrey (2009), S. 266.

818 Dies beruht auf der Tatsache, dass eine zumindest partielle Willkür gegeben ist, da eine selektive, verzerrte Auswahl nicht ausgeschlossen, sondern – durch die Berücksichtigung bestimmter Merkmale aus der (angestrebten) Grundgesamtheit – lediglich minimiert werden kann. Vgl. Lamnek (2010), S. 237; Kromrey (2009), S. 295 f.

819 Vgl. Abschnitt 2.2.1.

820 Beide Merkmale dienen der notwendigen Operationalisierung des unpräzisen qualitativen Mittelstandsbegriffs durch das Hinzuziehen quantitativer Aspekte als Orientierungshilfe. Erstes gibt dabei Hinweise auf eine potenzielle Untergrenze auszuwählender Einheiten. Vgl. zu vorliegenden Richtwerten anhand der Anzahl der Mitarbeiter Abschnitt 2.2.1. Zweites bezieht sich auf deren Obergrenze, wobei eine Operationalisierung vergleichsweise schwer fällt. Im Zweifelsfall werden hier solche Unternehmungen nicht berücksichtigt, welche tendenziell eher zu großen Unternehmungen zu zählen sind. Vgl. Abschnitt 2.2.2.

821 Diesbezüglich wird auf den diese Fachrichtungen betreffend vergleichsweise intensiv vorliegenden Fachkräftemangel Bezug genommen. Vgl. Abschnitt 1.1.

822 Vgl. Abschnitt 2.2.1 und 2.3.2.

Weiterhin findet eine räumliche Eingrenzung zur Auswahl relevanter mittelständischer Industrieunternehmungen statt. Weniger aus forschungsökonomischen als aus inhaltlichen Gründen begrenzt sich die Auswahl geografisch weitgehend auf den Wirtschaftsraum Ostwestfalen-Lippe (OWL), welcher als mittelständisch geprägte Region gilt.[823] Durch die räumliche Nähe zur dieser Untersuchung betreuenden Forschungsinstitution können so ergänzend auch bestehende Kontakte genutzt werden, um geeignete Fälle auszuwählen und die Gesprächsbereitschaft potenzieller Interviewpartner zu erhöhen.[824]

Inhaltlich kann eine Eingrenzung der so verbleibenden potenziellen Untersuchungseinheiten zur Gewährleistung der benötigten breiten Variation nur bedingt erfolgen. Eine Betrachtung der Güte eines Bindungsmanagements ist diesbezüglich von externer Seite her lediglich unter Zuhilfenahme von Indizien möglich. Hier können ggf. Arbeitgeberpreise oder Fluktuationsraten herangezogen werden.[825] Gleichwohl reichen diese Indizien kaum aus, um verlässlich von einem als extrem oder als typisch einzuschätzenden industriellen Mittelständler zu sprechen.

Letztlich bleibt somit eine partielle Willkür in der Auswahl zumindest in Teilbereichen erhalten. Die Selbstkontrolle des Forschers besteht lediglich in den angeführten Vororientierungen, welche einer verzerrten Auswahl entgegenwirken. Darüber hinaus werden auch von den eigenen Vorstellungen abweichende Fälle und die Möglichkeit der sukzessiven Erweiterung der Auswahl im Verlauf der empirischen Untersuchung zugelassen.[826] Dies betrifft ebenfalls eine gedankliche Offenheit gegenüber den erhobenen Inhalten. Eine Ergänzung der inhaltlichen Auswahl der Gegenstände bleibt somit im Verlauf des Forschungsprozesses möglich.

Die konkrete Anzahl der so ausgewählten Fälle ist dabei im Rahmen des hier verwendeten Forschungsansatzes als nachrangig zu bezeichnen. So betonen BORTZ/DÖRING, dass die Art und Größe der Stichprobe bei explorativen Untersuchungen unerheblich sei. KVALE hingegen nennt 15 plus/minus zehn als Orientierungswert.[827] Nach KROMREY ist üblicherweise von

[823] Vgl. bspw. o. V. (2010b); o. V. (2012b).

[824] Vgl. zur Bedeutung informeller Kontakte Lamnek (2010), S. 351. Hiervon abzugrenzen ist die Befragung von Personen aus dem Bekanntenkreis. Dies wird aufgrund der Gefahr von Selektivität in Auswahl und Interviewinhalt vermieden. Vgl. Lamnek (2010), S. 353.

[825] Vgl. hierzu bspw. Bruch/Clement (2009).

[826] Die Möglichkeit der sukzessiven Auswahl der zu analysierenden Fälle geht auf das Verfahren des theoretischen Sampling zurück. Vgl. Kromrey (2009), S. 296; Lamnek (2010), S. 236. Ursprünglich wurde das Verfahren im Rahmen der Grounded Theory entwickelt. Vgl. hierzu Glaser/Strauss (1967); Glaser/Strauss (2010), S. 53 ff.; Corbin/Strauss (2008), S. 143 ff.

[827] Vgl. Kvale (2009), S. 44.

zehn bis zu 30 Fällen auszugehen.[828] Der vorliegenden Untersuchung liegen diesbezüglich 19 Untersuchungseinheiten zugrunde, wobei zuvor insgesamt 60 mittelständische Industrieunternehmungen angeschrieben und um Unterstützung in Bezug auf das Forschungsvorhaben gebeten worden sind. Die schriftlichen Anfragen enthielten u. a. Informationen über die Ziele und die Vorgehensweise der Untersuchung.[829] Ergänzend erfolgte nach angemessenem zeitlichem Abstand bei ausbleibender Rückmeldung ein telefonisches Nachfassen zur Erhöhung der Gesprächsbereitschaft bzw. zur Einholung der endgültigen Gesprächsabsage.

4.3 Konzeption des Interviewleitfadens

Zur Durchführung der problemzentrierten Experteninterviews wird in der vorliegenden Untersuchung auf eine halb- bzw. nicht-standardisierte Interviewform zurückgegriffen.[830] Diesbezüglich lassen sich qualitativ betrachtet adäquate und vor allem nah an der sozialen Realität liegende Ergebnisse erzielen, da lediglich ein gewisser Anteil der Gesprächssituation vorab strukturiert wird.[831] Dies geschieht mit Hilfe eines Gesprächsleitfadens, welcher die Schaffung einer strukturierten Gesprächssituation bei gleichzeitiger Beachtung der Merkmale qualitativer Sozialforschung, bspw. der Offenheit, beachtet.

Der diesbezüglich zu konzipierende Gesprächsleitfaden ist in mehreren Entwicklungsschritten entstanden. Ausgangspunkt waren zunächst die theoretischen Erkenntnisse des Forschungsrahmens, welche maßgebend für dessen grundlegende Struktur sind. Ergänzend konnten durch im Vorfeld der empirischen Untersuchung geführte Gespräche mit Experten aus Wissenschaft und Praxis methodische sowie inhaltliche Anregungen zur Verfeinerung genutzt werden. Zwei Pretests einer Vorabfassung des Leitfadens mit Unternehmungsvertretern aus dem industriellen Mittelstand (welche an der eigentlichen Untersuchung später nicht teilgenommen haben) führten letztendlich zu weiteren kleineren Anpassungen in Bezug auf Formulierung und Struktur der final vorliegenden Fassung.[832] Insbesondere konnten hierdurch vereinzelt Fragestellungen präziser und verständlicher gefasst werden.

---

828 Vgl. Kromrey (2009), S. 295.

829 Vgl. hierzu Gläser/Laudel (2010), S. 158 ff.; Anhang A.

830 Vgl. zur Differenzierung unterschiedlicher Strukturierungsgrade bspw. Mayring (2002), S. 66 ff.

831 Halb-standardisierte Interviews werden in diesem Zusammenhang auch als teil-standardisiert bezeichnet. Im Fokus steht die Tatsache, dass der Strukturierungsgrad je nach Untersuchung variieren kann. Auch nicht-standardisierte Interviews sind zumeist nicht völlig unstrukturiert, da so keine thematisch zielführende Gesprächssituation entstehen würde. Vgl. Gläser/Laudel (2010), S. 41; Lamnek (2010), S. 312.

832 Vgl. hierzu Anhang B.

In seinem Grundaufbau umfasst der so entwickelte Gesprächsleitfaden fünf Fragekomplexe (I.-V.) inklusive der einleitenden Erläuterungen (I.). Dies sind die grundlegenden Angaben (II.), die Angaben zu den Bindungsfaktoren von Ingenieuren (III.), die Angaben zu Maßnahmen des Bindungsmanagement für Ingenieure (IV.) sowie die abschließenden Fragen (V.). Insgesamt umfasst der Leitfaden dabei 17 Fragen. Jede dieser Hauptfragen beinhaltet zum Teil weitere Fragen, die in dem jeweiligen Zusammenhang von Interesse sind sowie ggf. ergänzende Anmerkungen und Notizen für den Interviewer. Dies soll vor allem ein flexibles Nachfassen an geeigneter Stelle ermöglichen. Alle Fragen sind bewusst offen formuliert, um so Antworten in den vom Befragten gebrauchten Formulierungen mit den von ihm erwähnten Fakten und den entsprechenden Bedeutungsstrukturierungen zu bekommen.[833]

Im Detail werden zunächst im Rahmen der grundlegenden Angaben die Untersuchungsgegenstände der vorliegenden Arbeit behandelt. Unter dem Aspekt „Ingenieure" gilt es auf Basis des bereits vorab geklärten Begriffsverständnisses näheres über die Wirkungsweise der Ingenieure in den mittelständischen Industrieunternehmungen in Erfahrung zu bringen. Der Aspekt „(Mitarbeiter-) Bindung & Bindungsmanagement" beginnt mit einer begrifflichen Auseinandersetzung, wobei zuerst ein vorliegendes Verständnis erfragt und anschließend im Sinne der vorliegenden Arbeit zusammengeführt wird. Anschließend werden Details einer grundlegenden Wahrnehmung entsprechender Aufgaben zum Management der Bindung erfragt.

Innerhalb der Angaben zu Bindungsfaktoren von Ingenieuren stehen die Einflussfaktoren der Bindung aus der Perspektive des die Unternehmung repräsentierenden Experten im Blickpunkt. Eine intensive Erläuterung mit entsprechendem Nachfassen ist hier erforderlich. Es ist davon auszugehen, dass die umfangreichen Inhalte nur so aktiviert werden können.

Der vierte Fragekomplex umfasst die Angaben zu Maßnahmen des Bindungsmanagements für Ingenieure. Hier werden die Maßnahmen zur Steuerung des Bindungsverhaltens thematisiert. Relevant sind dabei die praktizierten als auch die nicht-praktizierten Maßnahmen. Es gilt vor allem herauszufinden, welche Maßnahmen in der betrieblichen Praxis warum zur Anwendung kommen, und welche nicht. Entsprechend ist auch hier wie im vorherigen Fragekomplex ein wiederholtes Nachfassen zur Generierung möglichst vielfältiger Informationen erforderlich.

Im letzten Fragekomplex soll zum Abschluss des Gesprächs noch einmal kurz eine vorausschauende Einschätzung abgegeben werden. Dieser so gegebene Ausblick erscheint vor dem Hintergrund sich intensivierender Anforderungen sinnvoll.

---

[833] Vgl. hierzu auch Lamnek (2010), S. 314 f.

4.4 Datengewinnung und -aufbereitung

Innerhalb der **Datengewinnung** ist zunächst die Beschreibung des ausgewählten sozialen Feldes relevant. Dem Befragungsort kommt hierbei eine bedeutende Stellung zu. Betont wird in diesem Zusammenhang die Notwendigkeit, Personen in ihrer sie betreffenden Lebenswelt zu interviewen. Unangenehme oder fremde Situationen wirken kontraproduktiv.[834] Für die vorliegende Untersuchung wird diesbezüglich auf die jeweiligen Räumlichkeiten der mittelständischen Industrieunternehmungen zurückgegriffen. Die Interviews werden somit vor Ort nach Auswahl durch den jeweiligen Experten selbst geführt. Auch legt dieser den Gesprächszeitpunkt fest. Nach jeweiliger Rücksprache mit dem Forscher ergibt sich ein insgesamter Befragungszeitraum von Anfang Oktober 2011 bis Ende Februar 2012 für sämtliche geführten Interviews. Die einzelnen Gespräche werden während der normalen Bürozeiten geführt.[835]

Weiterhin wird die Datengewinnung dadurch erleichtert, dass der dem Befragten zugestandene Expertenstatus deutlich kommuniziert wird. So können gegenseitige Bedürfnisse und Interessen befriedigt werden, da der Befragte die Möglichkeit bekommt, sich mitzuteilen und gleichzeitig eine höhere Bereitschaft entwickelt, die benötigten Informationen Preis zu geben.[836] Zur Unterstützung dessen erfolgt zur Vorbereitung auf die Gespräche einige Tage vorab eine Übermittlung von näheren Informationen in Bezug auf die zu erwartenden Inhalte.[837] Gleichzeitig wird die Bitte geäußert, zum Gesprächstermin zusätzliche Informationen, bspw. durch unternehmungsinterne Dokumente, bereitzustellen.

Während der Gespräche besteht die Rolle des Interviewers darin, zu aktivieren und zu motivieren. Gerade Selbstverständlichkeiten werden vom Befragten oftmals nicht genannt und können schnell außen vor bleiben.[838] Darüber hinaus wird der Versuch unternommen eine Gesprächssituation zu schaffen, in der dem Befragten nicht das Gefühl vermittelt wird, dass er inquisitorisch ausgefragt wird. Somit findet eine Zurückhaltung und Anpassung durch den Interviewer statt.[839] In diesem Zusammenhang ist auch eine zu lange Gesprächsführung zu vermeiden und hierüber vorab zu informieren. GLÄSER/LAUDEL gehen davon aus, dass ein

[834] Vgl. Lamnek (2010), S. 354; Girtler (1984), S. 151; Gläser/Laudel (2010), S. 165; Haller (2001), S. 219.

[835] Vgl. Gläser/Laudel (2010), S. 153 f.

[836] Vgl. Lamnek (2010), S. 354 f.

[837] Der Interviewleitfaden selbst wurde jedoch nicht vorab versendet, um der Gefahr eines veränderten Antwortverhaltens entgegenzuwirken. Vgl. hierzu Gläser/Laudel (2010), S. 163.

[838] Vgl. Lamnek (2010), S. 355.

[839] Vgl. Lamnek (2010), S. 363 f.

Gespräch zwischen ein und eineinhalb Stunden unproblematisch ist und auch in der Ankündigung keine abschreckende Wirkung zeigt.[840] Die tatsächliche Dauer lag in der Regel auch zwischen einer bis zwei Stunden. Das kürzeste Interview umfasste 1 Std. 07 min., während das längste Interview 2 Std. 21 min. dauerte. Insgesamt überschritten vier Interviews die zwei Stunden-Marke. Letztendlich wurde den Gesprächspartnern darüber hinaus die Wahrung vollständiger Anonymität zugesichert sowie der Versand der Ergebnisse in Aussicht gestellt.[841]

Zur späteren Aufbereitung der gewonnenen Daten gilt es, diese mittels technischer Unterstützung adäquat zu erfassen. Zwar ist grundsätzlich auch die Anfertigung von handschriftlichen Notizen während der Gespräche denkbar, doch eignet sich dies gerade bei komplexeren Gesprächssituationen nur bedingt, da zu viele Informationen verloren gehen können bzw. unbewusst selektiert werden.[842] Vielmehr empfiehlt sich daher eine Aufzeichnung mittels Tonbandgerät, um eine umfassende Sicherstellung der gewonnenen verbalen Aussagen zu gewährleisten.[843] Zu beachten ist jedoch, dass hierdurch die Gefahr einer Verhaltensabweichung beim Gesprächspartner besteht. Diese wird jedoch zum einen durch die kleine und unauffällige Größe des Gerätes, welches im Gesprächsverlauf schnell in Vergessenheit gerät, und zum anderen durch die geleistete Überzeugungskraft hinsichtlich der Notwendigkeit einer Aufzeichnung minimiert.[844] Gänzlich auszuschließen ist die Ablehnung einer Gesprächsaufzeichnung, bspw. aus Gründen der Vertraulichkeit, bei den befragten Experten jedoch nicht. In diesen Fällen ist eine Anfertigung von schriftlichen Gesprächsnotizen – trotz der bestehenden Einschränkungen – erfolgt. Auch wurden durch unterschiedliche Kontaktmomente vor dem eigentlichen Gespräch, bspw. bei der Terminfindung oder im Rahmen der Begrüßung sowie der teilweise erfolgten Besichtigung der Fertigungsstätten, bereits vielfältige Informationen gegeben. Diese sind ebenfalls in Form von schriftlichen Notizen eingeflossen.

Im Anschluss daran erfolgt die **Aufbereitung der** so erfassten **Daten** durch das Anfertigen von zusammenfassenden Protokollen[845], um eine kritische Nachvollziehbarkeit der Interviews zu gewährleisten und beliebige und subjektive Interpretationen zu vermeiden.[846] Mit dieser Protokollierungstechnik kann eine Reduzierung der Materialfülle direkt vorgenommen wer-

---

840 Vgl. Gläser/Laudel (2010), S. 162 f.; Weiss (1994), S. 56.

841 Vgl. Gläser/Laudel (2010), S. 170.

842 Vgl. Flick (1995), S. 160; Gläser/Laudel (2010), S. 157 f.

843 Vgl. bspw. Mayring (2002), S. 85 ff. Lamnek (2010), S. 356.

844 Vgl. Flick (1995), S. 161; Gläser/Laudel (2010), S. 158; Lamnek (2010), S. 356.

845 Vgl. Lamnek (2010), S. 367; Flick (1995), S. 161 f.

846 Vgl. zu einem Überblick weiterer Protokollierungstechniken insbesondere Mayring (2002), S. 89 ff.

den. Somit ist eine sinnvolle Fokussierung der – für die anschließende Weiterverarbeitung als wichtig erachteten – inhaltlich-thematischen Aspekte der Interviews möglich.[847] Wörtliche Zitate werden hierbei lediglich bei einer besonderen Relevanz bzw. einer prägnanten Formulierung von zentralen Sachverhalten übernommen. Gleichzeitig ist eine übersichtliche und strukturierte Aufbereitung der erfassten Daten für jedes Interview gewährleistet.[848] Obwohl auch hierbei grundsätzlich eine wörtliche Transkription vorausgehen kann, werden die Zusammenfassungen direkt vom Tonband aus vorgenommen und um die jeweiligen schriftlichen Notizen – sofern vorliegend – ergänzt. Es wird darauf geachtet, dass zwischen Gesprächsführung und Protokollerstellung ein möglichst kurzer Zeitraum liegt, um so einzelne Bedeutungsinhalte besser nachvollziehen zu können. Von besonderer Relevanz ist dies vor allem für diejenigen Fälle, bei denen eine Tonbandaufzeichnung abgelehnt wurde und eine Anfertigung von Gesprächsnotizen notwendig gewesen ist.

Zur Erreichung eines entsprechend methodisch kontrollierten Allgemeinheits- bzw. Abstraktionsniveaus der Protokolle sind dabei im vorliegenden Fall verschiedene reduktive Prozesse zur Anwendung gekommen.[849] So konnten zunächst einzelne Propositionen[850] innerhalb des Datenmaterials – sofern möglich – in Bezug auf übergeordnete abstraktere Propositionen hin generalisiert und bei Bedeutungsgleichheit weggelassen werden. Anschließend wurde eine Bündelung und Integration von ähnlichen und zusammenhängenden Propositionen zu umfassenden Bedeutungseinheiten vorgenommen. Bestimmte zentrale Propositionen wurden dabei jedoch aufgrund ihrer Bedeutung als wesentliche und generelle Textbestandteile lediglich selektiert. Letztlich erfolgte eine Überprüfung und ggf. eine Anpassung der zusammengestellten kategorisierten Aussagen bezüglich ihrer Tauglichkeit auf das Ausgangsmaterial.

Die so entstehenden Gesprächsprotokolle stellen die zentrale Ausgangsbasis für das weitere Vorgehen dar. Ergänzt werden diese um die jeweiligen unternehmungsspezifischen Dokumente, welche im Rahmen der Interviews zur Verfügung gestellt worden sind. Hierbei handelt es sich um Unternehmungsdarstellungen, Imagebroschüren, Geschäftsberichte, Personalstatis-

---

[847] Das zusammenfassende Protokoll bedient sich diesbezüglich häufig der zusammenfassenden Inhaltsanalyse, um eine schrittweise Anhebung und Vereinheitlichung des Materialniveaus zu erreichen. Dies kann zu Lasten der Interview- und Diskussionssituation erfolgen und einen bereits ausgeprägten analytischen Charakter aufweisen. Vgl. Lamnek (2010), S. 472 f.; Mayring (2002), S. 94 ff.

[848] Vgl. Mayring (2002), S. 97.

[849] Vgl. Mayring (2002), S. 95 ff.

[850] Unter dem Begriff der Proposition wird eine bedeutungsvolle, aus einem Text abgeleitete Aussage gefasst. Vgl. hierzu insbesondere auch Titzmann (1977), S. 1980 ff.

tiken und Veröffentlichungen. Nicht sämtliche dieser Dokumente wurden dem Forscher dabei überlassen, es wurde jedoch die vertrauliche Einsicht gewährt.

4.5 Datenauswertung

Zur Datenauswertung findet in der vorliegenden Untersuchung die qualitative Inhaltsanalyse (konkret: strukturierende qualitative Inhaltsanalyse nach MAYRING)[851] Verwendung.[852]

Grundgedanke ist nach MAYRING die Berücksichtigung von in quantitativen Inhaltsanalysen vernachlässigten Aspekten, bspw. markanten Einzelfällen, bei gleichzeitiger Nutzung der systematischen Vorgehensweise quantitativer Techniken. Somit kann das vorliegende qualitative Datenmaterial methodisch kontrolliert Schritt für Schritt analysiert werden. Zentral ist dabei ein theoriegeleitet am Datenmaterial entwickeltes System von Kategorien, welches diejenigen Inhalte festlegt, die aus dem Material herausgefiltert, weiter differenziert und interpretiert werden sollen. MODROW-THIEL bezeichnet diese Vorgehensweise daher auch als „*[...] sehr praktikablen Auswertungsleitfaden.*“[853] Für eine bezugsrahmenorientierten Studie erscheint die qualitative Inhaltsanalyse somit geeignet.

Für das inhaltsanalytische Vorgehen selbst stellt das grundlegende qualitative Analyseverfahren der Strukturierung dabei die inhaltlich weitreichendste und somit zentralste Technik der qualitativen Inhaltsanalyse dar.[854] Wesentlich ist die (theoriegeleitete) Herausfilterung spezifischer Aspekte aus dem Datenmaterial unter vorher festgelegten Kriterien. Dies kann formale Aspekte (formale Strukturierung), inhaltliche Aspekte (inhaltliche Strukturierung), eine Suche nach Typisierungsdimensionen markanter Ausprägungen (typisierende Strukturierung) oder eine Einschätzung des Materials nach Dimensionen in Skalenform (skalierende Strukturierung) umfassen.[855] Im vorliegenden Fall stehen inhaltliche Strukturierungsgesichtspunkte in Form der im Forschungsrahmen gewonnenen Erkenntnisse zum Bindungsmanagement für

---

851 Vgl. Mayring (2002), S. 118 ff.; Mayring (2010), S. 92 ff., sowie ferner Mayring (1995), S. 209 ff.; Lamnek (2010), S. 460 ff; Atteslander (2010), S. 211 ff; Kromrey (2009), S. 300 ff.

852 Vgl. zu einem Überblick weiterer Auswertungsverfahren bspw. Mayring (2002), S. 103 ff., sowie ähnlich bspw. Flick et al. (1995), S. 209 ff.

853 Modrow-Thiel (1993), S. 137. Vgl. darüber hinaus kritisch bspw. Reichertz (1993), S. 154 ff.

854 Weitere qualitative Analyseverfahren stellen die Zusammenfassung sowie die Explikation dar, wobei grundsätzlich auch Mischformen dieser drei Verfahren denkbar sind. Im vorliegenden Fall kann darauf jedoch verzichtet werden, da die genannten Analyseverfahren bereits in Teilbereichen in der strukturierenden Inhaltsanalyse aufgehen. Vgl. hierzu anschaulich Mayring (2010), S. 65 ff.

855 Vgl. Mayring (2010), S. 94 ff.

Ingenieure im Fokus. Zur inhaltlichen Strukturierung empfiehlt MAYRING diesbezüglich unter Berücksichtigung des allgemeinen Ablaufmodells einer strukturierenden Inhaltsanalyse[856] zunächst – im Anschluss an die theoriegeleitete Bestimmung und Differenzierung der Strukturdimensionen sowie deren Zusammenstellung zu einem Kategorien- bzw. Unterkategoriensystem – exakt zu bestimmen, wann das jeweilige Datenmaterial unter eine bestimmte Kategorie fällt. Hierzu sind Kategorien so exakt zu definieren, dass eine klare Zuordnung der Textbestandteile erfolgen kann. Anschließend werden Ankerbeispiele, d.h. konkrete Textbeispiele, benannt, die eine prototypische Funktion für die jeweilige Kategorie aufweisen. Letztlich gilt es dort Kodierregeln zu formulieren, wo Abgrenzungsprobleme zwischen den Kategorien bestehen. In einem ersten Materialdurchlauf können dann die Kategorien sowie die Kodierregeln erprobt und überarbeitet sowie die identifizierten Fundstellen anschließend extrahiert werden.[857] Nach so erfolgter Datenbearbeitung gilt es das extrahierte Material gemäß den Unter- bzw. Hauptkategorien zusammenzufassen (vgl. Abbildung 29).[858]

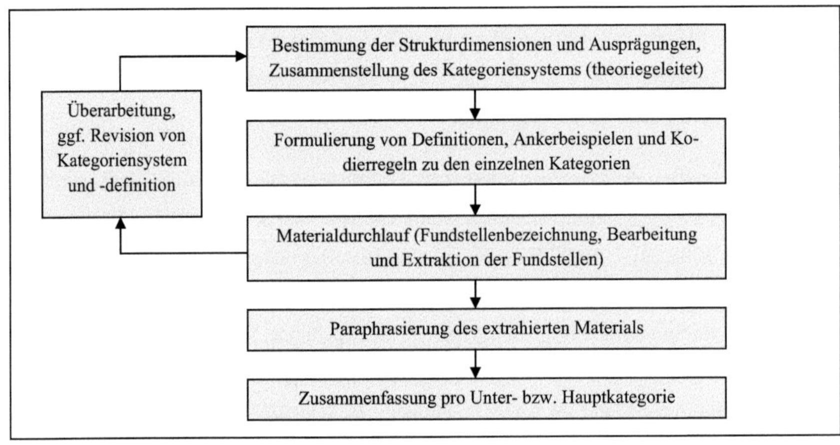

Abbildung 29: Ablaufmodell inhaltlicher Strukturierung.
Quelle: Mayring (2010), S. 93; Mayring (2002), S. 120.

Die Ergebnisse aus diesem Auswertungsprozess stellen schließlich die Grundlage für die weiterführende Analyse und Interpretation der empirischen Befunde vor dem Hintergrund der theoretischen Erkenntnisse dar.

856 Vgl. hierzu Mayring (2010), S. 92 ff.

857 Vgl. Mayring (2010), S. 92.

858 Vgl. Mayring (2010), S. 98.

5 Bindungsmanagement mittelständischer Industrieunternehmungen für Ingenieure in der betrieblichen Praxis

5.1 Darstellung der Untersuchungsergebnisse

5.1.1 Charakterisierung der untersuchten mittelständischen Industrieunternehmungen

Aufgrund der Vielfältigkeit der potenziell möglichen Untersuchungseinheiten erscheint eine grobe Charakterisierung der untersuchten mittelständischen Industrieunternehmungen sowie der dort vorgefundenen Ingenieure zu Beginn dieses Teilkapitels sinnvoll. Somit soll sichergestellt werden, dass die nachfolgend dargestellten Untersuchungsergebnisse besser eingeordnet und deren anschließende Interpretation vor dem Hintergrund der tatsächlich vorgefundenen Bedingungen erfolgen kann. Eine verbesserte Vergleichbarkeit und eine erhöhte Transparenz können so gefördert werden. Tabelle 5 gibt diesbezüglich zunächst einen Überblick über die Untersuchungseinheiten.[859]

Mit der Mitarbeiteranzahl sowie dem Umsatz sind zunächst quantitative Daten als Orientierungshilfe angegeben. Die untersuchten Unternehmungen weisen Mitarbeiterzahlen von 180 bis zu 2.800 Mitarbeitern am Standort Deutschland auf.[860] Diesbezüglich gaben sämtliche Experten an, dass sich der jeweilige Stammsitz – trotz bestehender Internationalisierungstendenzen – in Deutschland befinden würde. Hier sind auch relevante Bereiche der Forschung & Entwicklung etc. ansässig. Einige Experten äußerten in diesem Zusammenhang sogar, dass die weltweiten Belegschaften lediglich indirekt zur Stammbelegschaft zu zählen seien. Die Umsatzzahlen liegen im Bereich von 30 Mio. €/Jahr bis hin zu 500 Mio. €/Jahr.

In Bezug auf die Rechtsform stellt die GmbH & Co. KG die dominierende Form der untersuchten Fälle dar. Dahinter folgt die Rechtsform der GmbH. Personengesellschaften (KG oder OHG) finden sich wie die Kapitalgesellschaft der AG auch lediglich vereinzelt wieder. In sieben Fällen wurde angegeben, dass eine Verwaltungs- bzw. Holdinggesellschaft als oberstes

---

[859] Da sämtlichen Teilnehmern an der Studie vollständige Anonymität zugesichert worden ist, ist die Tabelle um solche Daten reduziert, welche einen Rückschluss auf die jeweils tatsächliche Unternehmung bzw. den/die jeweiligen Gesprächspartner zulassen. Gleichzeitig sind jedoch die notwendigen Daten erfasst.

[860] Da, bis auf zwei Ausnahmen, sämtliche Unternehmungen angaben, auch im Ausland (Vertriebs-) Gesellschaften, Niederlassungen etc. zu betreiben, sind darüber hinaus die weltweiten Mitarbeiterzahlen zur Information ebenfalls angegeben. Diese sind als Gesamtzahlen inklusive Deutschlands zu verstehen.

Leitungsorgan gebildet worden ist.[861] In einem Fall findet sich keine übergeordnete Verwaltungsgesellschaft, weshalb von drei Schwestergesellschaften (SG) gesprochen wird.

Tabelle 5: Überblick über die ausgewählten Untersuchungseinheiten.

Nr.	Mitarbeiter D (Welt)	Umsatz (Mio €)	Rechtsform	Geschäftsbereiche	Leitungsstruktur (Inhaber/Fremd)	Inhaberführung in %	Besetzung Personalbereich (SB/PR/PL)
1	370 (550)	100	GmbH & Co. KG	1	1/0	100	2/1/1
2	1.300 (2.000)	430	GmbH & Co. KG	2 (4 TG)	2/1	66,6	4/4/2
3	800 (1.550)	95	GmbH & Co. KG	3	2/1	66,6	2/3/1
4	200 (370)	55	GmbH & Co. KG	1	2/1	66,6	2/1/-
5	300 (300)	50	GmbH & Co. KG	2	1/1	50	2/1/-
6	1.400 (2.100)	350	GmbH	3 (SG)	2/0	100	4/1/-
7	1.000 (1.300)	250	GmbH	4	1/2	33,3	8/1/1
8	900 (1.200)	210	GmbH & Co. KG	3 (2 TG)	2/2	50	3/2/1
9	200 (220)	30	GmbH	1	1/0	100	1/-/1
10	200 (200)	40	KG	2	1/0	100	0/1/1
11	1.100 (1.800)	290	GmbH	3 (4 TG)	1/2	33,3	keine Diff./9/1
12	460 (600)	175	GmbH	3	1/1	50	2/2/1
13	2.800 (5.200)	500	GmbH & Co. KG	2	1/2	33,3	keine Diff./10/3
14	185 (185)	40	AG	1	1/0	100	-/1/1
15	1.400 (2.100)	320	GmbH & Co. KG	3 (3 TG)	1/3	25	6/2/1
16	500 (1.000)	95	GmbH	2 (4 TG)	1/2	33,3	2/1/1
17	180 (240)	40	GmbH	4	1/1	50	1/-/1
18	1.850 (1.850)	250	OHG	4 (7 TG)	1/0	100	5/1/1
19	1.200 (1.800)	270	GmbH & Co. KG	2 (6 TG)	1/0	100	keine Diff./9/3

Legende: TG = Tochtergesellschaft; SG = Schwestergesellschaft; SB = Sachbearbeitung; PR = Personalreferenz; PL = Personalleitung

[861] Die tabellarischen Angaben beziehen sich dann auf die Rechtsform der Dachgesellschaft. Faktisch weisen diese Unternehmungen eine Konzernstruktur auf. Sie bezeichnen sich jedoch selbst sämtlich als Gruppe.

Die vorgefundenen Organisationsstrukturen sind in der Tabelle anschließend durch die ausgewiesenen Geschäftsbereiche bzw. -felder verdeutlicht.[862] In vier Fällen wurde angegeben, lediglich einen Geschäftsbereich zu bearbeiten. Faktisch entspricht dies einem funktionalen Aufbau. In den weiteren Fällen liegen zwei oder mehr Geschäftsbereiche vor. Organisatorisch treten diese dann als rechtlich unselbstständige bzw. selbstständige Einheiten im Außenverhältnis auf. Letzteres ist in acht der untersuchten Fälle der Fall. Hier wurden entsprechende Tochtergesellschaften gebildet. Die Anzahl der Geschäftsbereiche und der vorhandenen Tochtergesellschaften stimmen dabei nur selten überein, da hier individuelle Bereichsaufteilungen erfolgen. Tendenziell liegt hier ein jeweils divisionaler Aufbau vor.

Die Leitungsstruktur selbst – und somit der wesentliche Aspekt eines qualitativen Mittelstandverständnisses – ist durch das Merkmal der Inhaberführung in sämtlichen Fällen geprägt. So findet sich in sieben Fällen eine ausschließliche Führung durch die Inhaber wieder (100 %). In den restlichen 12 Fällen sind angestellte Geschäftsführer – neben den Inhabern – ebenfalls tätig. In den konzernartig vorgefundenen Strukturen sind die Inhaber darüber hinaus stets auch in den jeweiligen Tochtergesellschaften – zumindest anteilig – geschäftsführend tätig.[863] Das weitere Merkmal der wirtschaftlichen sowie juristischen Selbstständigkeit, welches in der Tabelle nicht aufgeführt ist, ist für sämtliche der untersuchten Fälle erfüllt.

Letztlich ist in der vorliegenden Tabelle die Besetzung der jeweiligen Personalbereiche, differenziert in die Funktionen „Sachbearbeitung“ (SB), „Personalreferenz“ (PR) sowie „Personalleitung“ (PL)[864], angegeben. Da Maßnahmen eines Bindungsmanagements vielfach dem Ressort Personal zufallen, kann durch die vorhandenen personalen Ressourcen eine Orientierung an der grundsätzlichen Leistungsfähigkeit der Unternehmungen in diesem Bereich erfolgen.[865] In drei Fällen wurde hierbei angegeben, dass eine Differenzierung zwischen Sachbearbeitung und Personalreferenz nicht erfolge. Ein Experte äußerte sich darüber hinaus: *„Bei mir kommt hier schon sehr vieles auf den Tisch. Ich mache z. B. auch ungefähr 200 Lohnabrechnungen*

---

862 Von Bedeutung ist hier die erste Ebene unterhalb des obersten Leitungsorgans. Vgl. Abschnitt 3.4.5.

863 Zu verweisen ist auf die Tatsache, dass die jeweiligen geschäftsführenden Gesellschafter fast sämtlich von Familienunternehmungen sprechen. Diesbezüglich sind weitere Familienmitglieder als Gesellschafter an der jeweiligen Unternehmung beteiligt, jedoch nicht in der Geschäftsführung aktiv.

864 Mit sachbearbeitenden Tätigkeiten sind klassische Funktionen der Lohn- und Gehaltsabrechnung, der Zeitwirtschaft etc. angesprochen. Personalreferenz bezieht sich auf umfassende Tätigkeiten in unterschiedlichen Feldern der Personalwirtschaft, bspw. Personalbeschaffung, -entwicklung etc.

865 Die Zahlen beziehen sich auf die jeweilige Anzahl an Mitarbeitern in den Funktionen. Die vorgenommene Differenzierung anhand dieser Funktionen ist hierbei lediglich als Orientierung zu verstehen, da exakte Funktionsabgrenzungen lediglich teilweise in den untersuchten Fällen vorhanden sind.

nebenbei mit. Auch viele Themen, die eigentlich der Personalleiter erledigen müsste.“[866] Ein weiterer Experte gab an, dass die Geschäftsführer als erste Personalverantwortliche betrachtet und demzufolge als zusätzliche Personalleiter im eigentlichen Sinne zu betrachten seien.

Neben der Grobcharakterisierung der untersuchten Fälle sei ebenfalls auf die vorgefundene Zielgruppe der Ingenieure verwiesen. Tabelle 6 gibt hierzu nachfolgend einen Überblick.[867]

Tabelle 6: Überblick über die Ingenieure in den ausgewählten Fällen.

Nr.	Ingenieure (D, absolut)	Ingenieure (D, relativ)	Maschinenbau/ Verfahrens-technik	Elektrotechnik	Weitere Fachrichtungen
1	50	14 %	ja	-	-
2	140	11 %	ja	-	Wirtschaftsingenieurwesen
3	55	7 %	ja	ja	Wirtschaftsingenieurwesen
4	15	7 %	ja	ja	-
5	45	15 %	ja	-	-
6	330	24 %	ja	ja	Ingenieurwesen allgemein
7	80	8 %	ja	ja	Wirtschaftsingenieurwesen
8	160	18 %	ja	ja	-
9	60	30 %	ja	ja	Ingenieurwesen allgemein/ Chemieingenieurwesen
10	20	10 %	ja	ja	Wirtschaftsingenieurwesen
11	104	10 %	ja	ja	Wirtschaftsingenieurwesen
12	8	2 %	ja	-	Wirtschaftsingenieurwesen/ Chemieingenieurwesen
13	200	7 %	ja	ja	Wirtschaftsingenieurwesen
14	10	6 %	ja	-	-
15	130	9 %	ja	-	Wirtschaftsingenieurwesen
16	15	3 %	ja	ja	-
17	70	39 %	-	ja	-
18	150	8 %	ja	ja	Wirtschaftsingenieurwesen
19	150	13 %	ja	ja	-

866 Beilage P, S. 197.

867 Die Nummerierungen entsprechen der ersten Tabelle und sind somit den jeweiligen Unternehmungen zuordbar. Sämtliche Angaben beziehen sich ausschließlich auf den untersuchten Standort Deutschland.

Angeführt sind zunächst die Ingenieurzahlen in absoluten und relativen Größen. So finden sich absolut gesehen zwischen acht und 330 Ingenieure wieder. Dies entspricht einem relativen Anteil, gemessen an der deutschlandweiten Mitarbeiteranzahl, von zwei Prozent bis zu 39 % der Belegschaft. Im Durchschnitt entspricht dies für die untersuchten Fälle einem Ingenieuranteil von etwa 13 %. Die zentralen Fachrichtungen umfassen diesbezüglich den Maschinenbau bzw. die Verfahrenstechnik sowie die Elektrotechnik.[868] Beide Fachrichtungen sind schwerpunktmäßig in 12 der untersuchten Fälle vorhanden. In den verbleibenden sieben Fällen ist jeweils eine dieser Fachrichtungen vorhanden. Mit den weiteren Fachrichtungen sind darüber hinaus weitere Disziplinen angegeben, welche den Experten zufolge ergänzend und somit in lediglich geringer Anzahl in den Unternehmungen vorhanden sind. Es handelt sich hierbei vor allem um den Bereich des Wirtschaftsingenieurwesens.[869]

Im Folgenden werden für die so charakterisierten Fälle zunächst die grundsätzlichen Expertenaussagen zu den Untersuchungsgegenständen zusammengetragen. Anschließend werden die getätigten Aussagen zu den Bindungsfaktoren von Ingenieuren sowie zu den Maßnahmen eines Bindungsmanagements für Ingenieure dargestellt. Dies stellt die Grundlage für die im darauf folgenden Teilkapitel vorzunehmende Interpretation der Untersuchungsergebnisse dar.

5.1.2 Grundsätzliche Aussagen zu den Untersuchungsgegenständen

5.1.2.1 Ingenieure

Ingenieure finden sich in den untersuchten Fällen hauptsächlich in den Bereichen Konstruktion und Entwicklung wieder, welche von sämtlichen Experten als **Einsatzgebiete** angeführt werden. Je nach vorliegendem Produktspektrum und vorliegender Branchenzugehörigkeit werden diesbezüglich unterschiedlichste Produkte von kleinsten Verbindungselementen bis hin zu umfassenden Maschinenparks entwickelt. Einen weiteren wesentlichen Funktionsbereich stellt darüber hinaus der Vertrieb dar. Mit Ausnahme von einer Unternehmung, in der ausschließlich kaufmännische Mitarbeiter den Vertrieb betreuen, sind Ingenieure hier sämtlich eingesetzt. Begründet wird dies unisono mit der Techniklastigkeit der jeweiligen Produkte, welche ein entsprechend großes technisches Know-how erfordern, um den Kunden die jeweils notwendigen Details erläutern zu können. Ein Experte äußert: „*Wir haben kaum Kauf-*

868 Zugrunde gelegt sind die Disziplinen der Ingenieurswissenschaften. Vgl. Abschnitt 2.3.1.

869 Vielfach sind darüber hinaus Physiker, Chemiker oder Informatiker beschäftigt, welche ebenfalls zu den MINT-Disziplinen zu zählen sind und von den Experten vielfach in einem Atemzug genannt wurden.

leute im Vertrieb, da wir unsere Produkte sehr technisch fundiert vertreiben. [...]Wie sagte der Gründer noch seiner Zeit: Das bisschen Rechnen, das wir noch hinkriegen müssen, um einen Preis zu ermitteln, das können auch Ingenieure. Dazu brauchen wir keine Kaufleute."[870] Über diese zentralen Bereiche hinaus werden von neun Experten Tätigkeiten in der Produktions- bzw. Fertigungsplanung angeführt. Darüber hinaus werden Tätigkeiten im Einkauf, im After Sales, in der Qualitätssicherung, im Produktmarketing, im Controlling sowie im Patenwesen genannt. Jeweils ein Experte äußert, dass man im Bereich Ausbildung sowie in der Personalentwicklung einen Ingenieur beschäftige, da dort technisches Fachwissen benötigt werde. In sämtlichen Fällen gehen die Experten trotz der Fokussierung auf die zwei oben angeführten Bereiche insgesamt davon aus, dass die Einsatzbereiche sehr vielfältig sind und sich Ingenieure in der gesamten Unternehmung wiederfinden. Dies gilt in diesem Zusammenhang auch für die **hierarchische Stellung** der Ingenieure, welche gleichermaßen in leitenden Positionen von der Gruppen- über die Abteilungs- bis hin zur Geschäftsleitung tätig sind.

Die jeweils **studierten Fachrichtungen** werden von nahezu sämtlichen Experten lediglich als gute Ausgangsbasis bezeichnet. So erfordern die hochspezialisierten Branchen vielfach Nachschulungen und intensive Einarbeitungen, da die Ausbildungsinhalte nicht derart spezifisch sind. Die Einarbeitungszeiten werden unterschiedlich benannt und reichen von zwei Monaten bis zu drei Jahren. Letzteres vor allem bis zur 100 %igen Einsatzfähigkeit. Ein Experte äußert, dass eine technische Berufsausbildung vor dem Ingenieurstudium das Technikverständnis wesentlich fördere. In allen Fällen gehen die Experten davon aus, dass die Ingenieure sehr fachbezogen eingesetzt werden. In lediglich vier Fällen wird von einem Einsatz von Elektroingenieuren im EDV-Bereich gesprochen. In einer Unternehmung finden sich ebenfalls Maschinenbauingenieure in diesen Bereichen wieder.

Das **Arbeitsumfeld** der Ingenieure wird von sämtlichen Experten entsprechend der vielfältigen Aufgabenspektren als sehr unterschiedlich beschrieben. So nehmen bspw. im Vertriebsbereich Reisetätigkeiten einen nennenswerten Anteil ein. Darüber hinaus steht der Kontakt zu unterschiedlichen Kunden im Fokus. Es geht darum, für die Produkte begeistern und eine emotionale Verbindung zum Kunden aufbauen zu können, um so letztlich Vertragsabschlüsse zu generieren. In der Konstruktion und Entwicklung hingegen steht die fachliche Arbeit am Produkt selbst, durch die Nutzung rechnergestützter Simulationsprogramme, dem Testen entwickelter Prototypen an Testständen etc. im Vordergrund. Trotz dieser bestehenden Unterschiede bezeichnen alle Experten jedoch das abteilungs- und gruppenübergreifende Arbeiten

---

[870] Beilage H, S. 97 f.

als ein wesentliches Merkmal der ingenieursmäßigen Tätigkeit. Demnach wird eine starke Teamorientierung durchgängig betont, da bis zur Fertigstellung eines Produktes unterschiedlichste Bereiche an diesem teilhaben. Vor allem der intensive Austausch zwischen Vertrieb, Konstruktion und Entwicklung sowie Produktion sind prägend. Produktbezogene Entwicklungen sind dabei maßgeblich durch den Markt bestimmt, d. h. es werden kundenindividuelle Lösungen gefunden. Vieles geschieht in Form von Projektarbeit. Ein Experte beschreibt dies exemplarisch, nachdem der Auftrag vom Kunden durch den entsprechenden Ingenieur eingeholt worden ist: „*[...], dann kommt der Konstrukteur, der Vertriebler, einer aus dem Labor, einer aus der Qualitätssicherung, er selber, und dann holen sie noch den Patentingenieur dazu und setzen sich hin. Hier ist die Herausforderung, hier schon mal so ein kurzes Skript, und jetzt befruchtet mich.*“[871] Bedingt durch die interdisziplinär notwendige Zusammenarbeit wird dabei auch der Konstrukteur ggf. ergänzend beim Kunden tätig, um bspw. das Produkt in bestehende Anwendungen zu integrieren. Die Zusammenarbeit mit weiteren Technikern etc. ist ebenfalls mit eingeschlossen. Räumlich spiegelt sich dies in vielen Unternehmungen durch die Nutzung von Großraumbüros und/oder vorhandenen kurzen Wegen zu den weiteren Bereichen wieder. In bestimmten Bereichen sind jedoch auch Zweier-Büros notwendig, um den „*Kreativköpfe[n]*“[872] die notwendige Ruhe zu bieten. Des Weiteren erfordern die Tätigkeiten durchweg eine hohe Innovationsfreude und Flexibilität, da sich die kundenbezogenen Anforderungen kontinuierlich verändern und durch eine hohe Dynamik gekennzeichnet sind. Den Experten zufolge besteht nicht selten ein hoher Termindruck, welcher einen entsprechenden Stresslevel impliziere. Gleichzeitig werden die Tätigkeiten jedoch auch als sehr strukturiert ablaufend beschrieben. So bestehen in vielen Fällen zertifizierte Prozessschritte etc.

Die **Bedeutung** der Ingenieure für die jeweilige Unternehmung wird von allen Experten als sehr hoch beschrieben. Verwiesen wird auf die technikbasierten Produkte, welche ein entsprechendes Know-how erfordern. Gerade die Weiterentwicklung dieser Produkte wird wesentlich durch Ingenieure vorangetrieben: „*Sie sind das zentrale Herz [...] das konzeptionelle Gehirn des Unternehmens*“[873], äußert ein Experte. Ein anderer wiederum bezeichnet die Ingenieure als: „*Die sind das Salz in der Suppe, die wichtigsten Mitarbeiter überhaupt.*“[874] Sieben Experten betonen jedoch auch die Bedeutung weiterer Mitarbeiter und legen den Fokus stärker auf eine qualifizierende Ausbildung im Allgemeinen: „*Wir brauchen hier im Unterneh-*

[871] Beilage B, S. 21.

[872] Beilage I, S. 116.

[873] Beilage I, S. 116.

[874] Beilage O, S. 186.

men im Übrigen ausschließlich Facharbeiter. Wir können hier mit Angelernten gar nichts bestücken.“[875] Ein Experte geht davon aus, dass der Ausbildungshintergrund gänzlich hinter der praktischen Erfahrung zurückstehe. Demnach kommt sämtlichen in der jeweiligen Unternehmung beschäftigten Mitarbeitern eine Bedeutung zu, da die Produkte letztlich nicht ausschließlich durch die Ingenieurstätigkeit abschließend erstellt und vertrieben werden können.

In sämtlichen Fällen – mit einer Ausnahme – wird von einer hohen **Gebundenheit** der Ingenieure an die Unternehmung gesprochen. So nennen die Experten Betriebszugehörigkeiten von zehn bis 20 Jahren als keine Seltenheit. In sechs Fällen werden 40-jährige Dienstjubiläen oder mehr angesprochen. Die heutigen Ingenieure haben sich dann vielfach im Laufe der Zeit weiterentwickelt und mit einer technischen Berufsausbildung begonnen. Die hohen Zugehörigkeitszahlen beziehen sich den Experten zufolge auf sämtliche Mitarbeiter und sind nicht ingenieurspezifisch. Ein Experte äußert, dass ein Mitarbeiter, welcher zwei Jahre in der Unternehmung beschäftigt sei, sogar noch als „*Frischling*“[876] bezeichnet werde. Lediglich in zwei Fällen wird differenziert. Demnach seien Mitarbeiter im Außendienst stärker abwanderungsgefährdet sowie darüber hinaus einfache Facharbeiter. Die tatsächlichen Fluktuationsquoten werden als sehr gering eingeschätzt, wobei konkrete Kennziffern in den wenigsten Fällen erhoben werden. Von vier Experten werden diese benannt bzw. lediglich geschätzt.

Die **Beschaffbarkeit** von Ingenieuren am Arbeitsmarkt wird unterschiedlich dargestellt. So äußern 13 Experten, dass sie den Fachkräftemangel weniger spüren. Begründet wird dies damit, dass man wenige bzw. unregelmäßig entstehende Vakanzen zu besetzen hat oder aber wesentlich auf den eigenen Nachwuchs setzt. Ein Experte geht davon aus, dass man in den vergangenen Jahren bis zu 90 % der Ingenieurspositionen so besetzt hat. Sechs Experten bezeichnen die Beschaffbarkeit als schwierig. In diesen Fällen wird sich vor allem auf erfahrene Ingenieure bezogen, welche bereits anderweitig tätig gewesen sind und entsprechendes Praxis Know-how mitbringen. Der Mangel an praxiserfahrenen Ingenieuren wird auch von den weiteren Experten eingeräumt: „*Wir setzen hier vielfach auf eigene Ausbildung. Wenn wir aber Studium mit Berufserfahrung suchen, das ist die große Schwierigkeit.*“[877] Kein Experte legt sich auf eine spezifische Fachrichtung fest, welche besonders schwierig zu bekommen sei. Die tatsächlichen Suchzeiträume betragen in den Unternehmungen sechs Monate oder länger. Zu Abstrichen in Bezug auf die gewünschte Qualifikation sind grundsätzlich elf Experten

---

875 Beilage K, S. 140.

876 Beilage G, S. 85.

877 Beilage J, S. 129.

bereit. Fünf geben an, dass dies kaum möglich sei und dann entsprechend weitergesucht werde. Sämtliche Experten äußern jedoch, dass dies stets einzelfallbezogen entschieden werde. In acht Fällen werden persönliche Eignungen vor fachlichen betont: „*Die Kröte könnten wir schlucken, wenn er von Verbindungstechnik keine Ahnung hat. Das können wir ihm beibringen. Der umgekehrte Fall ist schwierig: Ein Verbindungselementeprofi, der sich hier anbiedert und nicht hierher passt, den würden wir nicht einstellen*“.[878]

5.1.2.2 Mitarbeiterbindung bzw. Bindungsmanagement

Die **Begriffe** „Mitarbeiterbindung“ bzw. „Bindungsmanagement“ werden in den untersuchten Unternehmungen unterschiedlich wahrgenommen. So äußern nahezu sämtliche Experten zunächst, dass eine grundlegende Definition der Begriffe in der Unternehmung offiziell nicht vorhanden ist. In sieben Fällen werden dennoch Aspekte der Verbleibe- und der Leistungsbereitschaft angesprochen. Sechs Experten thematisieren lediglich die Verbleibebereitschaft. Die Leistungsbereitschaft wird hier erst auf Nachfrage besprochen, dann jedoch ebenfalls als relevant erachtet. Des Weiteren betonen sechs Experten – entweder ergänzend zum bereits Genannten oder aber als ausschließliche Aspekte – die Bedeutung der Mitarbeiterzufriedenheit, des Wohlfühlfaktors oder der Identifikation mit der Unternehmung. Ein Experte schließt das Finden der Mitarbeiter ebenfalls in den Bindungsbegriff mit ein. In drei Fällen werden keine Angaben zu einem Begriffsverständnis gegeben. Sämtliche gemachten Angaben beziehen sich dabei nahezu ausschließlich auf die Unternehmungsperspektive.

Eine Differenzierung der Aspekte „Verbleib“ und „Leistung“ wird von keinem Experten eigenständig angesprochen sowie darüber hinaus auf Nachfrage in 13 Fällen verneint. Begründet wird dies u. a. damit, dass man sich hierzu bislang noch keine Gedanken gemacht hat. Ein Experte hält die Frage danach für „*sehr theoretisch*“[879], ein anderer äußert: „*Es funktioniert nur, wenn ich beides zusammenbringe. Für mich gibt es nicht das eine oder das andere.*“[880] In den weitern sechs Fällen äußern die Experten zwar ebenfalls eine Differenzierung nicht bewusst vorzunehmen, können sich jedoch prinzipiell vorstellen, dass diese zumindest in Ansätzen durchführbar wäre. Demnach wird in drei Fällen davon ausgegangen, dass eine Beeinflussung der Leistungsbereitschaft durch variable Vergütungsbestandteile möglich wäre. Gleichzeitig wird auf den zweifelhaften Erfolg verwiesen, da solche Vergütungsbestandteile ledig-

---

878 Beilage B, S. 13.

879 Beilage K, S. 141.

880 Beilage J, S. 129.

lich kurzfristig wirken. Jeweils einfache Nennungen erfolgen weiterhin für die Bereiche Personalentwicklung und Personalführung. Ein Experte geht davon aus, dass man lediglich durch die Produkte und die Arbeitsinhalte auch zur Leistungsbereitschaft motivieren könne.

Darüber hinaus geben nahezu sämtliche Experten an, sich mit der Thematik **Bindungsmanagement** bislang nicht näher auseinandergesetzt zu haben bzw. noch gänzlich am Anfang zu stehen: „*Also, so ganz explizite Maßnahmen, außer denen, die so versteckt wirken, gibt es bei uns nicht. Es gibt keine besonderen Programme. [...] Aufgrund fehlender Fluktuation sind wir bislang glücklicherweise nicht vor die Aufgabe gestellt worden.*“[881] Vor allem ein konzeptionelles Vorgehen wird daher größtenteils verneint. Lediglich drei Experten geben an, die Thematik aktiv zu erarbeiten. Dies erfolgt dann jedoch unter den Überschriften Mitarbeiterbetreuung, Personalförderung sowie Personalführung, wobei unter letzterem die gesamte Palette personalwirtschaftlicher Maßnahmen verstanden wird: „*Wenn man diese Personalführungsinstrumente richtig einsetzt, hat man per se einen Mitarbeiter, der hier gerne arbeitet.*“[882]

In nahezu sämtlichen Unternehmungen erfolgen gemäß den Expertenaussagen diesbezüglich auch kaum weitere Überlegungen zu entsprechenden **Zielgruppen**. Grundsätzlich stehen zwar Leistungsträger, bspw. Ingenieure, im Fokus, jedoch ist man mehr um eine Gleichbehandlung sämtlicher Mitarbeiter bedacht. Ein Experte äußert, dass man eine Klassengesellschaft weitgehend vermeiden möchte. Demnach stehen grundsätzlich sämtlichen Mitarbeitern die gleichen Maßnahmen zur Verfügung, variieren jedoch im individuellen Zuschnitt. Lediglich drei Experten geben an, Schlüsselmitarbeiter zu differenzieren. **Zielgrößen** werden lediglich in Ausnahmefällen offiziell vorgegeben und bestehen eher implizit. **Zeitlich** wird stets eine langfristige Bindung angestrebt. Dies gilt insbesondere für Ingenieure, darüber hinaus jedoch grundsätzlich für sämtliche Mitarbeitergruppen. **Bezugsobjekt** der Bindung ist in allen Fällen die gesamte Unternehmung. Lediglich ein Experte geht von einer speziellen Bindung an die jeweiligen Abteilungen aus, welche ebenfalls eine Rolle spielt. Beteiligte Personen an bzw. **Träger** von grundsätzlichen Überlegungen zu Bindungsmaßnahmen sind vor allem die Geschäftsführung, die Personalbereiche sowie die direkten Vorgesetzten. So findet in Bezug auf größere Maßnahmen eine Abstimmung mit der Inhabergeschäftsführung statt, welche letztlich die Entscheidungen trifft. In der Regel wird jedoch vor allem die Bedeutung der beiden letztgenannten Träger im alltäglichen Geschäft betont. Ein Experte äußert: „*Wir machen Gesprächsrunden [...] für alles mögliche, aber es hat bislang noch keine Gesprächsrunde gege-*

---

[881] Beilage H, S. 100.

[882] Beilage, K, S. 141.

ben – wissentlich –, wo ich jetzt sagen würde, da hat mal ein hochkarätiger [...] Kreis gesessen und hat sich nun darum gekümmert, wie haben wir jetzt Mitarbeiter zu binden.“[883]

5.1.3 Aussagen zu den Bindungsfaktoren

5.1.3.1 Überblick zu den Kategorien der Bindungsfaktoren

Bevor im nachfolgenden Abschnitt die Aussagen zu den Bindungsmaßnahmen zusammengetragen werden, sind zunächst die Expertenaussagen zu den Bindungsfaktoren von Ingenieuren darzustellen. Entsprechend der im Forschungsrahmen aufgestellten Kategorien sind die Aussagen diesbezüglich den jeweiligen Themenkomplexen zugeordnet. Hierzu wird zunächst ein einführender Überblick gegeben, bevor in den anschließenden Teilabschnitten näher auf die jeweiligen Aussagen eingegangen wird (vgl. Tabelle 7).[884]

Tabelle 7: Überblick über die Kategorien der Bindungsfaktoren.

Kategorie		**Einfache Nennung**	**Priorisierte Nennung**		
			Rang 1	**Rang 2**	**Rang 3**
Umweltbezogene Faktoren	Gesamtwirtschaftliche Rahmenbedingungen	3	-	-	-
	Gesellschaftliche Rahmenbedingungen	2	-	-	-
Unternehmungsbezogene Faktoren	Allgemeine organisatorische Faktoren	17	-	4	-
	Faktoren der Arbeit	19	15	2	-
	Soziale Faktoren	14	2	6	1
	Monetäre Faktoren	16	1	3	6
Personenbezogene Faktoren	Demografische Faktoren	10	-	-	-
	Faktoren des Berufs	3	-	-	-
	Faktoren der Persönlichkeit	4	-	-	-

Als Bindungsfaktoren für Ingenieure führen diesbezüglich drei der befragten Experten gesamtwirtschaftliche Rahmenbedingungen an. Gesellschaftliche Rahmenbedingungen werden zweimal genannt.

---

[883] Beilage H, S. 100.

[884] Die Experten sind zunächst in einer offenen Fragestellung nach Einflussfaktoren befragt worden (einfache Nennung). Erst im Anschluss daran ist die Frage nach einer Rangfolge erfolgt (priorisierte Nennung).

Allgemeine organisatorische Faktoren werden von 17 Unternehmungsvertretern thematisiert. Auf Faktoren der Arbeit gehen sämtliche Experten näher ein und behandeln diese auch im Detail – wie nachfolgend zu zeigen sein wird – umfassend. Soziale Faktoren werden in 14 Fällen genannt, Faktoren des monetären Bereiches in 16 Fällen.

Personenbezogene Einflussfaktoren auf das Bindungsverhalten werden in Bezug auf demografische Faktoren von zehn Experten näher behandelt. In drei Fällen wird auf Faktoren des Berufes eingegangen. Faktoren der Persönlichkeit werden in vier Gesprächen thematisiert.

Eine mögliche Priorisierung der Einflussfaktoren erfolgt von den Experten ausschließlich durch eine Rangreihung unternehmungsbezogener Faktoren. So werden vor allem Faktoren der Arbeit als wichtigste Einflussgrößen (in 15 Fällen) angeführt. Mit sechs bzw. vier Nennungen werden Einflussfaktoren des sozialen bzw. des allgemeinen organisatorischen Bereiches am häufigsten als die zweitwichtigsten Einflussgrößen genannt. Mit sechs Nennungen werden monetäre Aspekte auf Rang drei gesehen. Im gewichteten Mittel der priorisierten Nennungen sind somit Faktoren der Arbeit auf den ersten Platz eingeordnet (1,12). Faktoren des sozialen Bereiches (1,8) sowie des allgemeinen organisatorischen Bereiches (2,0) folgen auf den Plätzen zwei und drei. Monetäre Faktoren (2,5) mit einem deutlichen Abstand auf dem nachfolgenden Platz.

Neun Experten geben in diesem Zusammenhang jedoch an, dass ihnen die Bildung einer Rangfolge schwer fällt. In einem Fall wird keine konkrete bzw. in acht Fällen eine lediglich eingeschränkte[885] Priorisierung vorgenommen. Im Wesentlichen wird dies damit begründet, dass die einzelnen Bindungsfaktoren eng miteinander verknüpft sind. Auch geben drei Experten an, dass sie das Zusammenspiel unterschiedlicher Kategorien als für entscheidend halten. Hier bestehen nicht selten vor allem auch individuelle Unterschiede, so dass sich eine Rangfolge für diese Berufsgruppe nur bedingt bilden lässt.

Unterschiede in der wahrgenommenen Ausprägung der jeweiligen Bindungsfaktoren zu anderen Mitarbeiter- bzw. Berufsgruppen werden von den Unternehmungen spezifisch benannt und diesbezüglich in den nachfolgenden Teilabschnitten an den entsprechenden Punkten mit dargestellt. In zwei Fällen gehen die Experten jedoch davon aus, dass zwischen Ingenieuren und weiteren Mitarbeitergruppen in Bezug auf vorhandene Bindungsfaktoren keine Unterschiede festzustellen sind. Zwei weitere Experten machen hierzu keine Angaben.

---

885 So setzt bspw. ein Experte lediglich zwei der Kategorien in Beziehung zueinander. Demnach seien die Arbeitsinhalte wichtiger als die Bezahlung. Andere wiederum benennen lediglich den stärksten Bindungsfaktor.

Eine Differenzierung der Aspekte der Verbleibebereitschaft sowie der Leistungsbereitschaft wird von den Experten entsprechend der Äußerungen zum Begriff der Mitarbeiterbindung bzw. des Bindungsmanagement so gut wie nicht vorgenommen. Auf die wenigen Äußerungen wird ebenfalls an entsprechender Stelle verwiesen.

5.1.3.2 Umweltbezogene Faktoren

Die Darstellung der Aussagen zu den umweltbezogenen Bindungsfaktoren ist entsprechend der erarbeiteten Kategorien in die Bereiche gesamtwirtschaftliche und gesellschaftliche Rahmenbedingungen gegliedert. Beide Bereiche werden von den befragten Unternehmungen vergleichsweise wenig benannt. Es liegen somit auch insgesamt kaum detaillierte Aussagen vor.

Gesamtwirtschaftliche Rahmenbedingungen werden von drei Experten durch eine Thematisierung der konjunkturellen Lage angesprochen. Ein Experte bezieht sich diesbezüglich explizit auf die jüngst zu verzeichnende Wirtschaftskrise. Demzufolge wird unisono geäußert, dass gerade in konjunkturell schlechten Zeiten die Gefahr größer ist, dass sich Ingenieure stärker an externen Angeboten orientieren, sofern diese vorliegen. Dies ist vor allem dann möglich, wenn sich die schlechte Situation primär auf die eigene Branche bezieht und Alternativen somit tatsächlich auch bestehen. Ein Experte schränkt jedoch ein, dass dies im Wesentlichen solche Mitarbeiter betrifft, welche bereits vorab wenig gebunden gewesen sind. In schlechten Zeiten ist für diese der Anreiz zur Herbeiführung einer Veränderung größer.

Gesellschaftliche Rahmenbedingungen werden von den beiden Experten, die diese anführen, unterschiedlich dargestellt. So bezieht sich ein Experte explizit auf einen Wertewandel hin zu einer starken Familienorientierung, welche in dieser Form noch eine Generation zuvor nicht derart ausgeprägt gewesen ist. Diesbezüglich spielen familiäre Aspekte und deren Vereinbarkeit mit der beruflichen Situation heutzutage eine große Rolle in Bezug auf das Bindungsverhalten und werden auch von den männlichen Arbeitnehmern eingefordert. Der zweite Experte hingegen bezieht sich stärker auf einen allgemeinen Wertewandel und führt an, dass grundsätzlich zwischen den unterschiedlichen Generationen verschiedene Werte festzustellen sind. In Bezug auf das Bindungsverhalten wird eine lebenslange Bindung gerade von der jungen Generation vielfach nicht angestrebt, während dies in der älteren Generation als Selbstverständlichkeit angesehen und mit einer entsprechend hohen Bedeutsamkeit wertgeschätzt wird.

5.1.3.3 Unternehmungsbezogene Faktoren

Die Aussagen zu den unternehmungsbezogenen Faktoren sind den theoretischen Vorarbeiten entsprechend innerhalb der jeweiligen Kategorien der allgemeinen organisatorischen Faktoren, der Faktoren der Arbeit, der sozialen Faktoren sowie der monetären Faktoren zugeordnet.

In Bezug auf **allgemeine organisatorische Faktoren** geben elf der untersuchten Unternehmungen an, dass das Renommee der Unternehmung in der Öffentlichkeit einen Einfluss auf das Bindungsverhalten sämtlicher Mitarbeiter hat. Dies bezieht sich u. a. auf das wahrgenommene soziale Engagement, den Umgang mit Krisen etc. In Bezug auf Ingenieure wird vor allem das Renommee in Fachkreisen betont, d. h. wie die Unternehmung dort wahrgenommen wird, ob ein Ingenieur durch sein Auftreten dort Stolz empfinden kann. Ein Experte äußert diesbezüglich, dass es bindend ist, bei einer „*Premiummarke mit Ruf*“[886] arbeiten zu können.

Acht Experten führen in diesem Zusammenhang auch die jeweilige Branche und die hergestellten Produkte selbst an. Demnach achten gerade Ingenieure sehr stark darauf, was die Unternehmung eigentlich produziert, d. h. womit man sich inhaltlich auseinandersetzen muss, welche Werk- und Ausgangsstoffe etc. genutzt werden. Letzteres wird insbesondere von jungen Ingenieuren verstärkt nachgefragt.

Ebenfalls acht der befragten Unternehmungen führen Arbeitsplatzsicherheit als Bindungsfaktor an und beziehen sich dabei vor allem auf die Art und Weise der Unternehmungsführung, der grundlegenden Ziele der Unternehmung sowie weitere unternehmungspolitische Aspekte. Ausschlaggebend ist es den Experten zufolge für Ingenieure insbesondere, inwiefern hierdurch langfristige Beschäftigungsperspektiven gegeben sind.

Sieben Experten benennen den Standort als konkreten Bindungsfaktor. So wirkt sich dieser immer dann besonders positiv aus, wenn er sich in der Heimatregion der Ingenieure bzw. sämtlicher Mitarbeiter befindet. Eine Bindung an eine Unternehmung außerhalb der eigenen Heimatregion wird gerade langfristig als problematisch wahrgenommen. Betont wird in diesem Zusammenhang insbesondere auch die Bindung von Ingenieuren an einen ländlichen Standort, wenn diese aus Ballungsräumen kommen. Dies ist den Experten zufolge nahezu ausgeschlossen und zeigt sich vielfach bereits bei der Beschaffung: „*Da gibt es Bereiche, wie Frankfurt, München, Berlin, die für solche Leute einfach attraktiver sind.*“[887]

---

[886] Beilage A, S. 3.

[887] Beilage N, S. 177.

Auf einen transparenten und offenen Umgang mit unternehmungsrelevanten Informationen verweisen sechs, der befragten Unternehmungen. Gerade Ingenieure wollen hier – weit mehr als einfache Facharbeiter – auch über ihren eigenen Arbeitsbereich hinaus informiert werden und einen Überblick über relevante Themenstellungen, die Unternehmung betreffend, haben. Die Experten führen dies generell auf sämtliche hochqualifizierte Mitarbeiter zurück, welche schon aufgrund ihres Ausbildungsniveaus mehr an Zusammenhängen etc. interessiert sind.

Als weiteren allgemeinen organisatorischen Bindungsfaktor bezeichnen vier Experten eine erfahrene Wertschätzung. Diese wird, wie einige Experten betonen, auch bereits durch einen offen und transparenten Umgang gewährleistet, zeigt sich jedoch darüber hinaus auf vielfältige weiter Art und Weise, bspw. durch die Berücksichtigung von Arbeitnehmerinteressen, das entsprechende Würdigen von erbrachten Leistungen usw.

Viermal werden darüber hinaus organisatorische Strukturen angeführt, welche den Experten zufolge vor allem unbürokratische und schnelle Entscheidungen begünstigen sollten. Auch klare Strukturen, in die sich jeder einordnen und wiederfinden kann, sind von Bedeutung.

Dreimal wird die Verlässlichkeit und Stabilität der Unternehmungsführung thematisiert. Die Experten beziehen dies sowohl auf die Besetzung der Führungsorgane, welche nicht permanent wechseln sollten, als auch auf die dort getätigten Aussagen. Ein Experte führt die Größe der Unternehmung an. Hier stellt eine mittelständische Unternehmung einen Bindungsfaktor für solche Ingenieure dar, welche aus einem großen Konzern kommen würden. Tabelle 8 fasst die Aussagen überblicksartig zusammen.

Tabelle 8: Aussagen der Experten zu allgemeinen organisatorischen Faktoren.

Aussagenbereich	Anzahl Nennungen
Renommee der Unternehmung in der Öffentlichkeit, insb. in Fachkreisen	11
Hergestellte Produkte, Branchentätigkeit	8
Arbeitsplatzsicherheit	8
Standort der Unternehmung	7
Transparenz hinsichtlich aktueller Entwicklungen innerhalb der Unternehmung	6
Schnelle, unbürokratische, klare Strukturen	4
Wertschätzung erfahren von Seiten der Unternehmung	4
Verlässlichkeit und Stabilität in der Unternehmungsführung	3
Größe der Unternehmung	1

Faktoren der Arbeit werden von beinahe sämtlichen Experten hinsichtlich herausfordernder Tätigkeiten genannt. Diese sollten gleichermaßen abwechslungsreich sein, um als interessant wahrgenommen zu werden. Den Experten zufolge definieren sich Ingenieure maßgeblich über die ausgeübten Tätigkeiten und unterscheiden sich diesbezüglich auch deutlich von anderen Mitarbeitergruppen, bspw. einfachen Facharbeitern. Letztere haben vielfach bereits qualifikationsbedingt einen lediglich eingeschränkten Tätigkeitsspielraum. Dies umschließt auch einen tendenziell höheren Anteil an wiederkehrenden Routineaufgaben. Demzufolge sind für solche Mitarbeitergruppen die Tätigkeiten selbst weniger stark bindungsfördernd, während sie für Ingenieure insbesondere auch eine Möglichkeit zur Entfaltung der eigenen Fähigkeiten und somit zur Selbstverwirklichung darstellen: „*Ingenieure sind eine spezielle Sorte Mäuse. Sie sind sehr technikverliebt und sehr daran interessiert, eine bestimmte Aufgabe sehr genau und gewissenhaft zu lösen. Dann fühlen die sich wohl.*“[888]

Gleiches gilt für die Übernahme an Verantwortung innerhalb der Tätigkeit, welche von neun Experten thematisiert wird. Von Bedeutung ist hier u. a. auch die Möglichkeit, das herzustellende Produkt von Beginn an bis zum Ende betreuen zu können und somit für sämtliche Herstellungsschritte zumindest in Teilen mitverantwortlich zu sein. Ein Experte äußert: „*Es macht für einen Ingenieur keinen Sinn, wenn er nur an einer Schraube konstruiert, weil er im Konzern mit 1.000 anderen Ingenieuren da sitzt und jeder macht seinen kleinen Bereich.*“[889]

Weiterentwicklungsmöglichkeiten werden in Bezug auf fachliche und persönliche Perspektiven von 13 Experten angeführt. Sieben Experten nennen Karriereperspektiven als Bindungsfaktoren für Ingenieure, wobei fünf weitere diesbezüglich explizit anführen, dass gerade dieser Aspekt für Ingenieure im Vergleich zu anderen Mitarbeitergruppen – bspw. kaufmännische Angestellte – weniger relevant ist. So gibt ein Experte an: „*Wir haben seit Jahren Probleme, einen stellvertretenden Konstruktionsleiter aus den eigenen Reihen zu besetzen.*“[890] Ein anderer äußert: „*Es gibt viele, denen das gar nicht bewusst ist, dass sie das [Anmerk. d. Verf.: Führungsverantwortung] auch mal machen müssen [...] oder sagen: ich verliere viel von meiner Fachlichkeit, ich steuere nur noch, ich bin nur noch Organisator.*“[891]

Die Nutzung neuester Arbeitsmittel wird von zehn der befragten Unternehmungen als relevanter Bindungsfaktor erachtet. So sind gerade Ingenieure sehr an der Arbeit mit neustem

---

888 Beilage C, S. 31.

889 Beilage D, S. 46.

890 Beilage E, S. 61.

891 Beilage B, S. 15.

technischem Gerät, neuster Software etc. interessiert, was sich ebenfalls auf das Bindungsverhalten auswirkt. Auch die Ausstattung der Büros bzw. Arbeitsplätze wird hier angeführt.

Weiterhin thematisieren sieben Experten Möglichkeiten zur Flexibilisierung der Arbeitszeit sowie fünf Experten eine Vereinbarkeit von Berufs- und Privatleben als relevant. Während beides den Aussagen zufolge grundsätzlich für sämtliche Mitarbeitergruppen von Bedeutung ist, stellt vor allem erstes für Ingenieure auch aus fachlich-inhaltlichen Gründen einen Aspekt dar, weil das *„Arbeiten und Konstruieren nach der Stechuhr grundsätzlich nicht funktioniert.“*[892] Auch wird geäußert: *„Es gibt hier Kollegen, die hier abends um sieben oder acht Uhr noch sitzen. Da ist sonst kein Mensch mehr da.“*[893] Auch Freizeitangebote etc. werden von fünf Experten genannt. Tabelle 9 gibt zu den dargestellten Aussagen einen Überblick.

Tabelle 9: Aussagen der Experten zu Faktoren der Arbeit.

Aussagenbereich	Anzahl Nennungen
Herausfordernde Tätigkeiten mit Möglichkeit zur Entfaltung eigener Fähigkeiten	18
Fachliche und persönliche Weiterentwicklung	13
Nutzung neuster Arbeitsmittel, insb. Maschinen, EDV, Software	10
Übernahme von Verantwortung innerhalb der ausgeübten Tätigkeit	9
Flexibilisierung der Arbeitszeiten	7
Aufstiegsmöglichkeiten und Karriere	7
Vereinbarkeit von Privatleben und Berufsleben	5
Freizeitangebote, Betriebsfeste etc.	5

Den **sozialen Faktoren** zuordbar sind Aussagen der Experten zum Umgang unter den Mitarbeitern und Kollegen, welche zwölfmal angeführt werden. Angesprochen werden Komponenten im Kontext der Atmosphäre in der Organisation bzw. dem Betriebsklima im Allgemeinen. Die Atmosphäre im direkten Arbeitsteam thematisieren acht Experten: *„Wenn Ingenieure sich in einem Team eingebunden fühlen, dann wechseln die nicht mehr gerne.“*[894]

Mit der gleichen Anzahl an Nennungen wird der direkte Vorgesetzte angeführt. Den Experten zufolge ist dieser relevant, da er als Multiplikator in die Teams hineinwirkt. Verwiesen wird auf dessen Funktion als Motivator und Ansprechpartner in fachlichen und persönlichen Fragen. Alle Experten äußern, dass dieser nur dann bindungsfördernd wirken kann, wenn er sich

---

892 Beilage D, S. 46.

893 Beilage D, S. 46.

894 Beilage F, S. 74.

durch entsprechend kooperatives Verhalten auszeichnet. Für Ingenieure ist dies den Experten zufolge von besonderer Relevanz, da gerade diese Berufsgruppe darüber hinaus aus fachlicher Perspektive sehr eigenständig arbeiten kann und vergleichsweise wenig Führung benötigt. Ein Experte führt ein konstantes Arbeitsteam als Bindungsfaktor an (vgl. Tabelle 10).

Tabelle 10: Aussagen der Experten zu sozialen Faktoren.

Aussagenbereich	Anzahl Nennungen
Umgang miteinander unter den Mitarbeitern und Kollegen	12
Atmosphäre im direkten Arbeitsteam	8
Direkter Vorgesetzter	8
Konstantes Arbeitsteam, d. h. kein häufiger Wechsel der Teamzusammensetzung	1

Letztlich werden Aussagen zu **monetären Faktoren** von den befragten Unternehmungsvertretern getätigt. Diese beziehen sich in zehn Fällen auf die Höhe der Vergütung selbst, wobei hier von allen Experten die relative Vergütungshöhe angesprochen ist. Es wird betont, dass eine empfundene Vergütungsgerechtigkeit stets subjektiver Natur ist. Ein Experte hebt hierbei die Bedeutung von veröffentlichtem Wissen aus unterschiedlichen Medien hervor. Je nach dem was hieraus bekannt ist, kann eine als gerecht empfundene Vergütungshöhe deutlich variieren und verändert sich zeitlich betrachtet. Eine Erhöhung der Vergütung wird indes lediglich von drei Experten thematisiert. Diesen Aussagen zufolge können gerade kontinuierliche Anpassungen und Entwicklungen der Vergütung einen Bindungsaspekt darstellen.

Hinsichtlich der vorgefundenen Vergütungsstruktur äußern sich sieben Experten in Bezug auf den Leistungsaspekt der Vergütung. Demnach ist eine Vergütung bindungsfördernd, wenn tatsächlich erbrachte Leistungen honoriert werden. Die Experten beziehen sich hierbei auf besondere Leistungen, bspw. Projektabschlüsse, sowie auf allgemeine Leistungen, bspw. Überstunden. Eine qualifikationsgerechte Vergütung wird von sechs Experten angesprochen: „*[...] ich studiere nicht jahrelang, um nachher auf dem Stand von 'nem Facharbeiter zu sein [...].*"[895] Eine marktgerechte Vergütung wird in fünf Fällen konkret angesprochen. Entscheidend ist hier der Vergleich mit anderen Arbeitgebern der eigenen Branche, aber auch branchenübergreifend. Weitere Zusatzleistungen sprechen acht Experten an. Konkret werden diesbezüglich zahlreiche Aspekte thematisiert, bspw. eine Altersversorgung, eine Kantine etc.

Alle Experten führen neben den jeweils getätigten Detailaussagen an, dass sie die Bedeutung monetärer Faktoren grundsätzlich für alle Mitarbeitergruppen als relevant erachten. Hinsich-

[895] Beilage J, S. 131.

tlich deren tatsächlichen Bindungswirkung wird jedoch unisono auf den kurzfristigen Charakter solcher Faktoren verwiesen. Demnach wirken die jeweiligen Aspekte gemäß der Wahrnehmung der Experten stets im Moment der Vergabe, werden dann jedoch schnell als normal und gegeben vorausgesetzt. Bei einem Ausbleiben ist dann eher eine negative Wirkung festzustellen. Eine Differenzierung zwischen Ingenieuren und vor allem weniger qualifizierten Mitarbeitern wird aber dennoch von sieben Experten über die grundlegende Bedeutung hinaus vorgenommen. Demnach weisen monetäre Aspekte für letztere einen höheren Stellenwert auf, da die Sicherung des existenziellen Minimums stärker im Fokus steht. Sechs Experten differenzieren des Weiteren auch kaufmännische Angestellte, welche stärker auf monetäre Faktoren achten und auch finanzielle Statussymbole stärker gewichten: *„Es hat hier noch nie ein Ingenieur danach gefragt, warum kriege ich keinen Wagen oder warum kriege ich nur einen Passat, während Vertriebler hier doch sehr stark auf Image usw. achten.“*[896] Die Aussagen zu den monetären Faktoren sind in Tabelle 11 zusammengefasst.

Tabelle 11: Aussagen der Experten zu monetären Faktoren.

Aussagenbereich	Anzahl Nennungen
Höhe der Vergütung	10
Sozialleistungen, weitere Zusatzleistungen	8
Leistungsgerechte Vergütung	7
Qualifikationsgerechte Vergütung	6
Marktgerechte Vergütung	5
Gehaltserhöhungen	3

5.1.3.4 Personenbezogene Faktoren

Die Aussagen der befragten Experten zu den personenbezogenen Faktoren werden entsprechend der Kategorien der demografischen Faktoren, der Faktoren des Berufs sowie der Faktoren der Persönlichkeit dargestellt. Mit Ausnahme der demografischen Faktoren liegen nur wenige Informationen vor, da eine entsprechende Thematisierung nur am Rande erfolgt ist.

Demografische Faktoren werden von den befragten Unternehmungen in zehn Fällen hinsichtlich der Herkunft der Ingenieure angeführt. Insbesondere konkretisieren die Experten hierbei den Raum OWL (sowie die angrenzenden Regionen) und die damit verbundene Mentalität der Menschen, welche als sehr bodenständig beschrieben wird: *„Dies ist ein sehr bo-*

896 Beilage B, S. 17.

denständiger Raum. Hier gibt es sehr viele, die bekommen sie einfach nicht weg.“[897] Die Experten grenzen jedoch ein, dass sich dieses wahrgenommene Bindungsverhalten nicht zwangsläufig auf eine Unternehmung beziehen muss, sondern grundsätzlicher Natur ist. Demnach ist auch eine Bindung an eine andere Unternehmung in der gleichen Region denkbar.

Die familiäre Situation wird als weiterer Bindungsfaktor von sieben der befragten Unternehmungen benannt. Im Fokus der Äußerungen steht hierbei vor allem die Frage, ob bereits eine eigene Familie gegründet worden ist. Ist dies der Fall, so wird auch von einer größeren Bindungsbereitschaft ausgegangen, da bspw. Verpflichtungen zur Ernährung, Absicherung etc. der Familie erfüllt werden müssen und gleichzeitig das Bedürfnis nach Stabilität stärker ausgeprägt ist. Des Weiteren wird hierbei jedoch auch auf den Lebenspartner selbst verwiesen. So stellt es den Experten zufolge ein K.O. Kriterium dar, wenn dieser bspw. eine eigene berufliche Tätigkeit an einem entfernten Ort wahrnimmt bzw. sich entsprechend verändert.

Auf das Alter der Ingenieure beziehen sich sechs der Experten. Hier sind tendenziell ältere Ingenieure stärker gebunden, da sich die Jüngeren noch finden müssen und sich diesbezüglich schneller verändern. Nach vorliegenden Aussagen ist die Bereitschaft, Neues auszuprobieren höher. Eine Zusammenfassung der Erläuterungen gibt Tabelle 12 wieder.

Tabelle 12: Aussagen der Experten zu demografischen Faktoren.

Aussagenbereich	**Anzahl Nennungen**
Herkunft bzw. Heimatregion	10
Familiäre Situation	7
Alter	6

Die zweite Kategorie der **Faktoren des Berufs** wird von den befragten Experten – wie bereits angedeutet – kaum thematisiert. Drei Experten beziehen sich auf das Merkmal der Betriebszugehörigkeit und geben an, dass das Bindungsverhalten mit zunehmender Zugehörigkeitsdauer stärker ausgeprägt ist. Auf das Bildungsniveau gehen zwei Experten ein, beziehen sich dabei allerdings auf das Bildungsniveau im Allgemeinen. Je höher dies ausfällt, desto eher ist die Bereitschaft zur Bindung gegeben, wenn die weiteren Faktoren stimmen würden.

Faktoren der Persönlichkeit als dritte Kategorie – welche als einzige von den Experten spezifisch auf Ingenieure bezogen worden sind – werden hierbei von drei Experten in Bezug auf das Merkmal „Variety Seeking“ indirekt angesprochen. Demnach streben gerade junge und

[897] Beilage H, S. 102.

ungebundene Ingenieure nach Abwechslung in der Tätigkeit, was sich entsprechend negativ auf das Bindungsverhalten auswirken kann. Einer dieser Experten schränkt jedoch ein, dass dies nicht bedeutet, dass unüberlegte Arbeitgeberwechsel vorgenommen werden: „*Die Zeiten sind halt so, da machen sie nicht einfach mehr einen Jobwechsel heutzutage. Das Risiko steigt [...] So ein Lebenslauf, wo alle fünf Jahre ein Wechsel ist, will auch keiner haben.*“[898]

Zwei Experten thematisieren Ingenieure darüber hinaus in Bezug auf Persönlichkeitsmerkmale und setzen dies auch in Beziehung zum Bindungsverhalten. Demnach werden diese als bodenständige, technikorientierte, strukturiert arbeitende Persönlichkeiten beschrieben. Wesentlich sei die aus der Arbeit heraus vorliegende Orientierung an Fakten sowie das Treffen von Kopfentscheidungen. Eine Differenzierung ist hier laut dieser Experten zu kaufmännischen Angestellten festzustellen, welche stärker auch durch emotionale Aspekte getrieben sind und auf Bauchentscheidungen vertrauen würden. Anzumerken ist, dass sich viele weitere Experten hierzu ähnlich äußern, jedoch keinen Zusammenhang zum Bindungsverhalten wahrnehmen.

5.1.4 Aussagen zu den Bindungsmaßnahmen

5.1.4.1 Überblick zu den Kategorien der Bindungsmaßnahmen

Die in diesem Abschnitt dargestellten Expertenaussagen zu den Bindungsmaßnahmen sind gemäß dem im theoretischen Teil dieser Arbeit aufgeworfenen Kategorisierungsschema eingeordnet. Hierzu ist nachfolgend ein Überblick gegeben (vgl. Tabelle 13). Eine Detailbetrachtung der einzelnen Kategorien erfolgt im Anschluss in den jeweiligen Teilabschnitten.

In der **einfachen Nennung** geben sämtliche der befragten Experten an, Maßnahmen des unternehmungspolitischen Rahmens sowie Maßnahmen zur Gestaltung der Arbeitsbedingungen zur Steuerung des Bindungsverhaltens ihrer Ingenieure zu nutzen. 16 Experten äußern sich in Bezug auf Maßnahmen, welche dem Subsystem der Personalentwicklung zugeordnet werden können. Maßnahmen des Organisationssystems werden 13x, Maßnahmen des Subsystems Personalbedarfsdeckung elfmal sowie Maßnahmen des Planungs- und Kontrollsystems zehnmal angeführt. Lediglich neun bzw. sieben der befragten Unternehmungsvertreter beziehen sich auf Maßnahmen des Informationssystems bzw. des Subsystems Personalvergütung.

[898] Beilage B, S. 14.

Tabelle 13: Überblick über die Kategorien der Bindungsmaßnahmen.

Kategorie	Einfache Nennung	Priorisierte Nennung		
		Rang 1	Rang 2	Rang 3
Maßnahmen des Informationssystems	9	-	-	1
Maßnahmen des Planungs- und Kontrollsystems	10	-	2	-
Maßnahmen des Personalsystems, in den Teilsystemen…				
Personalbedarfsdeckung	11	-	-	-
Personalentwicklung	16	2	2	1
Gestaltung der Arbeitsbedingungen	19	9	7	2
Personalvergütung	7	-	1	3
Personalführung	13	2	3	1
Maßnahmen des Organisationssystems	15	-	-	1
Maßnahmen des unternehmungspolitischen Rahmens	19	6	4	3

Bezüglich einer Rangfolge ihrer stärksten Bindungsmaßnahmen (**Priorisierte Nennung**) äußern sich neun Unternehmungsvertreter hinsichtlich der Gestaltung der Arbeitsbedingungen. Sechs Experten geben Aspekte, welche dem unternehmungspolitischen Rahmen zugeordnet werden können, als stärkste Maßnahmen an. Zweimal werden die Subsysteme Personalentwicklung sowie Personalführung angegeben. Sieben Experten sehen die Gestaltung der Arbeitsbedingungen als zweitstärksten Bereich an. Dahinter werden Maßnahmen des unternehmungspolitischen Rahmens viermal sowie das Subsystem Personalführung dreimal als zweitstärkster Bereich erachtet. Jeweils zwei Experten äußern hier Maßnahmen des Planungs- und Kontrollsystems sowie des Subsystems Personalentwicklung. Einmal wird das Subsystem der Personalvergütung genannt. Auf Rang drei sehen die Experten unterschiedliche Führungssysteme bzw. Subsysteme mit ähnlich häufiger – maximal dreifacher – Nennung. Im gewichteten Mittel der priorisierten Nennungen stehen Maßnahmen zur Gestaltung der Arbeitsbedingungen auf Rang eins (1,6), Maßnahmen des unternehmungspolitischen Rahmens auf Rang zwei (1,7) sowie die Subsysteme Personalentwicklung und -führung auf Rang drei (jeweils 1,8). Es folgen Maßnahmen des Planungs- und Kontrollsystems (2,0), das Subsystem Personalvergütung (2,75) sowie Maßnahmen des Organisations- und des Informationssystems (jeweils 3,0). Einzig das Subsystem Personalbedarfsdeckung wird von keinem Experten gerankt.

Hinsichtlich der Bildung einer Rangfolge äußern neun Experten, dass sie dies – ähnlich der Äußerungen zur Priorisierung der Bindungsfaktoren – als schwierig erachten und führen vor allem die engen Zusammenhänge zwischen den unterschiedlichen Bereichen an: *„Jetzt wirklich zu priorisieren von a, b, c, d, e, f halte ich für ziemlich schwierig, da das eine sehr kom-*

plexe Thematik ist und das Zusammenwirken der einzelnen Maßnahmen den Teppich bereitet […].“[899] In sechs Fällen wird lediglich eine eingeschränkte Reihung angegeben.

Im sämtlichen – mit Ausnahme von drei – Fällen wird angegeben, dass sich die Maßnahmen stets auf alle Mitarbeitergruppen beziehen und lediglich in der Ausprägung differenziert werden. Die Aussagen hierzu werden in den jeweiligen Teilabschnitten spezifisch dargestellt.

Die differenzierte Betrachtung der Aspekte Verbleibe- und Leistungsbereitschaft erfolgt – wenn überhaupt – rudimentär. Darauf wird ggf. in den jeweiligen Bereichen eingegangen.

Auf Basis des so erfolgten Überblicks über die angeführten Bindungsmaßnahmen wird in den nachfolgenden Abschnitten detailliert auf die jeweiligen Kategorien eingegangen, um die jeweiligen Aussagen der befragten Unternehmungen darzustellen.

5.1.4.2 Maßnahmen des Informationssystems

Zu Bindungsmaßnahmen, welche dem Informationssystem zugeordnet werden können, äußern sich insgesamt neun der 19 befragten Unternehmungen.[900] Auf Basis der theoretisch erfolgten Vorüberlegungen werden diese Aussagen anhand der Bereiche „Informationsinhalte“ sowie „Art der Informationsübermittlung“ eingeordnet und dargestellt.

In Bezug auf die **Informationsinhalte** beziehen sich von diesen neun Experten sechs auf die Art der weitergegebenen Informationen. Genannt werden hierbei vielfältige Bereiche, welche im Wesentlichen auf allgemeine Unternehmungsinformationen, die Unternehmungspolitik sowie die wirtschaftliche Lage der Unternehmung fokussiert sind. Darüber hinaus werden jedoch auch arbeitsplatzbezogene Informationen angeführt. Die weiteren drei Unternehmungen äußern sich im Zusammenhang mit den Informationsinhalten nicht explizit auf bestimmte Themen oder Bereiche, sondern geben allgemein an, Informationen aller Art weiterzugeben.

Hinsichtlich der Freiwilligkeit der Weitergabe von Informationen hinaus äußern sieben Unternehmungen, hier sehr offen und transparent vorzugehen. Demnach versucht man, sämtliche Mitarbeiter umfassend zu informieren. Den Experten zufolge trägt dies dazu bei, dass sich diese ernst genommen fühlen und ihnen ein Stück weit Wertschätzung vermittelt werden kann. Ein Experte äußert exemplarisch: „*Man ist Teil des Ganzen und wird darüber infor-*

899 Beilage M, S. 174.

900 Vgl. Abschnitt 5.1.4.1.

miert, was das Unternehmen betrifft."[901] Einschränkend führen vier dieser Unternehmungsvertreter jedoch explizit an, dass der tatsächliche Grad an Informiertheit mit der jeweiligen Hierarchieebene variiert. So sind vor allem die Führungskräfte entsprechend intensiver und detaillierter informiert. Grenzen einer offenen Mitarbeiterinformation sehen die Experten in ihren Unternehmungen dort, wo es um Sachverhalte geht, welche noch nicht beschlossen worden sind. Auch sensible wirtschaftliche Kennzahlen grenzt ein Experte aus. Zwei weitere wiederum beziehen diese explizit mit ein und äußern, dass man gerade auch in schlechten Zeiten sehr offen informieren müsste, um die Akzeptanz der Mitarbeiter für entsprechende Maßnahmen, bspw. Kurzarbeit, einholen zu können. In einer weiteren dieser Unternehmungen ist eine dementsprechend weitreichende Offenheit bereits durch die Verknüpfung mit dem variablen Entgeltsystem erforderlich, wie der Experte äußert.[902] Neben diesen sieben Unternehmungen äußern die zwei weiteren sich hierzu auf Nachfrage zurückhaltender und geben an, dass man zwar offen ist, aber gewisse Details nicht veröffentlichen würde.

Neben den Äußerungen zu den Informationsinhalten äußern sich die Experten auch zur **Informationsübermittlung**. So geben acht der neun Experten an, dass sie vor allem direkte Aktivitäten zur Übermittlung von Informationen nutzen würden und erachten dies als einen Aspekt zur Bindungssteuerung. Betont werden hierbei die Vorteile vor allem der persönlichen Kommunikation, welche als deutlich ausgeprägt umschrieben wird. Einschränkend führen drei der Experten jedoch an, dass man sich zwar grundsätzlich gut aufgestellt sieht, dieser Bereich jedoch Potenziale zur Verbesserung birgt. So wird in einem Fall angegeben, dass es in der tatsächlichen Umsetzung vielfach vom direkten Vorgesetzten selbst abhängt, inwieweit eine Informationsübermittlung stattfindet. In einem weiteren Fall wird angegeben, dass man anhand einer Mitarbeiterumfrage erfahren hat, dass die Mitarbeiter sich nicht so gut informiert fühlen, wie die Geschäftsleitung dies eigentlich angenommen hatte. Neben diesen acht Unternehmungsvertretern äußert sich der neunte auf Nachfrage ähnlich zur positiven Bedeutung und Möglichkeit einer Informationsübermittlung durch direkte Aktivitäten.

Indirekte Aktivitäten werden von vier Experten ebenfalls explizit angeführt und tragen diesen zufolge ebenfalls zur Bindungssteuerung bei. Zum Teil werden diese auch neben den direkten Aktivitäten genannt. Die weiteren fünf Experten nutzen diese zwar auch, führen Entsprechendes allerdings – wenn überhaupt – erst auf Nachfrage an. Es wird angegeben, dass gerade di-

---

901 Beilage D, S. 50.

902 Vgl. Beilage D, S. 51.

rekte Aktivitäten fokussiert werden. Die bislang dargestellten Sachverhalte sind in Tabelle 14 übersichtlich zusammengefasst.

Tabelle 14: Aussagen zu Bindungsmaßnahmen des Informationssystems.

Aussagenbereich	Anzahl Nennungen
Informationsinhalte	
Art der Information (wirtschaftliche Lage der Unternehmung etc.)	6
Freiwilligkeit der Weitergabe (Offenheit, Transparenz etc.)	7
Informationsübermittlung	
Direkte Aktivitäten (Gespräche mit Vorgesetzten, Betriebsversammlungen etc.)	8
Indirekte Aktivitäten (Mitarbeiterzeitschrift, Intranet etc.)	4

5.1.4.3 Maßnahmen des Planungs- und Kontrollsystems

Maßnahmen zum Planungs- und Kontrollsystem beziehen sich vor allem auf den von Unternehmungsseite gewährten Einbezug in Entscheidungsprozesse. Diesbezüglich haben sich von den 19 befragten Unternehmungen zehn hierzu geäußert. Die Aussagen beziehen sich auf den Partizipationsgrad, die Partizipation nach Entscheidungstypen sowie auf die Reichweite der Partizipation.

So äußern sich zunächst hinsichtlich des **Partizipationsgrades** neun Experten in der Form, als eine Mitwirkung vor allem durch Vorschlag und Beratung erfolgt. Demnach werden vor allem Ingenieure – in sämtlichen Fällen wird eine zumindest in Teilen vorhandene Differenzierung zu anderen Mitarbeitergruppen betont – um ihre Meinung gefragt, in Diskussionen einbezogen oder sogar gebeten, Lösungsansätze zu spezifischen Fragestellungen zu erarbeiten. Letztere stellen in vielen Fällen den Ausgangspunkt von zutreffenden Entscheidungen dar und unterstützen den Planungsprozess nicht nur, sondern beeinflussen diesen stark. Dieser sehr weitgehende Grad einer Partizipation – wie es die Experten betonen – ist vor allen Dingen aus fachlichen Gründen heraus motiviert, da man zwingend auf die Expertise der Ingenieure angewiesen ist. In sehr vielen Fällen wird herausgehoben, dass die jeweiligen Ingenieure die eigentlichen Spezialisten darstellen. Deren Meinung zu übergehen ist daher wenig zielführend. Gleichzeitig, so wird ebenfalls hervorgehoben, kann so jedoch auch eine Wertschätzung an die jeweiligen Personen vermittelt werden. Betont wird allerdings auch, dass die letztendliche Entscheidung stets vom jeweiligen Vorgesetzten bzw. vom Inhaber selbst getroffen wird. Ein Experte äußert prägnant, dass eine weitgehende Partizipation im Endeffekt nicht zu demokratischen Entscheidungsstrukturen führen kann.

Auf eine völlige Autonomie bei der Entscheidungsfindung beziehen sich zwei dieser befragten Experten und heben Entsprechendes als Bindungsmaßnahme hervor. Gleichzeitig betonen diese allerdings auch, dass sich diese Autonomie dann auf Sachverhalte des eigenen Tätigkeitsbereiches begrenzt. Die weiteren sieben Experten sehen eine zumindest teilweise vorhandene Autonomie hier ebenfalls als vorhanden an, verweisen jedoch weniger stark darauf.

Das Bisherige aufgreifend, werden auch Aussagen über die hiervon betroffenen **Entscheidungstypen** abgegeben. So konkretisieren sieben der befragten Experten, dass sich die gewährte Partizipation auf operative Entscheidungen bezieht. Angesprochen werden u. a. Kundenaufträge. Drei Experten verweisen darüber hinaus auf die strategische Relevanz der zutreffenden Entscheidungen. Angeführt werden die Anschaffung neuer Maschinen, Weiterentwicklungen der eigenen Produktlinien oder die strategische Ausrichtungen im Allgemeinen. Gerade der Einbezug in strategische Entscheidungen, so die entsprechenden Experten, erfordert unternehmerisches Denken, was einer Bindungssteuerung entsprechend zuträglich ist.

Weiter konkretisierend führen neun Experten explizit an, dass sich der Einbezug auf arbeitsplatz- bzw. abteilungsbezogene Aspekte fokussiert und beziehen sich somit konkret auf die **Reichweite der Partizipation**. Ein Experte gibt hier exemplarisch an: „*Wenn's 'ne abteilungsinterne Sache bleibt, ist [...] die Möglichkeit, die Entscheidung zu beeinflussen, relativ groß.*“[903] Darüber Hinausgehendes wird von der Geschäftsführung geplant und beschlossen. Gerade der normale Ingenieur wird hierbei, so einige der Experten weiter, nur bedingt einbezogen und ist eher mit der Umsetzung beauftragt. Hierbei können dann jedoch sich aus übergeordneten Entscheidungen heraus ergebende Spezifika für den eigenen Arbeitsbereich bzw. die eigene Abteilung vielfach eigenständig entschieden und umgesetzt werden. Fünf dieser Experten führen darüber hinaus, d. h. neben den Aussagen zur arbeitsplatz- bzw. abteilungsbezogenen Partizipation allerdings an, dass sich diese Partizipation gleichermaßen auch auf gesamtunternehmerische Bereiche beziehen kann. Demnach ist es nicht selten, dass auch normale Ingenieure an hierarchieübergreifenden Sitzungen bis hin zu Geschäftsführungssitzungen teilnehmen und sich dort entsprechend einbringen können. Ein Experte äußert exemplarisch, dass es bereits beim Gründer vor 40 Jahren üblich gewesen ist, dass Ingenieure schon nach dreijähriger Betriebszugehörigkeit zu entsprechenden Sitzungen eingeladen worden sind.

---

903 Beilage G, S. 93.

Als Bindungsmaßnahme wird dies von den Experten hoch bewertet: *„Die Mitarbeiter merken, dass sie auch auf Sachbearbeiterebene die Möglichkeit haben, sich zu artikulieren – auch bei der Führungsspitze.“*[904] Ein weiterer Experte betont, dass es aufgrund flexibler Strukturen problemlos möglich ist, hierarchie- und abteilungsübergreifende Gesprächsrunden etc. vorzunehmen. Eine Zusammenfassung der bislang dargestellten Aussagen gibt Tabelle 15 wieder.

Tabelle 15: Aussagen zu Bindungsmaßnahmen des Planungs- und Kontrollsystems.

Aussagenbereich	Anzahl Nennungen
Partizipationsgrad	
Vorschlag und Beratung	9
Völlige Autonomie	2
Partizipation nach Entscheidungstypen	
Operativ	7
Strategisch	3
Reichweite der Partizipation	
Arbeitsplatz- und abteilungsbezogen	9
Gesamtunternehmerisch durch Teilnahme an Geschäftsführungssitzungen	5

5.1.4.4 Maßnahmen des Personalsystems

5.1.4.4.1 Personalbedarfsdeckung

Die Aussagen der befragten Unternehmungen zum Personalsubsystem der Personalbedarfsdeckung sind in die Bereiche der Personalbeschaffung, -auswahl und -einführung eingeordnet. Die angesprochenen Aspekte lassen sich so den theoretischen Überlegungen gemäß abbilden.

Von den insgesamt elf Unternehmungen, welche sich zur Personalbedarfsdeckung äußern, gehen hinsichtlich des Bereichs **Personalbeschaffung** zunächst zwei Experten auf die interne Personalbeschaffung ein. Hier wird auf die Nutzung von innerbetrieblichen Stellenausschreibungen zur Steuerung des Bindungsverhaltens verwiesen. Beide Experten äußern sich jedoch nur kurz. Von den weiteren neun Experten äußern sich – auf Nachfrage – drei davon ebenfalls positiv zu dessen Nutzung. Ein Experte gibt an eher praktische, denn bindungspolitische Gründe zu sehen. Zweimal wird darauf verwiesen, dass man dies nicht nutze, da der innerbetriebliche Stellenwechsel aufgrund des Verlustes an Know-how in den jeweiligen Abteilungen nicht gewünscht ist. In den weiteren Fällen findet keine Äußerung hierzu statt.

[904] Beilage H, S. 105.

In Bezug auf die externe Personalbeschaffung äußern alle dieser elf Unternehmungen, grundsätzlich sämtliche Rekrutierungswege im Allgemeinen zu nutzen. Gerade für den Ingenieurbereich werden dabei neben den klassischen Methoden der Printmedien und den innovativeren Methoden der Digitalmedien auch Personalberatungen eingesetzt. Eine Möglichkeit zur Bindungssteuerung wird indes von keinem der Experten durch die Wahl des jeweiligen Rekrutierungsweges angenommen. Fünf äußern sich jedoch positiv in Bezug auf eine Fokussierung dieser Rekrutierungswege auf die eigene Region. Demnach kann man hierdurch nicht nur die Anzahl an potenziellen Bewerbungen erhöhen, sondern es bestehen auch bessere Möglichkeiten, dass diese Kandidaten bei einer späteren Einstellung stärker gebunden sind. Ein Experte führt an, dass man auch Kontakte über Familienangehörige der Mitarbeiter nutze.

Die Rekrutierung des Ingenieurnachwuchses über das sogenannte Campus Recruiting führen acht der befragten Unternehmungen an. Es wird jeweils mehr oder weniger die gesamte Palette möglicher Instrumente angeführt, welche jedoch hinsichtlich ihrer Nutzung in der Intensität variieren. So bieten bspw. sämtliche dieser Unternehmungen Praktika an, die Anzahl an Praktikanten ist jedoch voneinander abweichend. Auch variiert die Anzahl an vorhandenen Kontakten zu unterschiedlichen Hochschulen. In drei Fällen bestehen lediglich ein bis zwei Kontakte, welche entsprechend fokussiert werden. Die weiteren Unternehmungen darüber hinaus verweisen jedoch auf mehrere Kontaktpartner an unterschiedlichen akademischen Institutionen. Alle Unternehmungen betonen, dass diese Kontakte schwerpunktmäßig in der eigenen Region liegen würden. Über die acht Unternehmungen hinaus verweisen auf Nachfrage auch die weiteren drei Unternehmungen auf eine entsprechende Nutzung des Campus Recruiting.

Auf eine bindungsfördernde Positionierung der Unternehmung als Arbeitgebermarke verweisen sechs Experten. Sämtliche betonen dabei, dass man hauptsächlich regional bekannt ist und überregional Schwierigkeiten wahrnimmt. Begründet wird dies unisono mit der überschaubaren Unternehmungsgröße und den begrenzten finanziellen und personellen Kapazitäten. Genannt werden soziale Engagements in der Region, die Organisation unterschiedlicher Veranstaltungen etc., wodurch ein entsprechendes Image auf dem Arbeitsmarkt erzeugt werden soll. Die weiteren Unternehmungen betonen, diese Thematik noch nicht für sich erschlossen zu haben. Ein Experte geht diesbezüglich davon aus, dass bislang wenig in dieser Hinsicht unternommen wird, so „*[...] dass man sagen könnte, die Firma steht für das und das.*“[905]

[905] Beilage L, S. 160.

Im Rahmen der **Personalauswahl** äußern sich drei Experten zur Analyse der Bewerbungsunterlagen positiv. Es wird davon ausgegangen, dass bereits anhand des vorliegenden Lebenslaufes einiges über das spätere potenzielle Verhalten in Erfahrung zu bringen ist. So sind gerade Kandidaten mit bislang häufigen Unternehmungswechseln auch zukünftig für ein geringeres Bindungsverhalten prädestiniert. Demnach steuert man das Bindungsverhalten bereits durch eine entsprechende Vorauswahl vielversprechender Kandidaten. Auf Nachfrage geben auch die weiteren Unternehmungen an, sich entsprechend mit den Bewerbungsunterlagen auseinanderzusetzen, wobei jedoch kein Bezug zum Bindungsmanagement hergestellt wird.

Des Weiteren geben sechs Experten an, durch die geführten Auswahlgespräche auf das Bindungsverhalten einwirken zu können. Betont wird hierbei unisono ein offener und beidseitiger Austausch, bei dem sich beide Parteien am Ende hinterfragen müssten, ob eine Tätigkeit weiterhin erstrebenswert ist. Das realistische Aufzeigen von Möglichkeiten und Arbeitsbedingungen ist den Experten zufolge von hoher Bedeutung und stellt eine Basis für eine entsprechende Bindung dar. Auch betonen die Experten, dass stets ein hochrangiges Mitglied der Unternehmung bei den Gesprächen anwesend ist. Gerade bei zu besetzenden Positionen aus dem Ingenieurbereich ist häufig auch der Inhaber selbst anwesend. Hierdurch wird dem Kandidaten eine Wertschätzung signalisiert. Die besondere Bedeutung von Auswahlgesprächen auch im Vergleich zu anderen Auswahlverfahren betonen alle Experten, da man nur so die Kandidaten kennenlernen kann. Fingerspitzengefühl und Menschenkenntnis spielt bei der Auswahlentscheidung eine große Rolle: „*Ob jemand fachlich gut ist und das beherrscht, das haben wir schon anhand der Unterlagen festgestellt.*“[906]

Assessment Center werden von lediglich zwei der Experten angeführt, wobei auch diese gerade für die Auswahl von höherrangigen Positionen von einem „*fragwürdigen Mehrwert*“[907] sprechen. Zum Einsatz kommen diese vorwiegend im Ausbildungsbereich und in stark reduzierter Form. Ein Experte spricht diesbezüglich auch weniger von einem Assessment Center, denn von einem Arbeitstag, welcher simuliert wird. Die weiteren Unternehmungen äußern sich auf Nachfrage ähnlich. So finden Auswahlverfahren in der genannten Form auch dort keine bzw. eine lediglich eingeschränkte Verwendung: „*Wir sind der Meinung, dass da die menschlichen Faktoren auf der Strecke bleiben, und das ist uns wichtig. Was Qualifikationen betrifft, da trauen wir uns zu, das selbst abzuschätzen, ist jemand geeignet oder nicht. Wenn*

906 Beilage L, S. 160.

907 Beilage M, S. 172.

wir uns da unsicher sind, gehen wir mit dem Kandidaten einmal durch die Technik, stellen da ein paar Fragen, und dann wissen wir immer gleich, wo er steht und wo er nicht steht.“[908]

Tabelle 16: Aussagen zu Bindungsmaßnahmen der Personalbedarfsdeckung.

Aussagenbereich	Anzahl Nennungen
Personalbeschaffung	
Interne Personalbeschaffung (innerbetriebliche Stellenausschreibung)	2
Externe Personalbeschaffung (Fokus auf eigene Region)	5
Campus Recruiting (vielfältiger Instrumenteneinsatz)	8
Employer Branding (soziales Engagement etc. in der eigenen Region)	6
Personalauswahl	
Analyse Bewerbungsunterlagen	3
Auswahlgespräch (Gesprächspartner ggf. aus Unternehmungsleitung)	6
Auswahlverfahren (insb. Assessment Center)	2
Personaleinführung	
Entscheidung (Kontakt bis zum ersten Arbeitstag halten)	1
Konfrontation (Vorstellungsrunden, interne Rundmails)	1
Einarbeitung (individuelle Einarbeitungspläne, Mentoren, Paten)	3
Integration (vor allem durch Feedbackrunden)	3

In Bezug auf die **Personaleinführung** äußert ein Experte hinsichtlich des Bereichs Entscheidung, dass man darauf bedacht ist, den Kontakt mit den neuen Ingenieuren bis zum ersten Arbeitstag zu halten. Ein Experte geht explizit auf die Durchführung von Vorstellungsrunden am ersten Arbeitstag ein. Auch gibt es hier Rundmails an die Belegschaft zur Vorstellung der neuen Kollegen. Auf die jeweils individuelle Erstellung von Einarbeitungsplänen verweisen drei der befragten Unternehmungen. So wird es ermöglich, eine individuelle Einarbeitung zu gewährleisten und Stärken und Schwächen bereits zu nutzen bzw. zu minimieren. Auch können so unterschiedliche Bereiche kennengelernt werden, was der Integration zuträglich ist. Ebenfalls führen diese Unternehmungen an, Mentoren bzw. Paten einzusetzen. Die Integration sprechen ebenfalls drei Experten an und verweisen hier auch auf die regelmäßige Durchführung von Feedbackgesprächen, um evtl. Missstände erkennen und beseitigen zu können. Insgesamt haben sich von den elf befragten Unternehmungen vier direkt zur Personaleinführung durch die oben dargestellten Inhalte geäußert. Von den restlichen sieben gaben auf Nachfrage drei an, ebenfalls eine entsprechende Gestaltung vorzunehmen. Fünf gehen darüber hinaus – über die auch dort vorliegenden fachlichen Einarbeitungspläne – davon aus, dass

[908] Beilage J, S. 133.

sich dies mehr oder weniger von alleine findet, da die Kollegialität in der jeweiligen Unternehmung entsprechend groß ist und sich neue Kollegen schnell integrieren könnten. Formale Maßnahmen hält man daher für weniger notwendig. Ein Überblick der bisherigen Erläuterungen ist in Tabelle 16 dargestellt.

5.1.4.4.2 Personalentwicklung

Bindungsmaßnahmen im Kontext des Subsystems Personalentwicklung stellen sich entsprechend der Aussagen der befragten Unternehmungen vielfältig dar. Eine Einordnung erfolgt anhand der Bereiche Leistungs- und Potenzialbeurteilung, Aus- und Weiterbildung (dem Bereich Bildung entnommen), Arbeitsstrukturierung sowie Karriere- und Laufbahnplanung.

Zum Bereich **Leistungs- und Potenzialbeurteilung** äußern sich elf Unternehmungsvertreter positiv hinsichtlich der Nutzung von Beurteilungsgesprächen als Bindungsmaßnahme. Demnach wird dies vor allem auch genutzt, um den Ingenieuren eine Wertschätzung entgegenzubringen, da man sich persönlich mit ihnen auseinandersetzt und neben dem Beurteilungscharakter solcher Gespräche auch weitere Themen wie bspw. Zufriedenheit etc. besprochen werden. Ein Experte bezeichnet dies sogar als *„riesen Schritt zur Mitarbeiterbindung“*[909], denn hierdurch *„fühle sich jeder, auch der Ingenieur, ernst genommen, dass man sich um ihn kümmert.“*[910] Zwei dieser Experten äußern sich in diesem Zusammenhang auch explizit zur Steuerung der Leistungsbereitschaft und geben an, dass man diese durch solche Gespräche entsprechend fördern kann. Über die elf angeführten Experten hinaus verweisen weitere drei auf Nachfrage darauf, dass man neben normalen Mitarbeitergesprächen bewusst keine Leistungs- und Potenzialbeurteilungen in solchen Gesprächen vornimmt: *„Wir sind da immer sehr unschlüssig, ob das nicht mehr Unruhe in den Betrieb bringt, als das es hilft.“*[911] Zwei weitere Experten äußern sich hier ähnlich und verweisen zusätzlich darauf, dass man seine Mitarbeiter so gut kennt, dass keine Beurteilungen formal vorgenommen werden müssen.

Interne Beurteilungsverfahren werden von sämtlichen Unternehmungen, welche sich zur Personalentwicklung geäußert haben, kaum bzw. gar nicht angewendet. Zwei Experten geben hier abweichend davon an, Assessment Center zu nutzen. Ein Experte bezeichnet dies als

---

[909] Beilage J, S. 133.

[910] Beilage J, S. 133.

[911] Beilage H, S. 109.

„Entwicklungsassessment“[912], bei dem darauf geachtet wird, dass sich niemand verschlechtern kann und somit die Entwicklungsperspektive gefördert wird.

Im Bereich **Ausbildung** verweisen neun Experten auf die Nutzung dualer Hochschulstudiengänge in Bezug auf den akademischen Nachwuchs. Neben wirtschaftswissenschaftlichen Studiengängen wird vor allem der ingenieurstechnische Bereich fokussiert. Die Experten stellen dies unisono als wichtige Bindungsmaßnahme dar, da diese Nachwuchskräfte über den gesamten Ausbildungszeitraum eng mit der jeweiligen Unternehmung in Kontakt stehen und in den Praxisphasen der Ausbildung im Betrieb tätig sind. Eine intensive Bindung kann so für die Zeit danach gefördert werden. Alle Experten betonen, dass die Absolventen stets übernommen werden. Die Ausgestaltung solcher Studiengänge wird indes nach vorliegenden Angaben sehr unterschiedlich beschrieben. So variieren neben den Konditionen und den Ausbildungsinhalten vor allem auch Anzahlen an bereitgestellten Studienplätzen. Etwa die Hälfte dieser Experten gibt darüber hinaus an, dass man solche dualen Studiengänge erst seit wenigen Jahren betreibt und die Erfahrungswerte daher noch gering sind. Einer dieser Experten verweist darauf, dass man ausschließlich bereits in der Unternehmung tätigen Mitarbeitern eine Ausbildung ermöglicht. Die weiteren sieben Unternehmungen verweisen auf Nachfrage auf das Vorhandensein solcher Ausbildungsmöglichkeiten und gehen dann ebenfalls von einer positiven Bindungssteuerung aus. Lediglich in einem dieser Fälle wird darauf verwiesen, dass größenbedingt kein solches Angebot genutzt wird.

Trainee-Programme werden von lediglich einer befragten Unternehmung genannt. Der Experte gibt an, dass Nachwuchskräfte so durch das Kennenlernen unterschiedlicher Bereiche besonders gut integriert werden können. Alle weiteren Unternehmungen verweisen auf Nachfrage auf die normalen Einarbeitungspläne, welche für sämtliche Mitarbeitergruppen – individuell ausgestaltet – genutzt werden. Ein Experte gibt hier explizit an, dass sich eine umfassende Ausgestaltung eines Trainee-Programms nicht rentieren würde.

Den Bereich **Weiterbildung** thematisieren sämtliche der Unternehmungen in Bezug auf „off-the-job“-Maßnahmen. Genannt werden in diesem Zusammenhang unterschiedliche Möglichkeiten zur Nutzung von Fachseminaren, Kongressen etc. Die Palette möglicher Maßnahmen ist hier den Aussagen zufolge sehr vielfältig. Die Förderung und Entwicklung der Mitarbeiter stellt den Experten zufolge einen wichtigen Bindungsbaustein dar. Sämtliche Unternehmungsvertreter geben an, dass in diesen Bereich sehr viel investiert wird. Dabei spielen neben

[912] Beilage K, S. 147.

fachlichen Erfordernissen auch die Interessen und Wünsche der Mitarbeiter eine Rolle. So wird eine gewünschte Maßnahme – wenn sinnvoll und finanzierbar – nur selten abgelehnt. Fünf Experten geben explizit an, dass man auch Weiterbildungen vom Techniker zum Ingenieur durch die Aufnahme eines Studiums unterstützt. Es stellt demnach keine Seltenheit dar, dass solche Wünsche von den Mitarbeitern geäußert und dann individuell besprochen und realisiert werden. Drei Experten äußern des Weiteren, dass man auch die Möglichkeit nutzt, Ingenieure an Hochschulen Vorträge halten zu lassen und Abschlussarbeiten zu betreuen.

„On-the-job"-Maßnahmen werden in fünf Fällen thematisiert. Dies stellt gerade für junge Ingenieure eine Maßnahme dar. Man nutzt hier auch die Maßnahme des Coaching. Ein Experte geht diesbezüglich allgemeiner davon aus, dass beinahe sämtliche Weiterbildung „on-the-job" stattfindet, da man als Technologieführer keine anderen Lernmöglichkeiten hat. Die weiteren Unternehmungen äußern sich nicht explizit hierzu in Bezug auf das Bindungsmanagement. Es wird weitgehend allgemein darauf verwiesen, dass solche Maßnahmen aus den Aufgaben heraus vielfach von selbst angewendet werden und nicht formalisiert sind.

Der Bereich **Arbeitsstrukturierung** wird von den Experten nur bedingt thematisiert. So geben vier Experten Aussagen zur Job Rotation ab. Demnach nutzt man diese Maßnahme in den besagten Unternehmungen, um den Ingenieuren – aber auch weiteren Mitarbeitern – die Möglichkeit zu geben, andere Bereiche kennen zu lernen. Einschränkend verweisen alle jedoch darauf, dass dies nicht in systematischer Form stattfindet, sondern eher individuell und unter Berücksichtigung der betrieblichen Umstände und Erfordernisse. Als Bindungsmaßnahme wird es dennoch bezeichnet. Darüber hinaus äußert ein Unternehmungsvertreter, solche Maßnahmen bewusst nicht einzusetzen, um das Know-how der Mitarbeiter in den jeweiligen Abteilungen nicht zu verlieren. In den weiteren befragten Unternehmungen finden Aussagen zum Bereich der Arbeitsstrukturierung im Rahmen der Personalentwicklung nicht bzw. lediglich implizit statt. So wird bspw. durch die Äußerungen zur Fach- bzw. Projektkarriere (siehe nachfolgend) implizit auch das Job Enlargement bzw. Job Enrichment mit thematisiert.

In Bezug auf die **Karriere- und Laufbahnplanung** äußern vier der befragten Unternehmungen, eine Führungskarriere anzubieten. Dies geschieht durch das Aufzeigen potenzieller Entwicklungsmöglichkeiten in vertikaler Hinsicht. Leistungs- und Potenzialanalysen stellen hier den Ausgangspunkt dar, um mögliche Eignungen gemeinsam mit den Betroffenen zu analysieren. In sieben Fällen wird – zum Teil auf Nachfrage, zum Teil aber auch von selbst geäußert – davon ausgegangen, dass man aufgrund der flachen Hierarchien Karrieremöglichkeiten nur in sehr engen Grenzen anbieten kann und dies somit zumeist auf sehr wenige Führungskräfte beschränkt ist. Diesbezüglich sehen diese Experten die Karrieremöglichkeiten nicht als Bindungsmaßnahme an. Die restlichen Unternehmungen geben ähnliche Aussagen ab, beziehen sich dabei jedoch gleichzeitig auch auf die ausbleibende Nutzung von Fach- und Projektkarrieren. Demnach wird beides nicht offiziell verfolgt, sondern ergibt sich vielmehr individuell und aus der Aufgabe heraus, d. h. betriebliche Notwendigkeiten sind ausschlaggebend. Zur Fach- und Projektkarriere selbst äußern sich darüber hinaus sieben weitere Experten positiv. Hier wird dies u. a. über unterschiedlichste fachliche Weiterbildungen und Förderprogramme genutzt. Gleichzeitig weisen jedoch alle darauf hin, dass man hierbei eher unsystematisch vorgeht. So gibt es keine formellen Titel o. Ä., welche einen fachlichen Rang belegen, aber es bestehen Entwicklungspotenziale durch die zunehmende Übernahme von Verantwortung in Bezug auf umfassendere Produktgruppen oder hinsichtlich der Übertragung von Projektverantwortung bis hin zur Projektleitung. Keine konkreten Aussagen zur Fach- und Projektkarriere tätigen vier weitere Unternehmungen. Tabelle 17 gibt zu den bisherigen Aussagen einen zusammenfassenden Überblick.

Tabelle 17: Aussagen zu Bindungsmaßnahmen der Personalentwicklung.

Aussagenbereich	Anzahl Nennungen
Leistungs- und Potenzialbeurteilung	
Beurteilungs- bzw. Mitarbeitergespräch	11
Assessment Center (internes)	2
Ausbildung	
Duales Hochschulstudium	9
Trainee-Programm	1
Weiterbildung	
Off-the-job (Fachseminare etc.)	16
On-the-job (planmäßige Unterweisung, Coaching etc.)	5
Near-the-job (Lernstatt, Qualitätszirkel etc.)	2
Arbeitsstrukturierung	
Job Rotation	4
Karriere- und Laufbahnplanung	
Führungskarriere	4
Fach- und Projektkarriere (über fachliche Weiterbildung)	7

5.1.4.4.3 Gestaltung der Arbeitsbedingungen

Das Subsystem der Gestaltung der Arbeitsbedingungen ist der von den Experten am breitesten angesprochene Bereich, da dieser in sämtlichen Fällen thematisiert wird. Eine Einordnung der Aussagen erfolgt in die Kategorien der sachlichen sowie der personalen Arbeitsbedingungen, welche weiter strukturiert sind in ergonomische, organisatorische und technische Arbeitsbedingungen sowie in Gruppenarbeitsformen und systematische Gestaltung der Gruppenarbeit.

Bezüglich der **sachlichen Arbeitsbedingungen** äußern sich die befragten Unternehmungen zu Aspekten der Ergonomie in acht Fällen. Es wird angegeben, dass man von Seiten der Unternehmung auf die äußere Gestaltung der Arbeitsplätze achten würde. Dies erfolgt dann wesentlich unter gesundheitlichen Aspekten, was ebenfalls zur Bindungsteuerung beiträgt, allerdings nicht den entscheidenden Bereich darstellt. Ein Experte führt an: „*Die würden deswegen nicht sofort hinschmeißen, aber es auch nicht dauerhaft so hinnehmen.*“[913] Ein anderer Experte äußert ähnlich: „*Wir haben da keine uralten Möbel, wo einer schon seit 30 Jahren drauf gesessen hat. Das gehört auch dazu.*“[914] In den restlichen Fällen sehen die befragten Unternehmungen diesen Bereich entweder als grundlegend an oder thematisieren ihn nicht explizit.

Hinsichtlich der organisatorischen Gestaltung der Arbeitsbedingungen können die getätigten Aussagen in die drei Kategorien der Arbeitsaufgabe und -inhalte, der Arbeitszeit sowie der Work-Life-Balance weiter differenziert werden.

Die Gestaltung der Arbeitsaufgaben und -inhalte wird von 18 Unternehmungsvertretern angeführt. Diese äußern sich unisono positiv über die in diesem Bereich bestehenden Möglichkeiten zur Steuerung des Bindungsverhaltens. Genannt werden vor allem herausfordernde Aufgaben mit einem hohen Grad an Abwechslung und Vielfältigkeit. Demnach ist es vor allem die kundenspezifische Lösungssuche, welche die Ingenieure stets vor neue Herausforderungen stellt und eine hohe Innovativität fordert. Hierbei entstehen nur bedingt Routineaufgaben, welche jedoch ebenfalls zum täglichen Geschäft dazugehören würden. Die Experten betonen, dass man den Ingenieuren – zumeist schon sehr früh bzw. sogar von Beginn an – ein gewisses Maß an Verantwortung überträgt, wobei dieses im Laufe der Zeit automatisch gesteigert wird. Als charakteristisch bezeichnen es diesbezüglich alle Unternehmungsvertreter, dass der Ingenieur nicht nur an einer Komponente des Produktes tätig ist, sondern den kompletten Prozess der Produkterstellung von Beginn an bis zur Implementierung beim Kunden begleitet. Dies

---

913 Beilage E, S. 64.

914 Beilage N, S. 180.

bietet eine umfassende Perspektive auf den gesamten Herstellungsprozess, welche eine enorme Wirkung auf das Bindungsverhalten ausübt. Möglich ist dies den Experten zufolge in dieser Art und Weise ausschließlich in mittelständischen Unternehmungen, welche sich durch entsprechende organisatorische Strukturen auszeichnen. Mehr noch wird ausdrücklich darauf verwiesen, dass dies aufgrund der vorliegenden Strukturen anders nicht möglich wäre. Die entsprechende Gestaltung der Arbeitsaufgaben und -inhalte ist somit – so die Experten – keine bewusst gestaltete Bindungsmaßnahme. Sie ist unabdingbarer Bestandteil der jeweiligen Unternehmung selbst. Ein Experte äußert exemplarisch: „*Du hast hier Freiheiten. Du kannst hier mehr machen, als wenn du zu Volkswagen oder woanders hingehst. [...] Bei Volkswagen ist jeder Ingenieur nur ein Sachbearbeiter und bei uns ist er eben Ingenieur.*“[915] Ein weiterer führt an: „*In anderen Unternehmen konstruiere ich als Konstrukteur, was weiß ich, die Türklinke vom Auto, und die versuch ich jetzt ständig besser zu machen. Und hier geht's tatsächlich um komplette Maschinen, um Systeme.*“[916]

Neben den Arbeitsaufgaben und -inhalten wird die Gestaltung der Arbeitszeit in 15 Fällen explizit herausgestellt. Die Experten geben in sämtlichen dieser Fälle an, Arbeitszeitflexibilisierungen ohne Reduzierung des Zeitumfanges zu nutzen.[917] Im Wesentlichen betrifft dies Gleitzeitregelungen und Vertrauensarbeitszeit. Letzteres wird verstärkt im Ingenieurbereich eingesetzt, während erstes für sämtliche Mitarbeiter gilt. In acht dieser Fälle äußern sich die Experten darüber hinaus auch zu weiteren Flexibilisierungsmaßnahmen, bspw. der wöchentlich flexiblen Arbeitszeit oder der Teilzeitarbeit. Alle geben darüber hinaus an, im Zweifelsfalle auch individuelle Regelungen zuzulassen. Flexibilisierungen der Lebensarbeitszeit, bspw. Sabbaticals, werden von nahezu sämtlichen Experten auf Nachfrage verneint. Es wird darauf verwiesen, dass solche Anfragen bislang so gut wie gar nicht vorhanden gewesen sind und man auch hier individuell entscheiden müsste. Grundsätzlich werden langfristige Flexibilisierungen allerdings in den überwiegenden Fällen als schwierig bezeichnet. Neben diesen 15 Unternehmungsvertretern, die sich positiv zur Nutzung der Flexibilisierung der Arbeitszeit äußern, verweist darüber hinaus ein weiterer Experte ebenfalls auf vorhandene Gleitzeitregelungen, bezeichnet dies allerdings nicht als Bindungsmaßnahme. Vielmehr geht dieser davon aus, dass es in der Unternehmung noch immer sehr anwesenheitsgetrieben ist. Die weiteren drei Unternehmungen äußern sich nicht explizit zu diesem Bereich.

---

915 Beilage B, S. 19.

916 Beilage G, S. 91.

917 Vgl. hierzu Abschnitt 3.4.4.4.

Auf Maßnahmen einer Work-Life-Balance beziehen sich acht der insgesamt 19 befragten Unternehmungen direkt. Hier wird angegeben, dass man sich in den unterschiedlichen Bereichen gut aufgestellt sieht und diese als Bindungsmaßnahmen nutzen würde. Angeführt werden in all diesen Fällen vor allem Betreuungsmöglichkeiten während der Elternzeit, Kinder- und Familienbetreuung sowie Gesundheitsförderung. Die jeweilige Ausgestaltung variiert hierbei. Vier weitere Unternehmungsvertreter geben an, dass man zwar Freizeitaktivitäten unterstützen und fördern würde, dies allerdings in geringem Umfang erfolgt und zumeist auch von den Mitarbeitern selbst initiiert ist. Wiederum vier andere Unternehmungen betonen, dass bei ihnen die Familienfreundlichkeit im Mittelpunkt steht, man darüber hinaus jedoch wenig unternimmt. Hier stehen dann Flexibilisierungen der Arbeitszeit im Fokus. Ein Experte betont, dass man „*so gut wie gar keine Maßnahmen habe*“[918] und dies auch bislang von der Geschäftsleitung nicht durchdacht worden ist. Die restlichen Unternehmungen äußern sich nicht.

Die technologischen Arbeitsbedingungen werden in neun Fällen thematisiert. Diese Experten äußern, dass man diesbezüglich stets auf dem neusten Stand ist. Dies betrifft nicht nur die eingesetzten Maschinen, sondern vor allem auch die technologischen Arbeitsmittel wie bspw. aktuelle Software, schnelle Rechner etc. Hierdurch kann das Bindungsverhalten ebenfalls mit gesteuert werden, wobei die Experten allerdings auch betonen, dass man bereits aus betrieblichen Gründen entsprechend ausgerüstet ist: „*Dort ist eh alles neu*“.[919] Die weiteren Unternehmungen äußern sich nicht hierzu, geben auf Nachfrage jedoch Ähnliches an.

Neben den sachlichen Arbeitsbedingungen geben die befragten Unternehmungen Aussagen zu den **personalen Arbeitsbedingungen** ab. So äußern sich acht Experten hinsichtlich der Gestaltung von Gruppenarbeit als Bindungsmaßnahme. Demnach bestehen unterschiedliche Gruppenarbeitsformen, welche stark zur Bindung der Ingenieure – sowie auch der weiteren Mitarbeiter – beitragen würden. Hier spielt auch die Interdisziplinarität der Gruppen eine große Rolle, da man diese abteilungs- und fachübergreifend zusammensetzt. Man nutzt hier die Möglichkeiten, den Ingenieuren Austauschmöglichkeiten zu geben und eng mit den Kollegen zusammenzuarbeiten. So entsteht eine enge Beziehung zu den jeweiligen Kollegen und der jeweiligen Aufgabe, da jeder involviert ist. Es wird allerdings von den Experten ebenfalls angegeben, dass Gruppenarbeit aufgabenbedingt zwingend erforderlich ist und somit der Bindungsaspekt zweitrangig ist. Gleiches äußern auch sieben weitere Experten und ordnen die

---

918 Beilage L, S. 161.

919 Beilage A, S. 5.

Gruppenarbeit nicht den Bindungsmaßnahmen zu. Eine Thematisierung erfolgte sodann auch erst auf Nachfrage. Die restlichen Experten geben hierzu keine Aussagen.

Eine systematische Gestaltung der Gruppenarbeit wird indes lediglich von einem Experten als Bindungsmaßnahme angeführt. So nutzt man hier Softwarelösungen im Projektbereich, welche Anforderungen etc. verarbeiten und somit Hilfestellungen bspw. für die Zusammensetzung der Projektteams geben. Dies ist dem Experten zufolge als Bindungsmaßnahme ebenfalls relevant, da so das Gelingen des Projektes und eine erfolgreiche Zusammenarbeit gefördert werden. Gruppenbeurteilungen und/oder -vergütungen nutzt man indes nur in seltenen Ausnahmefällen. Die weiteren Experten gehen auf eine systematische Gestaltung der Gruppenarbeit erst auf Nachfrage ein. Verwiesen wird hier ebenfalls auf die Relevanz der Gruppenzusammensetzung. In vielen Fällen wird dies nach dem Bauchgefühl des jeweiligen Vorgesetzten vorgenommen. Gruppenbeurteilungen o. Ä. kommen jedoch in keinem der Fälle zum Einsatz. Begründet wird dies mit dem hohen Aufwand sowie der Tatsache, dass Gruppenarbeit gerade im Ingenieurbereich alltäglich ist und die Ingenieure vielfach in unterschiedlichen Gruppen eingesetzt sind. Auch stellt es sich schwierig dar, bspw. Neuentwicklungen zeitlich zu terminieren und die komplexen Tätigkeiten gruppenbezogen abzubilden. Dies funktioniere vor allem in der Fertigung wesentlich besser, da hier Kennziffern eingesetzt werden können. Zu den bisherigen Aussagen gibt Tabelle 18 einen Überblick.

Tabelle 18: Aussagen zu Bindungsmaßnahmen einer Gestaltung der Arbeitsbedingungen.

Aussagenbereich	Anzahl Nennungen
Sachliche Arbeitsbedingungen	
Ergonomisch (äußere Arbeitsplatzgestaltung unter gesundheitlichen Aspekten)	8
Organisatorisch	
Arbeitsinhalte (ganzheitlich, herausfordernd, abwechslungsreich)	18
Arbeitszeit (Gleitzeit, Vertrauensarbeitszeit, ergänzend Teilzeit)	15
Work-Life-Balance (Familienangebote, Gesundheitsförderung)	8
Technologisch (aktuelle Software, neuste Hardware)	9
Personale Arbeitsbedingungen	
Gruppenarbeit (abteilungsübergreifende Zusammensetzung)	8
Systematische Gestaltung der Gruppenarbeit (Projektmanagement-Software)	1

5.1.4.4.4 Personalvergütung

Die Expertenaussagen zur Personalvergütung sind entsprechend der theoretischen Erarbeitung nach obligatorischen und fakultativen Komponenten differenziert. Erstere umfassen fixe und variable Direktvergütungen sowie betriebliche Sozialleistungen. Letztere beziehen sich auf Erfolgs- und Kapitalbeteiligungen, ergänzt um Aspekte der Gesamtvergütung.

Sieben Experten verweisen dabei auf die **fixe Grundvergütung**, welche nach vorliegenden Äußerungen als in der Höhe angemessen und sowohl als qualifikations- als auch marktorientiert bezeichnet wird. Vielfach erfolgt auch ein Verweis auf die Tarifgebundenheit der eigenen Unternehmung, welche diesbezüglich einen entsprechenden Rahmen vorgibt. Alle diese Unternehmungen haben eine klare Entgeltstruktur und nutzen Eingruppierungsmerkmale zur Entgeltfindung. In einigen Fällen sowie in einigen Bereichen werden die Ingenieure außertariflich bezahlt. Dies ist vor allem bei hierarchisch hoch angesiedelten Ingenieuren der Fall sowie bei einer Unternehmung durchgängige Praxis. In zwei dieser Fälle wird darüber hinaus davon berichtet, dass es automatisch jährliche Gehaltserhöhungen gebe, in den weiteren Fällen vielfach auf entsprechende Tarifrunden verwiesen. Die weiteren – über die sieben angeführten – Unternehmungen hinaus, schätzen die bestehenden Möglichkeiten auf Nachfrage insgesamt als gering ein: „*Wenn jemand nur aufs Finanzielle guckt, wird er uns früher oder später sowieso verlassen.*“[920]

Variable Direktvergütungen benennen vier der befragten Unternehmungen als Bindungsmaßnahme. Diese werden in Form von Leistungszulagen auf Basis von Leistungsbeurteilungen gewährt. Sie stellen einen Anteil von etwa zehn Prozent dar. In einem dieser Fälle findet eine unternehmungsindividuelle Regelung in Form einer Kombination mit den durch die Unternehmung erzielten Umsätzen statt. Der variable Anteil ist dann entsprechend wesentlicher höher. Prämienentgelte werden darüber hinaus unregelmäßig und ergänzend in seltenen Fällen gezahlt. Die weiteren Unternehmungen führen an, variable Direktvergütungen lediglich eingeschränkt bzw. gar nicht zu nutzen. So äußert ein Experte, dass die Leistungszulage durch eine entsprechende einmalige Beurteilung erworben werden kann, dann aber – ohne weitere Überprüfung – dauerhaft gezahlt wird. Ein anderer Experte lehnt dies kategorisch ab, da alle Mitarbeiter gleichermaßen zum Unternehmungserfolg beitragen. Wenn demnach variable Direktvergütungen vorhanden wären „*[...] dann würden wir das miteinander so nicht hinbekommen. Dann haben sie viel mehr Konkurrenz, das Ellenbogenmäßige, und das möchte man*

[920] Beilage G, S. 91.

hier nicht.“[921] Des Weiteren wird auch betont, dass entsprechende Vergütungsformen aus praktischer Perspektive kaum möglich sind, da man die Leistungen des Einzelnen kaum differenziert betrachten kann. Die Teamarbeit in ingenieurbezogenen Bereichen wird betont. Auch ist der Aufwand zur regelmäßigen Durchführung von Leistungsbeurteilungen hoch und erfordert Fingerspitzengefühl von den durchführenden Personen. Die vorgenommenen Äußerungen beziehen sich dabei ausschließlich auf die tariflich bezahlten Ingenieure. Bei den außertariflich bezahlten Ingenieuren – vor allem den Ingenieuren in Führungspositionen – ist der variable Anteil bei allen Unternehmungen vorhanden bzw. größer. Auf eine Differenzierung in Bezug auf die Möglichkeit zur Steuerung der Leistungsbereitschaft beziehen sich zwei der Experten im Speziellen und führen an, dass durch diese variablen Vergütungsformen eine entsprechende Motivation zur Leistungsbereitschaft gefördert werden kann.

Betriebliche Sozialleistungen werden von sechs der befragten Unternehmungen angeführt. Alle beziehen sich dabei auf sämtliche der Kategorien der Vorsorge-, Geld- und Sachleistungen sowie der Sozialeinrichtungen, wobei im Detail unterschiedliche Ausprägungen vorliegen. Auch thematisieren viele Experten eine entsprechend vorhandene Altersversorgung. Bezogen auf die Möglichkeiten zur Bindungssteuerung durch die potenziell vielfältigen Maßnahmen äußern sich die Experten unterschiedlich. So differenzieren einige hinsichtlich der Einflussnahme auf das Bindungsverhalten kleinere Maßnahmen, bspw. finanzielle Zuwendungen in Form von Weihnachtsgeld, von größeren Maßnahmen, bspw. eines Firmenwagens. Andere wiederum betrachten sämtliche dieser Maßnahmen als Add-on, während wiederum andere sie gänzlich als wesentliche Errungenschaften zur Bindungssteuerung bezeichnen.

Im Rahmen fakultativer Vergütungsbestandteile verweisen sechs Unternehmungen auf das Vorhandensein von **Erfolgsbeteiligungen**. Diese werden in der Regel als Umsatzbeteiligungen gewährt, wobei hierzu jedoch nur wenige Informationen gegeben werden. Eine Verteilung erfolgt in allen Fällen unregelmäßig entsprechend dem wirtschaftlichen Ergebnis sowie der Genehmigung durch die Inhaber. Die restlichen Unternehmungen führen dies entweder nicht durch oder erachten es aufgrund der Unbeständigkeit kaum als Bindungsmaßnahme.

Kapitalbeteiligungen schließen alle der befragten Experten nahezu kategorisch aus, wenn es um die Frage der **Eigenkapitalbeteiligung** geht. Begründet wird dies mit einem Verweis auf den engen familiären Gesellschafterkreis oder damit, dass man sich hierüber noch keine Gedanken gemacht hat: „*Die Modelle haben wir noch nicht weiter durchdacht.*“[922] Hierzu wer-

[921] Beilage F, S. 78.

[922] Beilage N, S. 184.

den kaum weitere Informationen gegeben. **Fremdkapitalbeteiligungen** nutzen den Angaben zufolge zwei Unternehmungen in Form von Mitarbeiterdarlehen. Es wird jedoch betont, dass man dies individuell handhabt. Die soziale Komponente, dem Mitarbeiter in finanziellen Notsituationen zu helfen, steht im Vordergrund: *„Wir hängen das nicht an die große Glocke [...]. Wenn das ein guter Mitarbeiter ist, dann machen wir da schon eine Menge.“*[923]

Aspekte der Gesamtvergütung werden lediglich von einem Experten in Form eines betrieblichen Vorschlagswesens thematisiert. Cafeteria-Systeme werden nach vorliegenden Aussagen nicht genutzt. Begründet wird dies unisono mit dem hohen verwaltungstechnischen Aufwand, welcher einem lediglich eingeschränkten Nutzen gegenübersteht. Vielfach wird auch betont, dass man dies für sämtliche Mitarbeiter anbieten müsste und nicht lediglich auf Ingenieure beschränken könnte, um eine Gleichbehandlung zu gewährleisten. Der Aufwand ist dann um ein vielfaches größer. Die bisherigen Aussagen sind in Tabelle 19 kompakt dargestellt.

Tabelle 19: Aussagen zu Bindungsmaßnahmen der Personalvergütung.

Aussagenbereich	Anzahl Nennungen
Obligatorisch	
Fixe Grundvergütung (Tarifgebundenheit)	7
Variable Direktvergütung (Leistungszulagen, selten auch Prämienentgelt)	4
Betriebliche Sozialleistungen (vielfältiger Instrumenteneinsatz)	6
Fakultativ	
Erfolgsbeteiligung (Umsatzbeteiligungen)	6
Kapitalbeteiligung (ausschließlich Mitarbeiterdarlehen)	2
Aspekte der Gesamtvergütung (betriebliches Vorschlagswesen)	1

5.1.4.4.5 Personalführung

Aspekte, die die Personalführung betreffen, werden von den befragten Unternehmungen lediglich kurz und überschaubar thematisiert. Die Aussagen der 13 Experten, welche sich hierzu äußern, sind in die Bereiche „Inhaber als Führungspersönlichkeit“, „praktizierter Führungsstil“ sowie ergänzend „Führungsleitsätze“ und „Führungskräfteschulungen“ eingeordnet.

In Bezug auf den (bzw. die) **Inhaber als Führungspersönlichkeit** äußern sich elf der befragten Unternehmungen. Demnach stellt dieser einen wichtigen Aspekt zur Steuerung des Bin-

[923] Beilage C, S. 35.

dungsverhaltens dar. Zum einen, weil er aufgrund seiner Stellung innerhalb der Unternehmung als oberstes Leitungsorgan akzeptiert ist und auch weitreichende Entscheidungen verbindlich treffen kann. Dies vermittelt den Experten zufolge eine grundlegende Sicherheit und Verlässlichkeit in Bezug auf die von ihm getroffenen Äußerungen. Zum anderen, weil dieser durch die überschaubaren Strukturen eine besondere Nähe zu den Mitarbeitern hat, diese in den meisten Fällen auch persönlich kennt und im operativen Geschäft vielfach mitwirkt bzw. als Ansprechpartner zur Verfügung steht. Ein Experte äußert hierzu: *„Er arbeitet wahnsinnig viel und kümmert sich um die Leute, und das kommt an. [...] Er versteht's auch die Leute richtig anzufassen und in die richtige Richtung zu lenken.“*[924] Lediglich in zwei Fällen wird einschränkend darauf verwiesen, dass sich der persönliche Kontakt aufgrund der Unternehmungsgröße vielfach auf die oberen Ebenen beschränkt. Demnach spürt gerade der normale Ingenieur dies nur noch bedingt. Viele Experten verweisen darauf, dass dieser selbst einen technischen Ausbildungshintergrund vorweisen kann bzw. auch ohne diesen einen hohen Sachverstand in Bezug auf die hergestellten Produkte der jeweiligen Unternehmung hat. Dies führt dazu, dass fachliche Diskussionen auf einem entsprechenden Niveau möglich sind, was vor allem dazu beiträgt, die Ingenieure zu binden. Wichtig ist hier vor allem auch die entgegengebrachte Wertschätzung, wenn fachliche Probleme (aber auch darüber hinaus persönliche Belange) direkt auf höchster Ebene angesprochen werden können. Zwei dieser Experten verweisen explizit auf das vorhandene Charisma des Inhabers.

Lediglich in einer der befragten Unternehmungen (über die oben dargestellten elf hinaus) wird der Inhaber diesbezüglich deutlich von der weiteren Geschäftsführung differenziert: *„Der Inhaber ist da mehr oben in seinem Tower und macht die Dinge, die für ihn wichtig sind.“*[925] Ein weiterer Experte äußert die Relevanz des Inhabers erst auf Nachfrage: *„Er ist im Fokus der Aufmerksamkeit, ob er es will oder nicht.“*[926]

Über die Thematisierung des Inhabers als Führungspersönlichkeit hinaus, äußern sich elf Unternehmungsvertreter zum **praktizierten Führungsstil** innerhalb ihrer Unternehmung. Hierbei wird in keinem Fall eine Differenzierung zwischen dem Inhaber und den weiteren Führungskräften bzw. direkten Vorgesetzten vorgenommen. Die Aussagen werden somit entsprechend für das sämtliche Führungspersonal angegeben. Die jeweiligen Führungsstile selbst werden dabei von den Experten unterschiedlich beschrieben, wobei in vier Fällen auch deutli-

924 Beilage F, S. 75 f.

925 Beilage P, S. 204.

926 Beilage E, S. 67.

che Schwierigkeiten zur konkreten Benennung des eigenen Führungsstils explizit angegeben werden. Eine große Relevanz zur grundlegenden Ausrichtung des Führungsverhaltens wird allerdings in sämtlichen dieser Fälle als Bindungsmaßnahme für sehr wichtig erachtet und entsprechend an und durch die Vorgesetzten vermittelt. Zwei Experten bezeichnen den praktizierten Führungsstil vor diesem Hintergrund als teamorientiert und einbeziehend. Ein weiterer führt an, dass man vor allem auch zu einer Erzielung von mehrheitsfähigen Kompromissen in der Lage sein müsste: „*Wir reden viel, wir diskutieren viel und versuchen alles in einer vernünftigen Kompromisslösung hinzubekommen.*“[927] In drei weiteren Fällen werden ebenfalls das lösungsorientierte Miteinander sowie das kooperative Vorgehen betont. Fünf Experten stellen vor allem den situativen Charakter der Führung in den Mittelpunkt. Der Führungsstil ist somit von den jeweiligen Gegebenheiten abhängig und darüber hinaus auch personenspezifisch unterschiedlich: „*Führungsstil hat immer was mit der Person zu tun, deshalb ist das sehr schwierig hervorzuheben.*“[928] Den Idealfall bezeichnet einer dieser Experten auf Basis einer situativen Führung wie folgt: „*Situatives Führen bedeutet zunächst einmal kooperativ zu sein und den Mitarbeiter da abzuholen, wo er steht, und dahin zu entwickeln, wo er hin will und auch hin kann.*“[929]

Vor dem Hintergrund der Problematik einen Führungsstil konkret zu benennen verweisen sechs der Experten darüber hinaus auf die bestehenden Schwierigkeiten zur Steuerung eines bindungsfördernden Führungsverhaltens insgesamt. Betont wird, dass trotz entsprechender Vorgaben nicht alle Führungskräfte grundsätzlich zur Führung prädestiniert sind. Speziell Ingenieure in Führungspositionen, welche dann andere Ingenieure führen sollten, zeigen hier Schwächen in Bezug auf Kommunikationskompetenzen oder nehmen gar nicht wahr, wie sie auf andere wirken. Ein Experte betont, dass es auch „*beratungsresistent[e]*“[930] Führungskräfte gibt. Vorhandene **Führungsleitsätze**, d. h. schriftlich formulierte Vorgaben zum gewünschten Führungsverhalten, führen in diesem Zusammenhang drei Experten als Bindungsmaßnahme an, da sich die betroffenen Mitarbeiter dann ggf. darauf berufen können. In weiteren Fällen gehen die Experten davon aus, dass solche schriftlichen Regelungen im Führungsalltag kaum eine Rolle spielen würden. Ähnlich äußern sich die Experten zu vorhandenen **Führungskräfteschulungen**. Als Maßnahme eines Bindungsmanagements werden diese von fünf Experten angeführt, da hierdurch das Führungsverhalten verbessert werden kann. Auch in weiteren Fäl-

---

927 Beilage I, S. 119.

928 Beilage J, S. 136.

929 Beilage K, S. 146.

930 Beilage O, S. 192.

len bestehen zwar oftmals entsprechende Schulungsmöglichkeiten – zumindest im Rahmen der Möglichkeiten einer Personalentwicklung –, doch wird deren Erfolg für eine tatsächliche Verbesserung des Führungsverhaltens durchaus kritisch betrachtet. Den Experten zufolge werden so zwar entsprechende Impulse gesetzt, letztlich stellen Führungskräfteschulungen jedoch lediglich einen geringen Anteil zur tatsächlichen Verbesserung der alltäglichen Führungssituation dar, weshalb sie nicht als Bindungsmaßnahme erachtet werden. Zu den bisherigen Aussagen siehe Tabelle 20 im Überblick.

Tabelle 20: Aussagen zu Bindungsmaßnahmen der Personalführung.

Aussagenbereich	Anzahl Nennungen
Inhaber als Führungspersönlichkeit	11
Führungsstil (kooperativ und teamorientiert, aber schwer bennbar)	11
Führungsleitsätze	3
Führungskräfteschulungen	5

5.1.4.5 Maßnahmen des Organisationssystems

In 15 Fällen äußern sich die befragten Unternehmungsvertreter zu Bindungsmaßnahmen, welche dem Organisationssystem zugeordnet werden können. Diese Aussagen werden nachfolgend anhand der Kategorien der Aufbau- sowie der Ablauforganisation zusammengetragen.

In Bezug auf die **Aufbauorganisation** geben 14 dieser Experten an, dass die flachen Hierarchien zur Steuerung des Bindungsverhaltens beitragen würden. Es werden zwischen drei und fünf Hierarchieebenen beginnend vom normalen angestellten Ingenieur bis hin zum Inhaber unternehmungsindividuell erläutert. Ein Experte gibt prägnant an: *„Wir haben eine extrem flache Struktur.“*[931] Den Unternehmungsvertretern zufolge führt dies dazu, dass selbst die normalen Angestellten vergleichsweise schnell an den eigentlichen Entscheidungsträgern dran sind und automatisch stärker eingebunden werden können. Auch die so entstehende Nähe bis hin zum Inhaber wird in einigen dieser Fälle herausgestellt. Ein Experte sieht diese exemplarisch bereits dadurch gegeben, dass man die Geschäftsleitung jeden Mittag in der Kantine sieht, ggf. neben diesen sitzen kann und auch so einfach mehr mitbekommt. Lediglich ein Experte äußert sich hier unsicher bezüglich des Vorhandenseins flacher Hierarchien. Dieser

931 Beilage R, S. 219.

gibt auf Nachfrage an, es gibt „*sicherlich Unternehmen, die verschachtelter sind als wir*“[932], geht jedoch insgesamt nicht von flachen Hierarchien aus.

Mit den flachen Hierarchien eng zusammenhängend – so die neun Experten, die dies darüber hinaus anführen – ist die Möglichkeit, schnelle und kurze Entscheidungswege zu realisieren. So können Entscheidungen vergleichsweise schnell und unkompliziert getroffen werden. Drei Experten sprechen in diesem Zusammenhang von kurzen Dienstwegen.

Einen niedrigen Formalisierungsgrad führen vier dieser befragten Unternehmungen an. Verwiesen wird in diesem Zusammenhang auf die Möglichkeiten zum unbürokratischen Vorgehen. Ein Experte geht davon aus, dass Dinge vielfach auch einfach ausprobiert werden, um zu sehen, ob es funktioniert. Gerade diese unkomplizierten Vorgehensweisen können den Experten zufolge zur Steuerung des Bindungsverhaltens beitragen. In den restlichen Fällen äußern sich die Experten zu diesem Sachverhalt zurückhaltender und geben auf Nachfrage an, dass dies sehr unterschiedlich ausgeprägt ist. Demnach gibt es Bereiche, in denen der Formalisierungsgrad aufgabenbezogen vergleichsweise hoch ist. Angeführt wird hierbei mehrfach der Bereich der Qualitätssicherung, welcher anhand vorgegebener Prozess- und Arbeitsschritte abläuft. Hier liegen den Experten zufolge dann auch umfassende Handbücher und Anweisungen zur Qualitätssicherung vor. Auch in weiteren Bereichen würden vielfach zertifizierte Prozesse bestehen, welche ein formales Vorgehen erfordern würden. Diese Experten äußern, dass sie sich unsicher sind, ab wann ein Formalisierungsgrad als niedrig bzw. hoch bezeichnet werden kann und sehen dies auch individuell unterschiedlich in der jeweiligen Wahrnehmung. Inwieweit die Bindung dadurch beeinflussbar ist, wollen diese Experten nicht beurteilen.

Einen hohen Anteil an persönlicher Kommunikation innerhalb der Unternehmung sehen zehn der befragten Unternehmungen als positiv in Bezug auf die Steuerung des Bindungsverhaltens, wobei dies in einem engen Zusammenhang stehend zu den vorherigen Aspekten genannt wird. So zeigt sich dieser hohe Anteil sowohl in der Kommunikation der Mitarbeiter untereinander, vor allem aber auch in Bezug auf die Koordination durch die jeweiligen Vorgesetzten zur Erfüllung der Arbeitsaufgaben. Vieles werde hier – so die Experten – in persönlichen Gesprächen an die betroffenen Mitarbeiter weitergegeben bzw. mit diesen besprochen. Insbesondere im Ingenieurbereich ist dies besonders stark ausgeprägt, was allerdings auch aus fachlichen Gründen, bspw. aufgrund der bestehenden Komplexität der Aufgaben und dessen Erklärungsbedürftigkeit, heraus erforderlich ist. Die weiteren Experten äußern sich nicht explizit

---

[932] Beilage K, S. 151.

zu diesen Sachverhalten und sehen auf Nachfrage eine Mischung aus unterschiedlichen Koordinationsformen als gegeben. Dies ist – wie die Experten betonen – auch von den jeweiligen Abteilungen und Aufgaben abhängig.

Bei allen bislang dargestellten getätigten Aussagen betonen sämtliche Experten darüber hinaus, dass sie dies nicht als primäre Bindungsmaßnahmen erachten, sondern stets betriebliche Erfordernisse im Fokus stehen. So wird erläutert, dass bspw. flache Hierarchien nicht aus Zwecken der Bindungssteuerung heraus realisiert werden, sondern betriebs- bzw. strukturbedingt gegeben sind. Sie stellen jedoch einen guten Nebeneffekt zur Bindungssteuerung dar.

Zu weiteren Merkmalen der Aufbauorganisation äußern sich die befragten Unternehmungen nicht bzw. geben lediglich auf Nachfrage Entsprechendes an. So werden die Merkmale der Spezialisierung als auch der (strukturellen) Delegation nicht weiter thematisiert. Auf Nachfrage fällt es einigen der Unternehmungsvertreter spontan sogar schwer, die Spezialisierungsart konkret zu benennen. Ein Experte führt exemplarisch an, dass es eine Mischung aus allem ist. Einen grundlegenden Zusammenhang zwischen der bestehenden Struktur, ob funktional, divisional o. Ä., sehen die Experten indes auf Nachfrage nicht. Es wird darauf verwiesen, dass man grundsätzlich flexibel aufgestellt ist und wenig starre Strukturformen hat. Formale Strukturformen dienen demnach lediglich dazu – so ein Großteil der Experten –, sich zurechtzufinden und bieten einen Orientierungsrahmen. Es kann sich also jeder einordnen und weiß, wo er im Gesamtgefüge steht. Nahezu alle diese Experten betonen jedoch, dass man diesen Strukturformen, über das bereits Erläuterte hinaus, keine größere Bedeutung beimisst.

Bezüglich der **Ablauforganisation** äußern sich lediglich drei dieser Unternehmungsvertreter explizit zu Aspekten einer bestehenden Prozessorganisation, welche als entsprechend bindungsfördernd wahrgenommen wird. In diesen Fällen wird darauf verwiesen, dass man über abteilungsübergreifende Prozesse bzw. Abläufe verfügt, welche sich positiv auf die effiziente und effektive Erfüllung der Arbeitsaufgaben auswirken. Dies trägt dann auch zu einer Zufriedenheit der Mitarbeiter bei, welche sich letztlich auf das Bindungsverhalten auswirkt. In den weiteren Fällen äußern sich die Experten grundsätzlich eher zurückhaltend bis gar nicht in Bezug darauf, ob die einzelnen Prozesse im Detail und an den Schnittstellen tatsächlich immer reibungslos verlaufen und stellen im Speziellen kaum einen direkten Bezug zur Steuerung des Bindungsverhaltens her. Einen Überblick über die Aussagen zur Aufbauorganisation im Kontext eines Bindungsmanagements gibt Tabelle 21 wieder.

Tabelle 21: Aussagen zu Bindungsmaßnahmen des Organisationssystems.

Aussagenbereich	Anzahl Nennungen
Aufbauorganisation (Strukturorganisation)	
Flache Hierarchien	14
Schnelle, kurze Entscheidungswege	9
Formalisierungsgrad (niedrig)	4
Koordination durch persönliche Kommunikation	10
Ablauforganisation	
Prozessorganisation	3

5.1.4.6 Maßnahmen des unternehmungspolitischen Rahmens

Die Aussagen der befragten Unternehmungen, welche den unternehmungspolitischen Rahmen betreffen, fallen sehr umfangreich und vielfältig aus. Auch werden entsprechende Aspekte von sämtlichen 19 Unternehmungsvertretern thematisiert. Um diese dennoch strukturiert darstellen zu können, erfolgt eine Einordnung in die Kategorien „Unternehmungsphilosophie“, „Unternehmungspolitik“, „Unternehmungskultur“ sowie „Unternehmungsidentität“.

Mit Bezug zur **Unternehmungsphilosophie** äußern sich die befragten Experten hinsichtlich einer allgemeinen Wertebasis sowie einer familienbezogenen Wertebasis. So geben elf Experten an, durch die bestehenden allgemeinen Wertvorstellungen auf das Bindungsverhalten der Mitarbeiter einwirken zu können. Eine Differenzierung wird diesbezüglich zwischen Ingenieuren und anderen Mitarbeitergruppen nicht vorgenommen, was über diesen Aspekt hinaus für den gesamten unternehmungspolitischen Rahmen festgestellt wird. Angeführt werden im Detail unterschiedliche bestehende Werte, welche im Wesentlichen mit Verlässlichkeit, Authentizität, Loyalität, Offenheit, Freundlichkeit sowie Bodenständigkeit umschrieben werden. Darüber hinaus werden ein partnerschaftliches Verhältnis sowie ein gegenseitiges Vertrauen betont. Ein Experte nennt explizit den Wert Freiheit, ein weiterer führt an, dass man neben einer Leistungs- vor allem eine Mitarbeiterorientierung pflegt.

14 Unternehmungsvertreter äußern sich darüber hinaus explizit zu familienbezogenen Werten. Die Experten beschreiben, dass man die Belegschaft im Grunde genommen wie Familienmitglieder betrachten würde, d. h. die Beziehung zu diesen zeichnet sich durch eine große Nähe aus, und man würde jeden Einzelnen auch über die Tätigkeit hinaus als ganzen Menschen betrachten. Dies schließt – so die Experten unisono des Weiteren – auch mit ein, dass man sich auch um die privaten Belange der Mitarbeiter kümmern würde bzw. helfend zur

Seite steht, wenn dies erforderlich bzw. gewünscht ist. Man lässt die Mitarbeiter daher auch in privaten Krisen nicht allein. Ein Experte verdeutlicht in diesem Zusammenhang, was es seiner Meinung nach bedeuten würde, ein familiengeführter Mittelständler zu sein, nämlich dass man „*[...] immer auch ein Stück weit auf seine Mitarbeiter achtet. Auf seine Mitarbeiter achten heißt, dass man nicht nur technokratisch mit Zahlen umgeht und dann guckt, wo muss jetzt einer weniger oder fünf mehr oder wie auch immer, sondern dass man natürlich auch versucht die Mitarbeiter zu halten, auch in schwierigeren Phasen, also zu der sozialen Verantwortung, die wir haben, auch zu stehen. [...] Die Gesellschafter wollen sich auch nicht nachsagen lassen, dass sie ihre Mitarbeiter im Regen stehen lassen.*“[933] Ein weiterer Experte gibt exemplarisch an: „*Dazu gehören Krankheiten, dazu gehören familiäre Aspekte und ich glaube, das zusammenzubringen, das gelingt dem Unternehmen ganz gut.*“[934] Sämtliche dieser Experten betonen dabei allerdings auch, dass dies weniger eine groß aufgesetzte Unternehmungsphilosophie darstellen würde, denn vielmehr als Selbstverständlichkeit erachtet wird.

In den restlichen Fällen werden darüber hinaus entsprechende Werte – sowohl allgemein als auch familienbezogen – auf Nachfrage ebenfalls als entsprechende Bindungspotenziale angegeben. Lediglich in zwei Fällen äußern sich die befragten Experten insofern kritisch, als sie der Auffassung sind, dass man mit familienbezogenen Werten nicht sämtliche Mitarbeiter auch erreichen kann. Als Bindungsmaßnahme wird es daher lediglich bedingt angeführt.

In Bezug auf Aspekte im Kontext der **Unternehmungspolitik** geben zehn Unternehmungsvertreter an, dass man als Mittelständler langfristig orientiert ist und solide wirtschaften würde. Demnach werden keine unnötigen Risiken eingegangen, und man ist vor allem darauf bedacht, finanziell stets auf gesunden Beinen zu stehen. Ein Experte gibt an: „*Wir haben eine Eigenkapitalquote von 65 %, und daran sieht man auch, das sind keine Ausbeuter hier.*“[935] Darüber hinaus fühlt man sich vor allem dem Standort und der Region sowie insbesondere den eigenen Mitarbeitern gegenüber verpflichtet bzw. verbunden. Die Experten äußern, dass man selbst in schlechten Zeiten von betriebsbedingten Kündigungen absieht und versucht, diese Zeiten mit der Belegschaft durchzustehen. Hierzu gehört Kurzarbeit, welche vorab mit der Belegschaft besprochen werde. Mehrere dieser Unternehmungsvertreter betonen, dass es seit vielen Jahren keine betriebsbedingten Kündigungen mehr gegeben hat. In einem Fall wird hervorgehoben, dass man in der gesamten Firmenhistorie darauf verzichten konnte.

---

933 Beilage H, S. 104.

934 Beilage J, S. 136.

935 Beilage O, S. 192.

Des Weiteren geben diese Experten an, dass gerade durch die Inhaberführung bzw. die Inhaberfamilienführung ein deutliches Zeichen der Stabilität, Verlässlichkeit und Kontinuität gesetzt werden kann. Ein Experte bezeichnet es als *„[...] positives Signal an die Mitarbeiter, dass Dinge an die folgenden Generationen übergeben werden und dass das Unternehmen weiterhin in Familienhand bleibt.“*[936] So bekommen vor allen Dingen die getroffenen unternehmerischen (Management-) Entscheidungen eine grundlegende Glaubwürdigkeit, welche so gerade in großen Konzernen nicht möglich ist. Exemplarisch führt ein Experte an: *„Da steckt sehr viel Langfristigkeit und Nachhaltigkeit dahinter, wie in fast allen Familienunternehmen. Im Gegensatz zu Großkonzernen. Da geht es immer um Kurzfristigkeit und Bezahlung.“*[937] Die Experten gehen davon aus, dass hierdurch ein deutliches Zeichen an die Mitarbeiter in Bezug auf Standort- und Arbeitsplatzsicherheit vermittelt wird, was sich entsprechend bindungsfördernd auswirkt, da so langfristige Perspektiven – auch Planungssicherheit für jeden einzelnen Mitarbeiter – geschaffen werden können. Auch die Tatsache, dass man stets unbefristete Arbeitsverträge anbietet, spielt hier mit hinein.

Die weiteren Unternehmungen äußern sich – allerdings erst auf Nachfrage – zu diesen Aspekten ähnlich, stellen diese jedoch weniger in den Mittelpunkt. Auch sind in diesen Fällen bspw. betriebsbedingte Kündigungen teilweise nicht zu verhindern gewesen.

Die unterschiedlichen Unternehmungsleitbilder, die Vision, Mission oder weitere Unternehmungsziele – welche in sämtlichen der befragten Unternehmungen faktisch bestehen – werden lediglich von fünf Unternehmungsvertretern hinsichtlich ihres Nutzens zur Bindungssteuerung hervorgehoben. Die Experten geben jedoch sämtlich an, dass man diese eher als unterstützende Aspekte wahrnimmt. Diesbezüglich kann eine Orientierung bzw. eine Richtung vorgegeben werden, welche einen entsprechend motivierenden Charakter aufweist. Im Fokus steht dies den Experten zufolge allerdings nicht. Ähnlich äußern sich hierzu – allerdings erst auf Nachfrage – dann auch die weiteren Unternehmungsvertreter.

Hinsichtlich der **Unternehmungskultur** äußern sich 13 der befragten Unternehmungen zum Inhaber bzw. zur Inhaberfamilie als wesentlichen Kulturträger. Demnach werden die bewusst vorliegenden Werte vor allem durch diesen Personenkreis vorgelebt bzw. mit Leben gefüllt. Verwiesen wird sehr deutlich darauf, dass ein entsprechendes Vorleben stets als wichtiger zu erachten ist, als lediglich formell vorhandene bzw. schriftlich niedergelegte Werte und Normen. Ein Experte gibt exemplarisch an: *„Wir unterhalten uns nicht explizit darüber, aber wie*

936 Beilage L, S. 158.

937 Beilage M, S. 170.

wir uns zu verhalten haben, insbesondere wir Führungskräfte, das haben wir im Grunde vom Senior, vom Gründer des Unternehmens, vorgelebt bekommen, und da guckt man sich dann auch einiges ab."[938]

Im Detail werden zahlreiche Beispiele darüber angeführt, wie es den jeweiligen Unternehmungen konkret gelingt, die jeweiligen Werte durch den Inhaber bzw. die Inhaberfamilie tatsächlich mit Leben auszufüllen. So wird u. a. darauf verwiesen, dass der Inhaber als Ansprechpartner stets zur Verfügung stehen würde man jederzeit auch persönlich in dessen Büro – ggf. nach vorheriger Terminabsprache – vorsprechen könne. Auch wird darauf verwiesen, dass die Inhaber täglich, genauso wie die weitere Belegschaft auch, mittags in der Kantine angetroffen werden können, sich genauso wie alle anderen hinten in der Schlange anstellen und an den gleichen Tischen, d. h. nicht in einem besonderen abgeschirmten Raum o. Ä., sitzen würden. Darüber hinaus stellt es auch keine Seltenheit dar, dass die jeweiligen Inhaber bzw. dessen Familien an betrieblichen Sportveranstaltungen teilnehmen. Ein Experte verweist hierbei explizit auf ein bestehendes Drachenbootrennen, bei welchem der Inhaber als Ruderer genauso vom Auszubildenden – welcher als Steuermann fungiert – angeschrien wird, wie alle anderen auch. Auch werden auf Betriebsfesten aller Art nicht selten die eigenen Kinder mitgebracht, welche somit der gesamten Belegschaft bekannt sind. Ein Experte äußert prägnant: „*Wir können auch noch mit unseren Mitarbeitern auf dem Schützenfest stehen und ein Bier trinken, ohne dass wir uns komisch dabei fühlen.*"[939]

Weitere Beispiele werden auch hinsichtlich finanzieller Aspekte geäußert. So führt u. a. ein Experte an, dass die Inhaber keine Entnahmen aus der Finanzmasse der Unternehmung über den Eigenbedarf hinaus tätigen würden. Ein weiterer gibt ähnlich an: „*Wenn wir uns als Geschäftsleitung zum Beispiel auferlegen, obwohl es zusteht, keinen neuen Dienstwagen zu kaufen, weil die Situation mal gerade nicht so toll ist, dann sind das für mich Dinge, die diese Ehrlichkeit und Bodenständigkeit auch ein Stück weit berühren.*"[940]

Über die Inhaber bzw. Inhaberfamilien als wesentliche Kulturträger hinaus werden von sieben Experten auch weitere Führungskräfte entsprechend angeführt. In diesen Fällen wird explizit betont, dass auch diese durch ähnliches Verhalten in großem Maße zur bestehenden Unternehmungskultur beitragen. Die langen Betriebszugehörigkeiten der Führungskräfte führen diesbezüglich dazu, dass diese ähnlich intensiv wahrgenommen und akzeptiert werden von

938 Beilage H, S. 106.

939 Beilage H, S. 106.

940 Beilage H, S. 106.

der Belegschaft. Die Experten verdeutlichen, dass es viele Jahre dauern würde, bis die jeweilige Unternehmungskultur tatsächlich in den einzelnen Köpfen angekommen ist.

Darüber hinaus werden von diesen Experten mit langjährig beschäftigten Mitarbeitern weitere Kulturträger benannt, welche entsprechend erfahren sind in Bezug auf die gelebten Werte der Unternehmung. Auch wird angeführt, dass vielfach ganze Familien mit unterschiedlichen Generationen in der Belegschaft beschäftigt sind. Diese tragen dann nicht unerheblich zur Prägung der Unternehmungskultur bei.

Den Experten zufolge stellen gerade die benannten Kulturträger ein wesentliches Potenzial zur Steuerung des Bindungsverhaltens dar, welches aufgrund der überschaubaren Größe der jeweiligen Unternehmung intensiv ausfallen würde. Eine konkrete Bindungsmaßnahme ist es indes nicht, da alle betonen, dass man diese Aspekte nicht bewusst steuern würde, sondern diese aus der Historie heraus bestehen. Anders wäre dies auch nicht möglich – so die Experten weiter –, da es dann aufgesetzt wirken würde. Die weiteren der befragten Unternehmungen – über die diesen Aspekt anführenden hinaus – äußern sich auf Nachfrage ähnlich. Lediglich in zwei Fällen wird angegeben, dass eine entsprechende Unternehmungskultur nur bedingt ausgeprägt ist und auch nicht von sämtlichen Mitarbeitern als solche wahrgenommen wird. Als Bindungsmaßnahme bezeichnen diese Experten es daher nur bedingt.

Letztlich werden – den Aspekt der Unternehmungskultur betreffend – von sieben Experten physische Ausdrucksformen in Form von Ritualen bzw. Zeremonien darüber hinaus explizit zum Ausdruck gebracht. Angeführt werden vor allem Betriebsfeste und das Feiern von Dienstjubiläen im Allgemeinen. Darüber hinaus geben Experten im Speziellen vereinzelt an, dass der Inhaber bei der Geburt eines neuen Mitarbeiterkindes eine komplette Kindesausstattung persönlich überreicht (diese wird vorab von dessen Ehefrau besorgt), zur Kommunion der Kinder Glückwunschkarten persönlich bei den Mitarbeitern zu Hause überreicht werden, bei längerer Krankheit Besuche im Krankenhaus vorgenommen werden o. Ä. Ein Experte äußert, dass es ein Ritual ist, dass sich sämtliche Mitarbeiter untereinander duzen. Ein weiterer gibt an: „*Sie können im Sommer in Badelatschen kommen. Manche machen das sogar, wenn Kunden da sind oder Besuch da ist, was ich persönlich ganz unmöglich finde.*“[941]

Sämtliche dieser Experten betonen allerdings, dass sie konkrete Rituale, Zeremonien etc. lediglich als kleine Bindungsmaßnahmen erachten, welchen kein wesentlicher Stellenwert zukommt. Ähnlich äußern sich auf Nachfrage auch die weiteren 12 Experten, welche keine phy-

[941] Beilage F, S. 76.

sischen Ausdrucksformen der Unternehmungskultur explizit angeführt haben. Das Vorleben durch die entsprechenden Kulturträger wird hierbei als wesentlich wichtiger erachtet.

In Bezug auf die **Unternehmungsidentität** äußern sich sechs Unternehmungsvertreter positiv zu den Möglichkeiten einer externen Unternehmungskommunikation, welche als entsprechend bindungsfördernd erachtet wird. So sieht man sich vor allem hinsichtlich der Öffentlichkeitsarbeit in der jeweils eigenen Region sehr gut aufgestellt und ist der Ansicht, hierüber auch die Mitarbeiter zu erreichen. Einschränkend geben die Experten jedoch an, dass sich dies über die eigene Region hinaus nicht gleichermaßen darstellt und man diesbezüglich vor allem mit größeren Unternehmungen nicht konkurrieren könne. Auch tritt man in jedem Fall, so die Experten weiter, in der Unternehmungskultur entsprechend eher dezent auf nach dem Motto: Weniger ist mehr. In sieben Fällen geben die Unternehmungen an, dass man insgesamt diesbezüglich (d. h. außerhalb der Kommunikation mit den entsprechenden Kunden- und Absatzmärkten, welche in sämtlichen der 19 Unternehmungen sehr gut beurteilt wird) eher schwach aufgestellt ist und sieht es deshalb nicht als Bindungsmaßnahme an. In den sechs weiteren Fällen werden – allerdings erst nach erfolgter Nachfrage – zwar geringe Bindungspotenziale vermutet (ebenfalls regional begrenzt), diese aber nicht in den Fokus gestellt. Ein Experte äußert, dass man hiermit vor allem die Kunden- und Absatzmärkte bedienen möchte und das Thema Bindungsmanagement hier nicht an erster Stelle steht. Ein weiterer äußert: *„Ich würd das jetzt gar nicht so hoch aufhängen. Es ist wichtig, dass man professionell auftritt.“*[942]

Das Unternehmungsdesign bezeichnen vier Unternehmungsvertreter als einen – wenngleich auch nicht zentralen – Aspekt zur Bindungssteuerung. Es wird betont, dass hierdurch ein Wiedererkennungs- und Integrationseffekt geschaffen wird. Die restlichen Unternehmungen äußern sich hierzu erst auf Nachfrage und geben an, in der Öffentlichkeit weniger bekannt zu sein. Vor allem mit großen bekannten Marken kann hier nicht mitgehalten werden. Ein Experte äußert, dass ggf. langjährige Mitarbeiter entsprechend Stolz in Bezug auf die eigene Marke empfinden würden. Dies kann dann hierdurch nach außen getragen werden. Ein anderer Experte verweist auf die Geschäftskunden der Unternehmung, welche namenhafte Großkonzerne sind. Man profitiert hier, wenn überhaupt, von deren Design. In vier Fällen äußern die Unternehmungen, dass eine Bindungswirkung ggf. dadurch erzielt werden kann, wenn auf den Kunden- bzw. Absatzmärkten die eigenen Produkte einen entsprechend qualitativ hochwertigen Ruf haben und das Unternehmungslogo wiedererkannt wird. Tabelle 22 fasst das Bisherige überblicksartig zusammen.

---

[942] Beilage L, S. 162.

Tabelle 22: Aussagen zu Bindungsmaßnahmen des unternehmungspolitischen Rahmens.

Aussagenbereich	Anzahl Nennungen
Gestaltung der Unternehmungsphilosophie	
Allgemeine Wertebasis (Verlässlichkeit, Authentizität, Offenheit etc.)	11
Familienbezogene Wertebasis (Mitarbeiter als Quasi-Familienmitglieder)	14
Gestaltung der Unternehmungspolitik	
Langfristigkeit, Standorttreue, Vermeidung von Risiken, Stabilität und Verlässlichkeit durch Inhaberführung	10
Unternehmungsleitlinien, Vision, Mission etc.	5
Gestaltung der Unternehmungskultur	
Inhaber (-familie) als Kulturträger (Ansprechpartner, stets vor Ort etc.)	13
Langjährige Mitarbeiter (-familien) als weitere Kulturträger	7
Betriebsfeste, Dienstjubiläen, Zeremonien bei familienbezogenen Anlässen	7
Gestaltung der Unternehmungsidentität bzw. Corporate Identity	
regionale Öffentlichkeitsarbeit	6
Corporate Design	4

5.2 Interpretation der Untersuchungsergebnisse

5.2.1 Ingenieure im industriellen Mittelstand

Die Äußerungen zu den **Einsatzgebieten** der Ingenieure zeigen, dass diese vielfältige Funktionen im industriellen Mittelstand wahrnehmen. So bestehen zwar fokussierte Einsatzbereiche, bspw. in der Konstruktion und Entwicklung, wobei jedoch darüber hinaus zahlreiche weitere Tätigkeiten ausgeübt werden.[943] In stark technikgetriebenen mittelständischen Unternehmungen werden daher hochqualifizierte Fachkräfte in entsprechend unterschiedlichsten Bereichen benötigt, da das technologische Produkt und dessen detaillierte Kenntnis im uneingeschränkten Fokus der Betrachtung stehen. Somit finden sich Ingenieure nicht selten auch in der Geschäftsführung wieder bzw. der Inhaber selbst hat einen ingenieurtechnischen Ausbildungshintergrund. Die relative Anzahl an Ingenieuren – gemessen an der gesamten Belegschaft – fällt jedoch, obwohl im Einzelfall der untersuchten Unternehmungen deutlich voneinander abweichend, insgesamt eher gering aus. Dies verdeutlicht, dass die Ingenieure in den Unternehmungen vielfach in entsprechenden Schlüsselpositionen wiederzufinden sind. Nach den Aussagen der Experten betrifft dies bspw. den Bereich Produktion. Hier werden vielfach planerische Tätigkeiten durchgeführt und/oder Prozessinnovationen vorangetrieben.

---

943 Vgl. hierzu auch Abschnitt 2.3.2.

Das jeweilige **Arbeitsumfeld** eines einzelnen Ingenieurs lässt sich aufgrund der vielfältigen Aufgabeninhalte kaum charakteristisch darstellen. Mit den schwerpunktmäßigen Verweisen auf die hohe Dynamik, die Teamorientierung etc. konnte somit lediglich ein grober Überblick angedeutet werden. Zu berücksichtigen sind hier neben dem tatsächlichen Einsatzgebiet vor allem auch das Produktspektrum sowie die Branche der jeweiligen Unternehmung.

Die Äußerungen zu der **Bedeutung** der Ingenieure verdeutlichen die hohe Relevanz dieser Berufsgruppe auch für den industriellen Mittelstand. Gleichzeitig werden vielfach jedoch auch weitere Techniker als bedeutsam erachtet. Man ist hier darum bemüht, eine Gleichstellung herauszustellen, da letztlich alle Mitarbeiter ihren Beitrag zum Unternehmungserfolg leisten. Letztlich lassen sich die Ingenieure jedoch in der Detailbetrachtung – gerade durch das spezialisierte Fachwissen in Kombination mit der schwierigeren Beschaffbarkeit – differenzieren. Zu beachten sind jedoch auch hier branchenspezifische Unterschiede, welche den tatsächlichen Stellenwert der Ingenieure stärker erklären können. Je mehr hochtechnologische Produkte im Fokus stehen, desto eher ist von einer herausragenden Stellung auszugehen.

Vergleichsweise hohe **Betriebszugehörigkeiten** lassen sich bereits theoretisch im Allgemeinen belegen[944] und spiegeln sich gemäß den Expertenaussagen auch für den industriellen Mittelstand wider. Einschränkend bleibt auf die untersuchten Fälle jedoch festzuhalten, dass detaillierte Informationen diesbezüglich nicht zur Verfügung gestellt worden sind bzw. nach Aussage vieler Experten auch nicht vorlägen. Gerade Aussagen zu Fluktuationsquoten – auch im Vergleich mit weiteren Mitarbeitergruppen – basieren somit im Wesentlichen auf getätigten Schätzungen durch die Unternehmungsvertreter. Die durchgehend positive Beantwortung dieser Frage lässt jedoch tendenziell eine hohe Gebundenheit sämtlicher Mitarbeiter in den jeweiligen Unternehmungen vermuten. Dies stellt ein Indiz dafür dar, dass Mitarbeiterbindung im industriellen Mittelstand funktioniert, wenngleich vielfach jedoch ein aktives Bindungsmanagement nach Aussage der Experten nicht bzw. lediglich in Ansätzen vorhanden ist.

Die Aussagen zur **Beschaffbarkeit** von Ingenieuren fallen insgesamt sehr heterogen aus. Es zeigt sich jedoch, dass eine grundsätzliche Schwierigkeit von sämtlichen Unternehmungen eingeräumt wird. Während einige diesbezüglich allerdings stärker auf die realisierten Alternativen, bspw. die eigene Ausbildung, verweisen, tun andere dies weniger bzw. haben hierzu ggf. auch weniger Möglichkeiten. Zu berücksichtigen ist in jedem Fall die jeweils spezifische Branche, welche zu Unterschieden hinsichtlich des akquisitorischen Potenzials führen kann.

---

[944] Vgl. VDI Wissensforum (2008), S. 8.

Die jeweilige Größe sowie das Wachstum der Unternehmung haben darüber hinaus einen Einfluss auf die tatsächliche Anzahl der gesuchten Ingenieure. Tendenziell sind hier gerade die größeren Unternehmungen stärker vom Fachkräftemangel betroffen, wobei auch die Suche nach einzelnen hochspezialisierten Ingenieuren in den kleineren Unternehmungen als schwierig bezeichnet wird. In jedem der untersuchten Fälle ist jedoch eine ausschließliche Besetzung über den eigenen Nachwuchs ausgeschlossen. Die Bedingungen am externen Arbeitsmarkt spielen somit für alle Unternehmungen eine – wenngleich auch unterschiedlich große – Rolle. Diesbezüglich kann von einer hohen Relevanz der Thematik „Bindungsmanagement“ grundsätzlich ausgegangen werden, da gerade die Möglichkeiten zur kurzfristigen Ersetzung von erfahrenen Ingenieuren stark eingeschränkt sind, wenn diese die jeweilige Unternehmung verlassen würden.

5.2.2 Zum Umgang mit der Thematik „Bindungsmanagement“

Die Aussagen der Experten verdeutlichen, dass ein aktiver Umgang mit dem Thema Bindungsmanagement in einem Großteil der untersuchten mittelständischen Unternehmungen bislang noch nicht erfolgt. Dies zeigt sich zunächst in einem fehlenden offiziellen Verständnis darüber, was unter Bindungsmanagement eigentlich jeweils zu verstehen ist. Die Äußerungen der Experten sind somit auch vor dem Hintergrund persönlicher Ansichten und Vorstellungen zu interpretieren. Es bleibt zu vermuten, dass bei einem potenziell anderen Gesprächspartner somit auch andere Begriffsinhalte hätten genannt werden können. Hinsichtlich der vorliegenden Aussagen zeigen sich gerade in Bezug auf die Berücksichtigung des Leistungsaspektes große Unterschiede, da dieser lediglich von einigen Experten benannt wird, während der Aspekt des Verbleibs im Fokus steht. Darüber hinaus gestaltet sich die Fragestellung nach einer Differenzierung beider Aspekte als schwierig. Dies ist vermutlich auch darauf zurückzuführen, dass eine derart detaillierte Betrachtung des Begriffes kaum vorgenommen worden ist. Weiterhin spielen ggf. auch die engen Zusammenhänge zwischen beiden Aspekten eine nicht unwesentliche Rolle. Die auch theoretisch durchaus kontrovers diskutierten Differenzierungsmöglichkeiten entsprechender Maßnahmen auf die jeweilige Teilkomponente spiegeln sich in den Aussagen der Experten wider.[945]

Die weitgehend fehlende aktive Auseinandersetzung mit der Thematik „Bindungsmanagement“ – vor allem auf konzeptioneller Ebene – ist indes nicht dahin zu interpretieren, dass in

[945] Vgl. bspw. Martin (2001), S. 319; Hentze/Graf (2005), S. 3 ff.

den jeweiligen Unternehmungen kein Bindungsmanagement stattfindet. Auch wenn gerade der Begriff Bindungsmanagement als solcher von einer Vielzahl der Experten abgelehnt wird, bestehen jedoch vielfältige Ansatzpunkte zu einer entsprechenden Steuerung des Bindungsverhaltens. Die Bedeutung indirekt wirkender Maßnahmen ist somit vermutlich ebenso größer wie die Bedeutung von situativ und individuell getroffenen Entscheidungen. Dieses für den industriellen Mittelstand typisch intuitive Vorgehen erscheint daher auch hinsichtlich der Anwendung von Bindungsmaßnahmen nicht unerheblich.[946] Mit zunehmender Unternehmungsgröße wird eine aktive Auseinandersetzung von den Experten stärker betont. Gleichzeitig ist hier auch ein selbstbewussteres Auftreten hinsichtlich der wahrgenommenen Fähigkeiten zur Bindungssteuerung tendenziell feststellbar. Die bestehenden Möglichkeiten verlagern sich zunehmend in den Bereich direkter Maßnahmen.

Die angegebene weitgehend fehlende Festlegung von offiziellen Zielgruppen ist indes ebenfalls nicht als eine völlige Gleichbehandlung sämtlicher Mitarbeiter zu interpretieren. Wie einige der Experten bereits andeuten, steht tendenziell der einzelne Mitarbeiter als Individuum stärker im Blickpunkt. Es kann somit situativ und individuell über die Anwendung grundsätzlich bestehender Möglichkeiten entschieden werden. Aufgrund der Aussagen einiger Experten fördert dies bereits ein stärkeres Miteinander und ist aufgrund der überschaubaren Anzahl an Mitarbeitern sowie der hohen persönlichen Kommunikation gut realisierbar. Tendenziell sind somit auch zahlreiche der getätigten Aussagen nicht ausschließlich auf Ingenieure bezogen, sondern betreffen die Belegschaft in Gänze. Auch weitere Merkmale eines Bindungsmanagements sind entsprechend der überschaubaren Strukturen vielfach weniger stark formal ausgearbeitet. Bemerkenswert stellen sich die Aussagen zum zeitlichen Horizont der Bindung dar. Die zumeist zeitlich unbegrenzt angestrebte Bindung wurde in der Literatur nur bedingt angenommen.[947] Bei sämtlichen potenziellen Merkmalen eines Bindungsmanagements lässt sich anhand der untersuchten Unternehmungen allerdings feststellen, dass deren differenzierte Betrachtung mit Zunahme der Unternehmungsgröße tendenziell ebenfalls zunimmt. In Bezug auf die Träger eines Bindungsmanagements ist der deutliche Einbezug der obersten Leitungsebene in Form der Geschäftsführung bzw. der Inhaber zu bemerken. So sind diese vielfach zwar nicht an jeder Aktivität des betrieblichen Alltags beteiligt, jedoch insgesamt vergleichsweise intensiv auch in entsprechend operative Entscheidungen involviert. Dies gilt als typisch für den Mittelstand auch über die Thematik eines Bindungsmanagements hinaus.[948] In den

---

946 Vgl. Pfohl (2006a), S. 18; Füglistaller et al. (2009), S. 296; Hamel (2006), S. 235.

947 Vgl. bspw. Szebel-Habig (2004), S. 10.

948 Vgl. Abschnitt 2.2.2.

untersuchten Unternehmungen lässt sich dies sowohl für die kleineren als auch die größeren Unternehmungen feststellen. Hier ist somit weniger die tatsächliche Unternehmungsgröße relevant, als die Grundeinstellung der Inhaber selbst.

5.2.3 Bindungsfaktoren

5.2.3.1 Beurteilung der Kategorien

Hinsichtlich der wahrgenommenen Einflussgrößen auf das Bindungsverhalten von Ingenieuren zeigt sich in den Aussagen der Experten eine deutliche Fokussierung auf unternehmungsbezogene Faktoren.[949] Die einzelnen Kategorien werden hierbei von beinahe sämtlichen Experten in gleichstarker Ausprägung angeführt. Leichte Unterschiede sind hier insofern festzustellen, als sämtliche Experten ausnahmslos auf Faktoren der Arbeit eingehen, während jedoch soziale Faktoren in fünf Gesprächen nicht thematisiert werden. Eine Thematisierung weiterer Kategorien der umwelt- sowie der personenbezogenen Faktoren erfolgt lediglich in Ausnahmefällen in jeweils zwei bis maximal vier Fällen. In ihrer Bedeutung werden diese daher vermutlich als nachrangig betrachtet. Auffällig häufig stellt sich hierbei lediglich die Kategorie der demografischen Faktoren dar, welche mit zehn Nennungen vergleichsweise oft angeführt wird. Das so aufgeworfene Bild wahrgenommener Bindungsfaktoren entspricht weitgehend den im theoretischen Teil dieser Arbeit aufgestellten Vermutungen, da eine vergleichsweise intensive Betrachtung insbesondere unternehmungsbezogener Faktoren auch dort erfolgt.[950] Die leicht unterschiedliche Anzahl der vorgenommenen einfachen Nennungen der dortigen Kategorien ist indes nur schwer zu beurteilen und spricht tendenziell in der ersten Betrachtung, d. h. ohne erfolgte Priorisierung, eher für eine gleichmäßig hohe Relevanz aller Bereiche. Bestehende Interdependenzen und enge Zusammenhänge zwischen den unterschiedlichen Kategorien werden deutlich und spiegeln ebenfalls die Aussagen des Forschungsrahmens wider. Eine klare Differenzierung erscheint daher nur bedingt möglich und sinnvoll. Die leichte Abweichung sozialer Faktoren nach unten ist diesbezüglich nicht überzubewerten. So äußerte bspw. ein Experte auf Nachfrage hinsichtlich der Nichtnennung, dass diese Faktoren als grundlegend und selbstverständlich angesehen werden. Insgesamt ist somit erwartungsgemäß eine herausragende Beeinflussung des Bindungsverhaltens von unternehmungsbezogenen Faktoren zu vermuten, während weitere Faktoren anderer Kategorien dies

---

949 Vgl. Abschnitt 5.1.3.1.

950 Vgl. Abschnitt 3.3.3.

tendenziell ergänzen. Folgerichtig erscheint dies auch daher, da es sich um die Bindung an eine Unternehmung handelt und diesbezüglich Faktoren, welche in direktem Zusammenhang zu dieser Unternehmung selbst stehen, auch den größten Einflussbereich ausüben.

Bei weiterer Betrachtung der durch die Experten vorgenommenen Priorisierung der Bindungsfaktoren, welche sich ausschließlich auf unternehmungsbezogene Faktoren beschränkt, wird deutlich, dass die oberflächlich angenommene gleiche Relevanz der Kategorien zu relativieren ist. Erst hier zeigt sich eine Herausstellung arbeitsbezogener Faktoren, welche deutlich vor den sozialen Faktoren sowie den allgemeinen organisatorischen Faktoren eingeordnet werden. Auch dieses Ergebnis kann nicht überraschen, da eine entsprechende Fokussierung auch in den Beiträgen aus der Forschungsliteratur vorgenommen wird. Zu bemerken ist jedoch, dass die sozialen Faktoren, obwohl insgesamt in der einfachen Nennung weniger oft angeführt als die allgemeinen organisatorischen Faktoren, in der Priorisierung vor letztgenannten eingeordnet und vor allem auch in der Summe deutlich häufiger priorisiert werden. Lediglich vier Experten ordnen allgemeine organisatorische Faktoren innerhalb der ersten drei Plätze einer Rangfolge ein. Zu vermuten ist, dass diesen insgesamt trotz einfacher Nennung ein weniger starkes Gewicht zugesprochen wird oder aber eine klare Abgrenzung bzw. Differenzierung zu den weiteren Kategorien schwer fällt. Monetäre Faktoren letztlich werden mit deutlichem Abstand nach hinten priorisiert, obwohl diese in der einfachen Nennung ebenfalls sehr häufig angesprochen werden. Ggf. stellt dies ein Indiz für die auch in der theoretischen Erarbeitung vermutete ambivalente Bedeutung dieses Faktors dar. So äußert ein Experte: „*Er spielt auch schon eine Rolle. [...] Geld ist durchaus motivierend.*“[951] Ein weiterer Experte führt darüber hinaus an, dass dieser „*[...] immer präsent, aber doch hintergründig [...]*“[952] ist.

In der Gesamtbetrachtung ist die Beurteilung der von den Experten vorgenommenen Priorisierung jedoch mit Vorsicht und Zurückhaltung vorzunehmen, da, wie bereits dargestellt, mehr als die Hälfte aller Befragten deutlich angaben, dass sie eine solche Priorisierung aufgrund der engen Zusammenhänge der unterschiedlichen Bindungsfaktoren als schwierig erachten.

5.2.3.2 Umweltbezogene Faktoren

Die Aussagen zu den umweltbezogenen Faktoren sind bereits aufgrund ihres insgesamt geringen Umfangs kaum näher zu beurteilen, da sie von den befragten Experten lediglich spora-

[951] Beilage D, S. 45.

[952] Beilage H, S. 102.

disch thematisiert worden sind. In jedem Fall ist diesbezüglich zu vermuten, dass sie in Bezug auf das Bindungsverhalten selbst nicht als zentrale Einflussgrößen wahrgenommen werden und sich einer alltäglichen und kontinuierlichen Hinterfragung entziehen. So zeigt bereits die diesbezügliche Ausarbeitung des Forschungsrahmens, dass hier vergleichsweise wenige Beiträge aus der Forschungsliteratur nicht nur in Bezug auf den industriellen Mittelstand im speziellen, sondern auch darüber hinaus im Allgemeinen vorliegen.

Die Detailaussagen der Experten, welche sich den jeweiligen Kategorien zuordnen lassen, spiegeln folgerichtig ein ebenfalls dünnes Bild wider, welches sich gleichermaßen einer Beurteilung entzieht. Festzuhalten ist hinsichtlich der gesamtwirtschaftlichen Rahmenbedingungen, dass eine differenzierte Auseinandersetzung mit branchen- oder berufsbezogenen Konstellationen in der Wahrnehmung der Experten durch die Ingenieure nicht weiter erfolgt. Es bleibt somit zu vermuten, dass interne Einflussgrößen das Bindungsverhalten in wesentlich stärkerem Maße beeinflussen und eine Betrachtung weiterer Aspekte in den Hintergrund rückt, wenn diese internen Einflussgrößen stimmig sind. Ein enger Zusammenhang besteht hierbei zum von den Experten vielfach angeführten Faktor der Arbeitsplatzsicherheit. Ein sicherer Arbeitsplatz wird dabei jedoch über die konjunkturelle Lage hinaus vor allem mit der jeweiligen Unternehmungsführung, d. h. auch der Handhabung von Krisen, in Verbindung gebracht. Indirekt spielen gesamtwirtschaftliche Rahmenbedingungen daher vermutlich schon eine Rolle, wobei dies stärker mit der tatsächlichen Bedeutung bzw. den tatsächlichen Auswirkungen dieser Rahmenbedingungen für die eigene Unternehmung in Verbindung gebracht wird. Im Kontext allgemeiner organisatorischer Faktoren ist dies zu thematisieren.

Gesellschaftliche Rahmenbedingungen stellen darüber hinaus gerade in Bezug auf einen Wertewandel eine vergleichsweise abstrakte und langfristige Thematik dar, welche in der Bedeutung für den betrieblichen Alltag zu vernachlässigen ist und diesbezüglich vermutlich weniger stark thematisiert wird. Wertorientierungen hingegen kommt gemäß den Aussagen der Experten eine beachtliche Rolle in Bezug auf das Bindungsverhalten zu. Eine Thematisierung erfolgt jedoch ausschließlich in der Kategorie der allgemeinen organisatorischen Faktoren, da diese von den Experten sämtlich auf die in der Unternehmung vorzufindenden Werte fokussiert und somit enger gefasst werden. Kulturelle bzw. gesellschaftliche Werte liegen diesen dann zumindest zugrunde bzw. stellen die entsprechende Basis dar, welche jedoch unternehmungsspezifisch geprägt und ausgestaltet ist.

5.2.3.3 Unternehmungsbezogene Faktoren

Die Aussagen zu den **allgemeinen organisatorischen Faktoren** verdeutlichen bereits durch die zahlreichen unterschiedlich angesprochenen Aspekte die Vielfältigkeit dieser Kategorie, wie sie bereits in der theoretischen Ausarbeitung zum Ausdruck gekommen ist. Benannt werden dabei von den befragten Experten mit dem Renommee der Unternehmung, der Branchentätigkeit und dem Standort vor allem solche Bindungsfaktoren, welche sich auf die Unternehmung als Ganzes beziehen und mit Ausnahme des beeinflussbaren Images nicht gestaltbar sind. Weitere Bindungsfaktoren, welche die soziale Interaktion zwischen den Ingenieuren auf der einen Seite sowie der Unternehmung auf der anderen Seite betonen, werden weniger häufig angeführt. Betroffen sind Aussagen zur Transparenz in Bezug auf aktuelle Entwicklungen, Wertschätzungen von Seiten der Unternehmung oder auch die Arbeitsplatzsicherheit. Gemäß den im Forschungsrahmen erfolgten theoretischen Erarbeitungen ist eine deutlichere Akzentuierung solcher Aspekte zu vermuten gewesen. Deren Ausbleiben an dieser Stelle ist allerdings mit einer gebotenen Zurückhaltung zu beurteilen, da hiermit vielfach bereits die Kategorie der sozialen Faktoren angesprochen ist. So ist vor allem eine direkte Zuordnung zu den allgemeinen organisatorischen Faktoren nicht ohne Weiteres möglich und durch eine Nennung in Form des Umgangs miteinander unter den Mitarbeitern und Kollegen – wie in der Kategorie der sozialen Faktoren zahlreich erfolgt – ggf. mit intendiert. Auch darüber hinaus verdeutlichen die Aussagen, dass eine klare Abgrenzung der jeweilig angeführten Aspekte untereinander nur bedingt vorgenommen werden kann und somit Interdependenzen und Überschneidungen bestehen. Es sind somit insgesamt den organisatorischen Rahmen betreffend vielfältige Einflussgrößen auf das Bindungsverhalten gegeben. Dies betrifft auch weniger die Ingenieure im Speziellen, als die gesamte Belegschaft im Allgemeinen. Konkrete Differenzierungen unterschiedlicher Mitarbeitergruppen deuten sich vor allem dort an, wo der tatsächliche Ausbildungshintergrund und Zusammenhänge zur ausgeübten Tätigkeit bestehen.

Der zuletzt genannte Aspekt der ausgeübten Tätigkeit steht auch in der Kategorie der **Faktoren der Arbeit** im Mittelpunkt. Herausfordernde Tätigkeiten mit der Möglichkeit zur Entfaltung der eigenen Fähigkeiten werden von nahezu allen befragten Experten genannt und verdeutlichen die bereits theoretisch vermutete große Relevanz der Arbeitsaufgabe bzw. der Arbeitsinhalte. Auch die klare Differenzierung zu weiteren Mitarbeitergruppen fällt erwartungsgemäß aus und wird für keinen weiteren Aspekt durch die Experten derartig deutlich herausgestellt. Darüber hinaus ist der enge Bezug zur Branche bzw. zu den hergestellten Produkten gegeben. Ebenfalls häufig – jedoch nicht von allen Experten angeführt – werden Weiterentwicklungsmöglichkeiten auf fachlicher und persönlicher Ebene. Die Experten betonen dies deutlich vor Karriere- und Aufstiegsmöglichkeiten, welche ebenfalls als Bindungsfaktor genannt werden. Auch dies entspricht den Vermutungen aus dem Forschungsrahmen und erscheint vor dem Hintergrund der wahrgenommenen Bedeutung der fachlichen Arbeitsaufgabe nachvollziehbar. Während hierbei jedoch ebenfalls bestehende Unterschiede zu anderen Mitarbeitergruppen – bspw. zu den kaufmännischen Angestellten – hervorgehoben werden, wird gleichzeitig auch auf die individuellen Unterschiede in Bezug auf die Ingenieure verwiesen. Demnach sind eindeutige bzw. kategorisierende Aussagen hier weniger stark möglich. Beispielhaft werden diesbezüglich auch Ingenieure des Vertriebsbereiches genannt, welche sehr wohl auch an Karriere interessiert sind und sich tendenziell eher wie klassische Vertriebsmitarbeiter verhalten. Die Vielfältigkeit der Funktionsbereiche der Ingenieure kommt daher ebenfalls zum Ausdruck.

Weitere die äußeren Charakteristika des Arbeitsplatzes betreffende Bindungsfaktoren werden weniger häufig, aber dennoch vergleichsweise oft angeführt. Gerade die Bedeutung der Nutzung neuester Arbeitsmittel ist dabei in engem Zusammenhang zur Ausübung herausfordernder Tätigkeiten zu sehen, da diese ohne entsprechendes Equipment nicht adäquat ausführbar sind. Insofern bedingen sich beide Aspekte in Teilbereichen. Die Aussagen zur Flexibilisierung der Arbeitszeit sowie zur Vereinbarkeit von Berufs- und Privatleben sind eng im Kontext der äußeren Charakteristika des Arbeitsplatzes zu sehen, betreffen darüber hinaus jedoch auch rollenspezifische Aspekte. Hinsichtlich ihrer Bedeutung sind sie ebenfalls erwartungsgemäß thematisiert worden. Ggf. wäre hier eine intensivere Berücksichtigung des Familienaspektes entsprechend der stärkeren Thematisierung im Rahmen der demografischen Faktoren zu vermuten gewesen. Insgesamt lässt sich durch die häufige Nennung sämtlicher einzelner Aspekte die enorme Bedeutung der Faktoren der Arbeit verdeutlichen.

Die Aussagen zu den **sozialen Faktoren** fallen hinsichtlich der durch die Experten angesprochenen Einzelaspekte kompakt aus. Die drei wesentlichen Aspekte des Organisationsklimas insgesamt, der Interaktion mit Gleichgestellten sowie mit Vorgesetzten entsprechen dabei den theoretischen Überlegungen. Bemerkenswert ist jedoch, dass diese trotz häufiger Nennung nicht noch intensiver thematisiert worden sind, da hier theoretisch eine sehr hohe Relevanz vermutet worden ist.[953] Zumindest ein Experte führt dies darauf zurück, dass solche Aspekte als grundlegend betrachtet und somit nicht extra angesprochen worden müssen. Festzustellen ist auch, dass das Organisationsklima als solches häufiger angeführt wird als die anderen bei-

[953] Vgl. Abschnitt 3.3.3.4.

den Aspekte. Dies steht vermutlich auch im Zusammenhang mit der bereits theoretisch angedeuteten deutlichen Überschneidung der einzelnen Aspekte. So stellt bspw. das Vorgesetztenverhalten einen wesentlichen Anteil für das wahrgenommene Organisationsklima dar. Darüber hinaus lässt sich jedoch vermuten, dass die Organisation als Ganzes aufgrund ihrer überschaubaren Größe in Bezug auf die sozialen Bindungsfaktoren stärker zum Ausdruck kommt als bspw. einzelne Abteilungen mit ihren jeweiligen Vorgesetzten.

Monetäre Faktoren werden in der Intensität der jeweils genannten Einzelaspekte vergleichsweise wenig thematisiert. Immerhin zehn Experten gehen hier allerdings auf die Höhe der Vergütung ein, was den höchsten nummerischen Wert darstellt. Auf den Aspekt der Gehaltserhöhungen wird darüber hinaus lediglich dreimal verwiesen. Auch auf die Belohnungsstruktur wird in Bezug auf die jeweiligen Prinzipien der Belohnungsgerechtigkeit stets von weniger als der Hälfte der Experten eingegangen. Gemäß den Vermutungen aus den theoretischen Erarbeitungen dieser Arbeit wäre zumindest eine stärkere Thematisierung der dort als zentral erachteten anforderungs- sowie leistungsgerechten Vergütung zu erwarten gewesen. Die geringe Thematisierung der jeweiligen Einzelaspekte steht jedoch im Einklang mit der im Überblick bzw. in der Beurteilung der Kategorien der Bindungsfaktoren bereits verdeutlichten nachrangigen Relevanz dieser Kategorie. So gaben zahlreiche Experten auch in der Einzelbetrachtung der Aspekte an, dass sie diese – gerade im Vergleich zu arbeitsbezogenen Faktoren – für weniger bedeutsam wahrnehmen, eine Thematisierung aufgrund der grundlegenden Relevanz jedoch nicht ausbleiben kann. Auch ist eine in einigen Fällen geringe bzw. zurückhaltende Bereitschaft zur Thematisierung finanzieller Aspekte vorhanden gewesen, welche sich auch in den entsprechenden Aussagen zu den Maßnahmen einer Bindungssteuerung widerspiegelt.[954] Dementsprechend sind die Informationen zu diesem Themengebiet in einigen Fällen vergleichsweise spärlicher. Ggf. ist hier auch bereits eine Färbung der Aussagen in Bezug auf die vielfach wahrgenommenen eingeschränkten Möglichkeiten zu Bindung von Ingenieuren durch Maßnahmen der Personalvergütung bei den befragten mittelständischen Unternehmungen zu vermuten. Insgesamt fällt jedoch die ambivalente Betrachtung dieser Faktoren entsprechend der theoretischen Erörterungen erwartungsgemäß aus.

---

954 Vgl. Abschnitt 5.1.4.4.4.

5.2.3.4 Personenbezogene Faktoren

Die Aussagen zu den personenbezogenen Faktoren fokussieren deutlich auf die Kategorie der **demografischen Faktoren**. Bemerkenswert ist hier augenscheinlich, dass alle Experten, welche personenbezogene Bindungsfaktoren wahrnehmen, sämtlich die Herkunft bzw. die Heimatregion benennen. Dies ist anhand der theoretischen Erarbeitung im Forschungsrahmen so nicht vermutet worden. Des Weiteren werden die familiäre Situation sowie das Alter ebenfalls häufig, jedoch weniger intensiv, thematisiert. Diese Bindungsfaktoren sind im Gegensatz zur Herkunft jedoch gleichermaßen auch als solche vorab vermutet worden. Das Geschlecht wird in keinem Fall konkret angesprochen und zeigt sich höchstens indirekt über die Thematisierung des familiären Aspektes sowie ggf. auch über die Aussagen zur Vereinbarkeit von Berufs- und Privat- bzw. Familienleben. Gerade letzteres wird jedoch den Aussagen der Experten zufolge verstärkt auch von männlichen Arbeitnehmern als relevant erachtet. Das Ausbleiben des Merkmals Geschlecht lässt sich daher vermutlich darauf zurückführen, dass der gesamte Ingenieurbereich – ebenso wie der Bereich technisch orientierter Berufe darüber hinaus – deutlich männlich geprägt ist. Nur wenige Experten verweisen in den geführten Gesprächen darauf, dass man auch weibliche Ingenieure beschäftigen würde. Entsprechende Erfahrungswerte liegen somit vermutlich kaum bis gar nicht vor. Insgesamt wäre zu vermuten gewesen, dass sämtliche Aspekte demografischer Faktoren in der Breite noch häufiger angesprochen werden, da diese erwartungsgemäß für alle Mitarbeiter einen beachtlichen Stellenwert aufweisen. Das dies nicht erfolgt ist, liegt – so ist zu vermuten – weniger an der nicht wahrgenommenen Relevanz durch die befragten Experten, sondern ist vielmehr darin begründet, dass diese als grundlegend erachtet und nicht im direkten Bezug zur Bindung an die Unternehmung gesehen werden. Einige Experten deuten dies in ihren Äußerungen auch an, indem bspw. auf die Bindung an die Region und nicht an die Unternehmung verwiesen wird.

Durch die wenigen expliziten Äußerungen zu den **Faktoren des Berufs** wird dementsprechend auch das Merkmal der Betriebszugehörigkeit als Bindungsfaktor kaum explizit benannt. Hohe Betriebszugehörigkeiten werden jedoch bei den grundlegenden Aussagen zu Ingenieuren wiederum deutlich hervorgehoben. Es kann somit angenommen werden, dass dies als Bindungsfaktor von den Experten erachtet wird. Auch die vielfach geäußerten Zusammenhänge zwischen dem Alter und dem Bindungsverhalten stützen diese Vermutung und entsprechen diesbezüglich den Vermutungen aus dem Forschungsrahmen. Der Aspekt des Bildungsniveaus kann indes kaum beurteilt werden, da Aussagen lediglich von zwei Experten vorliegen. Auch in der theoretischen Erarbeitung ist dieser Aspekt nicht deutlich konturiert, sondern vielmehr von zahlreichen weiteren Faktoren dominiert, bspw. dem Spezialisierungsgrad der ausgeübten Tätigkeit. Es ist somit weder theoretisch noch empirisch ohne Weiteres bestimmbar, ob bspw. ein hohes Bildungsniveau – welches für Ingenieure angenommen werden kann – eine Bereitschaft zur Bindung fördert oder nicht.

Faktoren der Persönlichkeit werden von den befragten Experten ebenfalls kaum benannt. Dies gilt vor allem dann, wenn es darum geht einen Zusammenhang zum Bindungsverhalten herzustellen. Diesbezüglich spiegelt sich die bereits theoretisch vermutete schwierige Zuordnung solcher Aussagen in der Praxis wider. Darüber hinaus zeigt sich auch die Vielfältigkeit der Funktionsbereiche, in denen Ingenieure tätig sind, gleichermaßen durch die Thematisierung dieses Bereiches. So werden bspw. für den Vertrieb andere Persönlichkeiten mit ingenieurtechnischem Hintergrund benötigt als in der Konstruktion. Auch ein abteilungs- bzw. geschäftsleitender Ingenieur wird sich durch andere Persönlichkeitsmerkmale auszeichnen müssen als bspw. ein normal angestellter Ingenieur. Die grundlegende Schwierigkeit der Zuordnung von Persönlichkeitsstrukturen zu fachbezogenen Aspekten wird hierbei deutlich.

Das Streben nach Abwechslung wird von den Experten ebenfalls nur bedingt mit dem Bindungsverhalten in Zusammenhang gebracht. So geben die Experten zwar an, dass dies besteht, beziehen es aber deutlich auf die jeweiligen Arbeitsinhalte. Ein Streben nach Abwechslung in Gestalt eines Wechsels einer Unternehmung ist indes kaum thematisiert. Durch die beschriebenen langen Betriebszugehörigkeiten in den befragten Unternehmungen tritt dieses Phänomen dort vermutlich weniger stark in Erscheinung als im Forschungsrahmen allgemein vermutet und wird somit auch weniger als Bindungsfaktor (bzw. dem entgegenwirkend) in Bezug auf die Erfahrungen mit den eigenen Ingenieuren wahrgenommen.

5.2.3.5 Erkenntnisse aus der theoretischen und empirischen Exploration im Überblick

Die Erkenntnisse aus der theoretischen und empirischen Exploration sind nachfolgend überblicksartig zusammengefasst (vgl. Abbildung 30). Den Ausgangspunkt stellen diesbezüglich die im Forschungsrahmen erarbeiteten Kategorien mit den jeweiligen Inhalten und **Hervorhebungen** der als besonders relevant erachteten Einflussgrößen dar. Empirisch identifizierte Einflussgrößen finden sich grün markiert wieder. Rote Markierungen bezeichnen eine empirisch besonders große Relevanz. *Kursive* Eintragungen verweisen auf empirisch neu identifizierte Einflussgrößen.

Umweltbezogene Faktoren

- Gesamtwirtschaftliche Rahmenbedingungen
  - Konjunkturelle Lage
  - Branchen- und berufsbezogene Arbeitsmarktsituation
- Gesellschaftliche Rahmenbedingungen
  - Kulturelle Wertorientierungen
  - Wertewandel westlich geprägter Gesellschaften
  - *Familie als Wert, Generationenunterschiede*

Unternehmungsbezogene Faktoren

- Allgemeine organisatorische Faktoren
  - Größe, Branche (*Produkte*), Standort, Image (*insbesondere in Fachkreisen*)
  - *Arbeitsplatzsicherheit*
  - **Organisationale Gerechtigkeit, organisationale Zusammengehörigkeit**
  - Strukturelle Eigenschaften
- Faktoren der Arbeit
  - Äußere Charakteristika der Arbeit
  - **Arbeitsaufgabe bzw. -inhalte**
  - **Rollenspezifika**
  - **Qualifizierungs- und Aufstiegsmöglichkeiten**
- Soziale Faktoren
  - **Interaktion mit Vorgesetzten sowie mit Gleichgestellten**
  - **Organisations- bzw. Betriebsklima**
- Monetäre Faktoren
  - Belohnungshöhe
  - Belohnungsstruktur

Personenbezogene Faktoren

- Demografische Faktoren
  - **Alter**, Familienstand, Geschlecht
  - *Heimatregion bzw. Herkunft*
- Faktoren des Berufs
  - Bildungsniveau
  - **Betriebszugehörigkeitsdauer**
- Faktoren der Persönlichkeit
  - Persönlichkeitscharakteristika bzw. -typologien
  - Variety Seeking

Abbildung 30: Überblick potenzieller Bindungsfaktoren von Ingenieuren im industriellen Mittelstand auf Basis der theoretisch und empirisch erfolgten Exploration.

Die Visualisierung der Erkenntnisse innerhalb der Grafik verdeutlicht die bereits theoretisch vermutete Dominanz unternehmungsbezogener Faktoren auf das Bindungsverhalten von Ingenieuren im Vergleich zu den weiteren umwelt- und personenbezogenen Faktoren.

Für eine Steuerung des Bindungsverhaltens ist somit vor allem auf die dort fokussierten Faktoren der Arbeit sowie auf die sozialen Faktoren einzuwirken. Bei erstem betrifft dies insbesondere die Arbeitsaufgaben und -inhalte sowie die Qualifizierungsangebote, was bereits ebenfalls theoretisch vermutet worden ist. Bei zweitem stehen neben der Relevanz einer Interaktion mit Vorgesetzten insbesondere die Interaktion mit Gleichgestellten sowie das Organisationsklima insgesamt im Mittelpunkt, was theoretisch in dieser Akzentuierung nur teilweise vermutet worden ist. Gleichzeitig ist hiermit auch ein Hinweis auf die Bedeutung entsprechender Möglichkeiten zur Steuerung der allgemeinen organisatorischen Faktoren gegeben.

Monetäre Faktoren letztlich stellen anhand der hier vorliegenden Erkenntnisse nicht den entscheidenden Bindungsfaktor für Ingenieure im industriellen Mittelstand dar. Aufgrund der dennoch häufigen Thematisierung des Aspektes der Belohnungshöhe innerhalb der empirischen Exploration sind entsprechende Möglichkeiten zur Einwirkung auf diese Kategorie der Bindungsfaktoren von Seiten der mittelständischen Unternehmung unabdingbar.

5.2.4 Maßnahmen des Bindungsmanagements

5.2.4.1 Beurteilung der Kategorien

Gemäß der befragten mittelständischen Unternehmungen liegen vor allem in Maßnahmen, welche dem unternehmungspolitischen Rahmen sowie der Gestaltung der Arbeitsbedingungen zuzuzählen sind, deutliche Fähigkeiten zur Steuerung des Bindungsverhaltens von Ingenieuren begründet. Des Weiteren scheint auch dem Organisationssystem sowie den Subsystemen Personalentwicklung und -führung eine starke Bedeutung zuzukommen, wenngleich dies jedoch weniger intensiv gilt, da hierzu jeweils weniger einfache Nennungen erfolgen. Lediglich knapp die Hälfte der befragten Unternehmungen sieht darüber hinaus auch Stärken innerhalb der Führungssysteme Planung und Kontrolle, Information sowie innerhalb des Subsystems Personalbedarfsdeckung. Die diesbezüglichen Aussagen verdeutlichen, dass vor allem immaterielle Aspekte im Fokus der Bindungssteuerung von Ingenieuren bei mittelständischen Unternehmungen zu liegen scheinen. In dieser oberflächlichen, weil zunächst nur die einfachen Nennungen berücksichtigenden Betrachtung spiegeln sich die Vermutungen aus dem Forschungsrahmen weitgehend wider. Auch der vermutete Fokus auf den jeweiligen Subsystemen des Personalsystems lässt sich hierbei wiederfinden, wenngleich dieser jedoch weniger stark ausgeprägt ist als angenommen. Bemerkenswert ist die deutliche Nichtberücksichtigung des Subsystems Personalvergütung. Dies bedeutet selbstverständlich nicht, dass keine Personalvergütung erfolgt, zeigt aber, dass viele der befragten Unternehmungen diese nicht als primäre Bindungsmaßnahme erachten und offen auf die eingeschränkten Möglichkeiten verweisen. Auch die grundlegende Kontroverse der Bedeutung monetärer Aspekte, wie sie bereits in Bezug auf die Bindungsfaktoren aufgezeigt wurde, spiegelt sich hierbei wider.[955] Es

[955] Vgl. Abschnitt 3.3.3.5 und 5.2.3.3.

bleibt jedoch die Frage bestehen, ob diese Kontroverse – auch in den Aussagen zu den Bindungsfaktoren – vergleichsweise intensiv hervorgehoben worden ist, um so die vermuteten Defizite im Rahmen der Personalvergütung relativieren zu können. Bemerkenswert ist darüber hinaus, dass das Subsystem Personalführung nicht noch häufiger angesprochen worden ist. Gerade hier sind entsprechend der Vorüberlegungen deutliche Stärken mittelständischer Unternehmungen zu vermuten gewesen. Gegebenenfalls stellt dies ein Indiz für die Komplexität dieser Thematik dar. Auch die Nennungen zu den Führungssystemen Planung und Kontrolle sowie Information fallen wider Erwarten unterdurchschnittlich aus. Deren geringe Nichtberücksichtigung ist jedoch nicht überzubewerten und kann vermutlich auch mit der starken Interdependenz der einzelnen Bereiche zusammenhängen. So ist ein Einbezug in Entscheidungen bspw. auch durch die Gestaltung der Arbeitsbedingungen angesprochen. (Mitarbeiter-) Information findet darüber hinaus bspw. auch im Rahmen der Personalführung statt.

Hinsichtlich der einfachen Nennungen ist insgesamt auf deren lediglich geringe Aussagekraft zu verweisen, da die hierdurch noch nicht erkennbar ist, welche Aussagen im Einzelnen erfolgt sind und welche Maßnahmen in welcher Intensität innerhalb der jeweiligen Führungssysteme bzw. Subsysteme benannt wurden. So wurde eine einfache Nennung als solche gleichermaßen einmalig bzw. einfach gewertet, wenn lediglich eine einzelne Maßnahme eines Führungssystems benannt worden ist, als auch, wenn mehrere Maßnahmen intensiv angeführt wurden. Erst in der Detailbetrachtung der jeweiligen Bereiche kann deren Bedeutung somit aufgezeigt werden. Ein erster richtungsweisender Überblick ist jedoch bereits gegeben.

Einen entsprechenden Überblick vermitteln auch die priorisierten Nennungen. Es ergibt sich hier ein ähnliches Bild wie bei den einfachen Nennungen, da ebenfalls der unternehmungspolitische Rahmen und die Arbeitsbedingungen im Fokus stehen. Bemerkenswert ist jedoch, dass das Organisationssystem trotz häufiger Nennungen so gut wie gar nicht priorisiert wird. Gleiches gilt für das Subsystem der Personalbedarfsdeckung, welches als einziges von keinem Experten in eine Rangfolge eingeordnet wird. Überraschend sind diese Sachverhalte indes nur bedingt, da bspw. die Personalbedarfsdeckung nicht immer im direkten Kontext zur Bindungssteuerung gesehen wird. Sie stellt annahmegemäß den ersten Schritt dar und wird diesbezüglich ggf. nicht entsprechend wahrgenommen.[956] Auch hinsichtlich der priorisierten Nennungen ist auf die deutlichen Interdependenzen zwischen den einzelnen Führungssystemen zu verweisen, welche ein klares Ergebnis beinträchtigen können. Viele Maßnahmen sind somit grundsätzlich mehreren Bereichen zuordbar und belegen die Komplexität der Thematik,

[956] Vgl. Abschnitt 3.4.4.2 und 5.1.4.4.1.

welche auch von zahlreichen Experten betont wird. Dies gilt es ebenfalls in der Detailbetrachtung gemäß den vorliegenden Aussagen näher zu erörtern.

In Bezug auf die von den Experten geäußerten Bindungsfaktoren von Ingenieuren ist zu vermuten, dass eine grundsätzliche Fähigkeit zur Bindung von Ingenieuren gegeben ist, da man entsprechend der wahrgenommenen Relevanz sozialer Faktoren sowie der Faktoren der Arbeit auf diese vergleichsweise gut einwirken kann durch den unternehmungspolitischen Rahmen sowie die Gestaltung der Arbeitsbedingungen. Lediglich die monetären Faktoren, welche zwar deutlich als nachrangig, aber dennoch grundlegend als relevant wahrgenommen worden sind, können nur bedingt zur Bindungssteuerung gestaltet werden.

5.2.4.2 Maßnahmen des Informationssystems

Die Aussagen der befragten Unternehmungen zur Rolle des Informationssystems im Rahmen eines Bindungsmanagements verdeutlichen, dass dieses als grundlegend wichtig erachtet wird, vielfach allerdings auch nicht im primären Fokus der Betrachtung steht. So äußern sich denn auch lediglich neun Experten ohne weitere Nachfrage auf entsprechende Aspekte zur Gestaltung der Mitarbeiterinformation. Anhand der theoretischen Überlegungen wäre zu vermuten gewesen, dass dies intensiver ausfällt, da einer Informiertheit sämtlicher Mitarbeiter – nicht nur der Ingenieure – eine hohe Bedeutung beigemessen wird. Dies haben auch die entsprechenden Aussagen der Unternehmungsvertreter zu relevanten Bindungsfaktoren zumindest in Ansätzen gezeigt. Gerade mit steigendem Qualifizierungsgrad der Mitarbeiter – so die Annahme – steigt hierbei auch der Wunsch nach umfassenden Informationen und einem Einbezug insgesamt.[957] Beim industriellen Mittelstand ist diesbezüglich eine gute Ausgangposition vermutet worden, da gerade durch die Überschaubarkeit der Organisation eine schnelle und intensive Weitergabe von Informationen vergleichsweise gut möglich zu sein scheint. Dass dies hierbei nicht lediglich in den besagten neun Unternehmungen der Fall zu sein scheint, zeigen zum Teil die Äußerungen der weiteren Unternehmungen, welche nach erfolgter Nachfrage zu diesem Bereich getätigt worden sind. Es stellt sich daher die Frage, warum nicht auch in den weiteren Fällen offensiver mit dieser Thematik umgegangen wird bzw. entsprechende Potenziale stärker genutzt werden. Relativierend ist allerdings festzuhalten, dass Aspekte des Informationssystems implizit auch durch Aussagen zu weiteren Führungssubsystemen mit zum Ausdruck kommen. Beispielsweise verweisen viele Unternehmungen auf ei-

[957] Vgl. Abschnitt 5.1.3.3.

nen strukturell bedingten hohen Anteil an persönlicher Kommunikation in ihrer Unternehmung oder eine ausgeprägte Partizipation an Entscheidungen insbesondere durch die Ingenieure, welche auch Aspekte einer Informationsweitergabe enthalten. Des Weiteren ist auf die hohe Subjektivität der Aussagen zu diesem Bereich zu verweisen, da keine exakten Kriterien darüber vorliegen, wann eine Informationspolitik als offen zu bezeichnen ist. Dies liegt vielmehr im Auge des jeweiligen Betrachters und zeigt sich auch dadurch, dass ähnliche Sachverhalte in den jeweiligen Unternehmungen durchaus unterschiedlich beurteilt worden sind.

Hinsichtlich einzelner Aussagen zu spezifischen Aspekten des Informationssystems zeigt sich, dass bereits in Bezug auf die **Informationsinhalte** sehr unterschiedlich mit einzelnen Informationsbereichen sowie der Freiwilligkeit der Weitergabe von Informationen umgegangen wird. So äußern sich einige Experten über einen sehr offenen Umgang, während andere eher zurückhaltend agieren. Der theoretischen Erarbeitung folgend, wäre tendenziell ein überwiegend zurückhaltender Umgang zu erwarten gewesen. Relativierend ist jedoch anzumerken, dass eine entsprechende Zurückhaltung vor allem bei kleineren Unternehmungen vermutet worden ist, d. h. solchen, welche sich auch innerhalb eines quantitativen Begriffsverständnisses einordnen lassen könnten. In der empirischen Exploration spiegelt sich dies nur bedingt wider. So geben zwar durchaus einige kleinere Unternehmungen zurückhaltendere Aussagen ab, es liegen allerdings auch solche Aussagen von kleineren Unternehmungen vor, welche offensiv mit der Thematik umgehen. Insgesamt zeigt sich daher nach erfolgter theoretischer und empirischer Exploration vor allem eine unternehmungsindividuelle Handhabung dieses Sachverhaltes. Verallgemeinernde Aussagen können kaum angeführt werden.

In Bezug auf die **Informationsübermittlung** zeigt sich in den Aussagen der Unternehmungsvertreter eine deutliche Relevanz direkter Aktivitäten, was entsprechend positiv im Kontext einer Bindungssteuerung betont wird. Selbst in den Fällen, in denen Äußerungen zum Informationssystem als Bindungsmaßnahme erst auf Nachfrage getätigt werden, wird dies zum Teil angeführt bzw. auf den sogenannten Flurfunk verwiesen[958], welcher ebenfalls eine direkte Kommunikationsform – wenngleich auch nur bedingt steuer- und zielorientiert nutzbar – darstellt. Im Rahmen der theoretischen Überlegungen ist dies bereits vermutet worden. Die Tatsache allerdings, dass dieses nicht noch häufiger angeführt worden ist bzw. auch auf Defizite in Bezug auf eine strukturierte Steuerung der direkten Kommunikation verwiesen worden ist, lässt schließen, dass hierbei grundlegend weitere Potenziale in den befragten mittelständischen Industrieunternehmungen realisierbar scheinen.

---

958 Vgl. Beilage F, S. 79.

5.2.4.3 Maßnahmen des Planungs- und Kontrollsystems

In Bezug auf eine Partizipation an Planungs- und Kontrollprozessen zeigen die Aussagen der befragten Unternehmungen, dass dieser Bereich als bedeutsam für eine Steuerung des Bindungsverhaltens erachtet wird. Unter Berücksichtigung der jeweiligen Aussagen im Einzelnen wird dies stärker deutlich, als zunächst anhand des Überblicks über die Kategorien zu den Bindungsmaßnahmen zu vermuten gewesen wäre.[959] So zeigen gerade die erfolgten Nachfragen bei den weiteren Unternehmungen, dass diese diesen Bereich ebenfalls entsprechend beurteilen und weitgehend auch nutzen. Relativierend ist diesbezüglich allerdings zu bemerken, dass eine Partizipation an Entscheidungen gleichermaßen auch einer subjektiven Beurteilung durch die Experten unterliegt, d. h. kaum exakt zu bestimmen ist, ab wann und in welcher Intensität diese tatsächlich vorliegt. Zu vermuten ist allerdings, dass eine entsprechende Partizipation in vielen Fällen in der Tat besteht. Indizien hierfür scheinen aufgrund der engen Bezüge zu den Aussagen zur Gestaltung der Arbeitsbedingungen vorzuliegen, da dort vielfach u. a. auf die Selbstständigkeit und den hohen Verantwortungsgrad der Tätigkeiten verwiesen worden ist. Tendenziell schließt dies Aspekte einer Mitwirkung an Entscheidungen implizit mit ein. Gegebenenfalls findet sich hierbei auch ein Indiz dafür, dass nicht von weiteren Unternehmungen stärker auf dieses Führungssubsystem im Einzelnen verwiesen worden ist. In Bezug auf die theoretischen Vorarbeiten stellen sich diese Erkenntnisse erwartungsgemäß dar. Weitreichende Möglichkeiten einer entsprechenden Partizipation sind dort bereits vermutet worden.[960] Anzumerken ist hierbei allerdings, dass die Experten vielfach darauf verweisen, dass eine Partizipation bereits aus betrieblichen Gründen erforderlich ist, um die Expertise der Ingenieure zu nutzen und die zumeist stark technikbezogenen Entscheidungen somit fundiert und kompetent treffen zu können. So stellt es sich zum einen dar, dass auch hier kaum von direkten Bindungsmaßnahmen oder einer entsprechend bindungsfördernden Gestaltung gesprochen wird. Zum anderen steht auch die theoretisch vermutete Grundhaltung bzw. Einstellung des Inhabers aus den gleichen Gründen weniger stark im Fokus, wenngleich diese trotz alledem von Bedeutung ist. Eine patriarchalische Grundhaltung wäre hier weniger zielführend als eine kooperative Grundhaltung. Da gerade letztere jedoch auch in den entsprechenden Aussagen zur Personalführung durch die Experten hervorgehoben worden ist, erscheint hier zumindest in Bezug auf diese Aussagen eine inhaltliche Kongruenz vorzuliegen.

---

[959] Vgl. Abschnitt 5.1.4.1.

[960] Vgl. Abschnitt 3.4.3.

Hinsichtlich der tatsächlichen Unternehmungsgröße lassen sich kaum weitere Aussagen ableiten. So lässt sich eine stärkere (bzw. schwächere) Partizipation gerade in kleineren Unternehmungen nicht feststellen. Hier liegen Aussagen von Unternehmungen entsprechender Größe vor, welche dies besonders fördern, während andere wiederum dies nur bedingt tun. In den größeren Unternehmungen stellt sich dies ähnlich dar, wobei tendenziell durch die stärker ausgeprägten Strukturen vor allem eine Partizipation in Bezug auf übergeordnete Aspekte erschwert zu sein scheint und mehr Gestaltungsaufwand erfordert.

Im Detail stellen sich die Aussagen zum **Partizipationsgrad** erwartungsgemäß dar, da weitgehend eine Mitwirkung in Form von Vorschlägen, Anhörung und Beratung betont wird. Eine völlige Autonomie wir lediglich in zwei Fällen angeführt und dann auch auf den eigenen Arbeitsbereich beschränkt, was die weiteren Experten auf Nachfrage ebenfalls – zumindest in Teilen – angeben. Im Einzelnen ist die Frage nach der Partizipation diesbezüglich auch immer vor dem Hintergrund der tatsächlichen hierarchischen Position zu betrachten. So kann ggf. von einer höheren Partizipation von Ingenieuren in Führungspositionen ausgegangen werden, bspw. wenn diese eigene Abteilungen oder Geschäftsbereiche leiten, da sie von den entsprechenden Entscheidungen stärker betroffen sind. Das gerade dort jedoch vielfach der Inhaber selbst die finalen Entscheidungen trifft, ist nicht nur zu erwarten, sondern auch folgerichtig. Grundsätzliche Aussagen zum Partizipationsgrad als Bindungsmaßnahme sind von dem her schon bereits durch die vielfältigen Funktionsbereiche der Ingenieure erschwert.

Gleiches gilt auch für die darüber hinaus konkretisierend angegebenen Aussagen zum **Entscheidungstyp**. Erwartungsgemäß ist der Einbezug in operative Entscheidungen hierbei größer. Auch die arbeitsplatz- und abteilungsbezogene Einbindung ist hinsichtlich der **Reichweite der Partizipation** entsprechend stärker ausgeprägt. Gerade Ingenieure in Führungspositionen sind auch stärker in strategisch relevante Entscheidungen eingebunden. Bemerkenswert ist indes die Benennung von gesamtunternehmerischen Mitwirkungen, welche jedoch nicht wie theoretisch vermutet in Form von Partnerschaften durch Kapitalbeteiligungen – welche nahezu kategorisch abgelehnt sind[961] – realisiert werden und dementsprechend auch in ihrer inhaltlichen Bedeutung zurückstehen. Angesprochen ist hier vielmehr eine freiwillig gewährte Teilnahme an Geschäftsführungssitzungen o. Ä. Entsprechend sind gerade auf dieser Ebene weitere Potenziale zur Bindungssteuerung zu vermuten, welche bislang kaum realisiert werden. Positiv stellt sich indes das auch hierdurch zum Ausdruck kommende strukturbedingt

---

961 Vgl. hierzu auch Abschnitt 5.1.4.4.4.

vergleichsweise größere Potenzial zur Gestaltung entsprechender Aspekte dar, da entsprechend flexible und unkomplizierte Regelungen genutzt werden können.

5.2.4.4 Maßnahmen des Personalsystems

5.2.4.4.1 Personalbedarfsdeckung

In Bezug auf die jeweiligen Aussagen der befragten Unternehmungen zu den einzelnen Bereichen der Personalbedarfsdeckung lässt sich zunächst grundlegend feststellen, dass diese hinsichtlich vieler Aspekte vergleichsweise dünn ausfallen. Jeweils auf Nachfrage äußern dann jedoch zahlreiche weitere Experten hierin ebenfalls eine Relevanz zu sehen und entsprechend vorzugehen bzw. zu gestalten. Dies verdeutlicht bereits eine lediglich eingeschränkte Wahrnehmung des Bereiches Personalbedarfsdeckung als Teil eines Bindungsmanagements. Ein weiteres Indiz hierfür stellt die im Überblick der Kategorien fehlende Priorisierung dar.[962] Es kann somit angenommen werden, dass grundsätzlich einige Aspekte auch unbewusst mitgestaltet werden und eine Steuerung des Bindungsverhaltens begünstigen. Im Einzelnen sind jedoch die jeweiligen Bereiche der Personalbedarfsdeckung näher zu betrachten.

Für die **Personalbeschaffung** zeigt sich hierbei, dass bereits die interne Personalbeschaffung kaum als Bindungsmaßnahme wahrgenommen wird, obwohl diese, über die beiden erfolgten Nennungen hinaus, von zahlreichen weiteren Unternehmungen praktiziert wird. Die vermutete Bedeutung kommt daher in den Aussagen der Experten nicht zum Ausdruck. Gleichzeitig werden die limitierenden Restriktionen einer dünnen Belegschaft, welche der internen Stellenumbesetzung entgegenstehen,[963] jedoch kaum von den Experten genannt.

Für die externe Personalbeschaffung ist für das auch insgesamt am häufigsten angeführte Campus Recruiting trotz dieser vielfachen Nennung zu erwarten gewesen, dass dies noch intensiver thematisiert wird. Dies vor allem auch deshalb, weil solche Maßnahmen von nahezu sämtlichen Unternehmungen genutzt werden. Es scheint jedoch hinsichtlich der Wirkung entsprechender Maßnahmen eine unterschiedliche Beurteilung vorzuliegen. Anzumerken ist die deutliche Herausstellung einer Fokussierung auf den regionalen Raum, welche sich auch in Bezug auf eine Positionierung als Arbeitgebermarke widerspiegelt. Die bereits theoretisch vermuteten überregionalen Defizite einer entsprechenden Gestaltung lassen sich gerade durch

---

[962] Vgl. Abschnitt 5.1.4.1.

[963] Vgl. Hamel (2006), S. 245; Mugler (1999), S. 92.

den Fokus auf die eigene Region minimieren. Erstaunlich ist es daher, dass diese Potenziale nicht noch stärker erkannt bzw. auch gleichermaßen positiv beurteilt und kommuniziert werden. Es zeigt sich, dass hier gerade die kleineren Unternehmungen sehr zurückhaltend agieren, obwohl dies – regional betrachtet – mit vergleichsweise weniger Aufwand realisierbar zu sein scheint. Auch die externe Personalbeschaffung im Allgemeinen ist stark durch den regionalen Fokus geprägt. Für am Arbeitsmarkt knappe Ingenieure stellt dies jedoch eine grundlegende Problematik dar, wenn diese regional nicht verfügbar sind. Dass auf die Wahl der Beschaffungswege darüber hinaus bindungsbezogen nicht weiter eingegangen wird, ist vermutlich ebenfalls auf die geringe Wahrnehmung im Kontext eines Bindungsmanagements zurückzuführen. Zu bemerken ist jedoch, dass diesbezüglich der Einsatz von Personalberatungen – entgegen der theoretischen Vermutungen – eher negativ durch die Experten wahrgenommen wird. Man erwartet von anderweitig beschäftigten wechselwilligen Ingenieuren, dass sie auch zukünftig weniger gebunden sind.

Im Rahmen der **Personalauswahl** stellt es sich ebenfalls erstaunlich dar, dass nicht mehr Experten auf die angenommene Bedeutung dieses Teilbereiches aktiv verweisen. Gerade für den Mittelstand wird eine entsprechende Gestaltung als vergleichsweise wichtig erachtet, da getroffene Fehlentscheidungen sich entsprechend auswirken. Erwartungsgemäß fällt hingegen die fast ausschließliche Nutzung von Auswahlinterviews im Rahmen der Personalauswahl aus, welche auch von fast allen weiteren Unternehmungen betont wird. Weitere Verfahren kommen kaum zum Einsatz. Bemerkenswert ist indes die Begründung, da sich die Unternehmungsvertreter kaum auf den hohen Aufwand, die hohen Kosten etc. beziehen, sondern diese Verfahren als deutlich nachteilig erachten, wenn es darum geht, die Kandidaten persönlich kennenzulernen. Auch wird sehr selbstbewusst damit umgegangen, dass man sich im persönlichen Auswahlgespräch stets das nötige Fingerspitzengefühl zutraut.

Die lediglich rudimentäre Berücksichtigung des Teilbereiches der **Personaleinführung** ist des Weiteren nicht zu erwarten gewesen. So stellt die Personaleinführung einen nicht zu vernachlässigenden Bereich eines Bindungsmanagements dar. Von den Experten ist dies indes kaum explizit benannt worden. Gerade die im Forschungsrahmen als relevant erachtete soziale Integration kann dabei jedoch vergleichsweise einfach und intensiv vor allem in mittelständischen Unternehmungen vorgenommen werden, da u. a. überschaubare Strukturen vorliegen. Die Nichtbenennung der Personaleinführung als Bindungsmaßnahme ist indes nicht damit gleichzusetzen, dass entsprechende Aktivitäten nicht erfolgen. So zeigt sich vielmehr auch hier eine ggf. unbewusste und wenig formalisierte Anwendung. Gleichwohl gilt es zu vermuten, dass in diesem Bereich bestehende Potenziale nicht umfassend in sämtlichen Unternehmungen genutzt werden.

5.2.4.4.2 Personalentwicklung

Die Aussagen der befragten Unternehmungen zur Personalentwicklung fallen in der Breite vielfältig aus und werden von nahezu sämtlichen Experten thematisiert. Die grundsätzlich vermutete hohe Bedeutung einer Personalentwicklung für ein Bindungsmanagement wird daher durch die empirisch erhobenen Daten unterstrichen. Vor allem zeigt sich, dass sowohl die kleineren als auch die größeren mittelständischen Unternehmungen auf eine Nutzung entsprechender Maßnahmen verweisen. Zu vermuten gewesen wäre tendenziell, dass sich vor allem die kleinen Mittelständler deutlich schwerer mit dieser Thematik auseinandersetzen und auf Probleme verweisen. Die Aussagen zeigen allerdings eher, dass hier lediglich kleinere inhaltliche Dimensionen zugrunde liegen. Zu bedenken ist allerdings, dass Personalentwicklung stets auch einen enorm bedeutsamen betrieblichen Hintergrund aufweist, d. h. schon allein zur Wahrung der Innovationsfähigkeit für technologiebasierte Unternehmungen zwingend erforderlich ist. Es ist somit zu vermuten, dass nicht unbedingt das Bindungsmanagement stets im Vordergrund steht, allerdings bei entsprechender Gestaltung einen sinnvollen Nebeneffekt darstellen kann. Die Aussagen zu den wahrgenommenen Bindungsfaktoren – insbesondere der Faktoren der Arbeit – spiegeln eine entsprechende Notwendigkeit zur Nutzung von Maßnahmen der Personalentwicklung ebenfalls wider. Wie sich die bisherigen Sachverhalte dabei im Einzelnen darstellen, gilt es nachfolgend im Detail zu erläutern.

Die Aussagen zur **Leistungs- und Potenzialbeurteilung** zeigen eine deutliche Fokussierung auf das Instrument des Mitarbeitergesprächs. Gemäß den theoretischen Überlegungen ist dies zu vermuten gewesen und stellt sich analog zur Fokussierung auf persönliche Gespräche im Rahmen der Personalauswahl dar. Für den industriellen Mittelstand scheint daher die Nutzung schneller und unbürokratischer Kommunikationsformen im Blickpunkt zu stehen. Bemerkenswert ist jedoch, dass nicht noch weit mehr Unternehmungen explizit auf entsprechende Mitarbeitergespräche als Bindungsmaßnahme verwiesen haben, da diese in nahezu sämtlichen Fällen grundsätzlich zur Anwendung kommen. Eine Steuerung des Bindungsverhaltens kann so vergleichsweise ressourcenschonend gestaltet werden.

Der Bereich **Ausbildung** stellt den Experten zufolge ebenfalls eine deutliche Bindungsmaßnahme dar. Nahezu die Hälfte aller befragten Unternehmungen verweisen in Bezug auf den

Ingenieurbereich auf eine entsprechende Nutzung von dualen Studiengängen. Die Vielfältigkeit der unternehmungsindividuellen Ausgestaltungen solcher Angebote kommt dabei vor allem auch den kleineren Unternehmungen entgegen, da diese ihre begrenzten Ressourcen berücksichtigen können. Die Aussagen zeigen hierbei, dass gerade auch diese Unternehmungen dieses Instrument – wenngleich in geringerer Intensität – nutzen. Wesentliche Potenziale einer Bindungssteuerung liegen hierin begründet. Erstaunlich ist jedoch, dass insgesamt nicht mehr Unternehmungen diese Maßnahme aktiv im Gesprächsverlauf kommuniziert haben, obwohl – mit Ausnahme einer Unternehmung –, sämtliche diese nutzen. Es bleibt somit die Frage offen, inwiefern diese von allen auch als Bindungsmaßnahme erachtet wird. Hier sind vor allem durch eine bewusste Gestaltung und eine stärkere Fokussierung auf zukünftige Mitarbeiter weitere Fähigkeiten gegeben.

Der Bereich **Weiterbildung** stellt den klassischen Kernbereich der Personalentwicklung dar und wird auch von den befragten Unternehmungen als solcher wahrgenommen und genutzt. So verweisen sämtliche Experten auf entsprechende Maßnahmen, welche hinsichtlich der Gestaltung und Intensität schon allein größenbedingt unterschiedlich ausfallen. Die im Forschungsrahmen vermutete Zurückhaltung in Bezug auf „off-the-job"-Maßnahmen spiegelt sich in den Expertenaussagen jedoch nicht wider und ist auch dem heterogenen Teilnehmerfeld an der empirischen Untersuchung geschuldet. So wurde entsprechendes vor allem hinsichtlich stärkerer finanzieller Restriktionen bei kleinen industriellen Mittelständlern vermutet. Dementsprechend kann auch die zurückhaltendere Nennung von „on-the-job"-Maßnahmen erklärt werden, welche gerade in kleinen Unternehmungen eine entsprechend größere Bedeutung haben. Zu berücksichtigen sind allerdings die engen Bezüge zur der Gestaltung der Arbeitsbedingungen, da mit „on-the-job"-Maßnahmen immer auch sachliche sowie personale Arbeitsbedingungen angesprochen sind. Gleiches ist für „near-the-job"-Maßnahmen festzustellen.[964]

Maßnahmen zur **Arbeitsstrukturierung** werden im Kontext der Personalentwicklung ebenfalls kaum benannt. Vor allem werden das Job Enlargement bzw. Job Enrichment explizit gar nicht angeführt. Dies stellt jedoch gleichermaßen kein Indiz dafür dar, dass diese nicht zur Anwendung kommen. Vielmehr werden auch diese Aspekte durch die Gestaltung der Arbeitsbedingungen – zumindest implizit – berücksichtigt. Die geringe Nutzung der Maßnahme Job Rotation fällt erwartungsgemäß aus, da hier die betrieblichen Möglichkeiten die restriktive Bedingung darstellen. Gleichwohl zeigt sich, dass hier tendenziell weitere Potenziale auch

---

[964] Vgl. Abschnitt 5.1.4.4.3.

für andere Unternehmungen vorliegen, da unter den Experten, die dies anführen, auch kleinere Unternehmungen vertreten sind, welche zeigen, dass diese Restriktionen überwindbar sind.

Die geringen Nennungen zur Führungskarriere im Bereich der **Karriere- und Laufbahnplanung** fallen erwartungsgemäß aus und sind deutlich den vorliegenden organisatorischen Strukturen geschuldet, welche sich durch flache Hierarchien auszeichnen, wie zahlreiche Experten auch betonen. Demnach sind es hier gerade die größeren Unternehmungen, welche zumindest vergleichsweise mehr Möglichkeiten vorweisen können. Erstaunlich ist hierbei allerdings, dass nicht sämtliche dieser Unternehmungen dies gleichermaßen so wahrnehmen und umsetzen. Die in der Literatur als Alternativen beschriebenen Möglichkeiten zur Nutzung von Fach- und Projektkarrieren werden darüber hinaus ebenfalls nicht in der Intensität genannt und umgesetzt, wie dies zu erwarten gewesen wäre. So verweisen zwar sieben Experten auf das Vorhandensein entsprechender Möglichkeiten, deuten jedoch vielfach auch an, dass diese lediglich unsystematisch genutzt werden. Die weiteren Unternehmungen äußern sich diesbezüglich sogar noch zurückhaltender. Es bleibt also zu vermuten, dass trotz der vielfach aus der Arbeitssituation bestehenden Möglichkeiten hier weitergehende Potenziale zur Bindungssteuerung nicht genutzt werden. Kritisch erscheint dies auch vor dem Hintergrund der vorab erläuterten Bindungsfaktoren, bei denen gerade die fachliche und persönliche Weiterbildung betont worden ist. Neben entsprechenden Möglichkeiten zur Weiterbildung – welche von allen Unternehmungen angeboten werden – kann hier auch die Institutionalisierung von Fachkarrieren, welche in Ansätzen von zumindest einigen Unternehmungen vorgenommen wird, einen entsprechenden Beitrag leisten und dies wirkungsvoll ergänzen.

5.2.4.4.3 Gestaltung der Arbeitsbedingungen

Das Personalsubsystem der Gestaltung der Arbeitsbedingungen stellt erwartungsgemäß einen der wesentlichen Bereiche zur Steuerung des Bindungsverhaltens von Ingenieuren dar. In keinem anderen Bereich – mit Ausnahme des unternehmungspolitischen Rahmens – fallen die Aussagen der befragten Unternehmungen derartig einmütig aus und werden von nahezu sämtlichen Experten geteilt – erwartungsgemäß dabei sowohl im Hinblick auf die im Forschungsrahmen aufgestellten Vermutungen als auch hinsichtlich der durch die Experten geäußerten Bindungsfaktoren von Ingenieuren. Hier wurden gerade die Faktoren der Arbeit im Besonderen hervorgehoben. Eine entsprechend orientierte Steuerung des Bindungsverhaltens stellt sich daher folgerichtig dar und kann einen möglichen Begründungsansatz dafür darstellen, dass die Ingenieure in den entsprechenden mittelständischen Unternehmungen gebunden sind.

In Bezug auf die einzelnen Bereiche werden zunächst ergonomische **sachliche Arbeitsbedingungen** von etwas weniger als der Hälfte der befragten Unternehmungen angesprochen. Dies stellt sich wenig überraschend dar, da dieser Bereich auch in den theoretischen Überlegungen tendenziell als grundlegend erachtet wurde und somit vermutlich nicht im Fokus steht. Andererseits wird er dennoch von einigen Experten angeführt, was dessen Relevanz verdeutlicht. Gerade der Aspekt des Gesundheitsmanagements stellt hier einen engen Bezugspunkt dar, welcher von zahlreichen Unternehmungen angeführt worden ist.[965]

Die Gestaltung organisatorischer Arbeitsbedingungen stellt den Schwerpunkt der Aussagen der befragten Unternehmungen dar. Insbesondere hinsichtlich der Gestaltung der Arbeitsaufgaben und -inhalte weisen die Unternehmungen hierbei zentrale Möglichkeiten zur Steuerung des Bindungsverhaltens aus. Dies stellt sich auch in der Intensität analog zu den Vermutungen aus dem Forschungsrahmen dar. Es ist somit davon auszugehen, dass der industrielle Mittelstand hier eine wesentliche Fähigkeit zur Bindung aufweist. In den Aussagen der Experten wird dabei deutlich, dass hierbei weniger aktiv gestaltet wird, sondern sich vielmehr strukturelle Gegebenheiten entsprechend positiv auswirken. So werden bspw. Maßnahmen des Job Enlargement nicht von den Experten angeführt, da diese nicht künstlich installiert werden müssen. Durch die ganzheitlichen Arbeitsaufgaben ist bspw. eine horizontale Erweiterung der Aufgaben bereits gegeben. Hier liegen auch enge Bezüge zur Personalentwicklung vor, da dementsprechend auch fachliche Weiterentwicklungsmöglichkeiten bestehen. Vor allem verdeutlicht sich jedoch, dass ein Bindungsmanagement – zumindest in Bezug auf diesen als wesentlich erachteten Bereich – bereits ohne umfassende Programme und Gestaltungsinitiativen zu funktionieren scheint. Dies stellt auch einen möglichen Erklärungsansatz dafür dar, dass die Experten zwar das Vorhandensein eines Bindungsmanagements vielfach verneinen, aber dennoch gleichzeitig eine hohe Gebundenheit ihrer Ingenieure betont haben.[966]

Maßnahmen zur Flexibilisierung der Arbeitszeit werden ebenfalls erwartungsgemäß von fast allen Unternehmungsvertretern angeführt. Dies scheint somit ebenfalls ein bedeutsames Instrument mittelständischer Industrieunternehmungen zur Bindung von Ingenieuren darzustellen. Auch spiegelt sich hier die Vermutung wider, dass insbesondere solche Flexibilisierungsformen genutzt werden, welche nicht zu einem längerfristigen Ausfall der Ingenieure führen. Viele Unternehmungen gaben darüber hinaus an, hinsichtlich einer Arbeitszeitflexibilisierung auch individuell und bedürfnisbezogen zu agieren, was die vermutete Nähe zu den Mitarbei-

[965] Vgl. Abschnitt 5.1.4.4.3.

[966] Vgl. Abschnitt 5.1.2.2.

tern unterstreicht. Es stehen somit auch hierbei weniger starre Programme im Vordergrund denn individuelle und unkomplizierte Lösungen, wenn diese benötigt werden.

Wenngleich die Möglichkeiten zur Flexibilisierung der Arbeitszeit lediglich einen Maßnahmenbereich darstellen, so lassen die Aussagen der theoretischen als auch der empirischen Exploration vermuten, dass dieser zur Bindungssteuerung im industriellen Mittelstand von nicht zu unterschätzender Bedeutung ist. Dies gilt vermutlich auch deshalb, da dieser eng im Kontext einer Vereinbarkeit von Berufs- und Privat- bzw. Familienleben steht. Eine entsprechende Vereinbarkeit wird dabei als zunehmend wichtig erachtet, was auch die Aussagen der Experten zu den entsprechenden Bindungsfaktoren zumindest in Ansätzen belegen. Der hiermit umfassender angesprochene Maßnahmenbereich der Work-Life-Balance wird jedoch mit acht Benennungen vergleichsweise weniger intensiv von den Experten angeführt. Es zeigt sich auch, dass dieser Bereich sehr unterschiedlich gehandhabt und vor allen Dingen auch bewertet wird. So liegen bei nahezu sämtlichen Unternehmungen auf Nachfrage geäußerte unterschiedliche Maßnahmen gerade in Bezug auf eine familienfreundliche Unternehmungspolitik vor, was auch entsprechend kommuniziert wird. Dennoch wird das Vorhandensein einer Work-Life-Balance in einigen Fällen nur bedingt herausgestellt. In jedem Fall lässt sich die vermutete Schwierigkeit zur Durchführung unterschiedlicher Maßnahmen gerade in den kleineren Unternehmungen durch die Aussagen der Experten widerspiegeln. So werden hier besonders häufig finanzielle, aber auch kapazitätsbezogene Restriktionen angeführt. Bemerkenswert ist, dass einige Unternehmungen angeben, sich bislang noch nicht mit der Thematik auseinandergesetzt zu haben. Dies ist für den Mittelstand zwar nicht unbedingt überraschend, zeigt aber, dass vermutlich bestehende Potenziale zur Bindungssteuerung nicht optimal ausgeschöpft werden. Ein Umdenken erscheint erforderlich. Gegebenenfalls könnten hier vor allem kostengünstige Alternativen – auch in Kooperation mit anderen Unternehmungen – genutzt werden.

Die technologischen Arbeitsbedingungen werden von der Hälfte aller Unternehmungen angesprochen und stellen sich eher als grundlegender Bereich dar. Eine entsprechende Gestaltung ist jedoch aus betrieblicher Notwendigkeit zur Erhaltung der Innovationsfähigkeit von großer Bedeutung. Da diese Ansicht von nahezu sämtlichen Experten geteilt wird, lässt sich vermuten, dass dieser Bereich attraktiv für die Ingenieure gestaltet ist. Als Bindungsmaßnahme wird dies indes nicht von allen Unternehmungen wahrgenommen und auch nicht kommuniziert. Finanzielle Restriktionen bei der technologischen Ausstattung der Arbeitsplätze – wie ggf. theoretisch vermutet – lassen sich in den Aussagen der Experten nicht erkennen.

Im Rahmen **personaler Arbeitsbedingungen** steht die Gruppenarbeit im Fokus. Eine Beurteilung der Gestaltung von Gruppenarbeitsformen fällt indes schwer, da Teamstrukturen im Ingenieurbereich bereits aufgabenbedingt zwingend erforderlich sind.[967] So äußern sich denn auch lediglich acht Experten positiv hierzu, während die restlichen Ähnliches erst auf Nachfrage anführen. In jedem Fall scheint jedoch die enge Zusammenarbeit in unterschiedlichen Arbeitsgruppen einer Bindungsförderung sehr zuträglich. Eine Zusammensetzung der jeweiligen Gruppen wird dabei als vergleichsweise unkompliziert beschrieben, da man sich untereinander zumeist bereits gut kennt, was den überschaubaren Strukturen geschuldet ist.

Trotz dieser Aussagen ist es bemerkenswert, dass eine systematische Gestaltung der Gruppenarbeit nahezu in keinem Fall bspw. hinsichtlich einer Gruppenbeurteilung, -vergütung o. Ä. vorgenommen wird. Trotz bestehender Schwierigkeiten der Zurechenbarkeit aufgrund der komplexen und dynamischen Tätigkeiten gerade im Entwicklungsbereich könnten so dennoch Bindungspotenziale vor allem auch in Bezug auf die Leistungsbereitschaft realisiert werden. Diese theoretisch vermuteten Potenziale werden bislang kaum genutzt.

5.2.4.4.4 Personalvergütung

In den Aussagen der Unternehmungsvertreter spiegelt sich die vermutete Kontroverse zur Vergütungsthematik deutlich wider. So äußern sich lediglich sieben Vertreter positiv hinsichtlich einer Steuerung des Bindungsverhaltens und äußern entsprechende Möglichkeiten durch das Aufzeigen der genutzten Maßnahmen. Darüber hinaus äußern sich die weitern Experten, hierin lediglich eingeschränkte Bindungspotenziale zu sehen bzw. geben entsprechendes überhaupt erst auf Nachfrage an. Bei näherer Betrachtung zeigt sich jedoch, dass in diesen Fällen vielfach grundsätzlich ähnliche Maßnahmen zum Einsatz kommen und diese lediglich anders bewertet werden hinsichtlich ihres Bindungspotenzials. Es sind somit nicht sämtliche der aufgezeigten Unterschiede auch tatsächlich vorhanden. Gleichwohl kann jedoch nicht davon ausgegangen werden, dass sämtliche Unternehmungen in Bezug auf die finanziellen Möglichkeiten auch die gleiche Ausgangsbasis vorzuweisen haben. Hierbei ist auch die unterschiedliche Unternehmungsgröße zu berücksichtigen. Tendenziell zeigt sich hierbei, dass die größeren Unternehmungen die Personalvergütung eher positiv in den Kontext eines Bindungsmanagement einordnen. Unter den sieben positiven Äußerungen sind fast ausschließlich größere der befragten Unternehmungen wiederzufinden. Diesbezüglich erscheinen die zuvor

[967] Vgl. Abschnitt 5.1.2.1.

getätigten Aussagen zu den Bindungsfaktoren in einem passenden Licht, da man hier bereits auf die wahrgenommene kontroverse Bedeutung monetärer Faktoren verwiesen hat.

In der Detailbetrachtung der unterschiedlichen Vergütungsbestandteile werden zunächst die zumeist tarifgebundenen **fixen Grundvergütungen** von sämtlichen Experten, welche Personalvergütung als Bindungsbereich erachten, erwartungsgemäß angeführt. Sie stellen die Basis der jeweiligen Vergütung dar und werden dementsprechend als angemessen bezeichnet. Die teilweise außertariflichen Vergütungen der Ingenieure verdeutlichen darüber hinaus nochmals die vielfältigen Funktionsbereiche, in denen diese eingesetzt sind sowie deren Bedeutung auch für die Leitungsstruktur.

Bemerkenswert erscheint die lediglich eingeschränkte Nutzung **leistungsorientierter Vergütungsbestandteile** im tariflich gezahlten Bereich. Dies zeigt sich nicht nur bei den sieben befragten Unternehmungen, welche Personalvergütung als Bindungsbereich erachten, sondern auch darüber hinaus bei den restlichen Unternehmungen. Theoretisch ist hier eine größere Bedeutung vermutet worden. Auch die Aussagen der Experten zur Bedeutung einer leistungsorientierten Vergütung als Bindungsfaktor lassen diesbezüglich die Notwendigkeit einer zumindest etwas intensiveren Berücksichtigung vermuten.[968] Begründet wurde diese zurückhaltende Nutzung indes nicht nur mit der bestehenden Schwierigkeit der individuellen Zuordbarkeit der Leistungen, sondern auch mit der hohen Sensibilität dieser Thematik. Weitergehende Potenziale – vor allem auch zur Steuerung der Leistungsbereitschaft – werden somit ggf. auch bewusst nicht genutzt. Hier wäre vor allem eine Verknüpfung mit den vielfach stattfindenden Mitarbeitergesprächen denkbar. Aus einer bindungsorientierten Perspektive ist dieses Vorgehen somit durchaus kritisch zu beurteilen.

Hinsichtlich **betrieblicher Sozialleistungen** wird deutlich, dass diese sehr unterschiedlich bewertet werden. Grundsätzlich spiegelt sich dabei jedoch die Annahme wider, dass gerade die größeren Unternehmungen hier leistungsfähiger sind und entsprechend umfangreichere Möglichkeiten vorzuweisen haben. In den kleineren Unternehmungen wird jedoch vieles individueller gehandhabt, wie die jeweiligen Experten angeben. Im Zweifelsfall werden somit entsprechende Maßnahmen erst dann aufgesetzt, wenn diese tatsächlich nachgefragt werden. Die für den Mittelstand angenommene Flexibilität wird hierbei deutlich, wobei gerade kleinere Unternehmungen deutlich zurückhaltender agieren. Entsprechend der aufgezeigten Bedeu-

---

[968] Vgl. Abschnitt 5.1.3.3.

tung einer sozialorientierten Vergütung als Bindungsfaktor werden auch die vorhandenen Aussagen zur Nutzung dieses Bereiches zur Bindungssteuerung insgesamt eingeordnet.

In Bezug auf die **fakultativen Vergütungsbestandteile** fällt eine deutliche Nichtberücksichtigung der Maßnahmen zur Kapitalbeteiligung auf. Begründet wird dies im Wesentlichen damit, dass die zumeist familiengeführten Unternehmungen auch in Familienhand verbleiben sollen. Die grundlegende Ablehnung der Aufweichung der Gesellschafterstruktur ist daher nachvollziehbar. Die nahezu kategorische Ablehnung sämtlicher Formen der Eigenkapitalbeteiligung über alle befragten Unternehmungen – unabhängig von der vorgefundenen Gesellschaftsform – hinweg, ist bemerkenswert, da hier individuelle Ausgestaltungsmöglichkeiten bestehen, welche gleichsam auch mit entsprechenden Vorteilen versehen sind und zur Bindung beitragen können. Gerade für höherrangige und entsprechend bedeutsame Ingenieure können diese als Option genutzt werden. Zu vermuten ist hierbei, dass auch die geringe Notwendigkeit zur Nutzung solche Maßnahmen aufgrund der niedrigen Fluktuationszahlen bislang noch zu keinem Umdenken geführt hat. Über die Eigenkapitalbeteiligung hinaus findet eine Fremdkapitalbeteiligung in Ausnahmefällen statt. Das Mitarbeiterdarlehen wurde hier – allerdings aus sozialen Motiven heraus – angegeben. Hier ist zu vermuten, dass dies auch in weiteren, wenngleich nicht benannten Fällen zum Einsatz kommen kann, da zahlreiche Unternehmungen auf die gefühlte und wahrgenommene soziale Verantwortung gegenüber ihren Mitarbeitern an anderer Stelle verwiesen haben. Die Nutzung der Maßnahmen zur Erfolgsbeteiligung entspricht darüber hinaus den Erwartungen.

Die vorgefundene Ablehnung zur Nutzung von **Cafeteria-Systemen** im Rahmen gesamtvergütungsbezogener Aspekte ist nur bedingt nachvollziehbar. So stellt zwar der vielfach angeführte hohe Verwaltungsaufwand gerade bei den festgestellten knappen personalen Kapazitäten eine Herausforderung dar, es wird jedoch die Möglichkeit ausgelassen, ohne eine Veränderung der Personalkosten auch finanziell stärker auf die Interessen der Ingenieure und weiterer Mitarbeiter einzugehen. Hierzu wäre jedoch in jedem Fall auch eine stärkere Nutzung variabler Vergütungsbestandteile erforderlich, da lediglich diese entsprechend umgewandelt werden können. Zu vermuten ist, dass auch diesbezüglich die vielfach noch nicht erkannte Notwendigkeit zur Bindungssteuerung eine Beibehaltung des Status Quo begünstigt. Zu bemerken ist hierbei auch, dass dies selbst in den größeren Unternehmungen zu gelten scheint. Relativierend kann jedoch auch hier auf die Flexibilität der Unternehmungen verwiesen werden, welche im Bedarfsfall individuelle Regelungen zulassen, wie die Experten großteils betonen. Demnach erscheint die Einführung gerade eines starren Cafeteria-Systems eher unwahrscheinlich, die einzelfallbezogene Nutzung individueller Maßnahmen jedoch realistisch.

5.2.4.4.5 Personalführung

Die Aussagen der befragten Unternehmungen verdeutlichen, dass der Bereich „Personalführung" als schwierige und komplexe Thematik wahrgenommen wird und sich dementsprechend einer bindungsfördernden Gestaltung in Teilbereichen entzieht. Dies wird maßgeblich auf den nur bedingten Einfluss auf die konkrete Führungssituation sowie auf den menschlichen Faktor zurückgeführt. So lässt sich vermutlich auch ein Erklärungsansatz dafür liefern, dass Personalführung zwar unisono als wichtig erachtet wird, die Aussagen zu diesem Themengebiet jedoch vergleichsweise übersichtlich und knapp ausfallen sowie hinsichtlich ihrer Häufigkeit nicht von sämtlichen Experten angeführt werden. Analog stellt sich dies zu den Äußerungen in Bezug auf die sozialen Bindungsfaktoren dar. Es bleibt somit durchaus eine Kontroverse in der Beurteilung der Fähigkeiten zur Bindungssteuerung nach erfolgter theoretischer und empirischer Exploration bestehen.

In der Detailbetrachtung wird dennoch vor allem der **Inhaber als Führungskraft** betont. In den meisten Fällen wird dieser bereits als Führungs<u>persönlichkeit</u> bezeichnet, was eine entsprechende Verortung der Führungs- und Integrationsfähigkeit innerhalb der Person selbst impliziert. In zwei Fällen wird sogar explizit vom Charisma des Inhabers gesprochen. Trotz dieser häufigen Nennungen wäre jedoch zu vermuten gewesen, dass dieser Aspekt noch offensiver auch von den restlichen Unternehmungen thematisiert worden wäre. Gemäß den Annahmen des Forschungsrahmens zeichnen sich mittelständische Unternehmungen ganz wesentlich durch eine Prägung durch den jeweiligen Inhaber aus.[969] In Bezug auf die konkrete Führungssituation bzw. das Wirken als direkter Vorgesetzter spiegelt sich dies jedoch in der empirischen Exploration zwar weitgehend, allerdings nicht umfassend wider. Vermutlich liegt dies auch darin begründet, dass der Inhaber gerade in den größeren der befragten Unternehmungen lediglich noch bedingt als direkter Vorgesetzter für einen Großteil der Belegschaft fungiert. Alternativ sind des Weiteren gleichsam andere, bspw. in der Persönlichkeit liegende Gründe dafür denkbar, dass der Inhaber in Einzelfällen diesbezüglich nur bedingt zur Bindungssteuerung beiträgt. Seine Bedeutung für die gesamte Belegschaft scheint darüber hinaus – auch als grundsätzlicher Ansprechpartner in fachlichen wie auch persönlichen Angelegen-

---

969 Vgl. Abschnitt 2.2.1.

heiten – hiervon kaum betroffen. So zeigen die vorliegenden Aussagen vor allem des unternehmungspolitischen Rahmens, welche in einem engen Bezug hierzu stehen, dass dieser einen wesentlichen Aspekt zur Steuerung des Bindungsverhaltens darstellt bzw. durch sein Wirken entsprechend intensiv dazu beiträgt.[970]

Hinsichtlich der geäußerten **Führungsstile** zeigt sich, dass vor allem verhaltensorientierte Ansätze von den Experten betont werden. Im Mittelpunkt steht dabei eine kooperative Grundhaltung. Gleichermaßen wird auch die Situationsorientierung der Führung hervorgehoben, da auf die Schwierigkeiten zur Bestimmung eines adäquaten Führungsstils verwiesen wird. Dies entspricht weitgehend den im Forschungsrahmen aufgestellten Vermutungen an einen bindungsfördernden Umgang mit den Mitarbeitern. Ebenfalls erwartungsgemäß stellt es sich dar, dass die Experten darauf verweisen, vor allem mit hochqualifizierten Ingenieuren partnerschaftlicher und einbeziehender umzugehen, als mit weniger qualifizierten Facharbeitern o. Ä. Inwieweit ein solches Vorgehen – insbesondere im Einzelfall – tatsächlich auch praktiziert wird, kann an dieser Stelle jedoch nicht beurteilt werden, da die betroffenen Ingenieure nicht befragt worden sind. Es bleibt somit offen, wie die angegebenen Führungsstile von anderer Seite her tatsächlich wahrgenommen werden. Die hohen Betriebszugehörigkeiten stellen hier jedoch ein Indiz dafür dar, das dies weitgehend in der alltäglichen Handhabung funktioniert. Zu bemerken ist allerdings, dass in keinster Weise Aspekte eines autoritären Führungsverhaltens von den Experten angeführt werden. Gerade in Bezug auf den Inhaber wird – neben seiner positiven Einflussmöglichkeit –in theoretischen Beiträgen auch auf diesbezügliche Verhaltensweisen verwiesen.[971] Auch hier kann somit letztlich nicht beurteilt werden, inwieweit von den Experten eine Beschönigung der Fakten innerhalb der offiziellen Interviewsituation vorgenommen worden ist. Lediglich ein Experte deutet ein entsprechendes Verhalten des Inhabers offen an.

Schriftlich formulierte **Leitsätze** und **Führungskräfteschulungen** sind lediglich ergänzend von wenigen Experten angeführt worden. Deren Bedeutung zur Steuerung des Bindungsverhaltens ist daher vermutlich geringer einzuschätzen. In den theoretischen Überlegungen wurden diese Aspekte ebenfalls lediglich ergänzend thematisiert.

---

970 Vgl. Abschnitt 5.1.4.6.

971 Vgl. Pfohl (2006b), S. 90; Hamel (2006), S. 237; Schmidt (2003), S. 12.

5.2.4.5 Maßnahmen des Organisationssystems

Die Äußerungen der Experten zum Organisationssystem im Kontext einer Steuerung des Bindungsverhaltens von Ingenieuren zeigen, dass sich diese deutlich schwer tun, einen direkten Zusammenhang zwischen beiden Aspekten herzustellen. So wird dieser Bereich zwar vergleichsweise häufig thematisiert, wie auch im Überblick zu den Kategorien der Bindungsmaßnahmen deutlich geworden ist[972], wobei sich die getätigten Aussagen jedoch maßgeblich auf wenige Aspekte intensiv fokussieren. Diese Aspekte werden dann allerdings von fast allen Unternehmungen – von selbst sowie in einigen Fällen auf Nachfrage – thematisiert bzw. entsprechend positiv bewertet. Aufgrund der Vielfältigkeit der mit dem Organisationssystem zusammenhängenden Aspekte wäre hier grundsätzlich zu vermuten gewesen, dass dieser Bereich sowohl breiter als auch inhaltlich stärker thematisiert worden wäre. Das dies in der direkten Betrachtung nicht der Fall ist, belegt ebenfalls die kaum vorgenommene Priorisierung des Organisationssystems im Vergleich zu den weiteren Führungssubsystemen. Einschränkend ist diese vorliegenden Sachverhalte betreffend jedoch zu berücksichtigen, dass sich das Organisationssystem auch in der theoretischen Exploration vergleichsweise unterrepräsentiert darstellt und die wesentlichen Quellen unmittelbar der organisationstheoretischen Literatur entnommen sind. In der Breite der Bindungsliteratur findet eine Berücksichtigung entsprechender Aspekte darüber hinaus ebenfalls lediglich bedingt statt.[973] Des Weiteren gilt es ebenfalls zu berücksichtigen, dass die Experten im Rahmen der empirischen Befragung indirekt zahlreiche Aspekte thematisieren, welche in einem engen Zusammenhang zum Organisationssystem stehen, sich jedoch direkt auf andere Führungssubsysteme beziehen. Es zeigt sich somit an dieser Stelle sehr deutlich, dass das Organisationssystem die strukturelle Basis für die Gestaltung der weiteren Subsysteme darstellt. Eine Beurteilung der Aussagen der Unternehmungsvertreter ist vor diesem Hintergrund somit erschwert und stellt sich problematisch dar, da die vielfache Nichtberücksichtigung einzelner Aspekte indirekt an anderer Stelle doch bereits positiv thematisiert worden sind. Es bleibt somit zu vermuten, dass die vielfach vorgefundene eingeschränkte Wahrnehmung der Aspekte des Organisationssystems in Bezug auf eine Steuerung des Bindungsverhaltens nicht bedeutet, dass entsprechende Potenziale in den mittelständischen Unternehmungen nicht vorhanden sind. Dies gilt es, in Bezug auf die beiden Hauptaspekte der Aufbau- sowie der Ablauforganisation nachfolgend im Detail detailliert zu erörtern.

---

[972] Vgl. Abschnitt 5.1.4.1.

[973] Vgl. Abschnitt 3.4.5.

In Bezug auf die **Aufbauorganisation** stehen die Aussagen zu den Merkmalen der Spezialisierung, Koordination, Konfiguration, Delegation sowie der Formalisierung im Blickpunkt.

Hinsichtlich des Merkmals der Spezialisierung fällt auf, dass dies sowohl in Bezug auf den Spezialisierungsgrad als auch die Spezialisierungsart nicht direkt thematisiert wird. Faktisch liegen dabei in vier der untersuchten Unternehmungen funktionale Strukturen vor, während die weiteren Unternehmungen divisionale Strukturen (und in wenigen Fällen Ansätze einer Matrixorganisation) aufweisen. Zu vermuten gewesen wäre daher, dass sich zumindest einige der Experten auf entsprechende Zusammenhänge direkt beziehen. Gerade divisionale Strukturen sind diesbezüglich in der theoretischen Exploration als bindungsfördernd erachtet worden.[974] Anscheinend steht jedoch die vermutete Wirkung entsprechender starrer und formaler Strukturformen hinter der grundlegend angenommenen Überschaubarkeit der Organisation insgesamt sowie der flexiblen Handhabung formale Strukturen zurück, worauf sich zahlreiche Experten beziehen. Dies wiederum wurde gerade für die kleineren Unternehmungen mit einer funktionalen Prägung bereits ebenfalls theoretisch vermutet. Bemerkenswert ist indes, dass auch die größeren Unternehmungen dies vielfach betonen.

Durch die Äußerungen, welche innerhalb anderer Führungssubsysteme vorliegen, wird allerdings deutlich, dass dem Merkmal der Spezialisierung dennoch eine entsprechende Bedeutung, wenngleich auch lediglich indirekt wahrgenommen, zukommt. So wurde durch die Aussagen zur Gestaltung der Arbeitsaufgaben und -inhalte, welche u. a. als ganzheitlich umschrieben worden sind, indirekt ein Verweis auf den Spezialisierungsgrad gegeben, welcher erwartungsgemäß niedrig (in Bezug auf die Struktur, nicht jedoch in Bezug auf die inhaltliche Spezialisierung!) ausfällt. Die Gestaltung der Arbeitsaufgaben und -inhalte wurde indes als wesentlicher Aspekt einer Bindungssteuerung betont.

Das Merkmal der Koordination ist insbesondere durch den Verweis auf den hohen Anteil an persönlicher Kommunikation häufig von den Experten direkt berücksichtigt worden. Zu erwarten gewesen wäre allerdings, dass dieser Aspekt noch deutlicher herausgestellt wird, da er in den weiteren Unternehmungen ebenfalls vermutet wird. Indirekt ist dieses indes der Fall, da an anderen Stellen ebenfalls auf eine entsprechende persönliche Kommunikation verwiesen worden ist. Durch eine Berücksichtigung weiterer Aussagen in anderen Führungssubsystemen wird darüber hinaus deutlich, dass indirekt auch andere Koordinationsformen eine entsprechend hohe Bedeutung aufweisen. Insbesondere zu nennen ist hier die Selbstkoordination

---

974 Vgl. Bea/Göbel (2010), S. 292, S. 363 f. und S. 370 f.

durch Selbstabstimmung, welche im Rahmen der Gestaltung der Arbeitsaufgaben und -inhalte durch die beschriebene Gewährung von Freiräumen und einer hohen Selbstständigkeit bei der Entscheidungsfindung als wichtig erachtet worden ist. Gerade für den Ingenieurbereich ist dies betont worden. Darüber hinaus zeigen die Aussagen der Experten auch, dass unterschiedliche Koordinationsformen – sowohl Fremd- als auch Selbstkoordination – schon aus betrieblichen Gründen genutzt werden müssen. Beispielsweise ist auch die Fremdkoordination durch Programme und Pläne erforderlich, um Abläufe zertifizieren zu können, was als Qualitätsmerkmal gilt. Hinsichtlich einer Bindungssteuerung werden diese unterschiedlich beurteilt, d. h. dass auch durch entsprechende Pläne eine Bindungswirkung erzielt werden kann, da sich Ingenieure dann auf diese Abläufe berufen können und so Sicherheit in der Arbeitsausführung vermittelbar ist. Insgesamt liegen hier somit – über die persönliche Kommunikation hinaus, welche gerade als mittelstandstypisch gilt – kaum konkrete bzw. eindeutige Aussagen vor.

Das Merkmal der Konfiguration wird hinsichtlich der Gliederungstiefe des Leitungssystems mit einem deutlichen Verweis auf die flachen Hierarchien von vielen Experten betont. Dies stellt sich entsprechend der theoretischen Exploration dar. Erstaunlich ist jedoch, dass bei allen vorliegenden Aussagen zum Organisationssystem lediglich dieser eine Aspekte in dieser Intensität von nahezu sämtlichen Unternehmungsvertretern betont wird. Als Schlagwort ist der Begriff der „flachen Hierarchie“ in vielen Interviews direkt gefallen. Bemerkenswert ist hierbei auch, dass die jeweiligen Unternehmungen trotz faktisch vorliegender unterschiedlicher Unternehmungsgrößen sämtlich dieses Merkmal für sich beanspruchen, d. h. dass die größeren Unternehmungen mit mehreren Hierarchieebenen dies gleichermaßen betonen wie die kleinen Unternehmungen auch. Es zeigt sich, dass die Grenzen einer flachen Hierarchie somit je nach individueller Wahrnehmung variieren.

Durch den Aspekt der flachen Hierarchie, welcher in diesem Zusammenhang hinsichtlich der angeführten Aussagen als Stärke einer Bindungssteuerung beschrieben worden ist, wird darüber hinaus sehr prägnant deutlich, dass er gleichzeitig auch einen strukturellen Nachteil für jedes Bindungsmanagement begründet. So wurden im Rahmen des Subsystems Personalentwicklung bestehende Defizite einer Karriere- und Laufbahnplanung betont. Diese stehen im unmittelbaren Zusammenhang zum Angeführten.

Dass weitere Aspekte der Konfiguration darüber hinaus nicht explizit angesprochen worden sind, lässt sich vermutlich damit begründen, dass diese eng mit dem Aspekt der flachen Hierarchie zusammenhängen.

Gleiches gilt für das Merkmal der (strukturellen) Delegation, welches sich unmittelbar an das Merkmal der Spezialisierung anschließt. So liegen Dezentralisierungstendenzen gerade in den Unternehmungen mit entsprechenden divisionalen Strukturen faktisch vor, während Unternehmungen mit funktionalen Strukturen durch einen hohen Grad an Zentralisation geprägt sind. Ebenfalls wie zum Merkmal der Spezialisierung erfolgen hierzu jedoch keine direkten Aussagen in Bezug auf eine Steuerung des Bindungsverhaltens. Dies verwundert insofern, als im Rahmen der theoretischen Exploration vermutet worden ist, dass gerade durch eine Dezentralisation entsprechende Bindungspotenziale (zumindest in Bezug auf leitende Positionen) realisiert werden können. Inwiefern dies in den untersuchten Unternehmungen, in denen betriebsbedingt rechtlich selbstständige bzw. unselbstständige Geschäftsbereiche bzw. Divisionen faktisch vorliegen, tatsächlich der Fall ist, lässt sich somit nur schwer beurteilen. Indirekt wird an anderer Stelle vielfach eine weitreichende Übertragung von Verantwortung gerade an Ingenieure betont,[975] was sich dann auch auf leitende Positionen bezieht, gleichzeitig aber auch herausgestellt, dass der Inhaber letztendlich auch unabhängig der strukturellen Gegebenheiten das letzte Wort hat. Es ist somit anhand dieser und weiterer Indizien zu vermuten, dass eine bindungsfördernde Dezentralisierung vor allem in den größeren divisional strukturierten Unternehmungen, bei denen dies betriebsbedingt erforderlich ist, letztendlich auch stärker tatsächlich gelebt wird.[976] Wenngleich eine nicht strukturelle Delegation in den anderen Unternehmungen ebenfalls vielfach – wie die jeweiligen Experten betonen – vorhanden ist bzw. praktiziert wird.

Das Merkmal der Formalisierung stellt sich durch den von den Experten in einigen Fällen postulierten niedrigen Formalisierungsgrad mit den entsprechenden Steuerungsmöglichkeiten einer Bindungsbereitschaft erwartungsgemäß dar. Dass dies jedoch lediglich von vergleichsweise wenigen Unternehmungsvertretern betont worden ist, verdeutlicht darüber hinaus allerdings auch, dass dieser unterschiedlich ausfällt – was auch auf die vielfältigen Funktionsbereiche der Ingenieure zurückgeführt werden kann – sowie auch unterschiedlich bewertet wird. Ein niedriger Formalisierungsgrad wird daher nicht in jedem Fall als positiv erachtet und kann – selbst im Mittelstand – nicht immer realisiert werden. Dies ist im Rahmen der theoretischen Exploration weniger stark herausgestellt worden.

---

975 Vgl. Abschnitt 5.1.4.4.3.

976 Eine Differenzierung zwischen faktisch bestehenden Strukturen und tatsächlich bestehenden Verhaltensweisen erscheint hier insofern sinnvoll, da zahlreiche Experten betonen, dass der formalen Struktur ihrer Unternehmung eine weniger große Bedeutung zukommt. Vgl. bspw. Beilage D, S. 55 f.

Die Aussagen zur **Ablauforganisation** fallen widersprüchlich aus. So äußern sich die befragten Unternehmungen kaum direkt zur ggf. vorhandenen Prozessorganisation und ordnen diese auch lediglich in drei Fällen als positiv zur Steuerung des Bindungsverhaltens ein. Anhand der getätigten Aussagen zur Gestaltung der Arbeitsbedingungen lässt sich jedoch vermuten, dass entsprechende Prozesse vor allem auch abteilungsübergreifend vorhanden sind und – zumindest grundsätzlich – gut funktionieren. Dort wurde vielfach auf die, gerade im Ingenieurbereich, bestehende abteilungsübergreifende Zusammenarbeit verwiesen, welche bereits als aufgabenbezogen erforderlich umschrieben worden ist. Die Ganzheitlichkeit der Arbeitsaufgaben und -inhalte stellt hierbei ebenfalls ein Indiz dar. Auch wurden entsprechende übergreifende Teamstrukturen bereits in den grundsätzlichen Aussagen zum Arbeitsumfeld der Ingenieure deutlich betont. Das Vorhandensein entsprechender bereits theoretisch vermuteter Prozesse zur positiven Einwirkung auf das Bindungsverhalten kann somit durch die empirische Exploration als bestätigt erachtet werden, spiegelt sich jedoch stärker über indirekte Äußerungen wider. Direkt und explizit wird es indes weniger intensiv wahrgenommen.

5.2.4.6 Maßnahmen des unternehmungspolitischen Rahmens

Die Aussagen der Experten zum unternehmungspolitischen Rahmen zeigen, dass diesem insgesamt zur Steuerung des Bindungsverhaltens – nicht nur von Ingenieuren – eine große Bedeutung zugedacht wird. So fallen die vorliegenden Aussagen nicht nur inhaltlich umfassend aus, sondern liegen auch vielfältig vor. Darüber hinaus wird dieser Bereich von sämtlichen der befragten Unternehmungen zumindest in Bezug auf einzelne Aspekte mehr oder weniger thematisiert. Im Rahmen der theoretischen Exploration ist diese hohe Relevanz bereits vermutet worden und spiegelt sich anhand der empirischen Erkenntnisse wider.

Auffällig ist indes, dass der umfangreichen Thematisierung des unternehmungspolitischen Rahmens als Bindungsmaßnahme lediglich eingeschränkte Aussagen zu entsprechenden Sachverhalten im Rahmen der Bindungsfaktoren von Ingenieuren gegenüberstehen. Zu erwarten gewesen wäre es diesbezüglich, dass gerade entsprechende allgemeine organisatorische Faktoren stärker betont worden wären. Denn sollten diese als Bindungsfaktoren weniger relevant sein, so ist zu vermuten, dass eine Beeinflussung des Bindungsverhaltens durch die Steuerung entsprechender Sachverhalte nicht in der gewünschten Form greift. Einschränkend gilt es diesbezüglich jedoch festzuhalten, dass einzelne Bindungsfaktoren aufgrund der Komplexität der Sachverhalte nur bedingt eindeutig zugeordnet werden können und starke Interdependenzen zwischen den Bindungsfaktoren bestehen. Verwiesen wurde diesbezüglich bereits auf das wesentlich häufiger angeführte Konstrukt des Organisationsklimas, welches in den Bereich der sozialen Faktoren eingeordnet worden ist und einen Beleg für die Relevanz entsprechender Aspekte liefert.[977]

Weiterhin zeigt sich durch die Aussagen der Unternehmungen auch, dass der unternehmungspolitische Rahmen kaum als direkter Bereich eines Bindungsmanagements wahrgenommen wird, d. h. sämtliche der vorliegenden Maßnahmen als indirekt bezeichnet werden, da sie nicht mit der primären Intention der Mitarbeiterbindung aufgesetzt sind, sondern vielmehr historisch gegeben sind, wie die Experten betonen. Dies unterstreicht abermals die von vielen Experten betonte Verneinung bezüglich des Vorhandenseins eines aktiven Bindungsmanagements. Es belegt indes erwartungsgemäß jedoch auch, dass ein Bindungsmanagement implizit vorhanden ist. In jedem Fall bleibt, wie bereits die theoretischen Überlegungen gezeigt haben, weitgehend offen, inwiefern insbesondere einzelne Aspekte des unternehmungspolitischen Rahmens tatsächlich aktiv gesteuert und beeinflusst werden können. Nachfolgend ist auf die einzelnen Bereiche des unternehmungspolitischen Rahmens näher einzugehen.

Hinsichtlich der **Unternehmungsphilosophie** zeigt sich, dass eine entsprechende Wertebasis von zahlreichen Unternehmungen betont wird, wobei gerade familienbezogene Werte erwartungsgemäß stärker im Fokus zu stehen scheinen. Da es sich um inhaber- und in den meisten Fällen um tatsächlich familiengeführte Unternehmungen handelt, wäre indes sogar zu vermuten gewesen, dass diese Aspekte noch stärker betont werden. In einigen Fällen wird dies allerdings erst auf Nachfrage herausgestellt. Ebenfalls erwartungsgemäß zeigt sich hierbei, dass in den befragten mittelständischen Unternehmungen keine Wertekodizes künstlich aufgesetzt bzw. entworfen werden. Auch findet keine Orientierung an bereits bestehenden Kodizes statt. Vielmehr wird die eigene Historie als Ausgangspunkt genommen und unabhängig von der tatsächlichen Unternehmungsgröße selbstbewusst kommuniziert. Eine dementsprechend starke Wirkung ist zu vermuten, da diese vielfach vor allem auch langfristig gewachsen ist.

Mit der Unternehmungsphilosophie wird darüber hinaus der enge Bezug zur Unternehmungskultur vergleichsweise deutlich. Dies spiegelt sich auch in den Aussagen der Experten wider. So steht eine offizielle Wertebasis letztlich immer hinter den tatsächlich gelebten Werten der Unternehmungskultur zurück, was gleichsam von den Experten betont worden ist. Auf letztere wird weiter unten noch eingegangen werden.

[977] Vgl. Abschnitt 3.3.3.4 und 5.1.3.3.

Im Rahmen der **Unternehmungspolitik** stellt sich insbesondere die Schaffung eines Interessensausgleichs zwischen den zentralen Anspruchsgruppen „Arbeitgeber" und „Arbeitnehmer" erwartungsgemäß als vergleichsweise einfach heraus. Zehn Experten betonen hierbei die Bedeutung ihrer langfristigen und unter Berücksichtigung der Interessen der Arbeitnehmer ausgerichteten Unternehmungspolitik als Aspekt zur Steuerung des Bindungsverhaltens. Tendenziell wäre allerdings zu erwarten gewesen, dass noch mehr Unternehmungen dies stärker hervorheben, da sich letztendlich nur wenige auf relativierende Effekte wie betriebsbedingt notwendige Entlassungen berufen. Trotz der in der theoretischen Exploration vermuteten – und faktisch auch bestehenden – starken Abhängigkeit vieler industrieller Mittelständler von externen Marktbedingungen, welche zu starken Schwankungen der Auftragslage führen können, zeigen die Aussagen der Unternehmungen, dass zumeist eine gemeinsame Bewältigung möglicher Krisen, d. h. mit den Mitarbeitern, angestrebt wird.

Hinsichtlich der Formulierung weiterer Unternehmungsziele in Form von Leitlinien, Visionen, Missionen etc. zeigt sich, dass diese zwar in sämtlichen der befragten Unternehmungen weitgehend größenunabhängig vorhanden sind, – dies war nach den Erkenntnissen der theoretischen Exploration nur bedingt angenommen worden – allerdings kaum als bindungsfördernd betont werden. Die Experten gehen hier von einer orientierenden Wirkung aus.

Mit der **Unternehmungskultur** zeigt sich eine deutliche Relevanz des Vorlebens bestehender Wertvorstellungen durch verschiedene Kulturträger, wie es die befragten Unternehmungsvertreter vielfach betonen. Festzustellen ist, dass erwartungsgemäß der Inhaber bzw. die Inhaberfamilie als Kulturträger deutlich betont wird, wenngleich die Anzahl der Nennungen insgesamt doch deutlicher hätten ausfallen können. Gegebenenfalls ist hierbei zu vermuten, dass in einigen Fällen die Bedeutung des Inhabers wieder Erwarten doch geringer einzuschätzen ist. Zumindest in der theoretischen Exploration ist dies auch in Abhängigkeit von der tatsächlichen Grundhaltung des Inhabers diskutiert worden. In jedem Fall ist darüber hinaus jedoch davon auszugehen, dass über die Kulturträger ein wesentliches Potenzial zur Steuerung des Bindungsverhaltens zu bestehen scheint, da letztlich jede Unternehmung entsprechende Träger benannt hat – und sei es nur die jeweilige Führungskraft. Bemerkenswert ist indes, dass in einigen Fällen selbst Mitarbeiter aufgrund ihrer langen Betriebszugehörigkeit als solche angeführt worden sind. Dies unterstreicht die spezifischen Besonderheiten des industriellen Mittelstands gerade im Vergleich zu industriellen Großkonzernen.

Die Benennung weiterer physischer Ausdrucksformen der Unternehmungskultur ist indes nur schwer zu beurteilen. So stellen die Experten diese vielfach als nachrangig dar, da sie das bereits Angeführte lediglich konkretisieren. Dennoch werden durchaus viele Beispiele konkret und anschaulich angeführt. In der theoretischen Exploration werden diese ebenfalls kontrovers dargestellt, da sie auf der einen Seite – ebenso wie die angesprochenen Kulturträger – die nicht sichtbaren Werte veranschaulichen helfen, auf der anderen Seite jedoch den geringsten Anteil einer Unternehmungskultur begründen.[978] In jedem Fall werden sie erwartungsgemäß hinter den sichtbaren Verhaltensweisen der Kulturträger eingeordnet.

Die Aussagen zur **Unternehmungsidentität** fallen erwartungsgemäß widersprüchlich aus. So betonen sechs Unternehmungen die Möglichkeiten zur Bindungssteuerung durch eine Öffentlichkeitsarbeit, schränken dies allerdings auf den regionalen Raum ein. Gleichzeitig gehen die restlichen Unternehmungen tendenziell eher davon aus, kaum über entsprechende Potenziale zu verfügen bzw. benennen diese erst auf Nachfrage und dann als nachrangig. Faktisch liegen allerdings bei sämtlichen Unternehmungen – zumindest regional gesehen – ähnliche Ausgangsbedingungen vor. Es zeigt sich daher, dass hier weniger die vermuteten begrenzten Ressourcen ausschlaggebend zu sein scheinen, als vielmehr die subjektive Beurteilung der eigenen unternehmungsspezifischen Situation. Vor allem in Bezug auf die eigene Region sollten hier die vorhandenen Möglichkeiten stärker ausgeschöpft bzw. entsprechend kommuniziert werden. Relativierend ist hierbei lediglich die tatsächliche Unternehmungsgröße anzuführen, da die Aussagen verdeutlichen, dass die größeren Unternehmungen hier vergleichsweise selbstbewusster agieren. Enge Bezüge zur Positionierung auf dem Arbeitsmarkt liegen vor, wobei tendenziell letzterer erwartungsgemäß stärker bearbeitet wird.

Bemerkenswert stellen sich die getroffenen Aussagen zur Öffentlichkeitsarbeit im Allgemeinen allerdings in Bezug auf die betroffenen Bindungsfaktoren dar. So wurde gerade das Renommée der Unternehmung in der Öffentlichkeit als wichtiger Faktor des allgemeinen organisatorischen Bereichs erachtet.[979] Zwar wurde dies vor allem auch auf Fachkreise fokussiert, es ist aber dennoch zu vermuten, dass hierbei auch Potenziale in Bezug auf die allgemeine Öffentlichkeit stärker genutzt werden müssen, um Ingenieure gerade nachhaltig zu binden.

Die Aussagen zur bindungssteuernden Wirkung des Unternehmungsdesigns fallen, wie bereits theoretisch vermutet, eher zurückhaltend aus. So betonen zwar vier Experten die integrierende Wirkung entsprechender Logos etc., darüber hinaus werden jedoch von einer großen Mehrheit eher die Nachteile in Bezug auf einen Vergleich mit großen und bekannten Markenherstellern betont. Erschwerend kommen die Tätigkeitsfelder im industriellen Sektor hinzu, d. h. das die

978 Vgl. Abschnitt 3.4.6.

979 Vgl. Abschnitt 5.1.3.3.

Produkte oftmals lediglich in Fachkreisen bekannt sind und auf dem Endkonsumentenmarkt nicht wahrgenommen werden. Dennoch können durch einen fokussierten Umgang mit der eigenen Marke in der eigenen Region ggf. weitere Bindungspotenziale realisiert werden, was zumindest theoretisch vermutet worden ist. In den Aussagen der Unternehmungsvertreter kommt dies lediglich an einigen Stellen zum Ausdruck.

5.2.4.7 Erkenntnisse aus der theoretischen und empirischen Exploration im Überblick

Die Erkenntnisse aus der theoretischen und empirischen Exploration der Bindungsmaßnahmen industrieller Mittelständler sind nachfolgend überblicksartig zusammengefasst. Abbildung 31 stellt diesbezüglich ausgehend vom im Forschungsrahmen verwendeten Managementsystem zunächst die theoretisch gewonnenen Erkenntnisse dar, wobei spezifisch identifizierte Fähigkeiten **optisch hervorgehoben** sind.[980] Die entsprechenden Erkenntnisse der empirischen Exploration sind innerhalb dieser Grafik gemäß ihrer Identifikation rot markiert und vervollständigen die Grafik. Grüne Markierungen bezeichnen hierbei eine lediglich eingeschränkte Nennung bzw. identifizierte Relevanz. *Kursive* Eintragungen verweisen auf empirisch neu identifizierte Maßnahmen.

---

[980] Vgl. auch Abschnitt 3.4.7.

Maßnahmen des Informationssystems
- **Informationsinhalte (Art und Umfang der Bereitstellung)**
- **Informationsübermittlung (direkte** und indirekte Formen)

Maßnahmen des Planungs- und Kontrollsystems (freiwillig gewährte Partizipation)
- **Partizipationsgrad (Information und Vorschlag, Mitsprache,** völlige Autonomie)
- **Entscheidungstypen (operativ, strategisch)**
- **Reichweite (arbeitsplatzbezogen, abteilungsbezogen, organisational-institutional)**

Maßnahmen des Personalsystems
Innerhalb der Teilsysteme des Personalmanagements…

Personalbedarfsdeckung
- Personalbeschaffung i. e. S. (intern und extern, Employer Branding)
- **Personalauswahl (Auswahlinterview,** AC, **realistische Rekrutierung)**
- **Personaleinführung (Entscheidung, Konfrontation, Einarbeitung, Integration)**

Personalentwicklung
- **Leistungs- und Potenzialbeurteilung (Gespräche,** Verfahrenseinsatz)
- Ausbildung (duales Hochschulstudium, Trainee Programme)
- Fortbildung (**on-the-job**, off-the-job, **near-the-job**)
- **Arbeitsstrukturierung (Job Enlargement, Job Enrichment,** Job Rotation)
- Karriere- und Laufbahnplanung (Führungs-, **Fach- und Projektkarriere)**

Gestaltung der Arbeitsbedingungen
- Ergonomisch (physiologische, psychologische etc. Arbeitsplatzgestaltung)
- **Organisatorisch (Arbeitsaufgabe, Arbeitszeit,** Work-Life-Balance)
- Technologisch
- **Personal (Gruppenarbeit, systematische Gestaltung der Gruppenarbeit)**

Personalvergütung
- Obligatorisch (Zeitentgelt, **Leistungszulagen**, betriebliche Sozialleistungen)
- **Fakultativ (Erfolgsbeteiligung, Kapitalbeteiligung)**
- **Gesamtvergütung (Cafeteria-System,** *betriebl. Vorschlagswesen*)

Personalführung
- **Mitarbeiterbezogenes Führungsverhalten, Inhaber als Führungskraft**
- *Führungskräfteschulungen, Führungsleitsätze*

Maßnahmen des Organisationssystems
- **Gestaltung der Strukturorganisation (Spezialisierung, Koordination, Konfiguration,** Delegation, **Formalisierung)**
- **Gestaltung der Prozessorganisation**

Maßnahmen des unternehmungspolitischen Rahmens
- **Unternehmungsphilosophie, -politik, -kultur,** -identität

Abbildung 31: Überblick potenzieller Bindungsmaßnahmen im industriellen Mittelstand auf Basis der theoretisch und empirisch erfolgten Exploration.

6 Schlussbetrachtung

6.1 Fazit

Den zentralen Gegenstand der vorliegenden Untersuchung stellt das Bindungsmanagement industrieller Mittelständler für Ingenieure (vor allem des Maschinenbaus und der Elektrotechnik) dar. Ausgangspunkt der Überlegungen war neben einer allgemein zunehmenden Relevanz zur Bindung aufgrund des Fachkräftemangels vor allem auch dessen Notwendigkeit zur langfristigen Nutzung der spezifischen Kenntnisse dieser für den industriellen Sektor erfolgskritischen Ingenieure. Über die Möglichkeiten zur Steuerung des Bindungsverhaltens im industriellen Mittelstand war in diesem Zusammenhang jedoch bislang kaum etwas bekannt, da sich die Beiträge aus Wissenschaft und Praxis fast ausschließlich mit entsprechenden Großkonzernen auseinandersetzen. Dies stellte somit einen blinden Fleck in der Forschung dar und begründete gleichzeitig das gewählte Vorgehen anhand eines explorativen Forschungsdesigns.

Im Detail wurden unter Rückgriff auf den ressourcenorientierten Ansatz neben Bindungsfaktoren von Ingenieuren vor allem entsprechende Bindungsmaßnahmen im industriellen Mittelstand theoretisch als auch empirisch exploriert und analysiert. Die Erarbeitung eines Forschungs- sowie eines Erklärungsrahmens prägten den Verlauf der Arbeit. Der verwendete Bindungsbegriff griff dabei auf den Verbleibe- und den Leistungsaspekt zurück. Neben einer Steuerung der Verbleibe- stand somit auch die Steuerung der Leistungsbereitschaft im Fokus.

Innerhalb des Forschungsrahmens wurde eine heterogene Basis vorliegender Forschungserkenntnissen zum Bindungsphänomen im Allgemeinen zugrunde gelegt, um den Untersuchungsgegenstand weiter zu erschließen. In Bezug auf die Bindungsfaktoren ist eine Kategorisierung anhand umwelt-, unternehmungs- sowie personenbezogener Bindungsfaktoren vorgenommen worden. Die theoretische Exploration und Analyse hat gezeigt, dass innerhalb der als besonders relevant identifizierten unternehmungsbezogenen Faktoren vor allem Faktoren der Arbeit sowie soziale Faktoren vermutlich einen großen Einfluss auf das Bindungsverhalten von Ingenieuren ausüben. Insbesondere die Arbeitsinhalte selbst sowie die Qualifizierungsmöglichkeiten konnten als zentrale Bindungsfaktoren identifiziert werden. Zu berücksichtigen war in Bezug auf die Bindungsfaktoren jedoch die teilweise vorliegende Abgrenzungsproblematik, bspw. bei den allgemeinen organisatorischen Faktoren.

Die Erkenntnisse aus den theoretischen Überlegungen zu den Bindungsfaktoren sind für die weitere Exploration und Analyse der Bindungsmaßnahmen industrieller Mittelständler berücksichtigt worden. Kategorisierend wurde diesbezüglich das Managementsystem mit den Subsystemen Information, Planung und Kontrolle, Personal, Organisation sowie dem unternehmungspolitischen Rahmen zugrundegelegt. Ein Schwerpunkt lag auf dem Subsystem Personal, welches entlang zentraler Personalfunktionen differenziert worden ist. Auf der Basis charakteristischer Merkmale des industriellen Mittelstandes wurden sodann organisatorische Potenziale zur Ausgestaltung von Bindungsmaßnahmen weiter exploriert und analysiert. Im Fokus standen – das Subsystem Personal betrachtend – die Gestaltung der Arbeitsbedingungen sowie die Personalführung. Darüber hinaus wurden entsprechende organisationale Fähigkeiten auch innerhalb des unternehmungspolitischen Rahmens sowie ergänzend im Informations-, Planungs- und Kontroll- sowie im Organisationssystem vermutet.

Im Rahmen der empirischen Exploration und Analyse wurde der so erarbeitete Forschungsrahmen der Praxis gegenübergestellt. Ausgangspunkt für die Erarbeitung eines Erklärungsrahmens war die Durchführung von leitfadengestützten Experteninterviews in ausgewählten mittelständischen Industrieunternehmungen innerhalb eines qualitativen Untersuchungsdesigns. Dies bot sich auf Basis der Forschungsstrategie einer explorativen Studie an, um den Untersuchungsgegenstand umfassend und strukturiert erheben zu können.

Hinsichtlich der so gewonnenen Erkenntnisse verdeutlichen die Expertenaussagen zunächst, dass eine Auseinandersetzung mit der Bindungsthematik in den meisten Fällen explizit bislang kaum erfolgt. Von einem aktiv betriebenen Bindungsmanagement kann somit vor dem Hintergrund der noch zu erläuternden weiteren Erkenntnisse vielfach nicht gesprochen werden. Gerade hinsichtlich der konzeptionellen Ausgestaltung entsprechender Maßnahmen sind Defizite deutlich erkennbar. Gleichsam liegen jedoch aufgrund der bestehenden Ausgangspositionen, bspw. durch die charakteristischen strukturellen Merkmale, zahlreiche Ansatzpunkte zumindest implizit vor. Es ist somit davon auszugehen, dass ein Bindungsmanagement vielfach zwar funktioniert, ein systematisches, planvolles Vorgehen allerdings kaum gegeben ist.

Dementsprechend findet auch eine differenzierte Betrachtung des Bindungsbegriffs – wie in dieser Arbeit verwendet – in vielen Fällen bislang kaum statt. Insbesondere die Teilkomponenten des Verbleibs und der Leistung werden als solche nur bedingt wahrgenommen und separat thematisiert. Diesbezüglich ist zu vermuten, dass weitere Potenziale hinsichtlich einer effizienten Gestaltung spezifischer Bindungsmaßnahmen nur eingeschränkt und ggf. zufällig genutzt werden können. Relativierend ist hierbei allerdings festzuhalten, dass eine einwandfreie Zuordnung entsprechender Maßnahmen auch theoretisch nur teilweise gelingt.

Mit Blick auf die Bindungsfaktoren von Ingenieuren wird deutlich, dass sich die theoretischen Überlegungen weitgehend widerspiegeln. So wurden vor allem Faktoren der Arbeit sowie soziale Faktoren betont. Demnach sind Ingenieure maßgeblich durch Arbeitsinhalte als auch fachliche Qualifizierungsmöglichkeiten beeinflusst. Innerhalb der sozialen Faktoren ist in der Wahrnehmung durch die Experten jedoch das gesamte Organisationsklima noch vor den jeweiligen Interaktionsmöglichkeiten mit den Kollegen oder Vorgesetzten angeführt worden. Dies verdeutlicht die Bedeutung einer mittelständischen Unternehmung als gesamtes soziales Gebilde, welches aufgrund der geringen Größe einen stärkeren Einfluss ausübt. Die wahrgenommene Bedeutung monetärer Faktoren spiegelt ebenfalls das theoretisch, jedoch kontrovers, aufgeworfene Bild wider. Allerdings werden diese trotz ihrer Kontroversität vielfach angeführt, was eine entsprechende Notwendigkeit zu deren Berücksichtigung impliziert.

Auch in Bezug auf die Maßnahmen eines Bindungsmanagements konnte durch die theoretisch vorliegenden Erkenntnisse bereits eine vergleichsweise präzise Exploration und Analyse vorgenommen werden. Als ursächlich hierfür können u. a. die engen Bezüge eines Bindungsmanagements im Speziellen zu einem Personalmanagement im Allgemeinen angeführt werden, wobei zu letzterem forschungstheoretische Beiträge zumindest in Teilbereichen vorlagen. Auch auf Basis der Beiträge zu den charakteristischen Merkmalen des Mittelstandes konnten vielfach bereits treffende Aussagen formuliert werden. Demnach sind vor allem immaterielle Maßnahmen betont und vor materiellen Maßnahmen einzuordnen. Im Fokus stehen die Gestaltung der Arbeitsbedingungen sowie der unternehmungspolitische Rahmen, was gleichsam eine Einwirkung auf die als zentral identifizierten Bindungsfaktoren ermöglicht.

Im Detail stellten sich jedoch einige der angenommenen Fähigkeiten teilweise entgegen der theoretischen Erwartungen dar. So wurde u. a. die vermutete Ausgestaltung alternativer Laufbahnformen empirisch nur bedingt wiedergegeben. Gleiches gilt für den Anteil an externer Fortbildung – allerdings in umgekehrter Richtung, da hierbei eine empirisch höhere Relevanz beigemessen worden ist. Darüber hinaus wurden bspw. auch mit Blick auf die Personalvergütung weitere Potenziale in Bezug auf das fakultative Vergütungssystem sowie ggf. einer Nutzung von Cafeteria-Systemen eher theoretisch angenommen. Der empirisch nur bedingt angeführte Einsatz leistungsbezogener direkter Vergütungsbestandteile ist in diesem Zusammenhang ebenfalls zu bemerken und steht vor allem einer gezielteren Steuerung der Leistungsbereitschaft entgegen. Im Detail zeigte sich daher vielfach, dass dort, wo eine entsprechend konzeptionelle und aufwendige Ausgestaltung einzelner Maßnahmen erforderlich ist, dies primär lediglich auf Basis betriebsbedingter Notwendigkeiten und erst sekundär unter bindungsbezogenen Überlegungen heraus erfolgt. Eine Notwendigkeit zu letzterem wird vielfach (noch) nicht erkannt. Dies entspricht der oftmals – wie oben bereits angeführt – eher unbewussten Nutzung von Maßnahmen eines Bindungsmanagements bzw. deren anderweitige Intention.

Festzustellen bleibt abschließend in jedem Fall, dass vor dem Hintergrund eines qualitativen Mittelstandsbegriffs und der sich somit ergebenden heterogenen Untersuchungseinheiten stets eine differenzierte Betrachtung der jeweiligen Aussagen notwendig erscheint. So ist nicht davon auszugehen, dass es den industriellen Mittelstand als solches gibt. Zu unterschiedlich sind trotz der vorliegenden charakteristischen Merkmale die tatsächlich vorgefundenen Ausgangsbedingungen. Auch ist die Intensität der jeweiligen Merkmale je nach Unternehmungsgröße, bspw. in Bezug auf die finanzielle Ausstattung, unterschiedlich ausgeprägt. Es ist daher stets vor dem jeweilig unternehmungsindividuellen Hintergrund über die tatsächlich vorliegenden organisationalen Fähigkeiten und deren Anwendungsnotwendigkeit zu differenzieren. Eine insgesamt bewusstere Auseinandersetzung mit potenziellen Fähigkeiten in Bezug auf eine Steuerung des Bindungsverhaltens erscheint jedoch in jedem Fall unabdingbar.

6.2 Ausblick

Im Rahmen dieser Arbeit konnte ein erster Einblick in die bis lang unerforschte Thematik des Bindungsmanagements im industriellen Mittelstand gegeben werden. Aufgrund der Charakteristik der explorativen Studie wurde erstmalig auf spezifische Zusammenhänge in ihrer vorliegenden Breite hingewiesen und das betroffene Forschungsfeld für weitere Untersuchungen vorstrukturiert. So bietet es sich nicht nur an, den an dieser Stelle relativ vage formulierbaren Erklärungsrahmen insgesamt weiter zu konkretisieren, sondern auch spezifische Einzelaspekte einer näheren Untersuchung zu unterziehen. Vor allem die vielfältigen Maßnahmen innerhalb der jeweiligen Subsysteme des Führungssystems konnten in ihrer Vielfältigkeit nur eingeschränkt berücksichtigt werden. Darüber hinaus kann auch der nicht zu gewährleistenden Repräsentativität dieser ersten Erkenntnisse in nachfolgenden Studien mit alternativen Forschungsdesigns begegnet werden. Nicht zuletzt ist es von Interesse, die an dieser Stelle ausschließlich aus der Perspektive der mittelständischen Unternehmungen beleuchteten Sachverhalte von den betroffenen Ingenieuren selbst beurteilen zu lassen, um so ein umfassendes Gesamtbild zu generieren. Die steigende Bedeutung von im Mittelstand gebundenen erfolgskritischen Mitarbeitern wie den Ingenieuren bietet in jedem Fall vielfältige Möglichkeiten einer weiteren Auseinandersetzung mit dieser Thematik sowie die gebotene Notwendigkeit hierzu.

Anhang A: Anschreiben Interviewpartner und Vorabinformationen

Institut für Unternehmungsführung an der Universität Bielefeld e. V.

Abteilung: Personal, Organisation, Management
Prof. Dr. *Fred G. Becker*

Dipl.-Ök. Sascha Piezonka · Fakultät für Wirtschaftswissenschaften
Universität Bielefeld · Postfach 10 01 31 · 33501 Bielefeld

mobil:
E-Mail:

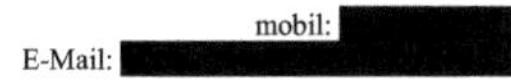

Anschrift

Datum

Anrede

das Thema Mitarbeiterbindung von Ingenieuren hat in der jüngsten Vergangenheit, insbesondere durch den vorherrschenden Fachkräftemangel, Eingang in die wissenschaftliche Diskussion gefunden. Gerade das **Bindungsmanagement für Ingenieure in mittelständischen Unternehmen** ist ein bislang vernachlässigtes Thema. Dies ist insofern erstaunlich, als von Wissenschaftlern wie auch Praktikern die große Relevanz von an mittelständische Unternehmen gebundenen Ingenieuren betont wird.

Zur Beseitigung dieses Defizites beschäftige ich mich im Rahmen eines **Dissertationsprojektes** am Lehrstuhl von *Prof. Dr. Fred G. Becker* mit dieser Thematik. Konkret liegt das Forschungsinteresse in der Erhebung und Analyse der Bindungsfaktoren von Ingenieuren sowie der Maßnahmen mittelständischer Unternehmen zur Steuerung des Bindungsverhaltens von Ingenieuren. Die Durchführung der Untersuchung erfolgt im Rahmen einer explorativen Studie. Im empirischen Teil der Arbeit werden 15 bis 20 leitfadengestützte Experteninterviews geführt.

Ich wäre Ihnen sehr dankbar, wenn Sie in diesem Zusammenhang für ein 1- bis 1½-stündiges Expertengespräch zur Verfügung stehen würden oder den Kontakt zu einem leitenden Mitarbeiter (bspw. des Personalbereiches) herstellen könnten, der in Ihrem Unternehmen mit der Thematik vertraut bzw. dafür verantwortlich ist. Weitere Informationen zu den Gesprächsinhalten sende ich Ihnen gerne vorab zu.

Sie würden damit einen zentralen Beitrag zum Gelingen meiner Arbeit leisten. Selbstverständlich erfolgt die Auswertung der Ergebnisse unter Wahrung vollständiger Anonymität. Die Ergebnisse der Studie stelle ich Ihnen gerne zur Verfügung.

Über eine positive Rückmeldung freue ich mich. Bitte teilen Sie mir dann auch mit, wann ein Gesprächstermin vereinbart werden kann.

Vielen Dank und mit freundlichen Grüßen

Vorabinformationen zum Expertengespräch: Bindungsmanagement im industriellen Mittelstand für Ingenieure

Vorbemerkungen:

- **Ziel der empirischen Studie** ist die Exploration und Analyse der Bindungsfaktoren von Ingenieuren sowie der Maßnahmen mittelständischer Unternehmen zur Steuerung des Bindungsverhaltens von Ingenieuren (jeweils aus der Unternehmensperspektive betrachtet).

- Ein in der Unternehmung **aktiv betriebenes Bindungsmanagement** (ob allgemein oder speziell für Ingenieure) ist für das Gelingen der Studie **<u>nicht</u>** zwingend **erforderlich**. Zahlreiche Maßnahmen werden unter anderen Zielsetzungen durchgeführt und weisen dennoch eine implizite Wirkung auf.

- Unter den **Begriff des Ingenieurs** werden im Rahmen der vorliegenden Studie hochqualifizierte Fachkräfte gefasst, die folgende Merkmale aufweisen:
  - Studium an einer (deutschen) staatlichen bzw. staatlich anerkannten Hochschule oder Berufsakademie (mit mindestens sechs theoretischen Studiensemestern)
  - in einer spezifischen Disziplin der Ingenieurwissenschaften: Bergbau/Hüttenwesen, Maschinenbau/Verfahrenstechnik, Elektrotechnik, Verkehrstechnik/Nautik, Architektur, Raumplanung, Bauingenieurwesen, Vermessungswesen, Ingenieurwesen allgemein (z. B. Mechatronik) sowie Wirtschaftsingenieurwesen.

- Für die inhaltliche Gesprächsführung ist eine Kenntnis über die **Anzahl** und die **Art** (Ausbildungshintergrund) der **beschäftigten Ingenieure** zu Beginn des Gesprächs von Interesse.

- Die Bereitstellung **weiterführender** unternehmensspezifischer **Dokumente** im Kontext des Bindungsmanagements (ggf. von Ingenieuren) ist für die spätere Analyse sehr hilfreich. Dies kann bspw. Unternehmensdarstellungen, Imagebroschüren, Personalstatistiken oder weitere Veröffentlichungen umfassen.

- Die **Wahrung vollständiger Anonymität** wird hiermit ausdrücklich zugesichert. Darüber hinaus müssen Sie selbstverständlich Fragen nicht beantworten, wenn Sie dies nicht möchten.

Gliederungsübersicht der Fragekomplexe des Interviewleitfadens:

I. Grundlegende Angaben

Zu Beginn des Interviews erfolgt eine Thematisierung einiger grundlegender Aspekte des Unternehmens in Bezug auf Ingenieure sowie das Bindungsmanagement.

II. Angaben zu Bindungsfaktoren von Ingenieuren

Gegenstand des zweiten Fragekomplexes sind mögliche Einflussfaktoren auf die Bindung von Ingenieuren in dem Unternehmen. Von Interesse sind dabei die konkreten Erfahrungen sowie Einschätzungen bzw. Vermutungen des Interviewpartners als Repräsentant des Unternehmens.

III. Angaben zu Maßnahmen des Bindungsmanagements für Ingenieure

Fragekomplex drei beinhaltet Maßnahmen zur Steuerung des Bindungsverhaltens von Ingenieuren. Von Interesse sind dabei insbesondere die in dem Unternehmen zum Einsatz (bzw. nicht zum Einsatz) kommenden Maßnahmen sowie deren Bedeutung für das Bindungsmanagement.

IV. Abschließende Fragen

Im abschließenden Fragekomplex geht es darum, nach der ausführlichen Beschäftigung mit der Thematik kurze rückblickende und vorausschauende inhaltliche Einschätzungen zu erfragen.

Für Ihre Bereitschaft zur Teilnahme an meiner Studie möchte ich mich vorab bereits bedanken und stehe für weitere Rückfragen selbstverständlich sehr gerne zur Verfügung.

Sascha Piezonka

mobil: [redacted]
e-mail: [redacted]

Anhang B: Interviewleitfaden

Interviewleitfaden

Unternehmen: ____________________

Ort: ____________________

Termin: ____________________

Interviewpartner: (Name, Funktion)____________________

Gliederungsübersicht der Fragekomplexe

I. Einleitung

II. Grundlegende Angaben

III. Angaben zu Bindungsfaktoren von Ingenieuren

IV. Angaben zu Maßnahmen des Bindungsmanagements für Ingenieure

V. Abschließende Fragen

I. Einleitung

- Persönliche Vorstellung
- Motivation zur Themenstellung
- Geplanter Gesprächsverlauf
- Zusicherung vollständiger Anonymität (Möglichkeit zur Auslassung von Fragen)
- Aufzeichnung des Gesprächs gestattet?
- Weiteres Informationsmaterial zur Verfügung gestellt?

II. Grundlegende Angaben

Einführende Erläuterungen:

- Grundlegende Angaben zu Ingenieuren und zum Bindungsmanagement
- Fokus: Betriebliche Praxis in diesem Unternehmen

Ingenieure

1. Welche Funktionen nehmen die verschiedenen Ingenieure wahr (Einsatzgebiete)?

2. Wie würden Sie das Arbeitsumfeld der Ingenieure insgesamt charakterisieren?

3. Beschreiben Sie in diesem Zusammenhang bitte konkret die Bedeutung der Ingenieure für Ihr Unternehmen!

4. Wie gebunden sind diese Ingenieure durchschnittlich?

5. Wie beurteilen Sie die Beschaffbarkeit von Ingenieuren am externen Arbeitsmarkt?

(Mitarbeiter-) Bindung & Bindungsmanagement

6. Was wird hier bei Ihnen unter dem Begriff Bindungsmanagement verstanden?

- Klärung Begriffsverständnis

  ⇨ <u>(Mitarbeiter-)Bindung:</u> zwei motivational gesteuerte Entscheidungen; Bereitschaft zum Verbleib und Bereitschaft zur engagierten Leistungserbringung

⇨ Bindungsmanagement: alle Maßnahmen zur positiven Beeinflussung der Verbleibebereitschaft und der engagierten Leistungsbereitschaft strategisch relevanter Mitarbeiter (hier: der Ingenieure)

- Erfolgt eine differenzierte Betrachtung der beiden Aspekte (Verbleib und Leistung)?

7. Erfolgt eine aktive bzw. bewusste Auseinandersetzung mit der Thematik Bindungsmanagement? Gegebenenfalls warum nicht?

8. Inwiefern werden folgende Merkmale eines Bindungsmanagements thematisiert:

a. **Zielgruppenspezifität**
b. **Zielgrößen**
c. **Zeitlicher Horizont**
d. **Bezugsobjekt**
e. **Träger** (welche Bereiche bzw. Personen sind beteiligt)
f. **Prozessorientierung**

III. Angaben zu Bindungsfaktoren von Ingenieuren

Einführende Erläuterungen:

a. Einflussfaktoren auf das Bindungsverhalten von Ingenieuren **im Allgemeinen** (d. h. **noch nicht** auf die **Maßnahmebereiche** seitens des Unternehmens eingehen)
b. **Erfahrungen**, **Vermutungen** etc. des Experten (Unternehmensperspektive) auf Basis der vorgefundenen betrieblichen Praxis (d. h. **kein Idealbild** im Sinne von „**so sollte es sein**“)

9. Wodurch ist ein Ingenieur im Allgemeinen – Ihrer Erfahrung nach – in seinem Bindungsverhalten beeinflusst?

- Wodurch ist ein Ingenieur darüber hinaus noch in seinem Bindungsverhalten beeinflusst? (Hauptfrage) *Mehrfaches und intensives Nachfragen erforderlich!*

10. In welche Rangfolge würden Sie die erläuterten Bindungsfaktoren einordnen?

11. Welche Bindungsfaktoren sind darüber hinaus für andere Mitarbeitergruppen relevant, die für Ingenieure keine Rolle spielen?

IV. Angaben zu Maßnahmen des Bindungsmanagements für Ingenieure

Einführende Erläuterungen:

a. Maßnahmen zur Steuerung des Bindungsverhaltens von Ingenieuren **hier im Unternehmen**
b. Die **betriebliche Praxis eines (bzw. dieses) Mittelständlers** ist von Interesse
c. Sowohl zum Einsatz kommende als auch **nicht** zum Einsatz kommende Maßnahmen

12. Wodurch binden Sie in Ihrem Unternehmen Ingenieure bzw. wodurch können Sie nicht binden? Was wird getan bzw. nicht getan?

- Was wird darüber hinaus noch unternommen (bzw. nicht unternommen), um Ingenieure zu binden? (Hauptfrage) *Mehrfaches und intensives Nachfragen erforderlich!!!*
- Wird durch die jeweiligen Aspekte eine Beeinflussung der Bereitschaft zum Verbleib oder zur engagierten Leistungserbringung angestrebt? Warum?

13. Welche Aspekte bestehen darüber hinaus, die lediglich indirekt zur Steuerung des Bindungsverhaltens beitragen?

- *Erläuterung: Maßnahmen mit einer primär anderen Intention, welche aber das Bindungsverhalten als Nebeneffekt mit steuern.*
- ***Gleicher Ablauf wie Frage 12***

14. In welche Rangfolge würden Sie die erläuterten Aspekte einordnen?

15. Was wird darüber hinaus zur Bindung anderer Mitarbeitergruppen unternommen, was für Ingenieure jedoch nicht in Frage kommt?

16. Folgenden Aspekt haben Sie nicht angeführt: *siehe Notizen*. **Warum stellt … ggf. keine Bindungsmaßnahme für Ingenieure hier bei Ihnen dar?**

V. Abschließende Fragen

Erläuterung: Abschließende Bitte um eine **vorausschauende** Einschätzung.

17. Inwiefern wird sich das Bindungsmanagement von Ingenieuren zukünftig hier bei Ihnen verändern?

Für Ihre Teilnahme bedanke ich mich recht herzlich!

Literaturverzeichnis

Ackermann, K.-F./Eisele, D. (2004): Entgeltpolitik. In: Gaugler, E.; Oechsler, W.; Weber, W. (Hrsg.): Handwörterbuch des Personalwesens. 3. Auflage, Schäffer-Poeschel Verlag, Stuttgart, Sp. 698-711.

Adams, J. S. (1965): Inequity in Social Exchange. In: Berkovitz, L. (Hrsg.): Advances in Experimental Social Psychology. Band 2, Academic Press, New York, S. 267-299.

Agarwala, T. (2003): Innovative Human Resource Practices and Organizational Commitment: An Empirical Investigation. In: The International Journal of Human Resource Management, 14 (2003) 2, S. 175-197.

Alchian, A. A. (1977): Some Economics of Property. In: Alchian, A. A. (Hrsg.): Economic Forces at Work. Liberty Press, Indianapolis, S. 127-149.

Allen, N./Grisaffe, D. (2001): Employee Commitment to the Organization and Customer Reactions. Mapping the linkages. In: Human Resource Management Review, 11 (2001) 3, S. 209-236.

Allen, N./Meyer, J. (1990): The Measurement and Antecedents of Affective, Continuance and Normative Commitment to the Organization. In: Journal of Occupational Psychology, 63 (1990) 1, S. 1-18.

Allen, N./Meyer, J. (1996): Affective, Continuance and Normative Commitment to the Organization: An Examination of Construct Validity. In: Journal of Vocational Behavior, 49 (1996) 3, S. 252-276.

Althauser, U. (2008): Bearbeitung menschlicher Ressourcen – Strategien, Methoden, Werkzeuge. In: Althauser, U./Schmitz, M./Venema, C. (Hrsg.): Demografie – Engpass Personal. Luchterhand Verlag, Köln, S. 49-90.

Anderson, N./Schalk, R. (1998): The Psychological Contract in Retrospect and Prospect. In: Journal of Organizational Behavior, 19 (1998), S. 637-647.

Anger, C./Erdmann, V./Plünnecke, A. (2011): MINT – Trendreport 2011. Institut der deutschen Wirtschaft Köln. Online im Internet: http://www.iwkoeln.de/LinkClick.aspx?file ticket =pmft3ZkkAjs%3D&tabid=252. [Abruf am 27.01.2012.]

Antoni, C. (1994): Gruppenarbeit in Unternehmen: Konzepte, Erfahrungen, Perspektiven. Beltz Verlag, Weinheim.

Antoni, C. (1995): Gruppenarbeit in Deutschland – Eine Bestandsaufnahme. In: Zink, K. J. (Hrsg.): Erfolgreiche Konzepte zur Gruppenarbeit – Aus Erfahrungen lernen. Luchterhand, Neuwied, S. 23-37.

Antoni, C. (1999): Konzepte der Mitarbeiterbeteiligung. In: Hoyos, G./Frey, D. (Hrsg.): Arbeits- und Organisationspsychologie. Beltz Verlag, Weinheim, S. 569-583.

Ashforth, B./Mael, F. (1989): Social Identity Theory and the Organization. In: Academy of Management Review. 14 (1989) 1, S. 20-39.

Atkinson, J. W. (1957): Motivational Determinants of risk-taking Behavior. In: Psychological Review, 64 (1957) 6, S. 359-372.

Atteslander, P. (2010): Methoden der empirischen Sozialforschung. 13. Auflage, Erich Schmidt Verlag, Berlin.

Bagg, A./Cancik-Kirschbaum, E. (2006): Technische Experten in frühen Hochkulturen. In: Kaiser, W./König, W. (Hrsg.): Geschichte des Ingenieurs. Ein Beruf in sechs Jahrtausenden. Hanser Verlag, München, S. 5-32.

Bain, J. S. (1968). Industrial Organization. 2. Auflage, Wiley, New York.

Bandura, A. (1997): Self-Efficacy. The Exercise of Control. Freeman and Company, New York.

Barnard, C. I. (1938): The Functions of the Executive. Harvard University Press, Cambridge.

Barnard, C. I. (1970): Die Führung großer Organisationen. Verlag Girardet, Essen.

Barney, J. B. (1986a). Strategic Faktor Markets. Expectations, Luck and Business Strategy. In: Management Science. 32 (1986) 10, S. 1231-1241.

Barney, J. B. (1986b). Organizational Culture: Can It be a Source of Sustained Competitive Advantage? In: Academy of Management Review. 11 (1986) 3, S. 656-665.

Barney, J. B. (1991): Firm Resources and Sustained Competitive Advantage. In: Journal of Management, 17 (1991) 1, S. 99-120.

Barney, J. B. (1994). Bringing Managers Back In: A Resource-Based Analysis of the Role of Managers in Creating and Sustaining Competitive Advantages for Firms. In: Barney, J. B./ Spender, J. C./ Reve, T. (Hrsg.). Does Management Matter? On Competencies and Competitive Advantage. Lund University Press, Malmö, S. 1-36.

Barney, J. B. (2011). Gaining and Sustaining Competitive Advantage. 4. Auflage, Pearson, Upper Saddle River, N J.

Barney, J. B./Wright, P. (1998). On Becoming a Strategic Partner: The Role of Human Resources in Gaining Competitive Advantage. In: Human Resource Management. 37 (1998) 1, S. 31-46.

Barrenstein, P. (1999). Der Kampf um Talente. In: McKinsey Akzente. 11 (1999), S. 2-7.

Bartölke, K./Grieger, J. (2004): Führung und Kommunikation. In: Gaugler, E./ Oechsler, W./ Weber, W. (Hrsg.): Handwörterbuch des Personalwesens. 3. Auflage, Schäffer-Poeschel, Stuttgart, Sp. 777-790.

Bartscher-Finzer, S. (2004): Personaleinstellung und Personaleinführung. In: Gaugler, E./Oechsler, W./Weber, W. (Hrsg.): Handwörterbuch des Personalwesens. 3. Auflage, Schäffer-Poeschel, Stuttgart, Sp. 1479-1487.

Bartscher-Finzer, S./ Martin, A. (1998): Die Erklärung der Personalpolitik mit Hilfe der Anreiz-Beitrags-Theorie. In: Martin, A./Nienhüser, W. (Hrsg.): Personalpolitik - Wissenschaftliche Erklärung der Personalpraxis. Hampp Verlag, München und Mering, S. 113-145.

Bartscher-Finzer, S./Martin, A. (2003): Psychologischer Vertrag und Sozialisation. In: Martin, A. (Hrsg.): Organizational Behaviour – Verhalten in Organisationen. Kohlhammer Verlag, Stuttgart, S. 53-76.

Bass, B. M. (1990): From Transactional to Transformational Leadership: Learning to share the Vision. In: Organizational Dynamics. 18 (1990) 3, S. 19-31.

Bass, B. M. (1999): Two decades of research and development in transformational leadership. In: European Journal of Work and Organizational Psychology. 8 (1999) 1, S. 9-32.

Bass, B. M./Avolio, B. (1994): Improving organizational effectivness through transformational leadership. Sage Publications, Thousand Oaks.

Bäth, A. (2008): Retentionmanagement aus ressourcentheoretischer Sicht. Universität der Bundeswehr Hamburg, Hamburg.

Bauer, H./Jensen, S. (2001): Determinanten der Mitarbeiterbindung – Überlegungen zur Verallgemeinerung der Kundenbindungstheorie. Institut für Marktorientierte Unternehmensführung, Universität Mannheim, Wissenschaftliche Arbeitspapiere, Nr. W 51.

Bauer, H./Jensen, S. (2004): Determinanten der Mitarbeiterbindung – Überlegungen zur Verallgemeinerung der Kundenbindungstheorie. In: Homburg, C. (Hrsg.): Perspektiven der marktorientierten Unternehmensführung. DU-Verlag, Wiesbaden, S. 245-267.

BDI (2012a): Mittelstand. Online im Internet: http://www.bdi.eu/Mittelstand.htm. [Abruf am 12. 06. 2012.]

BDI (2012b): Familienunternehmen. Online im Internet: http://www.bdi.eu/Familienunternehmen.htm. [Abruf am 15. 06. 2012.]

BDI (2012c): BDI-Mittelstandpanel. Online im Internet: http://www.bdi-panel.emnid.de /index.htm. [Abruf am 05. 06. 2012.]

Bea, F. X./Göbel, E. (2010): Organisation – Theorie und Gestaltung. 4. Auflage, Lucius & Lucius, Stuttgart.

Beck, K./Wilson, C. (2001): Have we studied, should we study, and can we study the development of commitment? In: Human Resource Management Review, 11 (2001), S. 257-278.

Becker, F. G. (1990): Anreizsysteme für Führungskräfte. Poeschel Verlag, Stuttgart.

Becker, F. G. (1991): Innovationsfördernde Anreizsysteme. In: Schanz, G. (Hrsg.): Handbuch Anreizsysteme. Poeschel Verlag, Stuttgart, S. 567-594.

Becker, F. G. (1993): Explorative Forschung mittels Bezugsrahmen – Ein Beitrag zur Methodologie des Entdeckungszusammenhangs. In Becker, F. G./Martin, A. (Hrsg.): Empirische Personalforschung. Methoden und Beispiele. München und Mering, S. 111-128.

Becker, F. G. (1995): Anreizsysteme als Führungsinstrumente. In: Kieser, A./Reber, G./Wunderer, R. (Hrsg.): Handwörterbuch der Führung. 2.Auflage, Schäffer-Poeschel, Stuttgart, Sp. 34-45.

Becker, F. G. (2004): Anleitung zum wissenschaftlichen Arbeiten. 4. Auflage, Eul Verlag, Lohmar.

Becker, F. G. (2006a): Mittelstand, mittlere Unternehmen, mittelständische Unternehmen, mittelständisch geprägte Unternehmen. In: Kastrup, B. (Hrsg.): Jahresabschlussprüfung und Steuerberatung für den Mittelstand. Festschrift für Dr. Ulrich Hüttemann. Eul Verlag, Lohmar und Köln, S. 7-36.

Becker, F. G. (2006b): Personalführung – Zwischen Distanz und Nähe. In: Krüger, W./Klippstein, G./Merk, R./Wittberg, V. (Hrsg.): Praxishandbuch des Mittelstands. Gabler Verlag, Wiesbaden, S. 275-294.

Becker, F. G. (2006c): Explorative Forschung mittels Bezugsrahmen: Ein Beitrag zur Methodologie. In: Oppelland, H. J. (Hrsg.): Deutschland und seine Zukunft. Innovation und Veränderung in Bildung, Forschung und Wirtschaft. Festschrift zum 75. Geburtstag von Prof. Dr. Dr. h. c. Norbert Szyperski. Eul Verlag, Lohmar und Köln, S. 281-306.

Becker, F. G. (2006d): Führung von Familienunternehmen – zwischen Familien- und Fremdmanagement. In: Böllhoff, C./Krüger, W. (Hrsg.): Spitzenleistungen in Familienunternehmen. Ein Managementhandbuch. Schäffer-Poeschel Verlag, Stuttgart, S. 31-46.

Becker, F. G. (2007): Fremdmanagement in Familienunternehmen: Annäherung an eine vielschichtige Thematik. In: Letmathe, P./Eigler, J./Welter, F./Kathan, D./Heupel, T. (Hrsg.): Management kleiner und mittlerer Unternehmen. Stand und Perspektiven der KMU-Forschung. DU-Verlag, Wiesbaden, S. 205-224.

Becker, F. G. (2009): Demografieorientierte (= marktorientierte) Personalarbeit. In: Hünerberg, R./Mann, A. (Hrsg.): Ganzheitliche Unternehmensführung in dynamischen Märkten. Festschrift für Univ.-Prof. Dr. Armin Töpfer. Gabler Verlag, Wiesbaden, S. 327-349.

Becker, F. G. (2010a): Mitarbeiterbindung: Ein Einblick in ein schwieriges Objekt und den Status quo der Diskussion. In: Bruhn, M./Stauss, B. (Hrsg.): Serviceorientierung im Unternehmen. Gabler Verlag, Wiesbaden, S. 230-252.

Becker, F. G. (2010b): Experteninterview: Wie selbstständige Arbeit Mitarbeiter bindet. Online im Internet: http://www.newsvz.de/details_Wirtschaft,Experteninterview-Wie-selbststaendige-Arbeit-Mitarbeiter-bindet,649529.html. [Abruf am 17.01.2012.]

Becker, F. G. (2011a): Strategische Unternehmungsführung. Eine Einführung. 4. Auflage, Erich Schmidt Verlag, Berlin.

Becker, F. G. (2011b): Grundlagen der Unternehmungsführung. Erich Schmidt Verlag, Berlin.

Becker, H. S. (1960): Notes on the Concept of Commitment. In: The American Journal of Sociology, 66 (1960) 1, S. 32-40.

Becker, M. (2009): Personalentwicklung: Bildung, Förderung und Organisationsentwicklung in Theorie und Praxis. 5. Auflage, Schäffer-Poeschel Verlag, Stuttgart.

Becker, T. E. (1992): Foci and Bases of Commitment: Are they Distinctions worth Making? In: Academy of Management Journal, 35 (1992) 1, S. 232-244.

Becker, T. E./Billings, R./Eveleth, D./Gilbert, N. (1996): Foci and Bases of Employee Commitment: Implications for Job Performance. In: Academy of Management Journal, 39 (1996) 2, S. 464-482.

Behrends, T. (2004): Personalmanagement in Klein- und Mittelbetrieben. In: Gaugler, E./Oechsler, W./Weber, W. (Hrsg.): Handwörterbuch des Personalwesens. 3. Auflage, Schäffer-Poeschel, Stuttgart, Sp. 1575-1583.

Behrends, T. (2007): Anreizstrukturen im Mittelstand – ein empirischer Vergleich zwischen KMU und Großunternehmen. In: Albach, H./Letmathe, P. (Hrsg.): Empirische Studien zum Management in mittelständischen Unternehmen. ZfB – Special Issue 6, Gabler Verlag, Wiesbaden, S. 21-52.

Benkhoff, B. (2004): Identifikation und Loyalität. In: Gaugler, E./Oechsler, W./Weber, W. (Hrsg.): Handwörterbuch des Personalwesens. 3. Auflage, Schäffer-Poeschel, Stuttgart, Sp. 896-905.

Berger, U./Bernhard-Mehlich, I. (2006): Die verhaltenswissenschaftliche Entscheidungstheorie. In: Kieser, A./Ebers, M. (Hrsg.): Organisationstheorien. 6. Auflage, Kohlhammer Verlag, Stuttgart, S. 169-214.

Bert, S./Jiménez, P. (2005): Mitarbeiterzufriedenheit messen. In: Personal, o. Jg. (2005) 7-8, S. 64-67.

Berthel, J./Becker, F. G. (2010): Personal-Management. 9. Auflage, Schäffer-Poeschel Verlag, Stuttgart.

Bertrand, M. (2004): Best-Practise-Personalbindungsstrategien in Großunternehmen. In: Bröckermann, R./Pepels, W. (Hrsg.): Personalbindung. Wettbewerbsvorteile durch strategisches Human Resource Management. Erich Schmidt Verlag, Berlin, S. 265-286.

Bienzeisler, B./Bernecker, S. (2008): Fachkräftemangel und Instrumente der Personalgewinnung. Kurzstudie im Umfeld technischer Unternehmen. Fraunhofer Institut für Arbeitswirtschaft und Organisation, Fraunhofer IRB Verlag, Stuttgart.

BIngK (2012): Musteringenieur(kammer-)gesetz. Online im Internet: http://www.bingk.de/html/873.htm. [Abruf am 26.01.2012.]

Bleicher, K. (1994): Normatives Management. Politik, Verfassung und Philosophie des Unternehmens. Campus Verlag, Frankfurt am Main.

Bleicher, K. (2004): Das Konzept integriertes Management: Visionen – Missionen – Programme. 7. Auflage, Campus Verlag, Frankfurt am Main.

Blossfeld, H.-P. (1985): Bildungsexpansion und Berufschancen. Campus Verlag, Frankfurt am Main.

Bluhm, K./Demmler, P./Trappmann, V. (2009): Attraktiver Mittelstand. In: Personal, o. Jg. (2009) 3, S. 6-7.

Bluhm, K./Demmler, P./Martens, B./Trappmann, V. (2007): Fach- und Führungskräfte in mittelständischen Unternehmen – Bedarf, Rekrutierung, Bindung. Economic Sociology Jena, Working Papers, 6/2008.

Boesel, P. (1992): Eigene Stärken mehr nutzen. Personalmarketing in mittelständischen Unternehmen. In: Personalführung, 25 (1992), S. 992-998.

Bogner, A./Menz, W. (2005): Das theoriegenerierende Experteninterview. In: Bogner, A./Littig, B./Menz, W. (Hrsg.): Das Experteninterview. Theorie, Methode, Anwendung. VS Verlag, Wiesbaden, S. 33-70.

Börner, C. (2006): Finanzierung. In: Pfohl, H.-C. (Hrsg.): Betriebswirtschaftslehre der Mittel- und Kleinbetriebe. Erich Schmidt Verlag, Berlin, S. 297-330.

Branham, L. (2001): Keeping the People who keep you in Business. Amacom, New York.

Brauweiler, J. (2010): Retention Management: Rekrutierung und Mitarbeiterbindung im Kontext des demografischen Wandels. In: Preißing, D. (Hrsg.): Erfolgreiches Personalmanagement im demografischen Wandel. Oldenbourg Verlag, München, S. 77-106.

Brief, A. P./Motowidlo, S. J. (1986): Prosocial Organizational Behavior. In: Academy of Management Review. 11 (1986) 4, S. 710-725.

Bröckermann, R. (2004): Fesselnde Unternehmen – gefesselte Beschäftigte. In: Bröckermann, R./Pepels, W. (Hrsg.): Personalbindung. Wettbewerbsvorteile durch strategisches Human Resource Management. Erich Schmidt Verlag, Berlin, S. 15-32.

Bröckermann, R. (2007): Personalwirtschaft. 4. Auflage, Schäffer-Poeschel Verlag, Stuttgart.

Bruch, H./Clement, W. (2009): TOB JOB – Die 100 besten Arbeitgeber im Mittelstand. Redline Verlag, München.

Bruhn, M. (2001): Relationship Marketing. Vahlen Verlag, München.

Bruhn, M. (2007): Kommunikationspolitik. In: Köhler, R./Küpper, H.-U./Pfingsten, A. (Hrsg.): Handwörterbuch der Betriebswirtschaft. 6. Auflage, Schäffer-Poeschel Verlag, Stuttgart, Sp. 897-908.

Bühner, R./Tuschke, A. (2007): Organisationsformen. In: Köhler, R./Küpper, H.-U./Pfingsten, A. (Hrsg.): Handwörterbuch der Betriebswirtschaft. 6. Auflage, Schäffer-Poeschel Verlag, Stuttgart, Sp. 1288-1298.

Bundesagentur für Arbeit (2011): Arbeitsmarkt nach Berufen. Reihe: Arbeitsmarkt in Zahlen – Arbeitsmarktstatistik. März 2011. Online im Internet: http://statistik.arbeitsagentur.de/nn_4236/SiteGlobals/Forms/Suche/serviceSuche_Form.html?allOfTheseWords=Arbeitsmarkt+nach+Berufen+Januar+2011&OK=OK&pageLopage=de&view=processForm. [Abruf am 05.06.2011.]

Bundesministerium der Justiz (2012): § 267 Umschreibung der Größenklassen. Online im Internet: http://www.gesetze-im-internet.de/hgb/__267.html. [Abruf am 02. 05. 2012.]

Burmann, C./Blinda, L./Lensker, P. (2006): Markenführungskompetenzen und Markenerfolg. In: Burmann, C./Freiling, J./Hülsmann, M. (Hrsg.): Neue Perspektiven des Strategischen Kompetenz-Managements. DU-Verlag, Wiesbaden, S. 476-503.

Busse von Colbe, W. (1964): Die Planung der Betriebsgröße. Gabler Verlag, Wiesbaden.

Büssing, A. (2004): Arbeitszufriedenheit. In: Gaugler, E./Oechsler, W./Weber, W. (Hrsg.): Handwörterbuch des Personalwesens. 3. Auflage, Schäffer-Poeschel Verlag, Stuttgart, Sp. 461-473.

Butler, T./Waldroop, J. (2000): Wie Unternehmen ihre besten Leute an sich binden. In: Harvard Business Manager, o. Jg. (2000) 2, S. 70-78.

Butler, T./Waldroop, J. (2004): Wie Unternehmen ihre besten Leute an sich binden. In: Harvard Business Manager, o. Jg. (2004) 10, S. 92-101.

Cappelli, P. (2000): A market-driven approach to retaining talent. In: Harvard Business Review, o. Jg. (2000) Januar-Februar, S. 103-111.

Chalupa, M. (2007): Motivation und Bindung von Mitarbeitern im Darwiportunismus. Hampp Verlag, München und Mering.

Chambers, E./Foulon, M./Handfield-Jones, H./Hankin, S. M./Michaels, E. G. (1998). The war for talent. In: McKinsey Quarterly, o. Jg. (1998) 3, S. 44-57.

Chew, J. (2004): The Influence of Human Resource Management Practices on the Retention of Core Employees of Australian Organisations: An Empirical Study. Murdoch University.

Chmielewicz, K. (1994): Forschungskonzeptionen der Wirtschaftswissenschaften. 3. Auflage, Schäffer-Poeschel Verlag, Stuttgart.

Clugston, M. (2000): The mediating effects of multidimensional commitment on job satisfaction and intent to leave. In: Journal of Organizational Behavior, 21 (2000) 4, S. 477-486.

Coase, R. H. (1937): The Nature of the Firm. In: Economica, 4 (1937) 16, S. 386-405.

Cohen, A. (2007): Commitment before and after: An Evaluation and Reconceptualization of Organizational Commitment. In: Human Resource Management Review, 17 (2007) 3, S. 336-354.

Collis, D. J./Montgomery, C. A. (1996). Wettbewerbsstärke durch hervorragende Ressourcen. In: Harvard Business Manager, o. J. (1996) 2, S. 47-57.

Conrad, P. (2004): Organizational Citizenship Behaviour. In: Schreyögg, G./von Werder, A. (Hrsg.): Handwörterbuch Unternehmensführung und Organisation. 4. Auflage, Schäffer-Poeschel Verlag, Stuttgart, Sp. 1101-1108.

Copeland, M. (1923): Relation of Consumer's Buying Habit to Marketing Methods. In: Harvard Business Review, o. Jg. (1923) April, S. 282-289.

Corbin, J./Strauss, A. (2008): Basics of Qualitative Research: Techniques and Procedures for Developing Grounded Theory. 3. Auflage, Sage Publications, Los Angeles.

Cramer, D. (1996): Job Satisfaction and Organizational Continuance Commitment: A two wave Panel Study. In: Journal of Organizational Behavior, 17 (1996) 4, S. 389-400.

Cyert, R./March, J. (1963): A behavioral Theory of the Firm. Englewood Cliffs, NJ.

Cyert, R./March, J. (1995): Eine verhaltenswissenschaftliche Theorie der Unternehmung. Deutsche Ausgabe herausgegeben vom Carnegie Bosch Institut. 2. Auflage, Schäffer-Poeschel, Stuttgart.

Czichos, H. (2004): Die Ingenieurwissenschaften – Ihr Profil in Technik und Gesellschaft, Studium und Beruf. In: Czichos, H./Hennecke, M. (Hrsg.): Hütte – Das Ingenieurwissen. 32. Auflage, Springer Verlag, Berlin, S. 1-14.

Demsetz, H. (1967): Towards a Theory of Property Rights. In: American Economic Review. Papers and Proceedings. 57 (1967) 2, S. 347-359.

Dessler, G. (1999): How to earn your Employees' Commitment. In: The Academy of Management Executive, 13 (1999) 2, S. 58-67.

De Vos, A./Megnack, A. (2009): What HR Managers do versus what Employees Value. In: Personnel Review, 38 (2009) 1, S. 45-60.

DGFP (2004): Retentionmanagement – Die richtigen Mitarbeiter binden. Bertelsmann Verlag, Bielefeld.

Diekmann, A. (2010): Empirische Sozialforschung. Grundlagen, Methoden, Anwendungen. 4. Auflage, Rowohlt Taschenbuch Verlag, Reinbek bei Hamburg.

Dillerup, R./Stoi, R. (2011): Unternehmensführung. 3. Auflage, Vahlen Verlag, München.

Dincher, R. (2007): Personalwirtschaft. 3. Auflage, Forschungsstelle für Betriebsführung und Personalmanagement (FBP), Neuhofen.

Dietl, H. (1993): Institutionen und Zeit. Mohr Siebeck Verlag, Tübingen.

Doppler, K./Lauterburg, C. (2002): Change Management. Campus Verlag, Frankfurt am Main.

Drumm, H. J. (2008): Personalwirtschaftslehre. 6. Auflage, Springer Verlag, Berlin.

Duden (2003): Das große Fremdwörterbuch. Herkunft und Bedeutung der Fremdwörter. 3. Auflage, Dudenverlag, Mannheim.

Duden (2007): Das Herkunftswörterbuch. Etymologie der deutschen Sprache. 4. Auflage, Dudenverlag, Mannheim.

Duschek, S. (2004): Kompetenzen, organisationale. In: Schreyögg, G./von Werder, A. (Hrsg.): Handwörterbuch Unternehmensführung und Organisation. 4. Auflage, Schäffer-Poeschel Verlag, Stuttgart, Sp. 612-618.

Dutton, J./Dukerich, J./Harquail, C. (1994): Organizational Images and Member Identification. In: Administrative Science Quarterly, 39 (1994) 2, S. 239-263.

Dycke, A./Schulte, C. (1986): Cafeteria-Systeme. In: Die Betriebswirtschaft, 46 (1986) 5, S. 577-589.

Dyer, L./Reeves, T. (1995): Human Resource Strategies and Firm Performance. What do we know and where do we need to go? In: International Journal of Human Resource Management. 6 (1995) 3, S. 656-670.

Ehrlich, C./Lange, Y. (2006): Zufrieden statt motiviert. In: Personal, o. Jg. (2006) 4, S. 24-28.

Ellemers, N./Kortekaas, P./Ouwerkerk, J. (1999): Self-Categorisation, Commitment to the Group and Group Self-Esteem as related but distinct Aspects of Social Identity. In: European Journal of Social Psychology. 29 (1999) 2, S. 371-389.

Erdmann, V. (2010): Bedroht der Ingenieurmangel das Modell Deutschland? In: IW-Trends, 37 (2010) 3, S. 3-17.

Erdmann, V./ Koppel, O. (2009): Beschäftigungsperspektiven älterer Ingenieure in deutschen Industrieunternehmen. In: IW-Trends, 36 (2009) 2, S. 107-121.

Erdmann, V./Koppel, O. (2010): Der Arbeitsmarkt für Ingenieure im Dezember 2009. Schlaglicht: Der Arbeitsmarkt für Architekten und Bauingenieure. Ingenieurmonitor Nr. 01/2010. Online im Internet: http://www.vdi.de/fileadmin/vdi_de/redakteur_dateien/dps

_dateien/SK/Ingenieurmonitol/2010/Ingenieurmonatsbericht%20-%20Ausgabe%20 Januar%202010.pdf. [Abruf am 23.11.2011.]

Esser, K./Faltlhauser, K. (1974): Beteiligungsmodelle. Moderne Industrie, München.

Ettinger, E. (2003): Innovative Entwicklungen im Human Resource Management hinsichtlich Personalbindung ans Unternehmen. Trauner Verlag, Linz.

Evers, H. (1991): Leistungsanreize für Führungskräfte. In: Schanz, G. (Hrsg.): Handbuch Anreizsysteme. Poeschel Verlag, Stuttgart, S. 737-753.

Feldmann, M. (1991): Partnerschaftliche Personalentwicklung als Eckpfeiler mittelständischer Personalpolitik – das Konzept der Accumulatorenwerke Hoppecke. In: Schanz, G. (Hrsg.): Handbuch Anreizsysteme. Poeschel Verlag, Stuttgart, S. 405-428.

Felfe, J. (2005): Charisma, transformationale Führung und Commitment. Kölner Studien Verlag, Köln.

Felfe, J. (2006): Transformationale und charismatische Führung: Stand der Forschung und aktuelle Entwicklungen. In: Zeitschrift für Personalpsychologie. 5 (2006) 4, S. 163-176.

Felfe, J. (2008): Mitarbeiterbindung. Hogrefe Verlag, Göttingen.

Felfe, J./Six, B. (2006): Die Relation von Arbeitszufriedenheit und Commitment. In: Fischer, L. (Hrsg.): Arbeitszufriedenheit – Konzepte und empirische Befunde. 2. Auflage, Hogrefe Verlag, Göttingen, S. 37-60.

Felfe, J./Schmook, R./Six, B. (2006): Die Bedeutung kultureller Wertorientierungen für das Commitment gegenüber der Organisation, dem Vorgesetzten, der Arbeitsgruppe und der eigenen Karriere. In: Zeitschrift für Personalpsychologie, 5 (2006) 3, S. 94-107.

Ferstl. O./Sinz, E. (2007): Informationsmanagement. In: Köhler, R./Küpper, H.-U./Pfingsten, A. (Hrsg.): Handwörterbuch der Betriebswirtschaft. 6. Auflage, Schäffer-Poeschel Verlag, Stuttgart, Sp. 732-741.

Fisch, J. (2003): Innere Kündigung als Folge einer sich selbsterfüllenden Prophezeiung – Wenn Stewards mit Agents verwechselt werden. In: Zeitschrift für Personalforschung, 17 (2003) 2, S. 215-223.

Fischer, L. (1989): Strukturen der Arbeitszufriedenheit – Zur Analyse individueller Bezugssysteme. Hogrefe Verlag für Psychologie, Göttingen.

Fischer, L. (1991): Arbeitszufriedenheit. Beiträge zur Organisationspsychologie 5. Verlag für angewandte Psychologie, Stuttgart.

Fischer, L. (2006, Hrsg.): Arbeitszufriedenheit – Konzepte und empirische Befunde. 2. Auflage, Hogrefe Verlag, Göttingen.

Flato, E./Reinbold-Scheible, S. (2008): Zukunftsweisendes Personalmanagement. Herausforderung demografischer Wandel. Fachkräfte gewinnen, Talente halten, Erfahrung nutzen. mi-Fachverlag, München.

Flick, U. (1995): Stationen des qualitativen Forschungsprozesses. In: Flick, U./von Kardorff, E./Keupp, H./von Rosenstiel, L./Wolff, S. (Hrsg.): Handbuch qualitative Sozialforschung. 2. Auflage, Beltz Verlag, Weinheim, S. 147-173.

Flick, U. (2009): Sozialforschung. Methoden und Anwendungen. Rowohlt Taschenbuch Verlag, Reinbek bei Hamburg.

Franck, E./Opitz, C. (2007): Organisationstheorien, ökonomische. In: Köhler, R./Küpper, H.-U./Pfingsten, A. (Hrsg.): Handwörterbuch der Betriebswirtschaft. 6. Auflage, Schäffer-Poeschel Verlag, Stuttgart, Sp. 1307-1316.

Franke, F./Felfe, J. (2008): Commitment und Identifikation in Organisationen. Ein empirischer Vergleich beider Konzepte. In: Zeitschrift für Arbeits- und Organisationspsychologie, 52 (2008) 3, S. 135-146.

Freiling, J. (2008): Unternehmerfunktionen und Management-Kompetenz im Mittelstand. In: Meyer, J.-A. (Hrsg.): Management-Kompetenz in kleinen und mittleren Unternehmen. Jahrbuch der KMU-Forschung und -Praxis 2008 in der Edition „Kleine und Mittlere Unternehmen“. Eul Verlag, Lohmar, S. 11-24.

Freiling, J./Gersch, M./Goeke, C. (2006): Notwendige Basisentscheidungen auf dem Weg zu einer Competence-based Theory oft he Firm. In: Burmann, C./Freiling, J./Hülsmann, M. (Hrsg.): Neue Perspektiven des Strategischen Kompetenz-Managements. DU-Verlag, Wiesbaden, S. 3-34.

Freiling, T./Jäger, U./Näder, J. (2010): Ingenieure und Techniker gesucht. Strategien zur Rekrutierung, Förderung und Bindung technischer Fachkräfte. Bertelsmann Verlag, Bielefeld.

Frick, B./Bellmann, L./Frick, J. (2000): Betriebliche Zusatzleistungen in der Bundesrepublik Deutschland: Verbreitung und Effizienzfolgen. In: Zeitschrift Führung + Organisation (ZfO), 69 (2000) 2, S. 83-91.

Friedli, V./Thom, N. (2001): Personalerhaltung – Ein Element des nachhaltigen Personalmanagements. Projektbericht, Institut für Organisation und Personal, Universität Bern.

Fröhlich, W. (2001): Führung und Personalmanagement: Erfolgsfaktoren der betrieblichen Zusammenarbeit. 2. Auflage, Hampp Verlag, München und Mering.

Fröhlich, W./Holländer, K. (2004): Personalbeschaffung und -akquisition. In: Gaugler, E./Oechsler, W./Weber, W. (Hrsg.): Handwörterbuch des Personalwesens. 3. Auflage, Schäffer-Poeschel Verlag, Stuttgart, Sp. 1403-1419.

Frost, J. (2004): Aufbau- und Ablauforganisation. In: Schreyögg, G./von Werder, A. (Hrsg.): Handwörterbuch Unternehmensführung und Organisation. 4. Auflage, Schäffer-Poeschel Verlag, Stuttgart, Sp. 45-53.

Füglistaller, U. (2004): Charakteristik und Entwicklung von Klein- und Mittelunternehmen. KMU Verlag, St. Gallen.

Füglistaller, U./Jakl, M./Müller, C. (2009): Klein- und Mittelunternehmen (KMU). In: Dubs, R./Euler, D./Rüegg-Stürm, J./Wyss, C. (Hrsg.): Einführung in die Managementlehre. Band 4. Haupt Verlag, Bern, S. 295-320.

Galais, N./Moser, K. (2001): Eintritt in die Arbeitswelt – Enttäuschte, erfüllte und übertroffene Erwartungen. In: Zeitschrift für Arbeitswissenschaft, 55 (2001) 3, S. 179-186.

GALLUP (2011/2001-2010): Engagement Index 2011. Online im Internet: http://eu.gallup.com/Berlin/118645/Gallup-Engagement-Index.aspx. [Abruf am 30.06.2012.]

Gantzel, K. J. (1963): Wesen und Begriff der mittelständischen Unternehmung. Westdeutscher Verlag, Köln.

Gauger, J. (2000): Commitment-Management in Unternehmen. Gabler Verlag, Wiesbaden.

Gautam, T./van Dick, R./Wagner, U. (2004): Organizational Identification and Organizational Commitment: Distinct Aspects of two related Concepts. In: Journal of Social Psychology, 7 (2004) 3, S. 301-315.

Gebert, D. (1993): Interventionen in Organisationen. In: Schuler, H. (Hrsg.): Organisationspsychologie. Huber Verlag, Bern, S. 481-494.

Gebert, D./von Rosenstiel, L. (1996): Organisationspsychologie. 4. Auflage, Kohlhammer Verlag, Stuttgart.

Geis, W./Koppel, O. (2011): Der Arbeitsmarkt für Ingenieure im November 2011. Ingenieurmonitor Nr. 12/2011. Online im Internet: http://www.vdi.de/uploads/media/ Ingenieurmonitor_2011-12.pdf. [Abruf am 30.01.2012.]

Geißler, C. (2006): Warum emotionale Bindung wichtig ist. In: Harvard Business Manager, o. Jg. (2006) 9, S. 8-10.

George, J. M./Brief, A. P. (1992): Feeling Good – Doing Good. In: Psychological Bulletin. 112 (1992) 2, S. 310-329.

Giese, I./Schindler, R./Hausmann, C. (2005): Auftrag Mitarbeiterentwicklung. In: Personal, o. Jg. (2005) 7-8, S. 6-8.

Girtler, R. (1984): Methoden der qualitativen Sozialforschung. Anleitung zur Feldarbeit. Böhlau Verlag, Wien.

Gläser, J./Laudel, G. (2010): Experteninterviews und qualitative Inhaltsanalyse. 4. Auflage, VS Verlag, Wiesbaden.

Glaser, B./Strauss, A. (1967): The Discovery of Grounded Theory. Strategies for qualitative research. Aldine, Chicago.

Glaser, B./Strauss, A. (2010): Grounded Theory. Strategien qualitativer Forschung. 3. Auflage, Huber Verlag, Bern.

Gmür, M./Klimecki, R. (2001): Personalbindung und Flexibilisierung. In: Zeitschrift Führung + Organisation (ZfO), 70 (2001) 1, S. 28-34.

Gmür, M./Thommen, J.-P. (2007): Human Resource Management. 2. Auflage, Versus Verlag, Zürich.

Göbel, E. (2002): Neue Institutionenökonomik. Lucius & Lucius Verlag, Stuttgart.

Goffee, R./Jones, G. (2007): Wie sie Talente richtig managen. In: Harvard Business Manager, o. Jg. (2007) 6, S. 24-34.

Greif, M. (2007a): Vorwort. In: Greif, M. (Hrsg.): Das Berufsbild der Ingenieurinnen und Ingenieure im Wandel. VDI Report Nr. 37. Verein deutscher Ingenieure, Düsseldorf, S. 5.

Greif, M. (2007b): Das Berufsbild der Ingenieurin und des Ingenieurs – eine Einführung. In: Greif, M. (Hrsg.): Das Berufsbild der Ingenieurinnen und Ingenieure im Wandel. VDI Report Nr. 37. Verein deutscher Ingenieure, Düsseldorf, S. 7-16.

Grimm, H./Vollmer, G. (2007): Personalführung. 8. Auflage, Holzmann Verlag, Bad Wörishofen.

Grochla, E. (1978): Einführung in die Organisationstheorie. Poeschel Verlag, Stuttgart.

Grunwald, C. (2001): Personalerhaltung im oberen Management. Gabler Verlag, Wiesbaden.

Haake, K. (2005): Beratung in Klein- und Mittelunternehmen. In: Bamberger, I. (Hrsg.): Strategische Unternehmensberatung. 4. Auflage, Gabler Verlag, Wiesbaden.

Haase, D. (1997): Organisationsstruktur und Mitarbeiterbindung - Eine empirische Analyse in Kreditinstituten. DI-Verlag, Köln.

Haller, M. (2001): Das Interview. Ein Handbuch für Journalisten. UVK Medien, Konstanz.

Hamel, G./Prahalad, C. (1994): Competing for the future. Harvard Business School Press, Bosten.

Hamel, W. (2006): Personalwirtschaft. In: Pfohl, H.-C. (Hrsg.): Betriebswirtschaftslehre der Klein- und Mittelbetriebe. Erich Schmidt Verlag, Berlin, S. 233-260.

Hamer, E. (2006): Volkswirtschaftliche Bedeutung von Klein- und Mittelbetrieben. In: Pfohl, H.-C. (Hrsg.): Betriebswirtschaftslehre der Mittel- und Kleinbetriebe. 4. Auflage, Erich Schmidt Verlag, Berlin, S. 25-50.

Hannay, M./Northam, M. (2000): Low-Cost Strategies for Employee Retention. In: Compensation & Benefits Review, 32 (2000) 65, S. 65-72.

Happe, G. (2007): Personalbetrachtung und Personalbeschaffung: demografische Perspektiven. In: Happe, G. (Hrsg.): Demografischer Wandel in der unternehmerischen Praxis. Mit Best-Practice-Berichten. Gabler Verlag, Wiesbaden, S. 185-197.

Haupt, R. (2007): Industriebetriebe. In: Köhler, R./Küpper, H.-U./Pfingsten, A. (Hrsg.): Handwörterbuch der Betriebswirtschaft. 6. Auflage, Schäffer-Poeschel Verlag, Stuttgart, Sp. 704-714.

Hay Group (2001): The Retention Dilemma. Working Paper. Online im Internet: http://www.haygroup.com/downloads/my/Retention_Dilemma.pdf. [Abruf am 05.04.2011.]

Heilmann, J. (2004): Arbeitsschutzrecht. In: Gaugler, E./Oechsler, W./Weber, W. (Hrsg.): Handwörterbuch des Personalwesens. 3. Auflage, Schäffer-Poeschel Verlag, Stuttgart, Sp. 386-397.

Helfferich, C. (2009): Die Qualität qualitativer Daten. 3. Auflage, VS Verlag, Wiesbaden.

Helzel, A. (2009): Studie zur Mitarbeiterbindung und Mitarbeitergewinnung in kleineren Betrieben der Wasserwirtschaft. Online im Internet: http://www.helzel.net/Helzel%20-%20Studie%20Mitarbeiterbindung%202009.pdf. [Abruf am 12.02.2011.]

Hentze, J./Graf, A. (2005): Personalwirtschaftslehre 2. Personalerhaltung und Leistungsstimulation, Personalfreistellung und Personalinformationswirtschaft. 7. Auflage, Haupt Verlag, Bern.

Hentze, J./Lindert, K. (1998): Motivations- und Anreizsysteme in Dienstleistungsunternehmen. In: Meyer, A. (Hrsg.): Handbuch Dienstleistungs-Marketing. Schäffer-Poeschel Verlag, Stuttgart, S. 1010-1030.

Hentze, J./Graf, A./Kammel, A./Lindert, K. (2005): Personalführungslehre. 4. Auflage, Haupt Verlag, Bern.

Herrmann, A. (1992): Produktwahlverhalten. Erläuterung und Weiterentwicklung von Modellen zur Analyse des Produktwahlverhaltens aus markttheoretischer Sicht. Schäffer-Poeschel Verlag, Stuttgart.

Herrmann, A./Gutsche, J. (1994): Ein Modell zur Erfassung der individuellen Markenwechselneigung. In: Zeitschrift für betriebswirtschaftliche Forschung (zfbf). 46 (1994) 1, S. 63-80.

Hertig, P. (1996): Personalentwicklung und Personalerhaltung in der Unternehmungskrise. Haupt Verlag, Bern.

Hirschfeld, K. (2006): Retention und Fluktuation: Mitarbeiterbindung – Mitarbeiterverlust. ID Text, Berlin.

Hirschfeld, R./Feild, H. (2000): Work Centrality and Work Alienation: Distinct Aspects of a general Commitment to Work. In: Journal of Organizational Behavior, 21 (2000) 7, S. 789-800.

Holtbrügge, D. (2007): Personalmanagement. 3. Auflage, Springer Verlag, Berlin.

Homans, G. C. (1958): Human Behavior as Exchange. In: American Journal of Sociology. 63 (1958) 6, S. 597-606.

Homburg, C./Bruhn, M. (2008): Begriff und Grundlagen des Kundenbindungsmanagements. In: Bruhn, M./Homburg, C. (Hrsg.): Handbuch Kundenbindungsmanagement. 6. Auflage, Gabler Verlag, Wiesbaden, S. 3-40.

Hrebiniak, L. G./Alutto, J. A. (1972): Personal and Role-related Factors in the Development of Organizational Commitment. In: Administrative Science Quarterly. 17 (1972) 4, S. 555-573.

Hungenberg, H. (2004): Strategisches Management in Unternehmen. 3. Auflage, Gabler Verlag, Wiesbaden.

Hungenberg, H./Wulf, T. (2004): Grundlagen der Unternehmensführung. Springer Verlag, Berlin.

Hunziger, A./ Biele, G. (2002): Retention-Management – Wie Unternehmen Mitarbeiter binden können. In: Wirtschaftspsychologie, o. Jg. (2002) 2, S. 47-52.

IAB (2006): Berufe-Atlas. Online im Internet: http://infosys.iab.de/BeitrAB150/hilfe.html. Abruf am 23.03.2010.

IfM Bonn (2012a): Kennzahlen zum Mittelstand 2009/2010 in Deutschland. Online im Internet: http://www.ifm-bonn.org/index.php?id=99. [Abruf am 08. 05. 2012.]

IfM Bonn (2012b): KMU-Definition des IfM Bonn. Online im Internet: http://www.ifm-bonn.org/index.php?id=89. [Abruf am 02. 05. 2012.]

IfM Bonn (2012c): KMU-Definition der Europäischen Kommission. Online im Internet: http://www.ifm-bonn.org/index.php?id=90. [Abruf am 02. 05. 2012.]

ISR (2002): Mitarbeiterbindung, Engagement und Leistungsorientierung in Europa: Merkmale, Ursachen, Konsequenzen. hURL: http://www.dgfp.de/perdoc /document.php?id=65 556i {. [Abruf am 16.08.2009.]

IW Köln (2008): Ingenieure verzweifelt gesucht. In: Informationsdienst des Instituts der deutschen Wirtschaft Köln. 34. Jg., 26.06.2008.

IW Köln (2009): Fachkräfte – Auch in Krisenzeiten knapp. Pressemitteilung des Instituts der deutschen Wirtschaft Köln. Nr. 16/8 April 2009.

IW Köln (2010): Ingenieurarbeitsmarkt 2009/10. VDI-Pressegespräch anlässlich der Hannover Messe 2010. Pressestatement vom 19. April 2010.

Jaeger, S. (2006): Mitarbeiterbindung – Zur Relevanz der dauerhaften Bindung von Mitarbeitern in modernen Unternehmen. VDM Verlag, Saarbrücken.

James, L. A./James, L. R. (1989). Integrating Work Environment Perceptions: Explorations into the Measurement of Meaning. Journal of Applied Psychology, 74 (1989) 5, S. 739-751.

Jaros, S. (1997): An Assessment of Meyer and Allen's (1991) three Component Model of Organizational Commitment and Turnover Intentions. In: Journal of Vocational Behavior, 51 (1997) 3, S. 319-337.

Jensen, M. C./ Meckling, W. H. (1976): Theory of the Firm. Managerial Behavior, Agency Costs and Ownership Structure. In: Journal of Financial Economics. 3 (1976) 4, S. 305-360.

Jensen, S. (2004): Determinanten der Mitarbeiterbindung. In: Wirtschaftswissenschaftliches Studium (WiSt), Heft 4/2004, S. 233-236.

Jochmann, W. (2001): Retention Management – die Leistungsträger der Unternehmung binden. In: Riekhof, H.-C. (Hrsg.): Strategien der Personalentwicklung. 6. Auflage, Gabler Verlag, Wiesbaden, S. 173-190.

Jones, G./Bouncken, R. (2008): Organisation. Theorie, Design und Wandel. Pearson Studium, München.

Judge, T. A./Thoresen, C. J./Bono, J. E./Patton, G. K. (2001): The Job Satisfaction-Job Performance Relationship: A qualitative and quantitative Review. In: Psychological Bulletin, 127 (2001) 3, S. 376-407.

Kahabka, G. (2004): Potenzialbewertung und Potenzialentwicklung der Mitarbeiter. In: Bröckermann, R./Pepels, W. (Hrsg.): Personalbindung. Wettbewerbsvorteile durch strategisches Human Resource Management. Erich Schmidt Verlag, Berlin, S. 83-100.

Kaiser, W. (2006): Ingenieure in der Bundesrepublik Deutschland. In: Kaiser, W./König, W. (Hrsg.): Geschichte des Ingenieurs. Ein Beruf in sechs Jahrtausenden. Hanser Verlag, München, S. 233-268.

Kaiser, W./König, W. (2006): Einleitung. In: Kaiser, W./König, W. (Hrsg.): Geschichte des Ingenieurs. Ein Beruf in sechs Jahrtausenden. Hanser Verlag, München, S. 1-3.

Katz, D. (1964): The Motivational Basis of Organizational Behavior. In: Behavioral Science, 9 (1964) 2, S. 131-146.

Kaudela-Baum, S. (2006): Strategisches Human Resource Management im Wandel. Theorien aus der Praxis. Haupt Verlag, Bern.

Kayser, G. (1995): Klein- und Mittelbetriebe, Führung in. In: Kieser, A./Reber, G./Wunderer, R. (Hrsg.): Handwörterbuch der Führung. 2. Auflage, Schäffer-Poeschel Verlag, Stuttgart, Sp. 1298-1309.

Kayser, G. (2003): Der industrielle Mittelstand – ein Erfolgsmodell. Untersuchung im Auftrag des Bundesverbandes der deutschen Industrie e. V. (BDI). Statement von: Dr. Gunter Kayser.

Kayser, G. (2006): Daten und Fakten – Wie ist der Mittelstand strukturiert. In: Krüger, W./Klippstein, G./Merk, R./Wittberg, V. (Hrsg.): Praxishandbuch des Mittelstands. Gabler Verlag, Wiesbaden, S. 33-48.

Kayser, G./Wallau, F. (2003): Der industrielle Mittelstand – ein Erfolgsmodell. Untersuchung im Auftrag des Bundesverbandes der deutschen Industrie e. V. (BDI). Projektdurchführung IfM Bonn. Online im Internet: http://www.ifm-bonn.de/assets/documents/BDI_Befragung_2003.pdf. [Abruf am 05.02.2011.]

Kegel, G. (2009): Ingenieurwissenschaften als Lieferant für Nachwuchskräfte für Forschung, Entwicklung und Leitungspositionen in der mittelständischen Industrie. In: Nagel,

M./Bargstädt, H./Hoffmann, M./Müller, N. (Hrsg.): Zukunft Ingenieurwissenschaften – Zukunft Deutschland. Springer Verlag, Berlin, S. 81-91.

Kienbaum (2001): Kienbaum Retention-Studie. Kienbaum Management Consultants, Berlin.

Kieser, A. (1995): Loyalität und Commitment. In: Kieser, A. (Hrsg.). Handwörterbuch der Führung. 2. Auflage, Schäffer-Poeschel Verlag, Stuttgart, Sp. 1442-1456.

Kieser, A. (2007): Organisationstheorien, verhaltenswissenschaftliche. In: Köhler, R./Küpper, H.-U./Pfingsten, A. (Hrsg.): Handwörterbuch der Betriebswirtschaft. 6. Auflage, Schäffer-Poeschel Verlag, Stuttgart, Sp. 1316-1325.

Kieser, A./Walgenbach, P. (2010): Organisation. 6. Auflage. Schäffer Poeschel Verlag, Stuttgart.

Kieser, A./Nagel, R./Krüger, K.-H./Hippler, G. (1990): Die Einführung neuer Mitarbeiter in das Unternehmen. Kommentator Verlag, Neuwied.

Kirsch, W. (1981): Über den Sinn der empirischen Forschung in der angewandten Betriebswirtschaftslehre. In: Witte, E. (Hrsg.): Empirische Theorie der Unternehmung. Mohr Verlag, Tübingen, S. 189-229.

Kirsch, W. (1984): Wissenschaftliche Unternehmensführung oder Freiheit vor der Wissenschaft? Studien zu den Grundlagen der Führungslehre. 2. Halbband, Planungs- und Organisationswissenschaftliche Schriften, München.

Klein, S. (2010): Familienunternehmen. Theoretische und empirische Grundlagen. 3. Auflage, Gabler Verlag, Wiesbaden.

Kleitsch, H.-P. (2007): Retention als erster Schritt - Demografie bei MTU Aero Engines. In: Happe, G. (Hrsg.): Demografischer Wandel in der unternehmerischen Praxis. Mit Best-Practice-Berichten. Gabler Verlag, Wiesbaden, S. 221-234.

Klimecki, R./Gmür, M. (2005): Personalmanagement: Strategien, Erfolgsbeiträge, Entwicklungsperspektiven. 3. Auflage, Lucius & Lucius, Stuttgart.

Klöfer, F. (2002): Mitarbeiterkommunikation. In: Bröckermann, R./Pepels, W. (Hrsg.): Personalmarketing. Akquisition – Bindung – Freistellung. Schäffer-Poeschel Verlag, Stuttgart, S. 180-190.

Kluge (2002): Etymologisches Wörterbuch der deutschen Sprache. 24. Auflage, Walter de Gruyter Verlag, Berlin.

Knoblauch, R. (2004): Motivation und Honorierung der Mitarbeiter als Personalbindungsinstrumente. In: Bröckermann, R./Pepels, W. (Hrsg.): Personalbindung. Wettbewerbsvorteile durch strategisches Human Resource Management. Erich Schmidt Verlag, Berlin, S. 101-130.

Knoll, L./Rasche, K. (1996): Sozialleistungsmanagement im Spiegel der Praxis. In: Personal, ohne Jg. (1996), S. 14-20.

Kolb, M. (2008): Personalmanagement. Grundlagen – Konzepte – Praxis. Gabler Verlag, Wiesbaden.

Kollmann, T./Kuckertz, A./Lomberg, C. (2007): Anreizsysteme im Mittelstand. Arbeitspapier des Lehrstuhls für E-Business und E-Entrepreneurship an der Universität Dusiburg-Essen. Eigenverlag.

Kompa, A. (2004): Assessment Center. In: Gaugler, E./Oechsler, W./Weber, W. (Hrsg.): Handwörterbuch des Personalwesens. 3. Auflage, Schäffer-Poeschel Verlag, Stuttgart, Sp. 473-483.

Konovsky, M./Organ, D. W. (1996): Dispositional and Contextual Determinants of Organizational Citizenship Behavior. In: Journal of Organizational Behavior, 17 (1996), S. 253-266.

Koontz, H./O'Donnell, C. (1976): Management: A Systems and Contingency Analysis of Managerial Functions. 6. Auflage, McGraw-Hill, New York.

Koppel, O. (2010): Ingenieurarbeitsmarkt 2009/10. Berufs- und Branchenflexibilität, demografischer Einsatzbedarf und Fachkräftelücke. Institut der deutschen Wirtschaft Köln. Studie vom 19. April 2010. Online im Internet: http://www.vdi.de/uploads/media /Ingenieurstudie_VDI-IW_01.pdf. [Abruf am 12.12.2011.]

Koppel, O./Plünnecke, A. (2009): Fachkräftemangel in Deutschland. Forschungsbereichte aus dem Institut der deutschen Wirtschaft Köln, Nr. 46. DI-Verlag, Köln.

Kosiol, E. (1962): Leistungsgerechte Entlohnung. Betriebswirtschaftlicher Verlag Gabler, Wiesbaden.

Kosiol, E. (1964): Betriebswirtschaftslehre und Unternehmensforschung. In: Zeitschrift für Betriebswirtschaft (ZfB), 34 (1964) 12, S. 743-762.

Kötter, P./Hunziger, A./Dasch, P. (2002): Strategien gegen den Fachkräftemangel. Band 2: Betriebliche Optionen und Beispiele. Verlag Bertelsmann Stiftung, Gütersloh.

Kovach, K. (1977): Organization Size, Job Satisfaction, Absenteeism and Turnover. University Press of America, Washington D.C.

Kowling, A. (1993): Fehlzeiten und Fluktuation. In: Strutz, H. (Hrsg.): Handbuch Personalmarketing. 2. Auflage, Gabler Verlag, Wiesbaden, S. 88-101.

Kracauer, S. (1930): Die Angestellten: aus dem neuesten Deutschland. Frankfurter Societäts-Druck, Frankfurt am Main.

Krämer, W. (2009): Personalführung und Organisation im Wandel. In: Schauf, M. (Hrsg.): Unternehmensführung im Mittelstand. 2. Auflage, Hampp Verlag, München und Mering, S. 195-238.

Krauss, N. (2002). Strategische Perspektiven des Humanressourcen-Managements. Gabler Verlag, Wiesbaden.

Kromrey, H. (2009): Empirische Sozialforschung. 12. Auflage, Lucius & Lucius Verlag, Stuttgart.

Kubicek, H. (1977): Heuristische Bezugsrahmen und heuristisch angelegte Forschungsdesigns als Elemente einer Konstruktionsstrategie empirischer Forschung. In: Köhler, R. (Hrsg.): Empirische und handlungstheoretische Forschungskonzeptionen in der Betriebswirtschaftslehre. Poeschel Verlag, Stuttgart, S. 3-36.

Kullak, F. (1995): Personalstrategien in Klein- und Mittelbetrieben. Eine transaktionskostentheoretisch fundierte empirische Analyse. Hampp Verlag, München und Mering.

Kupsch, P. U./Marr, R. (1991): Personalwirtschaft. In: Heinen, E. (Hrsg.): Industriebetriebslehre – Entscheidungen im Industriebetrieb. 9. Auflage, Gabler Verlag, Wiesbaden, S. 729-896.

Kürble, P. (2009): Marketing im Mittelstand. In: Schauf, M. (Hrsg.): Unternehmensführung im Mittelstand. 2. Auflage, Hampp Verlag, München und Mering, S. 119-158.

Kurz, C. (2007): Kompetenzprofile der Ingenieurinnen und Ingenieure im Wandel? In: Greif, M. (Hrsg.): Das Berufsbild der Ingenieurinnen und Ingenieure im Wandel. VDI Report Nr. 37. Verein deutscher Ingenieure, Düsseldorf, S. 51-72.

Kvale, S. (2009): Doing Interviews. Sage Publications, London.

Labianca, J. (2005): Bindung macht blind. In: Harvard Business Manager, o. Jg. (2005) 5, S. 17.

Lamnek, S. (2010): Qualitative Sozialforschung. 5. Auflage, Beltz Verlag, Weinheim.

Leitner, K.-H. (2001): Strategisches Verhalten von kleinen und mittleren Unternehmen. Universität Wien. Online im Internet: http://systemforschung.arcs.ac.at/Publikationen/5.pdf. [Abruf am 18.03.2011.]

Lippianowski, J. (1999): Anwendungsbedingungen und -möglichkeiten personalwirtschaftlicher Instrumente in mittelständischen Unternehmen. Verlag für Wissenschaft und Forschung, Berlin.

Locke, E. A./Henne, D. (1986): Work Motivation Theories. In: Cooper, C./Robertson, I. (Hrsg.): International Review of Industrial and Organisational Psychology. Volume 1. Chichester, S. 1-35.

Loffing, D./Loffing, C. (2010): Mitarbeiterbindung ist lernbar. Springer Verlag, Berlin.

Lok, P./Westwood, R./Crawford, J. (2005): Perceptions of Organisational Subculture and their Significance for Organisational Commitment. In: Applied Psychology: An international Review. 54 (2005) 4, S. 490-514.

Lossack, R.-S. (2006): Wissenschaftstheoretische Grundlagen für die rechnergestützte Konstruktion. Springer Verlag, Berlin.

Macharzina, K./ Wolf, J. (2010): Unternehmensführung. Das Internationale Managementwissen. 7. Auflage, Gabler Verlag, Wiebaden.

Mai, M. (2011): Technik, Wissenschaft und Politik. VS Verlag, Wiesbaden.

Manning, S./Wolf, H. (2005): Bindung von Arbeit und Arbeitskraft – Eine theoretische Perspektive auf Grenzen der Entgrenzung. In: Mayer-Ahuja, N./Wolf, H. (Hrsg.): Entfesselte Arbeit – neue Bindungen. Grenzen der Entgrenzung in der Medien- und Kulturindustrie. Edition Sigma, Berlin, S. 25-57.

Marburger, G. (2004): Best-Practise-Personalbindungsstrategien im Klein- und Mittelstand. In: Bröckermann, R./Pepels, W. (Hrsg.): Personalbindung. Wettbewerbsvorteile durch strategisches Human Resource Management. Erich Schmidt Verlag, Berlin, S. 287-322.

March, J. G./Simon, H. A. (1958): Organizations. Wiley, New York.

March, J. G./Simon, H. A. (1976): Organisation und Individuum. Menschliches Verhalten in Organisationen (Organizations). Gabler Verlag, Wiesbaden.

Martin, A. (2001): Personal – Theorie, Politik, Gestaltung. Kohlhammer Verlag, Stuttgart.

Marwede, E. (1983): Die Abgrenzungsproblematik mittelständischer Unternehmen – Eine Literaturanalyse. Volkswirtschaftliche Diskussionsreihe, Nr. 20. Institut für Volkswirtschaftslehre der Universität Augsburg, Augsburg.

Mathieu, J./Zajac, D. (1990): A Review and Meta-analysis of the Antecedents, Correlates, and Consequences of Organizational Commitment. In: Psychological Bulletin, 108 (1990) 2, S. 171-194.

Matiaske, W./Weller, I. (2003): Extra-Rollenverhalten. In: Martin, A. (Hrsg.): Organizational Behaviour – Verhalten in Organisationen. Kohlhammer Verlag, Stuttgart, S. 95-114.

Mayer, R./Schoormann, F. (1998): Differentiating Antecedents of Organizational Commitment: A test of March and Simon's Model. In: Journal of Organizational Behavior, 19 (1998), S. 15-28.

Mayring, P. (1995): Qualitative Inhaltsanalyse. In: Flick, U./von Kardorff, E./Keupp, H./von Rosenstiel, L./Wolff, S. (Hrsg.): Handbuch qualitative Sozialforschung. 2. Auflage, Beltz Verlag, Weinheim, S. 209-213.

Mayring, P. (2002): Einführung in die qualitative Sozialforschung. Eine Anleitung zu qualitativem Denken. 5. Auflage, Beltz Verlag, Weinheim.

Mayring, P. (2010): Qualitative Inhaltsanalyse. Grundlagen und Techniken. 11. Auflage, Beltz Verlag, Weinheim.

McClelland, D. C. (1951): Personality. Sloane, New York.

McClelland, D. C. (1961): The Achieving Society. Free Press, New York.

McElroy, J. (2001): Managing Workplace Commitment by putting People first. In: Human Resource Management Review, 11 (2001) 3, S. 327-335.

Meier, H./Weiß, A./Wiener, B. (2003): Fachkräfte sichern in kleinen und mittelständischen Unternehmen. Ein Handbuch für Personalverantwortliche. RKW-Verlag, Eschborn.

Meifert, M. (2005): Mitarbeiterbindung – Eine empirische Analyse betrieblicher Weiterbildner in deutschen Großunternehmen. Hampp Verlag, München und Mering.

Meifert, M. (2008): Etappe 7: Retentionmanagement. In: Meifert, M. (Hrsg.): Strategische Personalentwicklung – Ein Programm in 8 Etappen. Springer Verlag, Berlin, S. 267-288.

Meißner, A./Becker, F. G. (2007): Competition for Talents. Probleme und Handlungsempfehlungen speziell für mittelständische Unternehmen. In: Wirtschaftswissenschaftliches Studium (WiSt), Heft 8/2007, S. 394-399.

Mellor, S./Mathieu, J./Barnes-Farrell, J./Rogelberg, S. (2001): Employees nonwork obligations and organizational commitment. In: Human Resource Management, 40 (2001) 2, pp. 171-184.

Merk, J. (2008): Strategisches Personalbindungsmanagement im Krankenhaus. BW-Verlag, Berlin.

Meyer, J./Allen, N. (1984): Testing the Side Bet Theory of Organizational Commitment. Some methodological Considerations. In: Journal of Applied Psychology. 69 (1984) 3, S. 372-378.

Meyer, J./Allen, N. (1987): A longitudinal Analysis of the early development and consequences of Organizational Commitment. In: Canadian Journal of Behavioral Science. 19 (1987) 2, S. 199-215.

Meyer, J./Allen, N. (1991): A three Component Conceptualization of Organizational Commitment. In: Human Resource Management Review, 1 (1991) 1, S. 61-89.

Meyer, J./Allen, N. (1997): Commitment in the Workplace - Theory, Research and Application. Sage Publications, Thousand Oaks, California.

Meyer, J./Herscovitch, L. (2001): Commitment in the Workplace – Toward a general model. In: Human Resource Management Review, 11 (2001) 3, S. 299-326.

Meyer, J./Smith, C. A. (2000): HRM Practices and Organizational Commitment. In: Canadian Journal of Administrative Sciences, 17 (2000) 4, S. 319-331.

Meyer, J./Bobocel, D./Allen, N. (1991): Development of Organizational Commitment during the first Year of Employment. In: Journal of Management. 17 (1991) 4, S. 717-733.

Meyer, J./Irving, G./Allen, N. (1998): Examination of the combined Effects of Work Values and early Work Experiences on Organizational Commitment. In: Journal of Organizational Behavior, 19 (1998) 1, S. 29-52.

Meyer, J./Stanley, D./Herscovitch, L./Topolnytsky, L. (2002): Affective, Continuance, and Normative Commitment to the Organization: A Meta-Analysis of Antecedents, Correlates, and Consequences. In: Journal of Vocational Behavior, 61 (2002) 1, S. 20-52.

Meyer, J./Paunonen, S./Gellatly, R./Goffin, R./Jackson, D. (1989): Organizational Commitment and Job Performance. In: Journal of Applied Psychology, 74 (1989) 1, S. 152-156.

Meyer, M. (2006): Management von Ingenieurkompetenzen im Spannungsfeld beruflicher Arbeitsteilung. Produktionstechnisches Zentrum Berlin (PTZ). Fraunhofer IRB Verlag, Stuttgart.

Modrow-Thiel, B. (1993). Qualitative Interviews – Vorgehen und Probleme. In: Becker, F. G./Martin, A. (Hrsg.). Empirische Sozialforschung – Methoden und Beispiele. Hampp Verlag, München und Mering, S. 129-146.

Morris, J./Steers, R. (1980): Structural Influences on Organizational Commitment. In: Journal of Vocational Behavior, 17 (1980) 1, S. 50-57.

Morse, G. (2006): Wie Ferrari seine Mitarbeiter motiviert. Interview mit Mario Almondo. In: Harvard Business Manager, o. Jg. (2006) 5, S. 14-15.

Moser, K. (1996): Commitment in Organisationen. Verlag Hans Huber, Bern.

Moser, R./Saxer, A. (2008): Retention Management für High Potentials. VDM Verlag, Saarbrücken.

Mowday, R. (1998): Reflections on the Study and Relevance of Organizational Commitment. In: Human Resource Management Review, 8 (1998) 4, S. 387-401.

Mowday, R./Porter, L./Steers, R. (1982): Employee-Organization Linkages. Academic Press, New York.

Mowday, R./Steers, R./Porter, L. (1979): The Measurement of Organizational Commitment. In: Journal of Vocational Behavior, 14 (1979) 2, S. 224-247.

Mugler, J. (1998): Betriebswirtschaftslehre der Klein- und Mittelbetriebe. Band 1. 3. Auflage, Springer Verlag, Wien.

Mugler, J. (1999): Betriebswirtschaftslehre der Klein- und Mittelbetriebe. Band 2. 3. Auflage, Springer Verlag, Wien.

Mugler, J. (2007): Mittelständische Unternehmen. In: Köhler, R./Küpper, H.-U./Pfingsten, A. (Hrsg.): Handwörterbuch der Betriebswirtschaft. 6. Auflage, Schäffer-Poeschel Verlag, Stuttgart, Sp. 1232-1240.

Müller-Stewens, G./Lechner, C. (2001). Strategisches Management. Wie strategische Initiativen zum Wandel führen. Der St. Galler General Management Navigator. Schäffer-Poeschel Verlag, Stuttgart.

Müller-Vorbrüggen, M. (2004a): Personalbindung in dynamischen Unternehmen. In: Personalwirtschaft, o. Jg. (2004) 1, S. 39-42.

Müller-Vorbrüggen, M. (2004b): Best Practise – Personalbindungsstrategien in internationalen Unternehmen. In: Bröckermann, R./Pepels, W. (Hrsg.): Personalbindung. Wettbewerbsvorteile durch strategisches Human Resource Management. Erich Schmidt Verlag, Berlin, S. 343-364.

Musteringenieur(kammer-)gesetz (2003): Musteringenieur(kammer-)gesetz. Erster Teil: Ingenieure. Online im Internet: http://www.bingk.de/media/MIG_1203.pdf. [Abruf am 26.01.2012.]

Nagel, A. (2005): Was Mitarbeiter bindet. In: Personal, o. Jg. (2005) 4, S. 24-27.

Nalbantian, H./Szostak, A. (2004): So halten sie ihre Mitarbeiter. In: Harvard Business Manager, o. Jg. (2004) 7, S. 38-52.

Neef, W. (2007): Der Ingenieur des 21. Jahrhunderts – ein neuer Typus in gesellschaftlicher und ökologischer Verantwortung. In: Greif, M. (Hrsg.): Das Berufsbild der Ingenieurinnen und Ingenieure im Wandel. VDI Report Nr. 37. Verein deutscher Ingenieure, Düsseldorf, S. 159-174.

Nerdinger, F. W./Blickle, G./Schaper, N. (2008): Arbeits- und Organisationspsychologie. Springer Verlag, Heidelberg.

Neuberger, O. (1974): Theorien der Arbeitszufriedenheit. Kohlhammer Verlag, Stuttgart.

Neuberger, O. (2002): Führen und geführt werden. 6. Auflage, Enke Verlag, Stuttgart.

Nicolai, C. (2006): Personalmanagement. Lucius & Lucius Verlag, Stuttgart.

Nieder, P. (2004): Fluktuation. In: Gaugler, E./Oechsler, W./Weber, W. (Hrsg.): Handwörterbuch des Personalwesens. 3. Auflage, Schäffer-Poeschel Verlag, Stuttgart, Sp. 757-767.

Nippa, M./Petzold, K. (2000): Gestaltungsansätze zur Optimierung der Mitarbeiter-Bindung in der IT-Industrie. Freiberger Arbeitspapiere, Nr. 22/2000.

Olesch, G. (2000): Personalmarketing zur Gewinnung und Bindung von Ingenieuren. In: Personal, o. Jg. (2000) 6, S. 285-289.

Ondrack, D. (1995): Entgeltsysteme als Motivationsinstrument. In: Kieser, A./Reber, G./Wunderer, R. (Hrsg.): Handwörterbuch der Führung. 2.Auflage, Schäffer-Poeschel Verlag, Stuttgart, Sp. 307-328.

Organ, D. W. (1988): Organizational Citizenship Behavior. The Good Soldier Syndrome. Lexington Books, Lexington.

Organ, D. W. (1997): Organizational Citizenship Behavior. It's Construct Clean-Up Time. In: Human Performance, 10 (1997) 2, S. 85-98.

o. V. (2001): Das Gehalt spielt die Hauptrolle. In: Personalwirtschaft, o. Jg. (2001) 12, S. 8.

o. V. (2010a): Verträge mit Verfallsdatum nehmen zu. Online im Internet: http://www.focus.de/finanzen/karriere/perspektiven/befristung-vertraege-mit-verfallsdatum-nehmen-zu_aid_490068.html. [Abruf am 25.01.2011.]

o. V. (2010b): Ostwestfalens Industrie bleibt überwiegend mittelständisch geprägt. Online im Internet: http://www.business-on.de/owl/industrie-handelskammer-zu-bielefeld-mittelstand-ostwestfalen-_id9763.html. [Abruf am 03.07.2012.]

o. V. (2011): Wie Unternehmer finanzielle Details geheim halten. Online im Internet: http://www.impulse.de/recht-steuern/:Publizitaetspflichten--Wie-Unternehmer-finanzielle-Details-geheim-halten/269351.html. [Abruf am 15.10.2011.]

o. V. (2012a): Verein deutscher Ingenieure. Online im Internet: http://www.vdi.de /1352.0. html. [Abruf am 26.01.2012.]

o. V. (2012b): Wirtschaftsregion. Ostwestfalen-Lippe. Online im Internet: http://www.bezreg -detmold.nrw.de/300_RegionOWL/010_Wirtschaft/index.php. [Abruf am 03.07.2012.]

PbS AG (1999): Personalstrategien in expansiven Märkten. Mitarbeiterbindung und -motivation am Bsp. der IT-Branche.

Penrose, E. T. (1959/1972/1980). The Theory of the Growth of the Firm. Oxford University Press, Oxford.

Pepels, W. (2002): Personalbindung. In: Bröckermann, R./Pepels, W. (Hrsg.): Personalmarketing. Akquisition – Bindung – Freistellung. Schäffer-Poeschel Verlag, Stuttgart, S. 129-143.

Pepels, W. (2004): Personalzufriedenheit und Zufriedenheitsmessung. In: Bröckermann, R./Pepels, W. (Hrsg.): Personalbindung. Wettbewerbsvorteile durch strategisches Human Resource Management. Erich Schmidt Verlag, Berlin, S. 51-83.

Peter, S. (2001): Kundenbindung als Marketingziel. 2. Auflage, Gabler Verlag, Wiesbaden.

Peters, T./Waterman, R. (1982): In Search of Excellence. Harper & Row, New York.

Pfeffer, J. (1997): New Directions for Organization Theory. Problems and Prospects. Oxford University Press, New York.

Pfeffer, J. (1998): The human equation: Building profits by putting people first. Harvard Business School Press, Bosten.

Pfohl, H.-C. (2006a): Abgrenzung der Klein- und Mittelbetriebe von Großbetrieben. In: Pfohl, H.-C. (Hrsg.): Betriebswirtschaftslehre der Mittel- und Kleinbetriebe. 4. Auflage, Erich Schmidt Verlag, Berlin, S. 1-24.

Pfohl, H.-C. (2006b): Unternehmensführung. In: Pfohl, H.-C. (Hrsg.): Betriebswirtschaftslehre der Mittel- und Kleinbetriebe. 4. Auflage, Erich Schmidt Verlag, Berlin, S. 79-114.

Pfohl, H.-C./Stölzle, W. (1997): Planung und Kontrolle. 2. Auflage, Vahlen Verlag, München.

Picot, A. (2007): Organisation. In: Köhler, R./Küpper, H.-U./Pfingsten, A. (Hrsg.): Handwörterbuch der Betriebswirtschaft. 6. Auflage, Schäffer-Poeschel Verlag, Stuttgart, Sp. 1279-1287.

Picot, A./Schuller, S. (2004): Institutionenökonomie. In: Schreyögg, G./von Werder, A. (Hrsg.): Handwörterbuch Unternehmensführung und Organisation. 4. Auflage, Schäffer-Poeschel Verlag, Stuttgart, Sp. 514-521.

Picot, A./Dietl, H./Franck, E. (2008): Organisation. Eine ökonomische Perspektive. 5. Auflage, Schäffer-Poeschel Verlag, Stuttgart.

Picot, G. (2008): Familien- und Mittelstandunternehmen im globalen Wandel von Wirtschaft und Gesellschaft. In: Picot, G. (Hrsg.): Handbuch für Familien- und Mittelstandsunternehmen. Schäffer-Poeschel Verlag, Stuttgart, S. 1-35.

Popper, K. (1968): The Logic of Scientific Discovery. Routledge, London.

Popper, K. (2002): Logik der Forschung. 10. Auflage, Mohr Siebeck Verlag, Tübingen.

Porter, L. W./Steers, R. M./Mowday, R. T./Boulian, P. V. (1974): Organizational Commitment, Job Satifaction, and Turnover among Psychiatric Technicians. In: Journal of Applied Psychology. 59 (1974) 5, S. 603-609.

Porter, M. E. (1985): Competitive Advantage. The Free Press, New York.

Porter, M. E. (2008). Wettbewerbsstrategie – Methoden zur Analyse von Branchen und Konkurrenten. 11. Auflage, Campus Verlag, Frankfurt am Main.

Posdakoff, P./Mackenzie, S. (1994): Organizational Citizenship Behaviors and Sales Unit Effectiveness. In: Journal of Marketing Research, 31 (1994) 3, S. 351-363.

Prahalad, C. K./Hamel, G. (1990): The Core Competence of the Corporation. In: Harvard Business Review, o. Jg. (1990) Mai-Juni, S. 79-91.

Prahalad, C. K./Hamel, G. (1991): Nur Kernkompetenzen sichern das Überleben. In: Harvard Manager, 13 (1991) II. Quartal, S. 66-78.

Prahalad, C. K./Hamel, G. (1999). Nur Kernkompetenzen sichern das Überleben. In: Ulrich, D. (Hrsg.). Strategisches Human Resource Management. Hanser Verlag, München, S. 52-73.

Quermann, D. (2004): Führungsorganisation in Familienunternehmungen – Eine explorative Studie. Eul Verlag, Lohmar und Köln.

Raeder, S. (2007): Der psychologische Vertrag. In: Schuler, H./Sonntag, K. (Hrsg.): Handbuch der Arbeits- und Organisationspsychologie. Hogrefe Verlag, Göttingen, S. 294-299.

Randall, D. (1990): The Consequences of Organizational Commitment: Methodological Investigation. In: Journal of Organizational Behavior, 11 (1990) 5, S. 361-378.

Rauhut, B. (2009): Zukunftsperspektiven und Ingenieurskunst. In: Nagel, M./Bargstädt, H./Hoffmann, M./Müller, N. (Hrsg.): Zukunft Ingenieurwissenschaften – Zukunft Deutschland. Springer Verlag, Berlin, S. 1-4.

Regnet, E. (2004): Kommunikation im Betrieb. In: Gaugler, E./Oechsler, W./Weber, W. (Hrsg.): Handwörterbuch des Personalwesens. 3. Auflage, Schäffer-Poeschel Verlag, Stuttgart, Sp. 996-1005.

Reichertz, J. (1993). Literaturbesprechung: Methoden. In: Kölner Zeitschrift für Soziologie und Sozialpsychologie. 45 (1993) 1, S. 154-159.

Reinemann, H. (1999): Was ist Mittelstand? Zur Definition der kleinen und mittleren Unternehmen. In: Wirtschaftswissenschaftliches Studium (WiSt), Heft 12/1999, S. 661-662.

Reiß, M. (1992): Spezialisierung. In: Frese, E. (Hrsg.): Handwörterbuch der Organisation. 3. Auflage, Schäffer-Poeschel Verlag, Stuttgart, Sp. 2287-2297.

Richenhagen, G. (2004): Umdenken notwendig. In: Personal, o. Jg. (2004) 9, S. 28-29.

Richter, R./Furubotn, N. (2003): Neue Institutionenökonomik: Eine Einführung und kritische Würdigung. 3. Auflage, Mohr Siebeck Verlag, Tübingen.

Rickes, S. (2008): So gewinnt der Mittelstand – Die Erfolgsmethode kleiner und mittlerer Unternehmen. Gabler Verlag, Wiesbaden.

Ridder, H.-G. (2009): Personalwirtschaftslehre. 3. Auflage, Kohlhammer Verlag, Stuttgart.

Ridder, H.-G./Conrad, P. (2004): Ressourcenorientierte Ansätze des Personalmanagements. In: Gaugler, E./Oechsler, W./Weber, W. (Hrsg.): Handwörterbuch des Personalwesens. 3. Auflage, Schäffer-Poeschel Verlag, Stuttgart, Sp. 1705-1716.

Riketta, M. (2002): Attitudinal Organizational Commitment and Job Performance: A Meta-Analysis. In: Journal of Organizational Behavior, 23 (2002) 3, S. 257-266.

Riketta, M. (2005): Organizational Identification: A Meta-Analysis. In: Journal of Vocational Behavior, 66 (2005) 2, S. 358-384.

Riketta, M./van Dick, R./Rousseau, D. (2006): Employee Attachment in the short and the long run. In: Zeitschrift für Personalpsychologie, 5 (2006) 3, S. 85-93.

Ringlstetter, M./Kaiser, S. (2008): Humanressourcen-Management. Oldenbourg Verlag, München.

Roberts, L./Mosena, R./Winter, E. (2010): Gabler Wirtschaftslexikon. 17. Auflage, Gabler Verlag, Wiesbaden.

Ross, S. (1973): The Economic Theory of Agency: The Principal's Problem. In: American Economic Review. Papers and Proceedings. 63 (1973) 2, S. 134-139.

Rousseau, D. M. (1989): Psychological and Implied Contracts in Organizations. In: Employee Responsibilities and Rights Journal, 2 (1989) 2, S. 121-139.

Rousseau, D. M./Schalk, R. (2000): Psychological Contracts in Employment: Cross-National Perspectives. Sage Publications. Thousand Oaks.

Rump, J. (2004): Mitarbeiterinformation. In: Gaugler, E./Oechsler, W./Weber, W. (Hrsg.): Handwörterbuch des Personalwesens. 3. Auflage, Schäffer-Poeschel Verlag, Stuttgart, Sp. 1231-1240.

Sabathil, P. (1977): Fluktuation von Arbeitskräften. Florentz Verlag, München.

Salancik, G. R. (1977): Commitment and the Control of Organizational Behavior and Belief. In: Staw, B. M./Salancik, G. R. (Hrsg.): New Directions in Organizational Behavior. St. Clair Press, Chicago, S. 1-54.

Sanchez, R./Heene, A. (1996): A Systems View of the Firm in Competence-based Competition. In: Sanchez, R./Heene, A./Thomas, H. (Hrsg.): Dynamics of Competence-based Competition. Theory and Practise in the new strategic Management. Pergamon Press, Oxford, S. 39-62.

Sanchez, R./Heene, A./Thomas, H. (1996): Introduction. Towards the Theory and Practise of Competence-based Competition. In: Sanchez, R./Heene, A./Thomas, H. (Hrsg.): Dynamics of Competence-based Competition. Theory and Practise in the new strategic Management. Pergamon Press, Oxford, S. 1-35.

Sattelberger, T. (2002): Economies of Loyality: Chancen für stakeholder-verantwortliches Personalmanagement. In: Marr, R. (Hrsg.): Managing People – Perspektiven für das Personalmanagement. Beiträge zum 10. Münchner Personalforum. Edition Gfw, Neubiberg, S. 89-137.

Scandura, T./Lankau, M. (1997): Relationships of Gender, Family Responsibility and flexible Work Hours to Organizational Commitment and Job Satisfaction. In: Journal of Organizational Behavior, 18 (1997) 4, S. 377-391.

Schanz, G. (1991): Motivationale Grundlagen der Gestaltung von Anreizsystemen. In: Schanz, G. (Hrsg.): Handbuch Anreizsysteme. Poeschel Verlag, Stuttgart, S. 3-30.

Schanz, G. (2000): Personalwirtschaftslehre. 3. Auflage, Vahlen Verlag, München.

Schanz, G. (2009): Wissenschaftsprogramme der Betriebswirtschaftslehre. In: Bea, F.X./Schweitzer, M. (Hrsg.): Allgemeine Betriebswirtschaftslehre. Band 1: Grundfragen. 10. Auflage, Lucius & Lucius, Stuttgart, S. 80-162.

Schauf, M. (2009): Grundlagen der Unternehmensführung im Mittelstand. In: Schauf, M. (Hrsg.): Unternehmensführung im Mittelstand. 2. Auflage, Hampp Verlag, München und Mering, S. 1-30.

Scheidl, K. (1991): Die Bedeutung der Entgeltgerechtigkeit für die Leistungsmotivation. In: Schanz, G. (Hrsg.): Handbuch Anreizsysteme. Poeschel Verlag, Stuttgart, S. 257-274.

Schein, E. H. (1970): Organizational Psychology. 2. Auflage, Englewood Cliffs, NJ.

Schein, E. H. (1984): Coming to a new Awareness of Organizational Culture. In: Sloan Management Review. 25 (1984) 2, S. 3-16.

Schein, E. H. (1985): Organizational Culture and Leadership. A dynamic view. Jossey-Bass, San Francisco.

Schein, E. H. (1995): Unternehmenskultur: Ein Handbuch für Führungskräfte. Campus Verlag, Frankfurt am Main.

Schiedt, A. (2000): Mitarbeiterbindung steckt in den Kinderschuhen. In: Personalentwicklung, o. Jg. (2000) 12, S. 53-57.

Schierenbeck, H./Wöhle, C. (2008): Grundzüge der Betriebswirtschaftslehre. 17. Auflage, Oldenbourg Verlag, München.

Schirmer, U. (2007a): Commitment fördern, Mitarbeiter halten. Retention-Management zur Bindung von Leistungsträgern. In: Personalführung, o. Jg. (2007) 3, S. 48-58.

Schirmer, U. (2007b): Retentionmanagement – Mitarbeiterpotenziale halten. Vortrag im Rahmen des „Abendforum Personalmanagement" der DGFP Regionalstelle Stuttgart und der Berufsakademie Lörrach, 25.07.2007.

Schlüter, A./Armutat, S. (2004): Was Arbeitgeber attraktiv macht. Gemeinschaftsstudie der DGFP e. V. und der Bertelsmann Stiftung. Düsseldorf.

Schmeisser, W. (2004): Kapitalbeteiligung der Arbeitnehmer. In: Gaugler, E./Oechsler, W./Weber, W. (Hrsg.): Handwörterbuch des Personalwesens. 3. Auflage, Schäffer-Poeschel Verlag, Stuttgart, Sp. 979-989.

Schmid, C. H. (1993): Mitarbeitermotivierung in mittelständischen Unternehmen. In: Ackermann, K.-F./ Blumenstock, H. (Hrsg.): Personalmanagement in mittelständischen Unternehmen. Schäffer-Poeschel Verlag, Stuttgart, S. 279-292.

Schmidt, A. (2003): Personalmanagement im Mittelstand. In: Personal, o. Jg. (2003) 5, S. 12-13.

Schnake, M. (1991): Organizational Citizenship: A Review, Proposed Model, and Research Agenda. In: Human Relations. 44 (1991) 7, S. 734-759.

Schneider, H. (2004): Erfolgsbeteiligung der Arbeitnehmer. In: Gaugler, E./Oechsler, W./Weber, W. (Hrsg.): Handwörterbuch des Personalwesens. 3. Auflage, Schäffer-Poeschel Verlag, Stuttgart, Sp. 712-723.

Schneider, H./Fritz, S./Zander, E. (2007): Erfolgs- und Kapitalbeteiligung der Mitarbeiter. 6. Auflage, Symposion Publishing, Düsseldorf.

Scholz, C. (2003): Spieler ohne Stammplatzgarantie: Darwiportunismus in der neuen Arbeitswelt. Wiley VCH, Weinheim.

Scholz, C. (2004): Human Ressourcen Management. In: Schreyögg, G./von Werder, A. (Hrsg.): Handwörterbuch Unternehmensführung und Organisation. 4. Auflage, Schäffer-Poeschel Verlag, Stuttgart, Sp. 428-440.

Scholz, C. (2007): Unternehmenskultur. In: Köhler, R./Küpper, H.-U./Pfingsten, A. (Hrsg.): Handwörterbuch der Betriebswirtschaft. 6. Auflage, Schäffer-Poeschel Verlag, Stuttgart, Sp. 1831-1840.

Schreyögg, G. (2004): Organisationstheorie. In: Schreyögg, G./von Werder, A. (Hrsg.): Handwörterbuch Unternehmensführung und Organisation. 4. Auflage, Schäffer-Poeschel Verlag, Stuttgart, Sp. 1069-1088.

Schuler, H. (2004): Personalauswahl. In: Gaugler, E./Oechsler, W./Weber, W. (Hrsg.): Handwörterbuch des Personalwesens. 3. Auflage, Schäffer-Poeschel Verlag, Stuttgart, Sp. 1366-1379.

Schuler, H. (2007): Berufseignungstheorie. In: Schuler, H./Sonntag, K. (Hrsg.): Handbuch der Arbeits- und Organisationspsychologie. Hogrefe Verlag, Göttingen, S. 429-440.

Schulte-Zurhausen, M. (2010): Organisation. 5. Auflage, Vahlen Verlag, München.

Schwab, A. (2008): Managementwissen für Ingenieure. 4. Auflage, Springer Verlag, Berlin.

Schweinsberg, K. (2006): In: Krüger, W./Klippstein, G./Merk, R./Wittberg, V. (Hrsg.): Praxishandbuch des Mittelstands. Gabler Verlag, Wiesbaden, S. 63-70.

Schweitzer, M. (1994): Industriebetriebslehre. 2. Aufl., Vahlen Verlag, München.

Sebald, H./Enneking, A. (2006): Was Mitarbeiter bewegt. In: Personal, o. Jg. (2006) 5, S. 40-42.

Selznick, P. (1957): Leadership in Administration: A Sociological Perspective. Harper & Row, New York.

Shahidi, K. (2005): Entscheidung der Bewerber. In: Personal, o. Jg. (2005) 6, S. 36-38.

Sheridan, J. (1992): Organizational Culture and Employee Retention. In: The Academy of Management Journal, 35 (1992) 5, S. 1036-1056.

Simon, H. A. (1945): Administrative Behavior. A Study of Decision-Making Processes in Administrative Organizations. Macmillan, New York.

Simon, H. A. (1981): Entscheidungsverhalten in Organisationen – Eine Untersuchung von Entscheidungsprozessen in Management und Verwaltung. Verlag Moderne Industrie, Landsberg am Lech.

Sinnhold, H. (2003): Unternehmenswert und People Care. In: Wagner, D./Ackermann, K.-F. (Hrsg.): Wettbewerbsorientiertes Personalmanagement. General Management Institute Potsdam, Potsdam, S. 67-89.

Six, B./Felfe, J. (2004): Einstellungen und Werthaltungen im organisationalen Kontext. In: Schuler, H. (Hrsg.): Orgnaisationspsychologie – Grundlagen und Personalpsychologie. Enzyklopädie der Psychologie, Themenbereich D, Serie III, Band 3, Hogrefe Verlag, Göttingen, S. 597-672.

Smith, C./Organ, D. W./Near, J. (1983): Organizational Citizenship Behavior: its Nature and Antecedents. In: Journal of Applied Psychology, 68 (1983) 4, S. 653-663.

Speck, P./Ryba, A. (2004): Best-Practise-Personalbindungsstrategien in Industrieunternehmungen. In: Bröckermann, R./Pepels, W. (Hrsg.): Personalbindung. Wettbewerbsvorteile durch strategisches Human Resource Management. Erich Schmidt Verlag, Berlin, S. 383-398.

Spector, P. E. (1997): Job Satisfaction. Sage Verlag, Thousand Oaks, CA.

Staehle, W. (1999): Management. 8. Auflage, Vahlen Verlag, München.

Stanz, K. (2009): Factors affecting Employee Retention: What do Engineers think? In: Management today. September 2009, S. 17-19.

Statistisches Bundesamt (2009): Bildung und Kultur. Studierende an Hochschulen. Online im Internet: http://www.destatis.de/jetspeed/portal/cms/Sites/destatis/Internet/DE/ Navigation/Statistiken/BildungForschungKultur/BildungForschungKultur.psml. [Abruf am 12.01.2010.]

Steers, R. M. (1977): Antecedents and Outcomes of Organizational Commitment. In: Adminstrative Science Quarterly, 22 (1977) 1, S. 46-56.

Steinle, C. (2005): Ganzheitliches Management. Gabler Verlag, Wiesbaden.

Steinle, C./Ahlers, F./Riechmann, C. (1999): Management by Commitment. In: Zeitschrift für Personalforschung (ZfP), 13 (1999) 3, S. 221-245.

Steinmann, H./Schreyögg, G. (2005): Management – Grundlagen der Unternehmensführung. 6. Auflage, Gabler Verlag, Wiesbaden.

Stock-Homburg, R. (2008a): Personalmanagement. Gabler Verlag, Wiesbaden.

Stock-Homburg, R. (2008b): Kundenorientiertes Personalmanagement als Schlüssel zur Kundenbindung. In: Bruhn, M./Homburg, C. (Hrsg.): Handbuch Kundenbindungsmanagement. 6. Auflage, Gabler Verlag, Wiesbaden, S. 677-712.

Stotz, W. (2007): Employee Relationship Management. Oldenbourg Verlag, München.

Strutz, H. (2004): Personalmarketing. In: Gaugler, E./Oechsler, W./Weber, W. (Hrsg.): Handwörterbuch des Personalwesens. 3. Auflage, Schäffer-Poeschel Verlag, Stuttgart, Sp. 1592-1601.

Stührenberg, L. (2004): Ökonomische Bedeutung des Personalbindungsmanagements für Unternehmen. In: Bröckermann, R./Pepels, W. (Hrsg.): Personalbindung. Wettbewerbsvorteile durch strategisches Human Resource Management. Erich Schmidt Verlag, Berlin, S. 33-50.

Süß, S. (2006): Commitment freier Mitarbeiter: Erscheinungsformen und Einflussmöglichkeiten am Beispiel von IT-Freelancern. In: Zeitschrift für Personalforschung (ZfP). 20 (2006) 3, S. 255-275.

Süß, S./Kleiner, M. (2007): The Psychological Relationship between Companies and Freelancers: An empirical Study of the Commitment and the Work-related Expectations of Freelancers. In: Management Revue, 18 (2007) 3, S. 251-270.

Süß, S./Ritter, H. (2005): Geld ist nicht alles. In: Personal, o. Jg. (2005) 1, S. 14-17.

Sydow, J./Ortmann, G. (2001). Strategie und Strukturation: Strategisches Management von Unternehmen, Netzwerken und Konzernen. Gabler Verlag, Wiesbaden.

Sydow, J./Wirth, C./Manning, S. (2002): Autonomie und Bindung in Projektnetzwerken aus betriebswirtschaftlicher Perspektive: Literaturüberblick und erste konzeptionelle Überlegungen. Arbeitspapier im Rahmen des Forschungsverbundes „Grenzen der Entgrenzung von Arbeit“, Göttingen.

Szebel-Habig, A. (2004): Mitarbeiterbindung: Auslaufmodell Loyalität? – Mitarbeiter als strategischer Erfolgsfaktor. Beltz Verlag, Weinheim.

Tajfel, H. (1974): Social Identity and Intergroup Behavior. In: Social Science Information. 13 (1974) 2, S. 65-93.

Tajfel, H. (1978a): Social Categorization, Social Identity and Social Comparison. In: Tajfel, H. (Hrsg.): Differentation between Social Groups. Studies in the Social Psychology of Intergroup Relations. Academic Press, London, S. 61-77.

Tajfel, H. (1978b): The Achievement of Group Differentiation. In: Tajfel, H. (Hrsg.): Differentation between Social Groups. Studies in the Social Psychology of Intergroup Relations. Academic Press, London, S. 77-98.

Tajfel, H./Turner, J. C. (1986): The Social Identity Theory of Intergroup Behavior. In: Worchel, S./Austin, W.G. (Hrsg.): Psychology of Intergroup Relations. Nelson-Hall, Chicago, S. 7-24.

Tappe, R. (2009): Wertorientierte Unternehmensführung im Mittelstand. Peter Lang Verlag, Frankfurt am Main.

Teece, D. J. (1984). Economic Analysis and Strategic Management. In: California Management Review. 26 (1984) 3, S. 87-110.

Teece, D. J./Pisano, G./Shuen, A. (1997): Dynamic Capabilities and Strategic Management. In: Strategic Management Journal. 18 (1997) 7, S. 509-533.

Thibaut, J./Kelley, H. (1959): The Social Psychology of Groups. Wiley, New York.

Thiele, S. (2005): Mitarbeiterbindung im Mittelstand. In: Richter, H.-J. (Hrsg.): Unternehmungswandel und Zukunftsperspektiven im Mittelstand. XIII Betriebswirtschaftliche Tage zu Schwerin 2003, Rostocker Hefte zur Unternehmungsführung, Rostock, S. 45-49.

Thiele, S. (2009): Work-Life-Balance zur Mitarbeiterbindung. Eine Strategie gegen den Fachkräftemangel. Diplomica Verlag, Hamburg.

Thom, N./Friedli, V. (2002): Personalerhaltung – Fallstudien zur Personengruppe der High-Potentials. Projektabschlussbericht, Institut für Organisation und Personal, Universität Bern.

Thom, N./Friedli, V. (2003): Motivation und Erhaltung von High Potentials. In: Zeitschrift Führung + Organisation (ZfO), 72 (2003) 2, S. 68-73.

Thom, N./Friedli, V. (2008): Hochschulabsolventen gewinnen, fördern und erhalten. 4. Auflage, Haupt Verlag, Bern.

Titzmann, M. (1977): Strukturale Textanalyse. Theorie und Praxis der Interpretation. Fink Verlag, München.

Towers Perrin (2007-08): Was Mitarbeiter bewegt zum Unternehmenserfolg beizutragen - Mythos und Realität. Towers Perrin Global Workforce Study 2007-2008. Deutschland Report. Frankfurt am Main.

Towers Watson (2010): Nachhaltiges Mitarbeiterengagement braucht neue Erfolgsformel. Towers Watson Global Workforce Study 2010. Executive Summary. Online im Internet: http://www.towerswatson.com/assets/pdf/1455/GlobalWorkfoceStudy2010_ExecutiveSummary_Germany.pdf. [Abruf am 30.06.2012.]

Tschentscher, G. (2009): Talent Retention Management. In: Schwuchow, K./ Gutmann, J. (Hrsg.): Jahrbuch Personalentwicklung 2009. Luchterhand-Fachverlag, Köln, S. 231-238.

Türk, K. (1995): Loyalität. In: Sarges, W. (Hrsg.): Management-Diagnostik. Hogrefe Verlag, Götting, S. 324-329.

Turner, J. (1982): Towards a Cognitive Redefinition of the Social Group. In: Tajfel, H. (Hrsg.): Social Identity and Intergroup Relations. Cambridge University Press, Cambridge, S. 15-40.

Turner, J. (1985): Social Categorization and the Self-Concept. In: Lawler, E. (Hrsg.): Advances in Group Processes. JAI, Greenwich, S. 77-122.

Turner, J. (1987): Rediscovering the Social Group. Blackwell, Oxford.

Ulrich, P./Fluri, E. (1995): Management: Eine konzentrierte Einführung. 7. Auflage, Haupt Verlag, Bern.

Vahs, D. (2009): Organisation: Ein Lehr- und Managementbuch. Schäffer-Poeschel Verlag, Stuttgart.

van Dick (2001): Identification in Organizational Contexts: Linking Theory and Research from Social and Organizational Psychology. In: International Journal of Management Reviews. 3 (2001) 4, S. 265-283.

van Dick (2004): Commitment und Identifikation in Organisationen. Hogrefe Verlag, Göttingen.

van Dick, R./Wagner, U./Stellmacher, J./Christ, O. (2004): The Utility of a broader Conceptualization of Organizational Identification. Which Aspects really Matter. In: Journal of Occupational and Organizational Psychology. 77 (2004), S. 1-20.

VDI (2012): Ingenieurmonitor. Der Arbeitsmarkt für Ingenieure im Februar 2012. Online im Internet: http://www.vdi.de/uploads/media/Ingenieurmonitor_2012-03.pdf. [Abruf am: 08. 05. 2012.]

VDI Wissensforum (2005): VDI Ingenieurstudie Deutschland 2005. In: VDI Wissensforum IWB GmbH, Heft 11/2005.

VDI Wissensforum (2008): VDI Ingenieurstudie Deutschland. In: VDI Wissensforum IWB GmbH, Heft 03/2008.

Vinke, A. (2005): Virtuelle Arbeitsstrukturen und organisationales Commitment – Das Büro als entscheidender Faktor sozialer Identifikation. DU-Verlag, Wiesbaden.

Volck, S. (1997): Die Wertkette im prozessorientierten Controlling. DU-Verlag, Wiesbaden.

vom Hofe, A. (2005): Strategien und Maßnahmen für ein erfolgreiches Management der Mitarbeiterbindung. Verlag Dr. Kovac, Hamburg.

von Kardorff, E. (1995): Qualitative Sozialforschung. Versuch einer Standortbestimmung. In: Flick, U./von Kardorff, E./Keupp, H./von Rosenstiel, L./Wolff, S. (Hrsg.): Handbuch qualitative Sozialforschung. 2. Auflage, Beltz Verlag, Weinheim, S. 3-8.

von Rosenstiel, L. (1975): Die motivationalen Grundlagen des Verhaltens in Organisationen. Leistung und Zufriedenheit. Duncker & Humblot, Berlin.

von Rosenstiel, L. (1987): Partizipation. Betroffene zu Beteiligten machen. In: von Rosenstiel, L. (Hrsg.): Motivation durch Mitwirkung. Schäffer Verlag, Stuttgart, S. 1-11.

von Rosenstiel, L. (2007): Organisationspsychologie. In: Köhler, R./Küpper, H.-U./Pfingsten, A. (Hrsg.): Handwörterbuch der Betriebswirtschaft. 6. Auflage, Schäffer-Poeschel Verlag, Stuttgart, Sp. 1298-1307.

von Rosenstiel, L. (2009): Motivation von Mitarbeitern. In: von Rosenstiel, L./Regnet, E./Domsch, M. (Hrsg.): Führung von Mitarbeitern. Handbuch für ein erfolgreiches Personalmanagement. Schäffer-Poeschel Verlag, Stuttgart, S. 158-177.

von Rosenstiel, L./Bögel, R. (2004): Betriebs- und Organisationsklima. In: Gaugler, E./Oechsler, W./Weber, W. (Hrsg.): Handwörterbuch des Personalwesens. 3. Auflage, Schäffer-Poeschel Verlag, Stuttgart, Sp. 531-544.

von Rosenstiel, L./Stengel, M. (1987): Identifikationskrise? Zum Engagement in betrieblichen Führungspositionen. Verlag Hans Huber, Bern.

Wächter, H. (1991): Tendenzen der betrieblichen Lohnpolitik in motivationstheoretischer Sicht. In: Schanz, G. (Hrsg.): Handbuch Anreizsysteme. Poeschel Verlag, Stuttgart, S. 195-214.

Wagner, D. (1991): Anreizpotenziale und Gestaltungsmöglichkeiten von Cafeteria-Modellen. In: Schanz, G. (Hrsg.): Handbuch Anreizsysteme. Poeschel Verlag, Stuttgart, S. 91-109.

Wagner, D. (2004): Partizipation. In: Schreyögg, G./von Werder, A. (Hrsg.): Handwörterbuch Unternehmensführung und Organisation. 4. Auflage, Schäffer-Poeschel Verlag, Stuttgart, Sp. 1115-1123.

Wallau, F. (2005): Mittelstand in Deutschland: Vielzitiert, aber wenig bekannt. In: Meyer, F./Wallau, F./Wiese, J./Wilbert, H. (Hrsg.): Mittelstand in Lehre und Praxis. Beiräge zur mittelständischen Unternehmungsführung und zur Betriebswirtschaftslehre mittelständischer Unternehmen. Shaker Verlag, Aachen, S. 1-15.

Wanous, J. P. (1989): Installing a realistic Job Preview: Ten tough Choices. In: Personnel Psychology, 42 (1989) 1, S. 117-134.

Wanous, J. P. (2002): Organizational Entry. 2. Auflage (Nachdruck), Addison-Wesley Publishing Company, Reading.

Waszak, A. (2007): Bindung von Führungsnachwuchskräften an Organisationen durch Fairness in der Personalentwicklung. Verlag Dr. Kovac, Hamburg.

Weinert, A. (2004): Organisations- und Personalpsychologie. 5. Auflage. Beltz Psychologie Verlags Union, Weinheim.

Weinert, A./Scheffer, D. (2004): Arbeitsmotivation und Motivationstheorien. In: Gaugler, E./Oechsler, W./Weber, W. (Hrsg.): Handwörterbuch des Personalwesens. 3. Auflage, Schäffer-Poeschel Verlag, Stuttgart, Sp. 326-339.

Weiss, R. (1994): Learning from Strangers. The Art and Method of Qualitative Interview Studies. The Free Press, New York.

Weissenberger-Eibl, M./Kölbl, S. (2006): Strategisches Kompetenzmanagement als Aufgabe des Human Ressource Managements. In: Burmann, C./Freiling, J./Hülsmann, M. (Hrsg.): Neue Perspektiven des Strategischen Kompetenz-Managements. DU-Verlag, Wiesbaden, S. 352-372.

Weitbrecht, H. (2005): Mitarbeiter emotional binden. In: Personal, o. Jg. (2005) 11, S. 10-12.

Weller, I. (2003): Commitment. In: Martin, A. (Hrsg.): Organizational Behaviour - Verhalten in Organisationen. Kohlhammer Verlag, Stuttgart, S. 77-94.

Weller, I. (2007): Fluktuationsmodelle. Ereignisanalysen mit dem sozio-ökonomischen Panel. Hampp Verlag, München und Mering.

Welsh, J./White, J. (1981): A small Business is not a little big Business. In: Harvard Business Review, o. Jg. (1981) Juli-August, S. 18-32.

Werkle, H./Santowski, G./Schmidt-Gönner, G./Seeßelber, C./Olschewski, H. (2010): Fachbereichstag Bauingenieurwesen. Stellungnahme zur Berufsbezeichnung „Ingenieur“ und zum Grad „Dipl-Ing.“ Online im Internet: http://129.187.85.21:8080/fbt/fbt-stellungnahme-berufsbezeichnung-20101.pdf. [Abruf am 26.01.2012.]

Werner, D. (2008): MINT-Fachkräfteengpass, betriebliche Bildung und politischer Handlungsbedarf – Ergebnisse einer IW-Umfrage. In: IW-Trends, 35. Jg., Heft 4/2008, S. 1-17.

Wernerfelt, B. (1984). A Resource-Based View of the Firm. In: Strategic Management Journal. 5 (1984) 2, S. 171-180.

Weyand, G. (2005): Emotionale Mitarbeiterbindung. In: Knauth, P. /Wollert, A. (Hrsg.): Neue Formen betrieblicher Arbeitsorganisation und Mitarbeiterführung. Deutscher Betriebswirtschaftsdienst, Beitrag 8.42, S. 1-22.

Wiedmann, K.-P. (2007): Corporate Identity. In: Köhler, R./Küpper, H.-U./Pfingsten, A. (Hrsg.): Handwörterbuch der Betriebswirtschaft. 6. Auflage, Schäffer-Poeschel Verlag, Stuttgart, Sp. 229-240.

Wiener, Y./Gechman, A. (1977): Commitment: A Behavioral Approach to Job Involvement. In: Journal of Vocational Behavior, 10 (1977) 1, S. 47-52.

Wild, J. (1973): Organisation und Hierarchie. In: Zeitschrift Organisation + Führung (ZfO), 42 (1973), S. 45-54.

Williamson, O. (1985): The economic Institutions of Capitalism. The Free Press, New York.

Williamson, O. (1990): Die ökonomischen Institutionen des Kapitalismus. Mohr Siebeck Verlag, Tübingen.

Williamson, O. (1991): Comparativ Economic Organization. In: Ordelheide, D./Rudolph, B./Büsselmann, E. (Hrsg.): Betriebswirtschaftslehre und ökonomische Theorie. Poeschel Verlag, Stuttgart, S. 30-72.

Winkler, H. (2007): Die Professionalisierung des Ingenieurberufs – ein unvollendeter Prozess? In: Greif, M. (Hrsg.): Das Berufsbild der Ingenieurinnen und Ingenieure im Wandel. VDI Report Nr. 37. Verein deutscher Ingenieure, Düsseldorf, S. 121-158.

Winterstein, H. (1996): Mitarbeiterinformation. Informationsmaßnahmen und erlebte Transparenz in Organisationen. Hampp Verlag, München und Mering.

Witzel, A. (1982): Verfahren der qualitativen Sozialforschung. Überblick und Alternativen. Campus Verlag, Frankfurt.

Witzel, A. (1985): Das problemzentrierte Interview. In: Jüttemann, G. (Hrsg.): Qualitative Forschung in der Psychologie. Beltz Verlag, Weinheim, S. 227-256.

Wöhe, G./Döring, U. (2010): Einführung in die allgemeine Betriebswirtschaftslehre. 24. Auflage, Vahlen Verlag, München.

Wollnik, M. (1977): Die explorative Verwendung systematischen Erfahrungswissens. In: Köhler, R. (Hrsg.): Empirische und handlungstheoretische Forschungskonzeptionen in der Betriebswirtschaftslehre. Poeschel Verlag, Stuttgart, S. 37-64.

Worrach, C. (2001): Der Mensch – das Maß aller Dinge. In: Personalwirtschaft, o. Jg. (2001) 1, S. 66-69.

Wright, P./McMahan, G./McWilliams, A. (1994). Human Resources and sustained Competitive Advantage: A Resource-based Perspective. In: International Journal of Human Resource Management. 5 (1994) 2, S. 301-326.

Wucknitz, U. (2000): Mitarbeiter-Marketing. Verlag für angewandte Psychologie, Göttingen.

Wucknitz, U./Heyse, V. (2008): Retention Management – Schlüsselkräfte entwickeln und binden. Waxmann Verlag, Münster.

Wunderer, R. (2007): Führung und Zusammenarbeit. 7. Auflage, Schäffer-Poeschel Verlag, Stuttgart.

Wunderer, R./Küpers, W. (2003): Demotivation – Remotivation. Wie Leistungspotenziale blockiert und reaktiviert werden. Luchterhand Verlag, München.

Wunderer, R./Mittmann, J. (1995): Identifikationspolitik. In: Kieser, A./Reber, G./Wunderer, R. (Hrsg.): Handwörterbuch der Führung. 2.Auflage, Schäffer-Poeschel Verlag, Stuttgart, Sp. 1155-1166.

Zaccaro, S./Dobbins, G. (1989): Contrasting Group and Organizational Commitment: Evidence for differences among multilevel Attachments. In: Journal of Organizational Behavior, 10 (1989) 3, S. 267-273.

Zahn, E./Foschiani, S./Tilebein, M. (2000). Nachhaltige Wettbewerbsvorteile durch Wissensmanagement. In: Krallmann, H./Gronau, N. (Hrsg.). Wettbewerbsvorteile durch Wissensmanagement: Methodik und Anwendungen des Knowledge Management. Schäffer-Poeschel Verlag, Stuttgart, S. 239-270.

Zander, E./Femppel, K. (1997): Lohn- und Gehaltsfestsetzung in Klein- und Mittelbetrieben. 11. Auflage, Haufe Verlag, Freiburg i. Br.

Zaugg, R. (2002): Bezugsrahmen als Heuristik der explorativen Forschung. Arbeitsbericht Nr. 57, Institut für Organisation und Personal der Universität Bern.

Zielke, C. (2004): Hurra, es ist Montag – es geht zur Arbeit. In: Personalwirtschaft, o. Jg. (2004) 3, S. 40-43.

zu Knyphausen-Aufsess, D. (1995): Theorie der strategischen Unternehmensführung. State oft he Art und neue Perspektiven. Gabler Verlag, Wiesbaden.

PERSONAL, ORGANISATION UND ARBEITSBEZIEHUNGEN

Herausgegeben von Prof. Dr. Fred G. Becker, Bielefeld, und Prof. Dr. Walter A. Oechsler, Mannheim

Band 51
Heidrun Kleefeld
Demografischer Wandel und Innovationsfähigkeit in der IT-Branche – Anforderungen an ein strategisches Human Resource Management
Lohmar – Köln 2011 • 344 S. • € 63,- (D) • ISBN 978-3-8441-0045-7

Band 52
Yves Ostrowski
Differentielles Mitarbeiterbindungsmanagement – Entwicklung eines Entscheidungsrahmens
Lohmar – Köln 2012 • 328 S. • € 62,- (D) • ISBN 978-3-8441-0166-9

Band 53
Astrid Meißner
Lerntransfer in der betrieblichen Weiterbildung – Theoretische und empirische Exploration der Lerntransferdeterminanten im Rahmen des Training off-the-job
Lohmar – Köln 2012 • 400 S. • € 66,- (D) • ISBN 978-3-8441-0168-3

Band 54
Ellena Werning
Evaluation des Training off-the-job – Entwicklung eines Bezugsrahmens vor dem Hintergrund eines kognitiven Lernverständnisses
Lohmar – Köln 2013 • 276 S. • € 58,- (D) • ISBN 978-3-8441-0217-8

Band 55
Sascha Piezonka
Bindungsmanagement im industriellen Mittelstand – Eine explorative Studie bei Ingenieuren
Lohmar – Köln 2013 • 332 S. • € 63,- (D) • ISBN 978-3-8441-0255-0